Elektrik/Elektronik-Architekturen im Kraftfahrzeug

Thilo Streichert · Matthias Traub

Elektrik/Elektronik-Architekturen im Kraftfahrzeug

Modellierung und Bewertung von Echtzeitsystemen

Springer Vieweg

Thilo Streichert
Stuttgart
Deutschland

Matthias Traub
München
Deutschland

ISBN 978-3-642-25477-2 ISBN 978-3-642-25478-9 (eBook)
DOI 10.1007/978-3-642-25478-9

Die Deutsche Nationalbibliothek verzeichnet diese Publikation in der Deutschen Nationalbibliografie; detaillierte bibliografische Daten sind im Internet über http://dnb.d-nb.de abrufbar.

Springer Vieweg

Gedruckt auf säurefreiem Papier

Springer Vieweg ist eine Marke von Springer DE. Springer DE ist Teil der Fachverlagsgruppe Springer Science+Business Media
www.springer-vieweg.de

Vorwort

Dieses Buch behandelt das Thema *Elektrik/Elektronik-Architekturen im Kraftfahrzeug*. Der Fokus liegt dabei auf der *Modellierung und Bewertung von Echtzeitsystemen*, die in der Automotive-Elektronik zum Einsatz kommen. In dem Titel des Buches stecken implizit einige Themenkomplexe, die auf einen Satz kondensiert sind. Fangen wir mit der *Modellierung* an: Unter Modellierung verstehen wir allgemein wie man auf strukturierte Art und Weise von einer Idee zu einer Implementierung gelangt. Hierbei helfen Methoden und Werkzeuge, die den Entwurf unterstützen und Entwurfsergebnisse konsistent dokumentieren. In diesem Zusammenhang geht dieses Buch auf die Entwurfsprozesse sowie Kooperationsmodelle mit Zulieferern, anderen Automobilherstellern, der Gesetzgebung und akademischen Einrichtungen ein.

Innerhalb eines Entwurfsprozesses gibt es immer wieder Phasen, in denen überprüft werden muss, ob die Idee, das Konzept oder die Umsetzung das erfüllen, was ursprünglich gefordert wurde. Aus diesem Grund taucht der Begriff *Bewertung* in dem Titel des Buchs auf. Hierbei sind mehrere Interpretationsmöglichkeiten denkbar: Einerseits soll eine Idee oder ein Konzept hinsichtlich bestimmter Optimierungskriterien wie Systemkosten, Gewicht, Leistungsaufnahme oder anderer Größen analysiert werden. Andererseits kann auch die Funktionstüchtigkeit bewertet werden – also ob ein bestimmtes Eingangsereignis für ein System eine bestimmte Reaktion auslöst. Neben dieser funktionalen Bewertung spielt die zeitliche Analyse eine wichtige Rolle, da eine Reaktion nicht zu einem beliebigen Zeitpunkt kommen darf, sondern in einem gewissen Zeitintervall. Die zeitliche Analyse von Elektrik/Elektronik-Architekturen im Kraftfahrzeug ist nur partiell behandelt worden. Das zeitliche Verhalten eines Systems ist aber aus Sicht eines Kunden eine erlebbare Eigenschaft. Deshalb setzt dieses Buch einen Schwerpunkt auf die zeitliche Analyse. Der Fokus liegt dabei sowohl auf dem zeitlichen Verhalten von einzelnen Komponenten und Netzwerken als auch auf den verteilten eingebetteten Systemen.

Was in welcher Phase eines Entwurfsprozesses analysierbar ist, stellt oft die eigentliche Herausforderung dar. Häufig liegen in frühen Entwurfsphasen viele Informationen bislang noch nicht vor, um eine präzise Aussage über die Güte, die

Funktionsfähigkeit oder das zeitliche Verhalten zu treffen. Somit muss eine Analyse im Entwurfsprozess wiederholt ausgeführt und iterativ verfeinert werden sowie eine fortlaufende Dokumentation der zeitlichen Eigenschaften der Systeme erfolgen. Diese Informationen können dann bei einer Neuentwicklung als initiale Daten dienen.

In diesem Buch haben wir den Fokus auf die Modellierung und die Bewertung im Bereich der Elektrik/Elektronik-Architekturen im Kraftfahrzeug gelegt. Dies ist nicht nur eine Einschränkung auf den Bereich der Automobilelektronik, sondern auch auf den Bereich der fahrzeuginternen Umsetzung. Hierunter verstehen wir die Komponenten (Steuergeräte) und die Bussysteme, die im Fahrzeug verbaut sind. Die Kommunikationsverbindungen, welche über die Grenzen eines Fahrzeugs hinweggehen, nehmen im Zusammenhang mit Diagnosefunktionen, Internet im Fahrzeug, Integration von Consumer Electronic oder Car-to-X einen immer größeren Stellenwert ein, sind aber einer anderen Netzwerkklasse zuzuordnen als das klassische fahrzeuginterne Netzwerk. Während das klassische Netzwerk statisch während des Entwurfsprozess definiert wird, unterliegt die Kommunikation mit der Außenwelt einer gewissen Veränderung. Es handelt sich also um ein dynamisches Netzwerk, bei dem Verbindungen zu beliebigen Zeitpunkten aufgebaut und unterbrochen werden können. Im Kontext der internen Vernetzung werden in diesem Buch Abstraktionsebenen und Besonderheiten von Architekturen im Kraftfahrzeug vorgestellt. Aus den Abstraktionsebenen geht ein formales Modell hervor, das in den folgenden Kapiteln anschaulich beschrieben wird.

Das Buch gibt eine Einführung in die beschriebene Thematik. Es wird dabei zunächst der etablierte technische Stand der E/E-Entwicklung aufgezeigt und darüber hinaus Methoden zur zeitlichen Bewertung von Echtzeitsystemen im Kraftfahrzeug erläutert. Diese Methoden befinden sich teilweise in der Integration in den Entwurfsfluss der E/E-Entwicklung und sind teilweise noch Forschungsgegenstand. Das Buch richtet sich an folgende Gruppe interessierter Leser:

- Für Leser, die sich bereits bestens im Bereich der E/E-Architekturen auskennen, sind die vertiefenden Kapitel zur zeitlichen Bewertung von Software, Komponenten oder ganzen Netzwerken interessant.
- Leser, die an der Einführung in das Themengebiet der E/E-Architekturen interessiert sind, erhalten in den ersten Kapiteln einen guten Überblick.
- Gleiches gilt für Studierende der Elektrotechnik, Informatik oder verwandter Fachrichtungen. Für diese Zielgruppe schafft das Buch eine Verbindung zwischen den einzelnen Fachvorlesungen wie zum Beispiel zu Betriebssystemen zu Kommunikationssystemen und zu vernetzten eingebetteten Systemen. In diesem Kontext stellt das vorliegende Buch die Zusammenhänge der einzelnen Disziplinen dar und zeigt deren Einsatz im Umfeld der Elektrik/Elektronik im Kraftfahrzeug auf.

Das Buch gliedert sich in die folgenden Kapitel: Das erste Kapitel stellt eine Einleitung in die Automobilwelt dar. Es zeigt die Ebenen der Wertschöpfungskette auf und geht auf die Organisationsstrukturen der Hersteller ein. Weiterhin werden der Entwicklungsprozess, die Zusammenarbeit mit externen Partnern und die historische Entwicklung der Elektronik im Kraftfahrzeug beleuchtet. Im zweiten Kapitel erfolgt eine Einführung in das Themengebiet der E/E-Architekturen im Kraftfahrzeug. Es werden die einzelnen Abstraktionsebenen einer solchen Elektrik/Elektronik-Architektur beschrieben. Ferner erfolgt eine Vorstellung verschiedener Architekturalternativen, und es wird eine Übersicht über die hierfür anwendbaren Bewertungsmöglichkeiten gegeben. Anschließend geht Kap. 3 auf die im Kraftfahrzeug zum Einsatz kommende Software-Architektur und deren Entwicklungsprozess ein. Hierzu gehören die Betriebssysteme und verschiedenen Standards, wie z. B. OSEK und AUTOSAR. In Kap. 4 erfolgt eine Einführung in das Thema Steuergeräte und Echtzeit-Rechnerstrukturen. Der Fokus liegt dabei auf dem prinzipiellen Aufbau eines Steuergeräts sowie auf den verwendeten Prozessoren, Mikrocontrollern und Peripheriekomponenten. Das Kap. 5 geht auf die Kommunikationsgrundlagen ein, welche für die verwendeten Kommunikationssysteme im Kraftfahrzeug von Bedeutung sind. In Kap. 6 wird das Thema Timing-Bewertung anhand von Begriffsdefinitionen eingeführt. Weiterhin werden die typischen Ereignismodelle vorgestellt, welche für die Beschreibung des Zeitverhaltens eines Systems eine zentrale Rolle spielen. Daran anschließend folgen drei Kapitel, die sich mit unterschiedlichen Aspekten der zeitlichen Bewertung beschäftigen. Zunächst stellt Kap. 7 die Bewertung des zeitlichen Verhaltens von Software im Detail vor. In Kap. 8 werden Methoden zur zeitlichen Bewertung unter Berücksichtigung des Schedulings auf einzelnen Prozessoren oder Arbitrierungsverfahren von Bussystemen erläutert. Methoden für die Bewertung vernetzter Systeme sind in Kap. 9 beschrieben.

Unser Dank gilt unseren Kolleginnen und Kollegen. Die vielen gemeinsamen Diskussionen und Dialoge zu diesem Themengebiet bilden die Grundlage für dieses Buch.

Weiterhin möchten wir uns bei Dr.-Ing. Bernd Hense bedanken, der uns seine Vorlesungsunterlagen zur Verfügung stellte und auf dessen Abbildungen wir zurückgreifen durften.

Unser ganz besonderer Dank gilt unseren Familien, Melanie mit Konstantin und Berenike mit Lorenz und Kilian, die uns den Freiraum gegeben haben und uns auch in schwierigen Phasen eine große Unterstützung waren.

Ferner gilt unser Dank dem Springer Verlag und seinen Mitarbeiterinnen Frau Butz und Frau Hellwig, die uns in vielerlei Hinsicht unterstützt haben.

Stuttgart, München
Oktober 2011

Thilo Streichert
Matthias Traub

Inhaltsverzeichnis

Abkürzungen

ALAP	As Late As Possible
ALU	Arithmetic Logic Unit
API	Application Programming Interface
ASAP	As Soon As Possible
ASIC	Application Specific Integrated Circuit
ASIP	Application Specific Instruction Set Processor
ARTOP	AUTOSAR Tool Platform
AUTOSAR	**AUT**omotive **O**pen **S**ystem **AR**chitecture
AVB	Audio Video Broadcast
BCF	Body Controller Front
BCET	Best-Case Execution Time
BCR	Body Controller Rear
BCRT	Best-Case Response Time
BD	Bus Driver
BR	Baureihe
BSW	Basic Software
CAN	Controller Area Network
CC	Communication Controller
CE	Consumer Electronics
CHI	Controller Host Interface
CISC	Complex Instruction Set Computer
COM	Communication
CPU	Central Processing Unit
CRC	Cyclic Redundancy Check
CSMA	Carrier Sense Multiple Access
DC	Direct Current
DIN	Deutsches Institut für Normung
DLC	Data Length Code
DSP	Digital Signal Processor
ECU	Electronic Control Unit
EDD	Earliest Due Date

EDF .... Earliest-Deadline First
E/E .... Elektrik/Elektronik
EHPV .... Engineered Hours Per Vehicle
EMV .... Elektromagnetische Verträglichkeit
EOF .... End Of Frame
ESD .... Electro-static Discharge
FCFS .... First-come-first-served
FIBEX .... Field Bus Exchange Format
FIFO .... First Input First Output
FM .... Fertigungs- und Materialkosten
FPGA .... Field Programmable Gate Array
FR .... FlexRay
GPIO .... General Purpose I/O
GPU .... Graphics Processing Unit
GuK .... Gewährleistungs- und Kulanzkosten
GW .... Gateway
HAL .... Hardware Abstraction Layer
HIL .... Hardware-in-the-Loop
HIS .... Herstellerinitiative Software
HPV .... Hours Per Vehicle
HW .... Hardware
ID .... Identifier
IEEE .... Institute of Electrical and Electronics Engineers
IFS .... Inter Frame Space
ILP .... Integer Linear Program
I/O .... Input/Output
IP .... Intellectual Property
IP .... Internet Protocol
ISO .... International Organization of Standardization
ISR .... Interrupt Service Routine
IU .... Instruction Unit
KFZ .... Kraftfahrzeug
LAN .... Local Area Network
LDF .... Latest Deadline First
LDF .... Lin Description File
LFU .... Least-Frequently Used
LIN .... Local Interconnect Network
LLC .... Logical Link Control
LRU .... Least-Recently Used
LSU .... Load and Store Unit
LUT .... Look Up Table
LVDS .... Low Voltage Differential Signaling
MAC .... Media Access Control
MCAL .... Mikrocontroller Abstraction Layer
MCIU .... Multi-Cycle Instruction Unit

MCU .... Mikrocontroller Unit
MII .... Media Independent Interface
MOST .... Media Oriented Systems Transport
MUX .... Multiplexer
NIT .... Network Idle Time
NM .... Network Management
NRZ .... Non Return to Zero
OBD .... On-Board Diagnosis
OEM .... Original Equipment Manufacturer
OIL .... OSEK Implementation Language
OS .... Operating System
OSI .... Open System for Interconnection
PC .... Program Counter
PC .... Personal Computer
PDU .... Protocol Data Unit
PHY .... Physical Bus Connect
PLL .... Phase Locked Loop
PLRU .... Pseudo Least-Recently Used
PPM .... Parts Per Million
PWM .... Pulse Width Modulation
RAM .... Radom Access Memory
RISC .... Reduced Instruction Set Computing
ROM .... Read-Only Memory
RR .... Round-Robin
RTC .... Real-Time Calculus
RTE .... Runtime Environment
RTR .... Remote Transmission Request
SG .... Steuergerät
SJF .... Shortest-job-first
SJW .... Synchronisation Jump Width
SOF .... Start Of Frame
SOP .... Start of Production
SPI .... Serial Peripheral Interface
SRAM .... Static Random Access Memory
SRTN .... Shortest-remaining-time-next
SW .... Software
TCP/IP .... Transmission Control Protocol/Internet Protocol
TDMA .... Time Division Multiple Access
TT .... Time Triggered
TTCAN .... Time-Triggered Controller Area Network
TP .... Transport Protocol
UART .... Universal Asynchronous Receiver Transmitter
UDP .... User Datagram Protocol
UTC .... Universal Time Coordinated
VFB .... Virtual Function Bus

VLAN .... Virtual Local Area Network
XML .... Extended Markup Language
WCET .... Worst-Case Execution Time
WCRT .... Worst-Case Response Time

Symbole

a ... Aktivierungszeitpunkt einer Task/Nachricht
B ... Blockierungszeit
b ... Startzeitpunkt der Ausführung/Übertragung
C ... Ausführungszeit oder Übertragungszeit (Computation or transmission time)
c ... Endzeitpunkt einer Ausführung/Übertragung
d ... Deadline einer Task/Nachricht
E ... Ereignisstrom
e ... Ereignis (Event)
H ... Hyperperiode oder Makroperiode
I ... Interferenzzeit
i ... Intervall
J ... Jitter
J_{abs} ... Absoluter Jitter
J_{in} ... Eingangsjitter
J_{out} ... Ausgangsjitter
J_{rel} ... Relativer Jitter
L ... Latenzzeit
L_{ft} ... Ende-zu-Ende Latenzzeit mit *First Through* Semantik
L_{age} ... Ende-zu-Ende Latenzzeit mit *Max. Age* Semantik
L_{route} ... Routingzeit
MT ... Macrotick
μT ... Microtick
m ... Nachricht (Message)
n ... Wiederholungsfaktor
P ... Periodisches Ereignismodell
R ... Antwortzeit (Response Time)
R_{rel} ... Relative Antwortzeit
r ... Aktivierungsbegrenzung
T ... Periode
T_{com} ... Periode des COM-Tasks
T_{cycle} ... Dauer eines kompletten Zykluses

T_{exe} .... Überschreitungszeit (Exeeding Time)
T_{idle} .... Idle-Zeit
T_{ifs} .... Dauer des Interframe-Space bei CAN
T_{late} .... Verspätung (Lateness)
T_{min} .... Minimaler Auftritts-/Sendeabstand (Minimum distance)
T_{off} .... Offset
T_{PduR} .... Latenzzeit für ein PDU-Routing
T_{slack} .... Schlupf
T_{SR} .... Latenzzeit für ein Signal-Routing
T_{start} .... Startzeit
t .... Task
U .... Auslastung
W .... Wartezeit

Kapitel 1
Einleitung

Die Entwicklung der Automobilelektronik ist geprägt von Kooperationen zwischen Firmen, langfristigen technologischen Möglichkeiten und gesetzlichen Vorgaben. Im Unterschied zur *Consumer Electronic (CE)* umfasst die Automobilelektronik nur einen Teil eines Produkts, das aus mechanischen, elektrischen und in hohem Maße gestalterischen Anteilen besteht. Während Entwicklungs- und Produktlebenszyklen in der Consumer Electronic auf wenige Jahre beschränkt sind, ist der zeitliche Rahmen bei der Produktentstehung und des Betriebs eines Kraftfahrzeugs deutlich länger. In den folgenden Abschnitten soll ein Eindruck vermittelt werden wie das Zusammenspiel zwischen verschiedenen Firmen innerhalb der Wertschöpfungskette funktioniert und wie der grobe Zeitplan bei der Entwicklung eines Fahrzeugs aussieht. Abschließend ist anhand von einigen Diagrammen die historische Entwicklung der Automobilelektronik dargestellt.

1.1 Wertschöpfungskette und Unternehmensstruktur

Im Allgemeinen ergibt sich die Struktur der Wertschöpfungskette aus klassisch unternehmerischen Tätigkeiten des Erwerbs von Produktionsfaktoren auf Beschaffungsmärkten, die wertsteigernd verarbeitet werden. Hierdurch entstehen Produkte oder Dienstleistungen, die auf Absatzmärkten angeboten werden können. Dieser Ablauf aus Beschaffung, Wertsteigerung und Verkauf bezieht sich nicht nur auf firmenübergreifende, sondern auch auf firmeninterne Arbeitsabläufe. Nach Michael E. Porter kann ein Unternehmen in Tätigkeitsbereiche unterteilt werden, die Hand in Hand ineinander greifen und so ein Produkt entwerfen, herstellen, vermarkten, vertreiben und letztendlich auch im sogenannten *After-Sales*-Bereich aktiv sind. Dabei ist zwischen *Primär-* und *Sekundär-* bzw. *Unterstützungsaktivitäten* zu unterscheiden [Por09]. Die Primäraktivitäten sind unmittelbar an der Wertschöpfung im Unternehmen beteiligt. Wie in Abb. 1.1 dargestellt, zählen zu den Primäraktivitäten die *Eingangslogistik*, *Produktion*, *Ausgangslogistik*, *Marketing und Vertrieb* sowie die *Kundenbetreuung im After-Sales*.

T. Streichert, M. Traub, *Elektrik/Elektronik – Architekturen im Kraftfahrzeug*,
DOI 10.1007/978-3-642-25478-9_1, © Springer-Verlag Berlin Heidelberg 2012

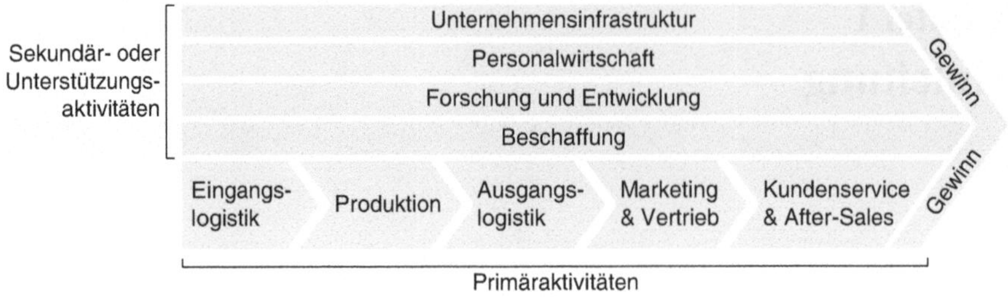

Abb. 1.1 Wertschöpfungskette nach Michael Porter [Por09]

Die *Eingangslogistik* nimmt die Produktionsfaktoren entgegen, kontrolliert sie und kümmert sich um Lagerung und internen Weitertransport. Die *Produktion* führt die wertsteigernde Transformation durch. Anschließend folgt die *Ausgangslogistik* der produzierten Waren, welche die Lagerung und Verteilung an den Kunden umfasst. Bei Handelsunternehmen ohne eigene Produktion kann dieses Modell leicht abgewandelt sein. Zwischen Ein- und Ausgangslogistik kann dann der eigentliche Handel liegen - also z. B. das Anbieten von Waren in der Handelsorganisation bzw. in einer Filiale. Der Bereich *Marketing und Vertrieb* kümmert sich um alle Aufgaben, die rund um den Verkauf der Produkte angesiedelt sind. Hierzu zählen beispielsweise Ermittlung von Kundenwünschen und Werbemaßnahmen. Die *Kundenbetreuung* und der *After-Sales* versorgt Kunden mit notwendigen Leistungen, um die Verwendung der angebotenen Ware über eine gewisse Zeitspanne zu gewährleisten und ggf. auf den neuesten Stand bringen zu können. Hierzu zählt beispielsweise im Automobilgeschäft die Lieferung von Ersatzteilen.

Zu den Sekundär- bzw. Unterstützungsaktivitäten gehören die *Unternehmensinfrastruktur*, *Personalwirtschaft*, *Forschung und Entwicklung* sowie *Beschaffung*. Die *Unternehmensinfrastruktur* übernimmt unter anderem Aufgaben der Unternehmensführung wie die Formulierung von Zielen und die Entwicklung von Strategien zur Erreichung der Ziele. Weiterhin gehören die Klärung von Rechtsfragen, die Finanzplanung, Qualitätskontrollen und die Schnittstellenfunktion für externe Einrichtungen und Behörden dazu. Zentrale Aufgaben in der *Personalwirtschaft* sind die Einstellung, Freisetzung und Entlohnung von Personal. Hierzu gehört auch die Ermittlung des Personalbedarfs in einzelnen Unternehmensbereichen, die Weiterbildung des Personals und die Sicherstellung seiner Zufriedenheit im Unternehmen. Unter *Forschung und Entwicklung* wird nicht nur die Neu- oder Weiterentwicklung von Produkten verstanden. Die Forschung und Entwicklung hat auch die Aufgabe Prozesse und Arbeitsabläufe zu verbessern und somit kostensenkend beispielsweise auf Produktionsabläufe oder auch auf die Produktentwicklung einzuwirken. Weiterhin fällt in diesen Bereich die Informationsverwaltung, die sich mit der Speicherung und Bereitstellung von Wissen in einer Firma befasst. Die *Beschaffung* ist anders als die Einkaufslogistik und mit der Verwaltung und internen Bereitstellung von Produktionsressourcen beauftragt. Stattdessen soll sie als übergreifende Einheit allen Unternehmensbereichen die notwendigen Arbeitsmittel beschaffen. Weiterhin stellt sie ein Bindeglied zwischen Lieferanten und dem eigenen Unternehmen dar.

Hierbei geht es auch darum Einkaufsvolumen aus unterschiedlichen Bereichen zu bündeln und Beziehungen zu zuverlässigen, vertrauenswürdigen Lieferanten aufzubauen und zu pflegen. Auch die Unterstützung von finanziell angeschlagenen Lieferanten kann eine Aufgabe sein, um die Lieferverfügbarkeit zu erhalten und somit den eigenen Produktionsfluss zu gewährleisten.

In der Automobilindustrie ist die Wertschöpfungskette bis zur Produktentstehung in verschiedene Ebenen (engl. *tier*) unterteilt. In Abb. 1.2 sind drei Zuliefererebenen dargestellt, was nicht heißen soll, dass es nur drei Ebenen sein können. Auf der dritten Ebene können sich beispielsweise Hersteller befinden, die Chemikalien für die Herstellung von Halbleiterprodukten liefern. Auf der zweiten Ebene befinden sich Firmen, von denen die Zulieferer der Automobilhersteller beliefert werden. Hierzu zählen Halbleiterfirmen, die Bauteile für Steuergeräte herstellen oder auch Software-Hersteller, die zum Beispiel Betriebssysteme programmieren. Der Lieferant auf erster Ebene steht unmittelbar mit dem Automobilhersteller bzw. *OEM (Original Equipment Manufacturer)* in Verbindung und liefert Komponenten oder Baugruppen, die in die Fahrzeuge integriert werden. Zusammen mit diesem Zulieferer spezifiziert der OEM die Beschaffenheit der Komponente. Der OEM entscheidet in welche Fahrzeugbaureihen die Komponente einfließen soll und verteilt die verschiedenen Fahrzeugbaureihen auf unterschiedliche Produktionsstandorte. Bei der Produktion wird nicht nur auf unternehmensinterne Produktionskapazitäten zurückgegriffen. Für Baureihen mit geringem Volumen und Automatisierungsgrad kommt es durchaus vor, dass die Produktion an Fremdfirmen vergeben wird. Beispiele hierfür sind die Mercedes G-Klasse oder der BMW X3, die bei Magna-Steyr gefertigt werden [uS09, uS04]. Der Vertrieb und der Kundenservice ist regional verteilt und kann durch Niederlassungen eines OEMs erfolgen oder durch selbständige Autohändler sowie Reparaturwerkstätten.

An der Darstellung in Abb. 1.2 ist gut zu erkennen, dass die Anzahl an involvierten Firmen und Firmenstandorten steigt, je weiter die Ebene von der Produktentwicklung beim OEM entfernt ist. Grundsätzlich ist anzumerken, dass die Kommunikation nicht nur zwischen benachbarten Ebenen erfolgt. Vielmehr muss auch ein OEM beispielsweise mit Halbleiterherstellern Handelsbeziehungen aufbauen, um sicherzustellen, dass der Ressourcenfluss auf keiner Ebene ins Stocken gerät. Sollte das dennoch der Fall sein, kann es sich auf die eigene Produktion auswirken. Die Folgen können sich direkt in der Verfügbarkeit sowie in der Qualität des Produktes zeigen und zu negativen Erfahrungen beim Kunden führen.

Neben den Kommunikationsbeziehungen innerhalb einer Wertschöpfungskette bestehen auch Beziehungen zu Standardisierungsgremien wie *DIN (Deutsches Institut für Normung)*, *ISO (engl. International Organization for Standardization)*, *IEEE (engl. Institute of Electrical and Electronics Engineers)*, etc. Die Standards dieser Gremien sind teilweise verbindlich von OEMs anzuwenden wie es beispielsweise bei fahrzeugübergreifenden Schnittstellen zur Diagnose der Fall ist. Häufig entstehen aber auch Standards, um eine hohe Diversität an technischen Lösungsansätzen zu reduzieren. In einem solchen Fall ist die Berücksichtigung eines Standards nicht zwingend erforderlich, kann aber die Produktgestaltung vereinfachen. Weitere Randbedingungen für die Produktgestaltung und -entstehung werden durch

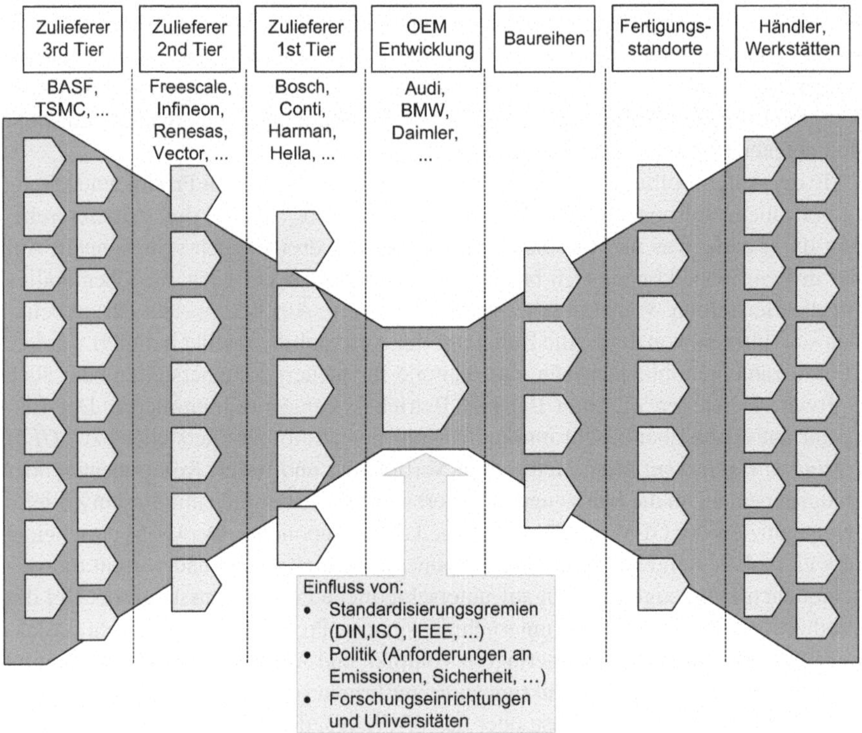

Abb. 1.2 Dargestellt ist die Zulieferkette bis zum OEM sowie die aus der Entwicklung entstehenden Baureihen, die auf Fertigungsstandorte und Niederlassungen verteilt werden [Bor06]

politische Zielvorgaben gesetzt. Diese Zielvorgaben können in Form von gesetzlichen Regelungen auf das Produkt einwirken oder in Form von Selbstverpflichtungen eines OEMs gegenüber einer politischen Regierung. Maßnahmen zur Reduzierung von Emissionen oder Vermeidung bzw. Entschärfung von Unfällen oder deren Folgen unterliegen typischerweise einem großen Einfluss der Gesetzgebung.

Auch Kommunikationsbeziehungen zu Universitäten und Forschungseinrichtungen sind essentiell. Zum einen kann ein Wissens- und Technologietransfer aus diesen Einrichtungen bei der Weiterentwicklung der Produkte helfen. Andererseits gibt es Fälle beim Entwurf sicherheitskritischer Systeme, bei dem ein OEM verpflichtet ist, den aktuellen Stand der Technik zur Entwicklung und Absicherung des Systems herangezogen zu haben.

Im Folgenden soll auf die typische Organisationsform von OEMs eingegangen werden und eine detaillierte Darstellung der Struktur des Forschungs- und Entwicklungsbereiches erfolgen. Die typischen Organisationsformen für Unternehmen lassen sich in drei Ausprägungen einteilen. Die sektorale Organisation ist zumeist in kleineren und mittleren Unternehmen zu finden. Bei dieser Organisationsform sind der Unternehmensleitung ein technischer und ein kaufmännischer Bereich untergeordnet. Die zweite Ausprägung ist die funktionale Organisationsform. Hier sind

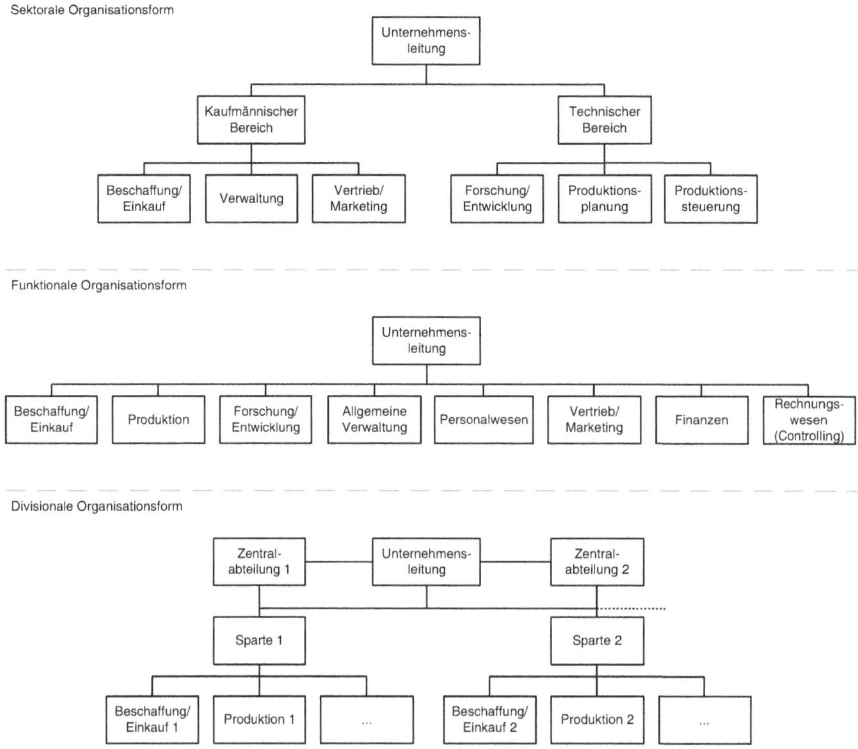

Abb. 1.3 Typische Organisationsformen von Unternehmen. *Oben*: Sektorale Organisation mit zwei der Unternehmensleitung untergeordneten Bereichen. *Mitte*: Funktionale Organisation mit bis zu acht Bereichen, die der Unternehmensleitung unterstellt sind. *Unten*: Divisionale Organisation, welche insbesondere in großen Unternehmen zu finden ist. Der Unternehmensleitung sind sogenannte Sparten zugeordnet, die jede ihre eigene funktionale Organisation hat

der Unternehmensleitung mehrere Bereiche untergeordnet. Die Bereiche umfassen die Produktion, die Forschung/Entwicklung, das Personalwesen, die Finanzen, den Vertrieb/Marketing und den Einkauf. Diese Art der Organisationsform ist bei den meisten OEMs vorzufinden. Als dritte Ausprägung gibt es die divisionale Organisationsform, welche eine weitere Aufteilung in Form von Sparten vornimmt. Die Sparten befinden sich direkt unterhalb der Unternehmensleitung und haben dann jeweils ihre eigene funktionale Organisation. Diese Art der Organisationsform ist insbesondere bei großen Unternehmen zu finden, welche auf verschiedenen Produktfeldern tätig sind. In Abb. 1.3 sind die drei Organisationsformen dargestellt.

In Abb. 1.2 entspricht der Forschungs- und Entwicklungsbereich der mittleren Spalte, aus der verschiedene Baureihen hervorgehen. Bei der Forschung und Entwicklung handelt es sich um eine querschnittliche Aktivität, deren Ergebnisse sowohl in verschiedene Baureihen als auch in verschiedene Geschäftsbereiche einfließen. Durch diese matrixartige Strukturierung, die auch in Abb. 1.4 dargestellt ist, können gleiche Entwicklungsaktivitäten für verschiedene Produkte gebündelt und

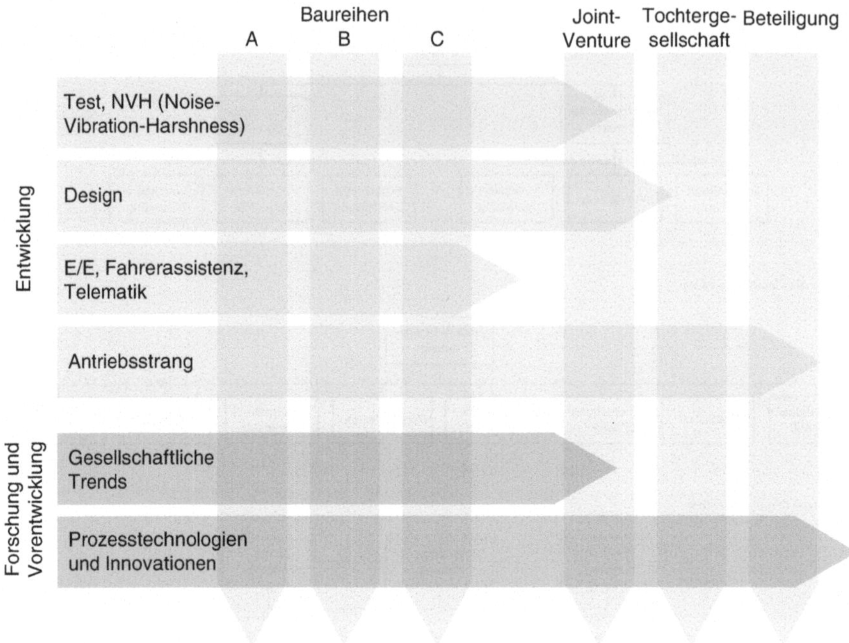

Abb. 1.4 Matrixartige Organisation, bei der Forschung, Vorentwicklung und Entwicklung übergreifend über die Produktentwicklung sowie Geschäftsbereiche agieren

Doppelentwicklungen reduziert bzw. vermieden werden. Diese Vorgehensweise hat den positiven Effekt, dass eine Art Baukasten aus Komponenten oder Baugruppen entsteht, aus der sich die einzelnen Baureihen bedienen können. Die Komponenten eines solchen Baukastens können in höherer Stückzahl und somit günstiger eingekauft werden. Weiterhin reduziert sich das Fehlerrisiko, da weniger Komponenten getestet und folglich mehr Zeit für den Gesamtsystemtest zur Verfügung steht. Die Qualität steigt tendenziell durch den Aufbau eines solchen Baukastens. Nachteilig wirkt sich die Übernahme von Komponenten jedoch durch die mangelnde Differenzierung und Individualisierung der verschiedenen Baureihen aus. Sind die Komponenten kundenerlebbar, so stellt sich einem Kunden eines Premiumfahrzeugs die Frage, ob der Preis seines Fahrzeugs gerechtfertigt sei, wenn er die gleichen Komponenten im Volumensegment wiederfindet. In der Produktgestaltung muss also auf die kundenerlebbaren Bestandteile und in der Entwicklung auf die individuelle Gestaltbarkeit von solchen Komponenten geachtet werden.

Innerhalb des Entwicklungsprozesses wird typischerweise zwischen verschiedenen Stadien einer Entwicklung unterschieden. Die Forschung ist unter zeitlichen Gesichtspunkten am weitesten von einer Produktentwicklung entfernt. Die Vorentwicklung ist dem Produktentstehungsprozess vorgelagert und die Entwicklung ist direkt an der Produktentstehung beteiligt. In der Unternehmensstruktur sind Forschung, Vorentwicklung und Entwicklung aber nicht strikt getrennt. Vielmehr werden einzelne Bereiche zusammengefasst wie zum Beispiel die Vorentwicklung mit der Entwicklung oder die Forschung mit der Vorentwicklung. Das Risiko eines vollständigen Zusammenschlusses aller Bereiche kann jedoch dazu führen, dass bei Problemen in der Produktentwicklung Kapazitäten der Vorentwicklung zur Produktentwicklung verschoben werden. Für die Lösung eines Engpasses in der Entwicklung kann eine solche Maßnahme helfen. Es sollte jedoch sichergestellt werden, dass das mittel- oder langfristige Innovationspotenzial hierdurch nicht sinkt.

1.2 Produkt- und Entwicklungszyklen

Im vorherigen Abschnitt erfolgte die Darstellung der Zusammenhänge innerhalb eines Unternehmens und zwischen Unternehmen in einer Lieferkette. In Ansätzen wurde hierbei die Produktentstehung erläutert, diese wird im Folgenden im Detail beschrieben. Der Bereich der Elektrik/Elektronik-Entwicklung steht dabei im Fokus.

1.2.1 Entwicklungsprozess

Wie ein Produktentstehungsprozess im Einzelnen verläuft und wie lange er dauert, variiert von OEM zu OEM. Es gibt allerdings gewisse Vorgehensweisen und strategische Überlegungen, die verbreitet sind. Wie in Abb. 1.5 dargestellt, gibt es vier Phasen, in die sich eine Produktentwicklung untergliedert: 1.) die Entwicklung einer Produktstrategie, 2.) die Technologieentwicklung, 3.) die Fahrzeugentwicklung und 4.) der Produktions- und Verkaufsstart. Während der Entwicklung einer Produktstrategie werden potenzielle Zielgruppen (Käufer) identifiziert, die mit einem Produkt angesprochen werden sollen. Gemäß den Wünschen dieser Zielgruppen und prognostizierten gesellschaftlichen Trends werden kundenerlebbare Funktionen und funktionale Innovationen bestimmt, die im Zusammenhang mit einem Produkt angeboten werden müssen. Weiterhin gilt es, gesetzliche Anforderungen und Einflüsse aus Standardisierungsgremien zu berücksichtigen.

Anschließend folgt die Technologieentwicklung, die auf Basis gemeinsamer Elektrik/Elektronik-Architekturen bzw. Plattformkonzepten eine spezifische Architektur ableitet, die einerseits die funktionalen Innovationen aufnehmen kann und andererseits Optimierungskriterien wie beispielsweise Kostenziele erfüllen muss. Um neue Technologien oder neue Plattformen über mehrere Baureihen hinweg auszurollen, startet man typischerweise von einer Baureihe, die als Technologieträger fungiert. Welche Baureihe sich als Technologieträger eignet hängt von verschiedenen Aspekten ab. Zum einen besteht bei neuen Technologien ein gewisses Risiko für Entwicklungsfehler, die im schlimmsten Fall durch teure aufwändige Rückrufaktionen behoben werden müssen. Eine Baureihe mit kleinen Stückzahlen reduziert zwar nicht das Risiko einer Rückrufaktion, aber dafür die Gesamtkosten, da

Abb. 1.5 Entwicklungsphasen verschiedener Baureihen starten versetzt zueinander und gliedern sich in eine Produktstrategie, Technologieentwicklung, Fahrzeugentwicklung und einen Produktions- sowie Verkaufsstart

es evtl. weniger Fahrzeuge zu überarbeiten gilt. Andererseits sollte diese Baureihe auch als Technologieträger alle innovativen Funktionen und Technologien enthalten. Bei einer kostenoptimierten Baureihe aus dem niederpreisigen Segment wird dies kaum der Fall sein. Vielmehr lassen sich solche Innovationen im hochpreisigen Fahrzeugsegment am besten einführen.

In der dritten Phase folgt die Fahrzeugentwicklung. In dieser Phase der Entwicklung werden Prototypen aufgebaut, um zunächst einzelne Komponenten und am Ende das gesamte Fahrzeug zu testen. Parallel zu dieser Phase starten die Aktivitäten zur Werkzeugentwicklung für die spätere Serienproduktion. Auch die Arbeitsabläufe für eine spätere Fließbandproduktion müssen vorbereitet sein, damit die Fertigungskapazitäten an die einzelnen Arbeitsschritte angepasst und die Arbeitsplätze eingerichtet werden können. Die Zeit, die von Beginn der Produktstrategie bis zum Verkaufsstart vergeht, kann von Produkt zu Produkt schwanken. Eine typische Größenordnung ist 50 Monate für eine neue Fahrzeugbaureihe. Allerdings kann auch diese Zeitspanne noch verkürzt werden, wenn es sich um eine Baureihe handelt, die in ähnlicher Form bereits auf dem Markt ist bzw. auf einer bereits existierenden Plattform aufbaut. Ein allgemeiner Trend ist die Verkürzung des Entwicklungszeitraums, um besser auf Marktbedürfnisse eingehen zu können. Gerade die Marktresonanz nach Verkaufsstart einer Baureihe enthält wichtige Informationen für eine Folgebaureihe der gleichen oder verwandter Produktklassen. In Abb. 1.5 ist der Anlauf verschiedener Baureihen zeitlich versetzt dargestellt. Durch einen solchen Versatz können einerseits die Entwicklungskapazitäten homogen ausgelastet werden und andererseits die Verkaufszahlen stabil gehalten werden. Typischerweise steigen bei Verkaufsstart die Verkaufszahlen einer Baureihe an und sinken bis zum Start des neuen Typs der gleichen Baureihe. Durch eine geschickte zeitliche Verteilung der Entwicklung und des Verkaufs von Baureihen mit großen und kleinen Stückzahlen, reduzieren sich die Schwankungen der wirtschaftlichen Kenngrößen einer Firma.

Der Entwicklungsprozess, der in Abb. 1.5 Baureihen-übergreifend dargestellt ist, ist in Abb. 1.6 für eine Baureihe detailliert aufgezeigt. Die Aktivitäten innerhalb

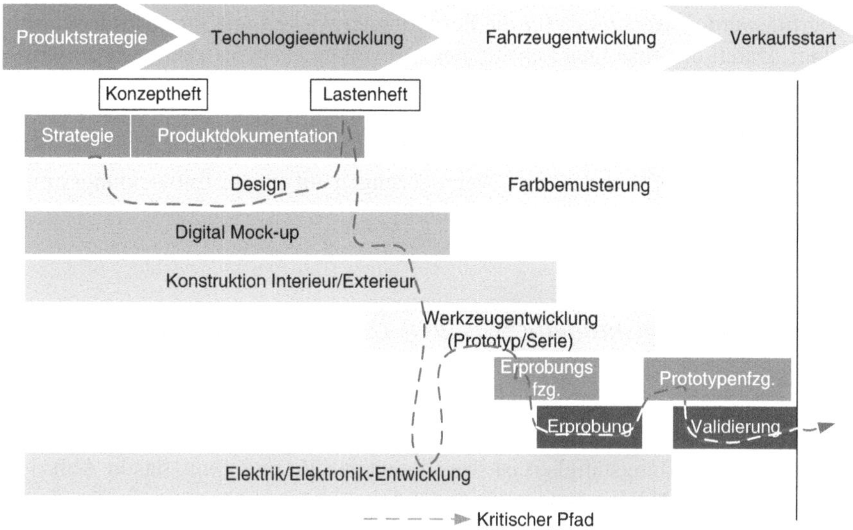

Abb. 1.6 Die Entwicklung einer Baureihe besteht aus verschiedenen parallelen Entwicklungssträngen, zwischen denen Abhängigkeiten bestehen. Der kritische Pfad deutet an, welche Abhängigkeiten zu Verzögerungen der Gesamtentwicklung führen

eines solchen Prozesses starten bereits in frühen Phasen mit der Gestaltung erst des Exterieurs und dann des Interieurs eines Fahrzeugs. Weiterhin werden digitale Prototypen (Mock-up Modelle) eines Fahrzeugs entwickelt, sodass ohne den Aufbau realer Komponenten und Prototypen ein Fahrzeug erlebbar wird, technische Absicherungen durchgeführt werden können und die Konstruktion des Gesamtfahrzeugs starten kann. Eine weitere Tätigkeit, die in einer frühen Phase einer Fahrzeugentwicklung startet, ist die E/E-Entwicklung, auf die im Folgenden näher eingegangen wird. Als Ergebnis der ersten Phase muss ein Konzeptheft vorliegen, auf dessen Basis ein Lastenheft geschrieben wird. Dieses Lastenheft ist ein wesentlicher Vertragsbestandteil bei der Beauftragung von Lieferanten. Es beschreibt sämtliche Anforderungen an ein System sowie die Leistungen, die ein Lieferant zur Erfüllung seines Auftrags zu erbringen hat. Auf Basis eines Lastenhefts kann ein Zulieferer Vorschläge erarbeiten und dem OEM ein Angebot unterbreiten. Die Lösungsvorschläge, zur Erfüllung der Anforderungen aus dem Lastenheft arbeitet der Zulieferer in Form eines Pflichtenheftes aus. Da es sich bei dem Lastenheft bereits um ein wesentliches Dokument zum Vertragsabschluss handelt, werden Anforderungen in einer formalisierten Art beschrieben, mit der sich die Erfüllung leichter überprüfen lässt [IBM].

Nachdem die Beauftragung eines Lieferanten mit der Komponentenentwicklung und -herstellung erfolgt ist, können erste Muster implementiert und produziert werden, die mittels Laboraufbauten oder in Erprobungsfahrzeugen erprobt und später in Prototypen validiert werden. Parallel dazu findet im Bereich der Fahrzeuggestaltung bzw. des Designs die genaue Farbbemusterung des Exterieurs und Interieurs statt.

Weiterhin werden Werkzeuge für die Fertigung entwickelt und Produktionsschritte geplant. Durch die einzelnen Schritte des Entwicklungszyklus zieht sich ein kritischer Pfad, der die zeitkritischen Abhängigkeiten zwischen den einzelnen parallelen Entwicklungssträngen aufzeigt. Der kritische Pfad muss nicht wie in Abb. 1.6 verlaufen, er soll jedoch verdeutlichen, dass die Entwicklungsstränge nicht unabhängig voneinander agieren und dass sich Verzögerungen auf einem Entwicklungsstrang auch auf andere Stränge auswirken können.

1.2.2 Kooperationsmodelle zwischen OEM und Zulieferer

Die Kooperationsmodelle zwischen OEM und Zulieferer lassen sich auf mehrere Arten beschreiben. Ein weitverbreitetes Modell für die Zusammenarbeit im Rahmen einer Entwicklungstätigkeit ist das sogenannte *V-Diagramm*, das in Abb. 1.7 dargestellt ist. Das V-Diagramm umreißt den Entwicklungsablauf von der Beschreibung der Systemanforderungen bis zur Abnahme im Fahrzeug [SZ05]. Von oben nach unten wird in diesem Diagramm die betrachtete Granularität immer feiner. Auf den oberen Ebenen gilt es Systemanforderungen und eine Systemspezifikation zu schreiben, während anschließend die Zerlegung eines Systems in Komponenten erfolgt. Auf unterster Ebene findet der Übergang von der Entwurfs- in die Implementierungs- bzw. Umsetzungsphase statt. Anschließend finden angefangen bei einzelnen Komponenten bis zur Abnahme im Fahrzeug Tests statt. Hierbei kommen Testfälle zum Einsatz, mit denen die beschriebenen Eigenschaften in einer Systemspezifikation mit den tatsächlichen Eigenschaften des implementierten Systems überprüft werden. Eine übliche Trennung der Arbeitsschritte zwischen OEM und Zulieferer findet auf Komponentenebene statt. Der OEM über-

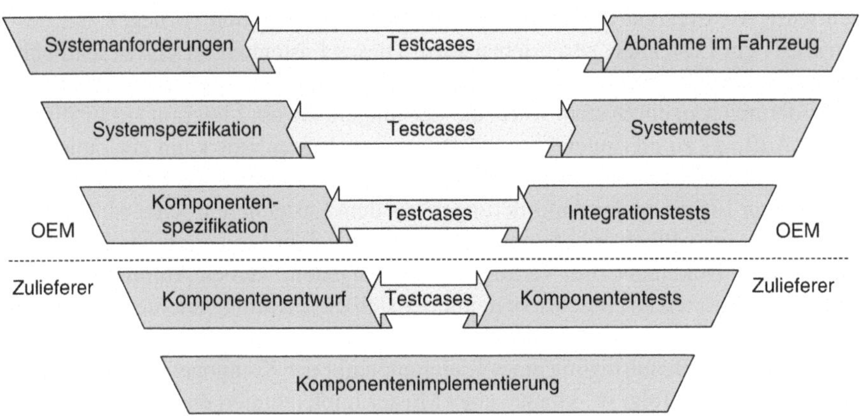

Abb. 1.7 Das V-Diagramm ist eine typische Darstellung, um die einzelnen Entwicklungsschritte in die Bereiche Spezifikation (*linke Hälfte*) und Test (*rechte Hälfte*) auf unterschiedlichen Systemebenen zu unterteilen

gibt dem Zulieferer eine Komponentenspezifikation, die auch bereits ausführbare Simulationsmodelle enthalten kann und erhält getestete Komponenten zurück, die erst mit anderen Komponenten sowie in virtuellen Fahrzeugumgebungen getestet werden. Anschließend erfolgt die Integration in Fahrzeuge und Prototypen. Dieses Zusammenspiel aus spezifizieren, implementieren und testen, ist für die Entwicklung elektrisch/elektronischer Komponenten typisch. In einigen Bereichen, wie beispielsweise bei Teilen des Rohbaus oder mechanischen Komponenten liegt die Entwicklungs- und Fertigungsverantwortung zum großen Teil beim OEM. In anderen Bereichen ist der Zulieferer stärker involviert.

1.3 Historische Entwicklung der Elektronik im Kraftfahrzeug

Die elektronische Entwicklung im Fahrzeug durchlebt seit Jahren einen kontinuierlichen Aufwärtstrend. Nicht nur neue Funktionalität wird auf Basis von eingebetteter Elektronik implementiert, auch Systeme die ursprünglich rein mechanisch funktionierten, sind in vielen Bereichen durch vernetzte mechatronische Systeme realisiert. Ein einfaches Beispiel ist in Abb. 1.8 dargestellt. Es zeigt die Entwicklung von einer rein mechanischen Lösung eines Fensterhebers zu einer vernetzten Lösung, bei der die Funktion zur Steuerung eines Fensterhebermotors auf einem unabhängigen Steuergerät läuft, das auch andere Funktionen ausführen kann. Bevor jedoch vernetzte Systeme zur Ansteuerung des Fensterhebers eingesetzt wurden, kamen elektrische Lösungen zum Einsatz, bei denen die einzelnen Motoren an den Fenstern diskret mit Schaltern verkabelt waren. Heutiger Stand ist bei einigen Premiumfahrzeugen ein Ansatz, bei dem die Fensterhebersteuerung über Türsteuergeräte in jeder Tür realisiert ist. Die Türsteuergeräte sind untereinander vernetzt und können auch auf andere Informationen des Fahrzeugzustands zugreifen. Hierdurch sind neben dem Öffnen und Schließen eines Fensters auch Funktionen wie Einklemmschutz, Regenschließen oder Schließen des Fensters über eine Fernsteuerung möglich. Der bereits erwähnte Fall, bei dem die Türsteuergeräte durch einfache LIN-Slaves ersetzt

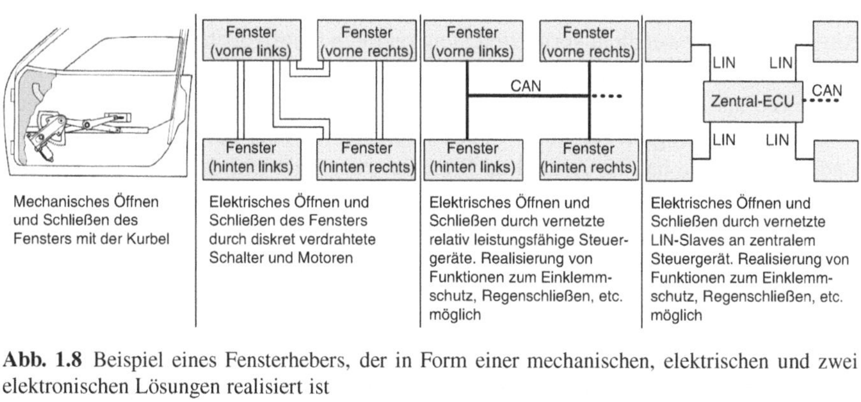

Abb. 1.8 Beispiel eines Fensterhebers, der in Form einer mechanischen, elektrischen und zwei elektronischen Lösungen realisiert ist

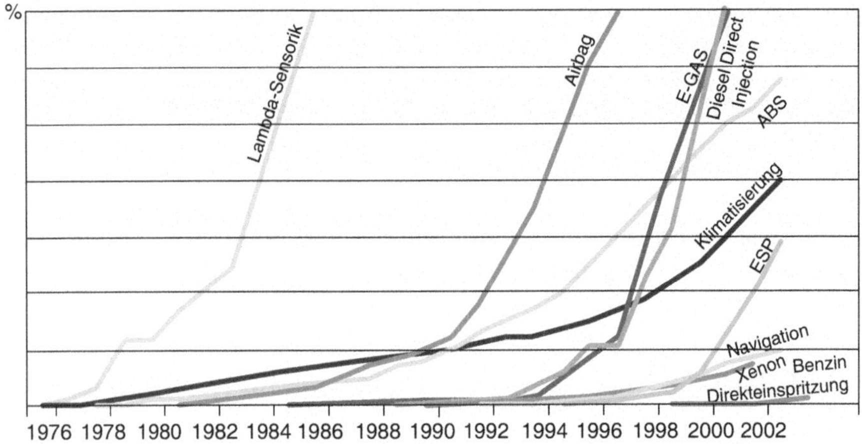

Abb. 1.9 Marktdurchdringung verschiedener elektrisch/elektronischer Komponenten im Fahrzeug [Kal06]

sind und die Funktionen auf einem generischen Steuergerät laufen, deutet einen neuen Trend an. Funktionen, die in Software auf einem Mikrocontroller partitioniert sind, müssen nicht zwangsläufig auf einem Steuergerät für eine Gruppe von Sensoren und Aktoren laufen. Stattdessen kann solche Software-Funktionalität irgendwo im Netzwerk partitioniert sein, wo entsprechende Rechenkapazität verfügbar ist. An diesem Spektrum von Implementierungsmöglichkeiten ist gut zu erkennen wie groß und interdisziplinär der Lösungsraum für eine einfache Funktion sein kann.

Neben der Ergänzung von mechanischen Komponenten um elektrische Steuerungen oder Regelungen, sind etliche neue Funktionen in Fahrzeuge integriert worden. Die Integration einiger Funktionen hat nach einer gewissen Einführungszeit eine exponentielle Marktdurchdringung erreicht. Ein paar Beispiele, bei denen es dieses rasante Wachstum gab, sind qualitativ in Abb. 1.9 dargestellt.

Die Konsequenz aus der steigenden Anzahl an Funktionen im Fahrzeug, ist ein wachsender Bedarf an vernetzten elektronischen Komponenten. Abbildung 1.10 zeigt wie sich im Premiumsegment die Anzahl an Steuergeräten entwickelt hat. Angefangen bei zwei nicht vernetzten Steuergeräten (engl. Electronic Control Units, kurz ECUs) sind in der folgenden Baureihe bereits sieben über einen Bus vernetzte ECUs verbaut worden. Im Laufe der Jahre hat die Anzahl an Steuergeräten zugenommen und beträgt heute knapp 70 Steuergeräte, die über neun Busse verbunden sind. Gleichzeitig hat die Anzahl an Signalen zugenommen, die über diese Busse übertragen werden. Die Treiber hinter dieser Entwicklung kamen zunächst aus dem Bereich der Motorsteuerung, der Sicherheits- sowie der Komfortsysteme. Aktuell sind die Technologietreiber im Bereich der Fahrerassistenz und im Bereich der Telematik sowie der Infotainment-Systeme zu finden. In diesem Bereich ändert sich der Typ an Daten, die es zu übertragen gilt. Statt einfachen Signalen, die zum Teil 1-Bit-Werte – wie Schalter *an* oder *aus* – sind, müssen Streaming-Daten übertragen werden. Hierunter fallen Audio- oder Videodaten aus Medienquellen oder Kame-

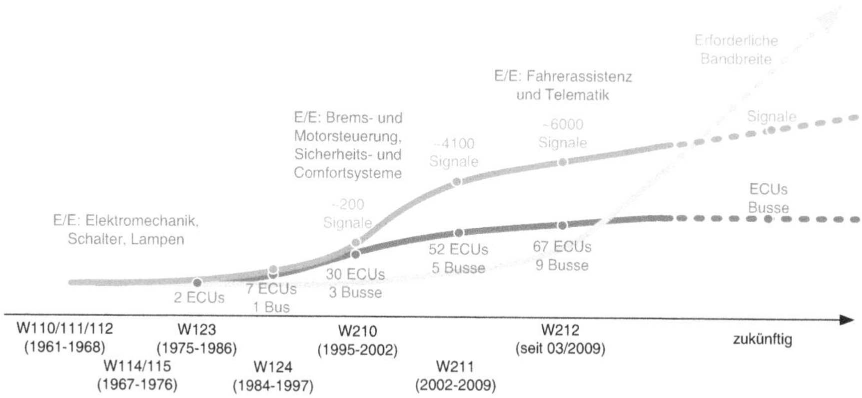

Abb. 1.10 Dargestellt ist die Anzahl der Steuergeräte und Signale sowie die benötigte Bandbreite über der Zeit [Rei10]. Interessant an dieser Darstellung ist der starke Anstieg an benötigter Bandbreite. Statt einfacher Signale bestehend aus wenigen Bits, werden zunehmend Streaming-Daten von komplexen Sensoren und Kameras verschickt

rasystemen sowie Menülisten und Objektdaten. Mit anderen Worten, es steigt nicht nur das Signalaufkommen, es steigt auch die Komplexität der Daten und somit auch die benötigte Bandbreite.

Aus der steigenden Anzahl an Signalen und dem steigenden Bandbreitenbedarf ergeben sich neue Anforderungen an die Kommunikationstechnologien im Fahrzeug. Während mit den heutigen Automotive-Technologien wie *Local Interconnect Network (LIN)*, *Controller Area Network (CAN)* und FlexRay Bus-Topologien mit bis zu 10MBit/s Bandbreite aufgebaut werden können, muss bei höheren Bandbreiten ein Wechsel zu Punkt-zu-Punkt-Topologien stattfinden. Der *MOST25*-Standard *(Media Oriented System Transport)*, der eine Bandbreite von 25 MBit/s bietet, ist auf physikalischer Ebene eine Punkt-zu-Punkt-Topologie, die ringförmig aufgebaut ist. Gleiches gilt für Ethernet, bei dem End-Knoten über Switches miteinander verbunden sind. Durch diese Switches werden Punkt-zu-Punkt-Topologien erzeugt und Arbitrierungsmechanismen in einer Kollisionsdomäne überflüssig. Wie in Abb. 1.11 dargestellt, findet mit den heute verfügbaren Technologien zwischen 10 MBit/s und 25 MBit/s ein Umbruch in der Topologieauslegung statt: anstelle von Bustopologien kommen bei höheren Bandbreiten Punkt-zu-Punkt-Topologien zum Einsatz.

Ein weiterer Trend, der sich auf die Kommunikation bezieht und noch nicht in Abb. 1.10 enthalten ist, betrifft die Fahrzeug-übergreifende Kommunikation. Bislang ist die Fahrzeugelektronik als abgeschlossenes System vorgestellt worden, das statisch während einer Entwicklungsphase konzipiert und abgesichert wird. Der Trend geht jedoch zu einer Öffnung dieses Systems. Zum einen werden vermehrt Schnittstellen ins Auto integriert, die eine Kommunikation zwischen dem Fahrzeug und der Umwelt ermöglichen. Hierzu gehört die Kommunikation zwischen Elektrofahrzeugen und Ladesäulen, der Datenaustausch zwischen den einzelnen Fahrzeugen selber, um sich gegenseitig beispielsweise vor Gefahren auf einer Strecke zu warnen oder die Möglichkeit Notrufe und Ferndiagnosen über Funkschnittstellen

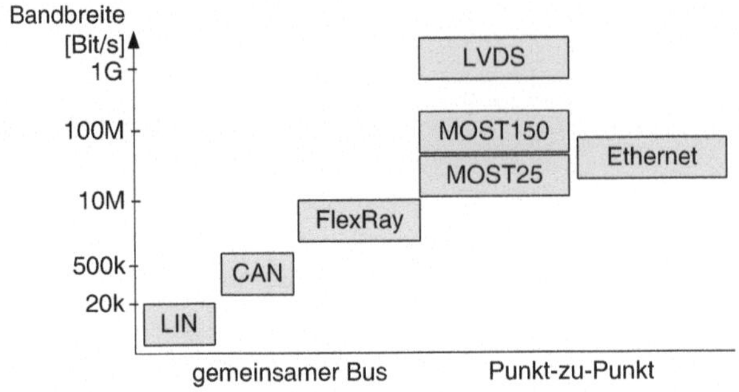

Abb. 1.11 Die Zunahme an Bandbreite ist verbunden mit einer Änderung der Vernetzungsarchitektur, da mit steigender Bandbreite kein gemeinsamer Bus, sondern Punkt-zu-Punkt-Topologien notwendig sind

durchzuführen. Neben diesen Schnittstellen eines Fahrzeugs nach außen, soll der Kunde auch die Möglichkeit bekommen eigene elektronische Geräte (CE-Geräte) im Fahrzeug zu integrieren, was zu einem gewissen Dilemma führt. Während die Automobilelektronik eine Lebensdauer von bis zu 30 Jahren haben kann, ändert sich die *Consumer Electronic* in deutlich kürzeren Zyklen. Somit müssen Integrationskonzepte entwickelt werden, die flexibel genug sind während der Laufzeit eines Fahrzeuges Update-Möglichkeiten für unklare oder gar unbekannte Trends der CE-Geräte vorzusehen.

Kapitel 2
Grundlagen der Elektrik/Elektronik-Architekturen

Der Entwurf und die Entwicklung von E/E-Architekturen ist ein vielschichtiger Prozess, an dem viele Fachbereiche aus verschiedenen Organisationseinheiten eines Unternehmens beteiligt sind. Die Entwicklung der E/E-Architektur findet hierbei in einem E/E-Fachbereich statt, dessen Entwickler von anderen nicht E/E-Fachabteilungen unterstützt werden. Der Vertrieb liefert beispielsweise Kennzahlen für Verbauquoten von Funktionen. Die Produktstrategie stellt Anforderungen, welche von einem zukünftigen Fahrzeug zu erfüllen sind. Die Kostenplaner unterstützen bei der Kostenabschätzung und -planung von Baugruppen sowie elektronischen Systemen. Weitere Fachbereiche kümmern sich um konstruktive Aspekte wie Bauräume, die für die E/E-Komponenten notwendig sind oder beschäftigen sich mit der Bestimmung von Umweltanforderungen wie Temperatur, Feuchtigkeit und Vibration. Unter Berücksichtigung dieser verschiedenen Einflüsse muss ein E/E-Entwickler einen Funktionsumfang ins Auto integrieren.

Bei dieser Integration muss entschieden werden, ob die Funktionen auf einem oder sogar mehreren Steuergeräten ausgeführt werden, welche Sensorik, Aktorik notwendig ist und wo diese E/E-Komponenten verbaut werden. Die Komponenten müssen wiederum im Auto Daten austauschen, mit elektrischer Leistung versorgt werden und mitsamt ihrer Versorgungs- sowie Kommunikationsleitungen in vorgegebene Bauräume passen. Bei der Bearbeitung dieser einzelnen Themen ist nicht nur auf eine korrekte Implementierung und Integration zu achten, vielmehr muss gezeigt werden, dass eine fehlerfreie Integration der Komponenten als Teilsystem möglich ist. Hierfür können in der frühen Entwicklungsphase Bewertungsmetriken verwendet werden, um eine Aussage über die Qualität und die Abdeckung der Anforderungen liefern zu können.

2.1 Ebenen der E/E-Architektur

Für eine strukturierte Beschreibung der verschiedenen miteinander verzahnten Aspekte in einem Entwurfsprozess hat sich ein Modell etabliert, welches die Möglich-

T. Streichert, M. Traub, *Elektrik/Elektronik – Architekturen im Kraftfahrzeug*,
DOI 10.1007/978-3-642-25478-9_2, © Springer-Verlag Berlin Heidelberg 2012

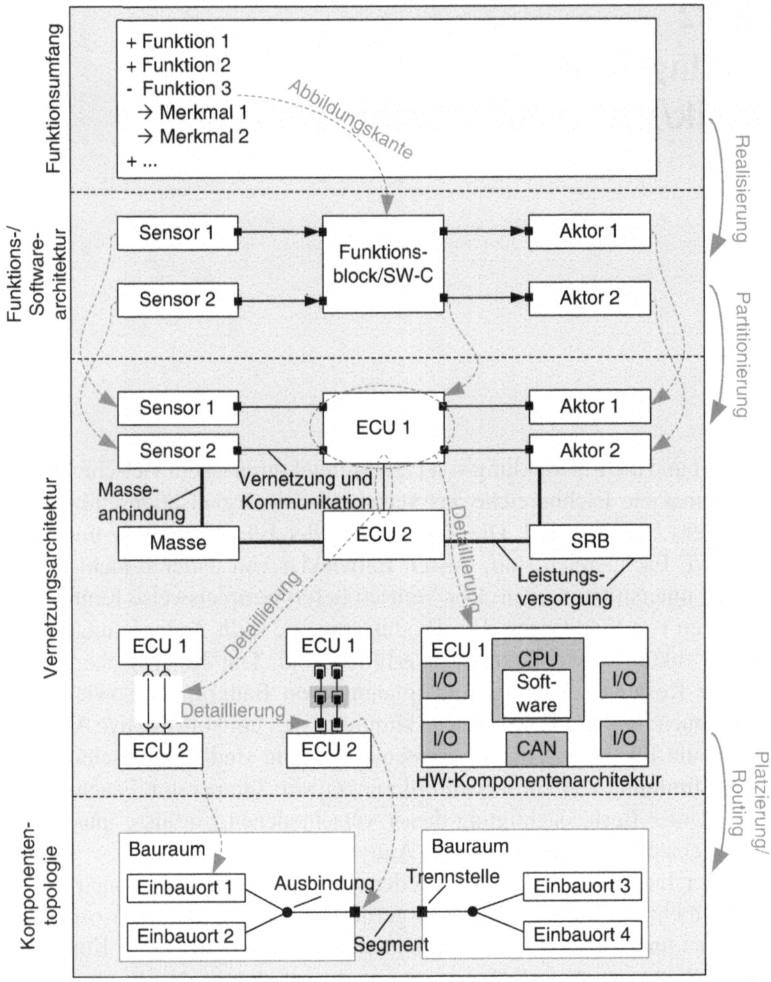

Abb. 2.1 Eine E/E-Architektur besteht aus vier Systemebenen: 1.) der kundenerlebbare Funktionsumfang, 2.) der Funktions-/Softwarearchitektur, 3.) der Vernetzungsarchitektur und 4.) der Komponententopologie

keit bietet, eine E/E-Architektur auf Basis von verschiedenen Ebenen strukturiert beschreiben zu können. Jede dieser Ebenen entspricht einer spezifischen Sicht, die Produktstrategen, Kunden oder Entwickler auf eine E/E-Architektur haben. Da zwischen diesen Ebenen Abhängigkeiten bestehen, werden diese Abhängigkeiten in einem Modell mit vier Systemebenen beschrieben, das in Abb. 2.1 gezeigt ist.

Auf oberster Ebene befindet sich der *Funktionsumfang*, also eine Liste mit *Funktionen*, die hierarchisch aufgebaut ist. Eine Funktion kann dabei anhand von mehreren *Merkmalen* weiter untergliedert werden. Auf der darunterliegenden Ebene – der sogenannten *Funktions-/Softwarearchitektur* – werden diese Funktion durch

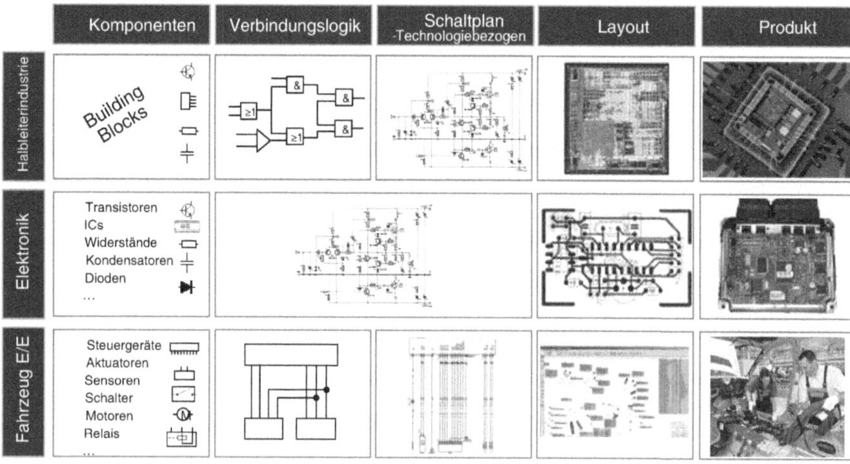

Abb. 2.2 Analogie zwischen den Systemebenen im E/E-Architekturentwurf und anderen Bereichen der Elektronikentwicklung [Hen09]

einzelne Funktionsblöcke (Sensor, Funktion, Aktor) nach dem sogenannten *EFA-Prinzip (Eingabe-Funktion-Ausgabe)* mit ihren Datenabhängigkeiten dargestellt. Die einzelnen Funktionsblöcke sind dabei noch technologieunabhängig. Zwischen diesen beiden Ebenen gibt es Abbildungskanten, mit denen ausgedrückt wird, welche Funktionsblöcke zur Realisierung einer Funktion notwendig sind. Im Laufe des Entwicklungsprozesses entspricht ein solcher Funktionsblock genau dem Umfang einer Software-Komponente inklusive ihrer Schnittstellen.

Auf der nächsten Ebene werden die einzelnen Software-Komponenten auf die Hardware-Komponenten (Sensor, ECU, Aktor) partitioniert. Für diese Zuordnung gibt es wiederum Abbildungskanten zwischen der Funktions-/Software-Architekturebene und der *Vernetzungsarchitekturebene*. Bei dieser Zuordnung von Software-Komponenten auf die Hardware-Komponenten muss sichergestellt werden, dass sämtliche Datenabhängigkeiten auf die Kommunikationsressourcen der Vernetzungsarchitektur abgebildet werden können. Damit die Hardware-Komponenten funktionieren, müssen sie mit elektrischer Leistung versorgt werden, was in einem Modell zur *Leistungsversorgung* beschrieben wird. Außerdem kann die Vernetzungsarchitektur noch in eine sogenannte *Hardware-Komponentenarchitektur* und in den *Leitungssatz* verfeinert werden. Diese Hardware-Komponentenarchitektur beschreibt das Innenleben eines Steuergeräts, eines komplexen Sensors oder Aktors.

Auf der untersten Ebene in Abb. 2.1 befindet sich die *Komponententopologie*. Auf dieser Ebene werden die Hardware-Komponenten der Vernetzungsarchitektur auf Bauräume abgebildet und die Leitungen für die Vernetzung, Kommunikation und Leistungsversorgung entlang vorgegebener Verlegewege geroutet.

Als Analogie zu den Systemebenen im E/E-Architekturentwicklungsprozess gibt es auch in anderen Bereichen der Elektronikentwicklung vergleichbare Schichtenmodelle. In Abb. 2.2 ist ein Ausschnitt aus den Systemebenen der Halbleiterindustrie dargestellt. Hier werden zunächst funktionale Komponenten – also Logik oder existierende IP-Blöcke – ausgewählt und miteinander verbunden. Je nach Technologie findet dann die *Synthese* und das *Floorplanning* statt, bevor die Maskensätze für die Produktion hergestellt werden können. Beim Platinenentwurf verhält es sich ähnlich: Die funktionalen Komponenten sind hierbei Kondensatoren, Widerstände, ICs, etc., die in einem Schaltplan sowohl logisch wie auch elektrisch miteinander verbunden werden. Anschließend erfolgt das Layout und Routing auf den einzelnen Platinenlagen sowie die Produktion, in der die Platinen geätzt und bestückt werden.

Die genaue Beschreibung der Objekte und deren Eigenschaften, die auf den einzelnen Ebenen spezifiziert bzw. modelliert werden können, erfolgt nun in den folgenden Abschnitten.

2.1.1 Funktionsumfang

Der Funktionsumfang eines Fahrzeugs umfasst sämtliche kundenerlebbaren Funktionen (Ausstattungen). Bei vielen Fahrzeugtypen besteht dieser Funktionsumfang aus einem Basisumfang an kundenerlebbaren Funktionen (Basisausstattung), der mit Sonderausstattungen erweitert werden kann. Hierbei kann es vorkommen, dass gewisse Abhängigkeiten zwischen den einzelnen Ausstattungen existieren, ein Kunde wählt also eine Ausstattung aus und muss eine andere hinzunehmen. Diese Abhängigkeit kann sowohl technische als auch wirtschaftliche Gründe haben. Ein Schiebedach kann zum Beispiel den Regensensor des automatischen Scheibenwischers benötigen, um bei Regen automatisch zu schließen. Hierdurch entsteht eine technische Abhängigkeit. Wirtschaftliche Abhängigkeiten entstehen dann, wenn eine Ausstattung nur zu sehr hohen Kosten integrierbar ist, die einem Kunden schwer vermittelbar wären. In einer Mischkalkulation aus zwei oder mehreren Ausstattungen können diese hohen Kosten auf alle Ausstattungen (Funktionen) umgelegt werden. Aus logischer Sicht sind solche Abhängigkeiten zwischen den Funktionen als Implikation zu betrachten: Funktion X $\rightarrow$ Funktion Y. Neben dieser Implikation gibt es auch den umgekehrten Fall, in dem sich zwei Ausstattungen gegenseitig ausschließen. Für die Ausstattung Halogen- und Xenon-Scheinwerfer ist dies ganz offensichtlich der Fall. Dieser gegenseitige Ausschluss entspricht einem logischen Exklusiv-Oder: Funktion X $\oplus$ Funktion Y.

Eine kundenerlebbare Funktion hat eine Menge an sogenannten kundenerlebbaren Anforderungen und nicht-kundenerlebbaren Anforderungen zu erfüllen. Ein Beispiel für eine solche kundenerlebbare Anforderung ist: *Nach Betätigung des Fensterhebers muss nach maximal* 100 ms *eine Reaktion des Fensters erfolgen.* Zu den nicht-kundenerlebbaren Anforderungen zählen u. a. rein technische Anforderungen oder Anforderungen, die sich aus Gesetzen ergeben.

Wie in Abb. 2.3 dargestellt, besteht die Beschreibung des Funktionsumfanges aus mehreren Bestandteilen: 1.) der Auflistung von Funktionen bzw. Ausstattungen mit deren Merkmalen sowie 2.) der Menge von Anforderungen an eine Funktion. Die Funktion Schiebedach hat das Merkmal *Schiebedach öffnen* und *Schiebe-*

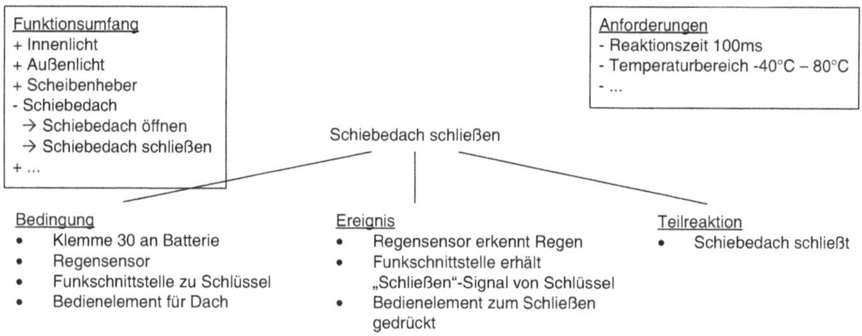

Abb. 2.3 Gezeigt ist das Funktionsmerkmal *Schiebedach schließen*. Die Bedingungen müssen erfüllt sein, damit das Funktionsmerkmal ausführbar ist. Die Ereignisse führen zu einem Auslösen des Funktionsmerkmals und die Teilreaktion beschreibt die Reaktion auf ein Ereignis

dach schließen. Für das Merkmal *Schiebedach schließen* können 1.) Bedingungen, 2.) auslösende Ereignisse und 3.) Teilreaktionen definiert werden.

2.1.2 Funktions-/Softwarearchitektur

Der Funktionsumfang eines Fahrzeugs mit seinen Funktionen (Ausstattungen) muss in einem nächsten Schritt als *Funktions-/Softwarearchitektur* modelliert werden. Die Funktions-/Softwarearchitektur besteht aus *Funktions-*, *Sensor-* und *Aktorblöcken* sowie *Verbindungen*, mit denen die Blöcke logisch verknüpft werden. Funktionsblöcke haben die Eigenschaft, dass sie eingehende Daten verarbeiten und anschließend wieder ausgeben. Hierbei spielt das genaue Verfahren zur Datenverarbeitung, das durch den Funktionsblock repräsentiert wird noch keine Rolle. Vielmehr ist ein Funktionsblock durch seine Schnittstelle charakterisiert – also die Art der Ports (Ein-/Ausgang), dem Datentyp der Werte und dem Datenaufkommen an einem Port. Gleiches gilt für Sensor- und Aktorblöcke, allerdings verfügen sie nur über Ausgangs- bzw. nur über Eingangsports und fungieren somit als Datenquelle oder Datensenke. Die Aus- und Eingangsports dieser drei Blocktypen werden durch logische Verbindungen verknüpft. Auf dieser Systemebene kann bereits festlegt werden, um welche Art der Kommunikation es sich handelt also eine Client-Server-Kommunikation, bei der ein Client einen Server nach einem Ergebnis fragt oder eine Sender-Receiver-Kommunikation, bei der ein Receiver immer das entgegennehmen muss, was der Sender ihm schickt. Weiterhin steht durch die logischen Verbindungen auch fest, welche Daten zwischen bestimmten Kommunikationsblöcken ausgetauscht werden. So können auf dieser Ebene bereits Funktionen mit hohem Kommunikationsaufkommen geclustert werden. Außerdem kann mit diesen Informationen später abgeschätzt werden wie hoch das Kommunikationsaufkommen innerhalb einer ECU oder auf Bussen zwischen den ECUs ist.

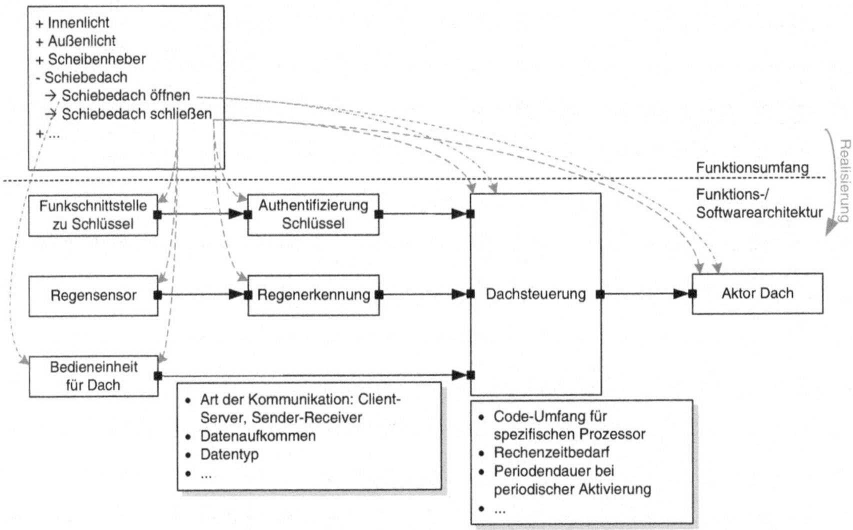

Abb. 2.4 Eine Funktions-/Softwarearchitektur besteht aus Funktionsblöcken, die über Ports und Verbindungen Daten austauschen. Die Funktionsblöcke werden den Funktionen und Funktionsmerkmalen der oberen Systemebene zugeordnet. Im gezeigten Beispiel benötigt das Funktionsmerkmal Schiebedach schließen alle Funktionsblöcke, während das Funktionsmerkmal Schiebedach öffnen auf den Regensensor und die Funkschnittstelle verzichten kann

Eine solche Funktions-/Softwarearchitektur ist vergleichbar mit dem AUTOSAR-Modell, bei dem Funktionsblöcke durch sogenannte *Software-Components (SW-Cs)* repräsentiert werden. Allerdings wird hier noch nicht festgelegt, ob ein Funktionsblock in Software auf einer CPU oder in Hardware auf einem ASIC bzw. FPGA ausgeführt wird. Auch die endgültige Verteilung der einzelnen Blöcke auf Steuergeräte spielt beim Aufbau der Funktions-/Softwarearchitektur noch keine Rolle. Vielmehr steht hier die Frage im Vordergrund: Wie wird der Funktionsumfang unterteilt, sodass die einzelnen Funktionsblöcke 1.) wiederverwendbar sind, 2.) nicht zu komplex oder zu feingranular sind und 3.) sinnvoll auf die ECUs verschiedenster Vernetzungsarchitekturen verteilt werden können.

In Abb. 2.4 ist das Funktionsmerkmal *Schiebedach öffnen* des Schiebedaches auf drei Funktionsblöcke aufgeteilt, da das Dach in diesem Fall nur durch die Bedieneinheit geöffnet werden kann. Das Funktionsmerkmal *Schiebedach schließen* kann durch den Funkschlüssel und Regensensor ausgelöst werden. Für *Schiebedach schließen* werden also alle Funktionsblöcke benötigt. An die einzelnen Funktionsblöcke können charakteristische Eigenschaften annotiert werden, was in Abb. 2.4 für den Funktionsblock *Dachsteuerung* exemplarisch dargestellt ist. Gleiches gilt für die Verbindungen zwischen den Blöcken, was hier für die Verbindung zwischen *Bedieneinheit für Dach* und *Dachsteuerung* beispielhaft gezeigt ist. Die einzelnen Funktionsblöcke wie *Regenerkennung* oder *Authentifizierung Schlüssels* werden auch für die Realisierung von anderen Funktionen (Ausstattungen) verwendet wie z. B. Scheibenwischersteuerung oder Zutrittsberechtigung zum Fahrzeug. Eine separate Modellierung ermöglicht also die Wiederverwendbarkeit eines Funktionsblocks in anderen Zusammenhängen.

2.1.3 Vernetzungsarchitektur

Auf der Ebene der *Vernetzungsarchitektur* werden *Steuergeräte*, *Sensoren* und *Aktoren* betrachtet, die benötigt werden, um die Funktionsblöcke bzw. Software-Komponenten der Funktions-/Softwarearchitektur auszuführen. Weiterhin stehen diese Komponenten für den Austausch von Daten in Verbindung und müssen mit elektrischer Leistung versorgt werden. Aus diesem Grund wird diese Systemebene typischerweise in vier Unterebenen unterteilt: 1.) die Kommunikationsstruktur, 2.) die Leistungsversorgung, 3.) die Komponentenarchitektur und 4.) den Leitungssatz.

Kommunikationsstruktur

In der Kommunikationsstruktur werden Netzwerke aufgebaut, die aus Komponenten wie Steuergeräten, Sensoren und Aktoren bestehen. Die Kommunikation zwischen diesen Komponenten kann über Busse wie FlexRay, CAN, LIN, MOST, etc. erfolgen oder über dedizierte bzw. proprietäre Anbindungen, wie es zum Beispiel beim Anschluss eines Sensors oder Aktors der Fall sein kann. Sollen verschiedene Kommunikationssysteme oder Stränge eines Busses miteinander verbunden werden, so kann das auf verschiedenen Ebenen des ISO-OSI-Schichtenmodells erfolgen:

- Physikalische Schicht: Komponenten wie Sternkoppler, Repeater und Hubs arbeiten auf der physikalischen Ebene und verstärken ein elektrisches Signal bzw. speichern ein eingehendes Bit bevor sie es am Ausgang auf ein anderes Bussegment ausgeben. Bussysteme wie FlexRay können über aktive und passive Sternkoppler in einem Netzwerk verbunden werden. Auch wenn dieser Bus aus logischer Sicht ein *Shared-Medium* ist, so sind die Leitungen des FlexRays als Punkt-zu-Punkt-Verbindungen über aktive oder passive Sternkoppler verbunden.
- Sicherungs- und Vermittlungsschicht: Bei Computer-Netzwerken sind Komponenten wie Bridges, Switches oder Router im Einsatz, die auf diesen Schichten Pakete entsprechend ihrer Adressen und Informationen im Paketkopf an Ausgangsports weitergeben. In heutigen E/E-Architekturen findet diese Art der Kopplung zwischen den Automotive-Bussystemen keine Anwendung.
- Sicherungs- bis Transportschicht: Die Protokollumsetzung zwischen einzelnen Bussystemen erfolgt in E/E-Architekturen über sogenannte Gateways. Diese Gateways können eingehende Pakete beliebig zerlegen und neu zusammensetzen bevor sie wieder verschickt werden.

In Abb. 2.5 ist das Beispiel des Schiebedaches auf den oberen Systemebenen weitergeführt. Hierfür sind die drei Funktionsblöcke *Authentifizierung Schlüssel*,

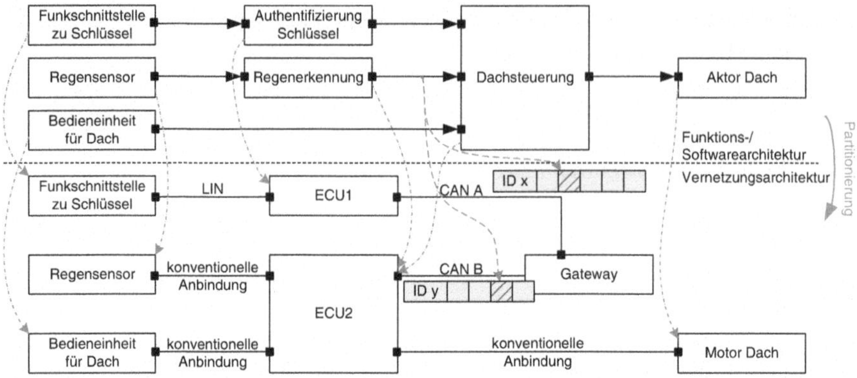

Abb. 2.5 Die Kommunikationsstruktur beschreibt die Steuergeräte, Sensoren und Aktoren sowie die Verbindungen zwischen diesen Komponenten. Der Übergang von der Funktions-/Softwarearchitektur auf die Kommunikationsstruktur erfolgt über eine Zuweisung von Funktionsblöcken zu Komponenten und Signalen zu Bussen oder konventionellen Verbindungen

Regenerkennung und *Dachsteuerung* auf zwei Steuergeräte *ECU1* und *ECU2* verteilt. Die Sensoren auf der linken Seite und der Aktor auf der rechten Seite haben jeweils eine dedizierte Komponente zugewiesen bekommen. Die Kommunikation zwischen den Blöcken der Funktions-/Softwarearchitektur wird auf die Kommunikationsressourcen – also die Busse und konventionellen Leitungen – gebunden. Exemplarisch ist dies für die Verbindung zwischen dem Funktionsblock *Regenerkennung* und *Dachsteuerung* dargestellt, die über *CAN A* und *CAN B* geroutet wird. Das Gateway zwischen *CAN A* und *CAN B* führt hierbei das Routing des Signals[1] durch.

Leistungsversorgung

Auf dieser Unterebene werden die Komponenten – also die Steuergeräte, Sensoren und Aktoren – mit elektrischer Leistung versorgt. Hierfür muss zunächst definiert werden woher die elektrische Leistung kommt. Bei heutigen Fahrzeugen ist dies typischerweise die Batterie oder ein Generator, zukünftig können diese Aufgabe auch sogenannte *On-Board-Charger* übernehmen, welche die elektrische Leistung aus dem öffentlichen Stromnetz beziehen und zum Laden von elektrifizierten Fahrzeugen notwendig sind. Die Leistung, die aus diesen Quellen kommt, wird über *Leistungsverteiler* oder *Sicherungs-Relais-Boxen* im Auto an die Komponenten verteilt. Jede Komponente erhält einen Eingang für die elektrische Leistungsversorgung und einen Ausgang, der an eine Masseanbindung angeschlossen wird. Bei Sensoren und Aktoren kommt es vor, dass diese von einzelnen Steuergeräten mit elektrischer

[1] Signale werden in *PDUs* (Protocol Data Units) und diese wiederum in *Frames* von Bussen verpackt.

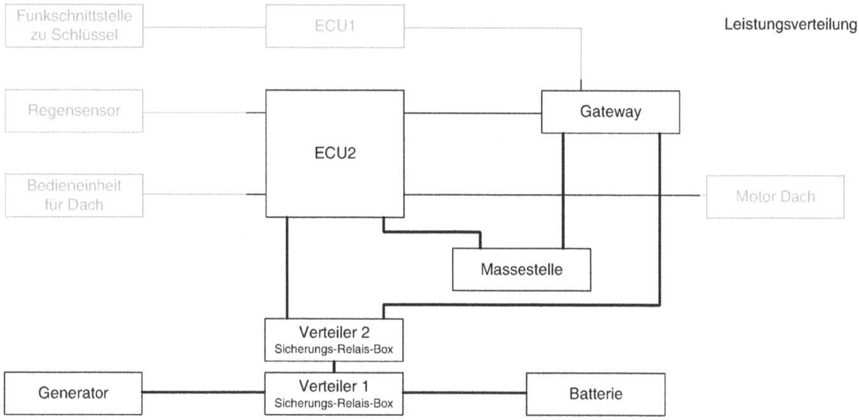

Abb. 2.6 Die Komponenten der Kommunikationsstruktur müssen mit Leistung versorgt werden, was in einem Modell zur Leistungsverteilung spezifiziert wird. Dargestellt ist die Leistungsverteilung für die ECU2 und das Gateway, die über zwei Verteiler aus der Batterie oder einem Generator ihre Leistung beziehen. Beide Komponenten sind an die gleiche Massestelle angebunden

Leistung versorgt werden. In einem solchen Fall müssen diese Komponenten nicht zwangsläufig an Leistungsverteiler oder Massestellen angebunden werden.

Die Ports der Komponenten müssen mit ihren elektrischen Parametern und einer Klemmenbezeichnung (siehe Anhang B) beschrieben werden. Häufig verwendete Klemmenbezeichnungen für Steuergeräte sind: 1.) Klemme 15: geschaltetes Plus vom Zündstartschalter, 2.) Klemme 30: Plusleitung direkt von der Batterie oder 3.) Klemme 30g: geschaltete Plusleitung direkt von der Batterie. In unserem Beispiel für das Schiebedach wurde die Anforderung definiert, dass die Funktion an Klemme 30 hängt und somit bei abgeschaltetem Motor funktioniert. Bei der in Abb. 2.5 dargestellten Partitionierung der Funktionsblöcke bzw. Software-Komponenten müssen also alle Sensoren und Steuergeräte an Klemme 30 angeschlossen sein. Abbildung 2.6 stellt für die *ECU2* und das *Gateway* die Leistungsversorgung dar. Hierbei ist die Versorgung aus der Batterie oder dem Generator über zwei Leistungsverteiler realisiert, und die Anbindung der Komponenten an ein Massepotenzial erfolgt an einer gemeinsamen Massestelle.

Komponentenarchitektur

Die Komponentenarchitektur beschreibt das Innenleben von Steuergeräten, komplexen Sensoren und Aktoren sowie Leistungsverteilern (siehe Abb. 2.7). Sie stellt somit eine Detaillierung der Komponenten aus der Vernetzungsarchitektur und Leistungsversorgung dar.

Bei Steuergeräten, Sensoren oder Aktoren muss diese Beschreibung noch nicht in Form eines Schaltplans vorliegen, sondern sollte vielmehr eine Bauteilauswahl für eine Komponente enthalten. Hierfür können auf dieser Systemebene verschie-

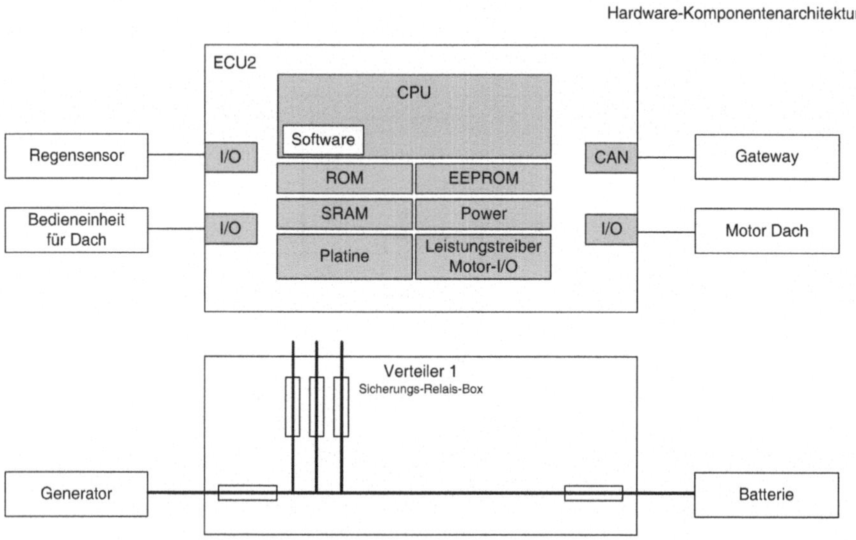

Abb. 2.7 Das Innenleben der Komponenten aus der Kommunikationsstruktur und Leistungsverteilung muss ebenfalls entweder beim Zulieferer oder beim Automobilhersteller spezifiziert werden. In der Abbildung sind die ECU2 und der Leistungsverteiler 1 exemplarisch dargestellt

dene Bauelemente wie Speicher, Prozessoren, FPGAs, ASICs oder Interfaces einer Komponente zugewiesen werden. Weiterhin gehören zu einer Komponente die Art und Fläche einer Platine, das geplante Betriebssystem und die Bauteile zur Leistungsversorgung. Mit dieser Granularität der Komponentenarchitektur kann man bereits Abschätzungen über die zu erwartenden Kosten, die Leistungsaufnahme und die belegte Platinenfläche durchführen. Zudem ist es möglich Bestückungsvarianten zu modellieren. Diese Bestückungsvarianten können Alternativbausteine aufzeigen oder sind notwendig, um verschiedene Ausstattungsumfänge zu unterstützen. Fällt eine Funktion weg, so kann man eventuell einen ASIC, der diese Funktion realisiert ebenfalls weglassen und somit die Produktkosten senken.

Leitungssatz

Die Verbindungen zwischen den Komponenten der Kommunikationsstruktur und Leistungsversorgung stellen bislang noch logische Verbindungen dar, aus denen nicht hervorgeht wie viele Pins und welche Leitungen auf die Stecker, Buchsen und Trennstellen gehen. Diese Spezifikation wird auf Leitungssatzebene durchgeführt, wo ausgehend von einer logischen Verbindung zunächst die elektrische Verbindung beschrieben und anschließend der Leitungssatz definiert wird. Diese drei Ebenen sind in Abb. 2.8 dargestellt. Die elektrische Verbindung spezifiziert wie viele Pins und Leitungen pro logischer Verbindung benötigt werden. Diese elektrischen Verbindungen müssen anschließend mit Leitungs- bzw. Kabeltypen versehen werden. Leitungstypen können Einzelleitungen, mehradrige Kabel, verdrillte Zwei-

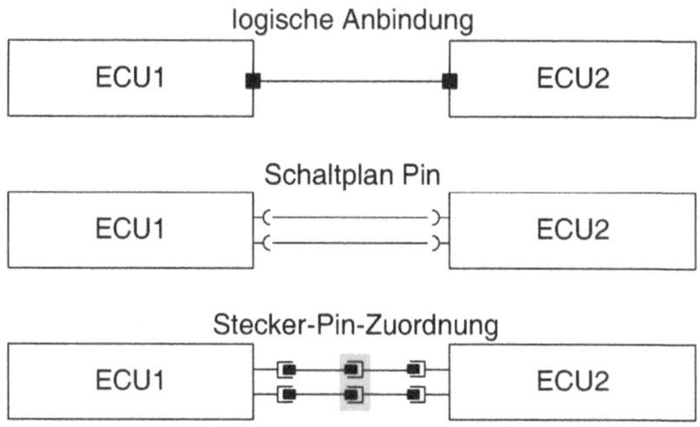

Abb. 2.8 Bei der Modellierung des Leitungssatzes wird zwischen drei Abstraktionsebenen unterschieden: 1.) die abstrakte Anbindung von Steuergeräten, 2.) die Modellierung von Pins an Steuergeräten und Adern im Leitungssatz sowie 3.) die Zuweisung von Pins zu Steckern, Modellierung von Trennstellen und die Auswahl von Leitungen

drahtleitung mit oder ohne Kunststoffmantel oder geschirmte Leitungen wie Koax- und geschirmte verdrillte Mehrdrahtleitungen sein. Beim Übergang von der elektrischen Ebene auf die Leitungssatzebene müssen Trennstellen, Ausbindungen oder (Mehrfach)Anschläge gesetzt werden. Trennstellen können z. B. an Türen oder an Übergängen von Baugruppen vorkommen. Ausbindungen werden beispielsweise an Stellen gesetzt, wo sich ein Kabelstrang in zwei oder mehrere Kabelstränge unterteilt. Außerdem enthalten die elektrischen Verbindungen noch keine Informationen welche Leitungen und Pins auf welche Stecker gehen und wie viele Stecker an einer Komponente vorhanden sind. Deshalb muss bei der Spezifikation des Leitungssatzes eine Zuordnung von Pins der elektrischen Ebene auf Stecker der Leitungssatzebene erfolgen. Zusammenfassend lassen sich folgende Aufgaben nennen, die beim Übergang von logischen Verbindungen zur Leitungssatzebene gelöst werden müssen:

- Definition von elektrischen Verbindungen
- Setzen von Ausbindungen
- Setzen von Mehrfachanschlägen
- Setzen von Trennstellen
- Zuordnung von Pins zu Steckern
- Auswahl der Leitung bzw. des Kabels

2.1.4 Komponententopologie

Auf der Ebene der *Komponententopologie* werden Bauräume für Komponenten und Segmente zur Leitungsführung definiert. Ein Bauraum ist charakterisiert durch seine Größe, seinen Ort und weitere Eigenschaften wie Temperaturbereiche, Feuchtigkeit am Einbauort, etc. Die einzelnen Bauräume sind durch Segmente miteinander verknüpft. Solch ein Segment hat jeweils an seinen beiden Enden entweder

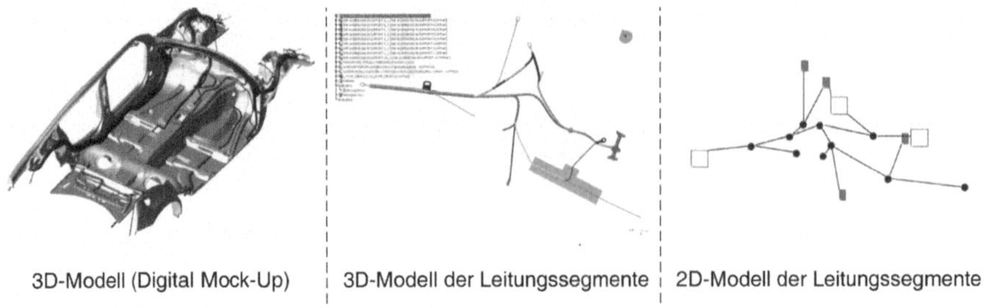

Abb. 2.9 Die Extraktion von Parametern für Leitungssegmente erfolgt aus 3D-Modellen eines Fahrzeugs oder Rohbaus (*links*). Hieraus werden Leitungssegmente extrahiert (*mitte*) und zu einem 2D-Modell abstrahiert (*rechts*) [Hen09]

1.) einen Bauraum, 2.) eine Trennstelle oder 3.) eine Ausbindung. Die Beschreibung eines Segments erfolgt durch Parameter zur Länge des Segments sowie dem maximal möglichen Bündeldurchmesser des Leitungssatzes. Diese Größen- und Längenangaben werden aus digitalen 3D-Modellen (Digital Mock-Up) der Karosserie oder des Rohbaus extrahiert. In Abb. 2.9 sind drei Schritte zur Extraktion der Parameter für Leitungssatzsegmente dargestellt. Ausgehend von einem 3D-Modell des Rohbaus, in dem Verlegewege für den Leitungssatz eingezeichnet sind, werden Leitungssatzsegmente bestimmt. Das 3D-Modell mit den Leitungssatzsegmenten kann anschließend zu einem 2D-Modell abstrahiert werden, in dem die Segmentparameter an die Verbindungen annotiert sind. Das 2D-Modell, das in Abb. 2.9 für einen kleinen Ausschnitt dargestellt ist, sieht bei Betrachtung eines Gesamtfahrzeugs deutlich komplexer aus. In Abb. 2.10 ist auf Gesamtfahrzeugebene ein 2D-Modell eines Leitungssatzes gezeigt. In den Kästen neben dem Fahrzeugumriss sind einzelne Bauräume dargestellt, die sich im 2D-Modell mit anderen Bauräumen überlappen.

Nachdem nun die Komponententopologie aufgebaut ist, können im nächsten Schritt die Komponenten und Leitungen der Vernetzungsarchitektur mit den Bauräumen bzw. Leitungssatzsegmenten verknüpft werden. Dabei werden zunächst die Komponenten auf die Einbauorte platziert und anschließend die Leitungen zwischen den Komponenten über die Segmente zwischen den Einbauorten geroutet. Die Platzierung der Komponenten und insbesondere das Routing von Leitungen in einem Fahrzeug unterliegen hierbei gewissen Randbedingungen:

- **Sicherheit (Security):** Die Sicherheit im Sinne des Schutzes vor Angreifern von außen kann einen Einfluss auf die Verlegewege von kritischen Bussystemen haben. Angenommen ein CAN-Bus überträgt Nachrichten zum Öffnen und Schließen von Türen zwischen verteilten Türsteuergeräten eines Fahrzeugs, so sollte dieser Bus nicht in leicht zugängliche Bereiche wie Außenspiegel gelegt werden.
- **Sicherheit (Safety):** Die Sicherheit im Sinne des Schutzes von Personen vor Risiken kann ebenfalls einen Einfluss auf die Platzierung von Steuergeräten und das Routing von Leitungen haben. Funktionen, die auch nach einem Unfall noch

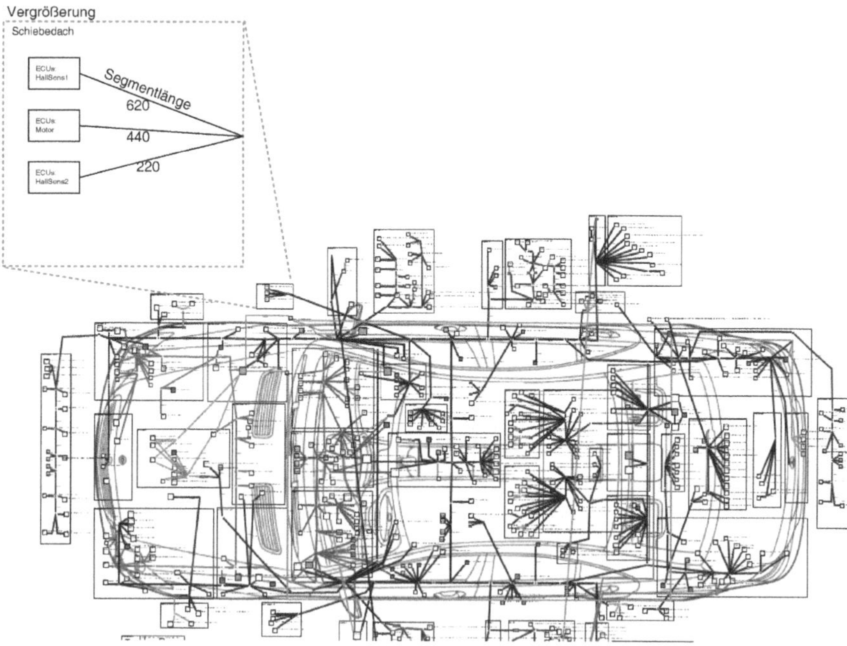

Abb. 2.10 Dargestellt ist ein 2D-Modell eines Fahrzeugs, an dessen Segmente die Segmentlängen und Namen annotiert sind

voll funktionsfähig sein sollen, gilt es in geschützten Bereichen wie z. B. innerhalb der Fahrgastzelle zu platzieren.

- **Umgebungsbedingungen:** Zu den Umgebungsbedingungen zählen Feuchtigkeits-, Temperatur-, Schmutz- und Vibrationsbedingungen, die an unterschiedlichen Bauräumen variieren.
- **Elektromagnetische Verträglichkeit (EMV):** Unter dem Begriff der elektromagnetischen Verträglichkeit werden im Wesentlichen vier Aspekte zusammengefasst: 1.) die Störemission, 2.) die Störfestigkeit, 3.) die elektrostatische Festigkeit (ESD), und 4.) die Transienten. Die Störemission beschreibt hierbei das Störverhalten einer Komponente oder einer Leitung auf eine andere. Dabei kann die Störung auf verschiedene Arten zwischen den Komponenten oder Leitungen gekoppelt werden (galvanisch, kapazitiv, induktiv, leitungsgekoppelt oder gestrahlt). Gerade die Leitungssatzsegmente entlang von Scheibenantennen – beispielsweise Hutablage oder A- bzw. C-Säulen – gelten hierbei als kritisch, da der Leitungssatz in die Antennen einstrahlt und ggf. den Empfang von verschiedenen Frequenzbändern stört. Die Störfestigkeit beschreibt das Gegenteil. Hierbei soll abgesichert werden, dass eine Komponente nicht durch elektromagnetische Einflüsse von außen gestört oder sogar zerstört wird.
- **Maximale Leitungslängen:** Die maximal möglichen Leitungslängen sind zum Teil begrenzt, da bei hochfrequenten Signalen die Dämpfung oder die Laufzeit eines Signals Grenzwerte überschreitet. Weiterhin kann der Spannungsabfall bei

langen Leitungen zu groß werden, sodass eine Komponente nicht mehr sicher versorgt werden kann.

Neben diesen Randbedingungen, die ausschlaggebend für einen fehlerfreien Betrieb sind, spielen Bewertungskriterien eine wichtige Rolle, um Auskunft über die Effizienz bzw. Optimalität eines Systems zu geben.

2.1.5 Bewertungsmetriken für E/E-Architekturen

Die Architekturbewertung ist ein zentraler Bestandteil im Entwicklungsprozess, da am Ende einer Entwicklungsphase nicht nur ein funktional und technisch korrektes Modell einer E/E-Architektur vorliegen soll, sondern auch ein möglichst optimales. Hierfür werden im Folgenden verschiedenste Metriken definiert, die auf die Gesamtarchitektur oder Teilaspekte einer E/E-Architektur angewandt werden. Gerade bei Teilaspekten einer E/E-Architektur gibt es verschiedenste Implementierungsarten, aus denen mit Hilfe von Metriken eine Vorauswahl getroffen werden kann. Die häufigsten Metriken sind:

- Systemkosten
- Systemgewicht
- Bündelquerschnitte
- Anzahl Steuergeräte
- Kommunikationslast

Abschätzung der Systemkosten

Die Systemkosten sind bei den meisten Entscheidungen das wesentliche Kriterium und lassen sich in zwei Anteile unterteilen: die *Fertigungs- und Materialkosten (FM-Kosten)* sowie die *Montagekosten*. Darüber hinaus gibt es noch eine Reihe weiterer Kostenbestandteile, die mit der Zuverlässigkeit eines Produktes zu tun haben. Hierunter fallen *Erprobungskosten* – also Kosten für den Prüfling und die Prüfzeit – sowie die *Gewährleistungs- und Kulanzkosten*. In frühen Entwurfsphasen sind jedoch solche Kostenbestandteile häufig schwer vorhersagbar.

Die Fertigungs- und Materialkosten können für Komponenten und Leitungssätze getrennt betrachtet werden. Für Komponenten erfolgt die Kostenabschätzung auf Basis der verwendeten Bauteile, der benötigten Platinenfläche, dem Bestückungsaufwand für die Bauteile und den Gehäusekosten. Somit ergibt sich folgende Summe:

$$\begin{aligned}\text{Komponentenkosten} = &\sum_{\text{verwendete Bauteile}} \text{Kosten des Bauteils}\\ &+ \text{Platinenkosten(Fläche, Anzahl der Lagen)}\\ &+ \text{Anzahl Bauteile} \cdot \text{Bestückungskosten pro Bauteil}\\ &+ \text{Gehäusekosten} \qquad (2.1)\end{aligned}$$

Die Leitungssatzkosten lassen sich auf verschiedene Arten abschätzen. Die erste Möglichkeit basiert auf der Annahme, dass das verbrauchte Material der Kostentreiber ist. Für die Abschätzung der Kosten muss die Komponententopologie bereits bekannt sein, da die Kosten vom Kupfergewicht, dem aktuellen Kupferpreis und den Isolationskosten im Leitungssatz abhängen:

$$\begin{aligned}\text{Leitungssatzkosten} = {} & \frac{\text{Kupfergewicht} \cdot \text{Kupferpreis} + \text{Isolierung}}{\text{Meter}} \cdot \text{Länge} \\ & + \text{Fixkosten}\end{aligned} \tag{2.2}$$

Eine andere gängige Methode zur Abschätzung von Leitungssatzkosten basiert auf Durchschnittswerten für eine konfektionierte Ader. Hierbei wird aus bereits existierenden Leitungssatzpreisen der durchschnittliche Wert pro Ader berechnet und für die Abschätzung des neuen Leitungssatzes herangezogen. Die genauen Längen der einzelnen Adern im Leitungssatz werden dabei vernachlässigt und durch einen Pauschalwert pro Ader angegeben. Mit Hilfe dieses Kostenmodells kann sehr früh, ohne genaue Kenntnis über die Komponententopologie, eine Abschätzung der Leitungssatzkosten erfolgen.

Bei diesen beiden Varianten der Kostenabschätzung ist zu beachten, dass sie nur für einfache Leitungen adäquate Ergebnisse liefern. Bei geschirmten oder gemantelten Leitungen können diese Modelle bereits zu ungenau sein. Stattdessen ist es ratsam die Leitungssatzkosten aus den Meterkosten der betrachteten Leitungen, den Steckerkosten und den Kosten für die Konfektionierung der Leitung zu bestimmen:

$$\begin{aligned}\text{Leitungssatzkosten} = {} & \text{Kosten der Meterware} \cdot \text{Leitungslänge} \\ & + \text{Steckerkosten} \\ & + \text{Konfektionierungskosten}\end{aligned} \tag{2.3}$$

Die Abschätzung der Montagekosten erfolgt auf verschiedene Arten:

- Der *HPV-Wert* (Hours per Vehicle) beschreibt die Arbeitsstunden eines Fahrzeugs und ist eine Personalproduktivitätskennzahl. Sie umfasst alle Arbeitsstunden der direkten und indirekten Arbeiter sowie Angestellten eines Werkes. Der HPV-Wert kann somit von Werk zu Werk variieren und ist in der frühen Entwicklungsphase einer E/E-Architektur nur schwer mit einzubeziehen. Die HPV-Werte werden übrigens für verschiedene Werke in einem Harbour-Report [Wym08] regelmäßig zusammengefasst und veröffentlicht. Als Größenordnung für Klein- und Mittelklassewagen lässt sich aktuell ein HPV-Wert von 15 bis 20 Stunden pro Fahrzeug nennen.
- Der *EHPV-Wert* (Engineered Hours Per Vehicle) misst den konstruktivbedingten Arbeitsinhalt eines Fahrzeuges. Wird zum Beispiel ein Steuergerät mit einem Stecker versehen, der erst gesteckt und anschließend verschraubt wird, so ist der konstruktivbedingte Arbeitsinhalt größer als bei einem einrastenden Stecker, der mit einem Handgriff verarbeitet werden kann. Für die meisten dieser Handgriffe, die bei der Produktion denkbar sind, gibt es definierte EHPV-Werte. Diese EHPV-Werte können bei der Entwicklung berücksichtigt werden und führen bei der späteren Produktion zu einer höheren Effizienz.

Abb. 2.11 Bündel können je nach Bauraum verschiedene Querschnitte haben. Als Einhüllende kommt typischerweise ein Kreis oder ein Rechteck zum Einsatz

Bündelquerschnitte eines Leitungssatzes

Für die Abschätzung der Bündelquerschnitte müssen die Komponententopologie bereits modelliert und die elektrischen Leitungen entlang von Topologiesegmenten geroutet sein. Entlang eines solchen Segments kann der Bündelquerschnitt des Segments berechnet werden, indem sämtliche parallel laufenden Leitungen zu einem Bündel zusammengefasst werden. Der Querschnitt eines Bündels kann unterschiedliche Formen annehmen (siehe Abb. 2.11). In einigen Topologiesegmenten kann ein Bündel rund sein, während es in anderen z. B. flach und breit sein muss. Für die Abschätzung, ob die dort verlegten Adern in den vorgegebenen Bauraum passen, gibt es Erfahrungswerte und Heuristiken, mit denen der Querschnitt eines Bündels berechnet werden kann.

Kommunikationslast

Die Buslastberechnung erfolgt auf Basis einer gegebenen Bandbreite eines Busses und der benötigten Bandbreite von kommunizierenden Tasks. Ein Task erzeugt zum Beispiel eine Nachricht m_i mit einer Periode von T_i Sekunden, die eine Größe von C Bits hat. Die benötigte Bandbreite ist dann C_i / T_i. Alle periodischen Nachrichten m_i, die über denselben Bus verschickt werden, erzeugen somit eine Buslast von:

$$\text{Buslast} = \sum_{\forall m_i} C_i / T_i \tag{2.4}$$

Eine solche Metrik funktioniert bei CAN, liefert aber bei anderen Arbitrierungsarten wie sie bei FlexRay zum Einsatz kommen, keine verwertbaren Ergebnisse. Beim CAN-Bus darf die gegebene Bandbreite eines Busses nicht überschritten werden. Diese liegt bei heutigen Fahrzeugarchitekturen typischerweise bei 30 % beim Serienanlauf und später bei maximal 50 % der verfügbaren Bandbreite. Im Laufe der E/E-Architekturentwicklung kann mit dieser Metrik schnell abgeschätzt werden, ob eine E/E-Architektur funktioniert und wie viel Bandbreite für mögliche Erweiterungen bereit steht. Problematisch bei dieser Abschätzung ist die Aussagekraft der Ergebnisse. Da nur periodische Nachrichten berücksichtigt werden, kann der Bus durch sporadische Nachrichten überlastet werden, ohne dass es mit dieser Metrik auffällt. In den Kapiteln zur Timing-Bewertung (siehe Kap. 8 und 9) wird der Aspekt der Buslastanalyse genauer diskutiert. Die Frage nach der benötigten Bandbreite wird hier in eine Frage nach der Latenz für einzelne Nachrichten abgeändert.

Abschätzung des Systemgewichts und Anzahl an Steuergeräten

Zur Gewichtsabschätzung sowie zur Bestimmung der Steuergerätezahl stehen einfache Metriken zur Verfügung, die jeweils die entsprechende Größe aufakkumulieren.

Am Beispiel von Türsteuergeräten [Hen09] soll nun erläutert werden, wo diese Art der Metriken zum Einsatz kommt und wie die Bewertung von Architekturalternativen erfolgt. In Abb. 2.12 sind vier verschiedene Architekturalternativen gezeigt, die alle für die Implementierung der Türfunktionalität denkbar sind. Zu dieser Funktionalität gehören beispielsweise elektrische Fensterheber, die Zentralverriegelung und die Spiegelverstellung. Da diese Funktionen in den Türen Sensorik und Aktorik benötigen, müssen auf jeden Fall Motoren, Schalter und Sensoren mit ihren elektrischen Anschlüssen in jeder einzelnen Tür integriert sein. Die Komplexität dieser Komponenten und die Art der elektrischen Verbindung können allerdings variieren. Die Alternativen aus Abb. 2.12 kombinieren verschiedene Möglichkeiten aus diskret verkabelter Sensorik, Aktorik und vernetzten Türsteuergeräten. Die erste Alternative in Abb. 2.12 besteht aus zwei Türsteuergeräten, die über einen CAN-Bus an ein zentrales Steuergerät – den sogenannten Body Controller – angeschlossen sind. Die Sensorik und Aktorik der hinteren Türen ist diskret an den Body Controller angeschlossen. Die Leistungstreiber für die Aktorik oder die Eingänge für

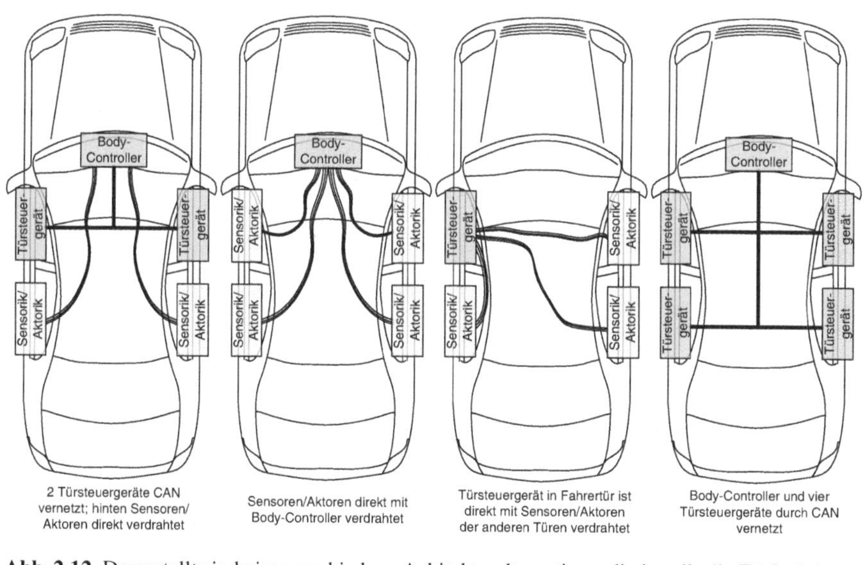

Abb. 2.12 Dargestellt sind vier verschiedene Achitekturalternativen, die jeweils die Türfunktionalität ausführen sollen

Tabelle 2.1 Beispiel für die Anwendung von Metriken

	Alternative 1 2 Tür-ECU CAN vernetzt; Sensoren/Aktoren hinten diskret verkabelt	Alternative 2 Sensoren/Aktoren diskret verkabelt	Alternative 3 Master in Fahrertür; andere Türen diskret vernetzt	Alternative 4 4 Tür-ECU CAN vernetzt
Buslast [%]	4	–	–	8
Gewicht [g]	1955	2712	2823	694
Kosten [euro]	2,50	3,26	4	1,88
Montage-aufwand	570	540	525	600
Bündel-durchmesser	12,212	12,39	20,8	2,73
Anzahl Steuergeräte	3	1	1	5

Schalter und Sensoren müssen im Body Controller vorgehalten werden. In der zweiten Alternative wird sämtliche Sensorik und Aktorik direkt an den Body Controller angeschlossen, wodurch einerseits die Türsteuergeräte wegfallen, aber andererseits die Verkabelung für jeden Sensor und Aktor getrennt in die Tür gelegt werden muss. Die dritte Alternative zeigt ein Türsteuergerät in der Fahrertür, an das die Sensorik und Aktorik der anderen Türen diskret mit einzelnen Leitungen angeschlossen ist. In der letzten Alternative sind vier Türsteuergeräte verbaut, die jeweils für die Sensorik und Aktorik in der jeweiligen Tür zuständig sind und über einen CAN-Bus miteinander Daten austauschen.

Wendet man auf diese vier verschiedenen Architekturalternativen die obigen Metriken an, so ergibt sich folgendes Bild, das in Tab. 2.1 dargestellt ist[2]. Auffällig ist hierbei, dass jede Alternative bei bestimmten Kriterien Vorteile mit sich bringt, aber bei anderen Kriterien dominiert wird. Als Entwickler hat man in einem solchen Fall die Aufgabe den Entscheidungsraum weiter einzugrenzen. Hierbei kann die Betrachtung weiterer Baureihen oder Fahrzeugvarianten helfen. Alternativ können auch Argumente helfen, die nicht oder nur schlecht quantifizierbar sind. Zum Beispiel existiert ein Übernahmebauteil aus einem bestehenden Produkt, oder der Reifegrad einer betrachteten Technologie ist höher als bei einer anderen Technologie.

2.2 Einflüsse durch Gesetzgebung und Standardisierung

Die Einflüsse der Gesetzgebung auf eine E/E-Architektur können aus höchst unterschiedlichen Bereichen kommen und sind für die Zulassungsfähigkeit von Fahrzeu-

[2] Die Werte der Tabelle sind hypothetisch und stellen keinen Bezug zu einem konkreten Produkt dar.

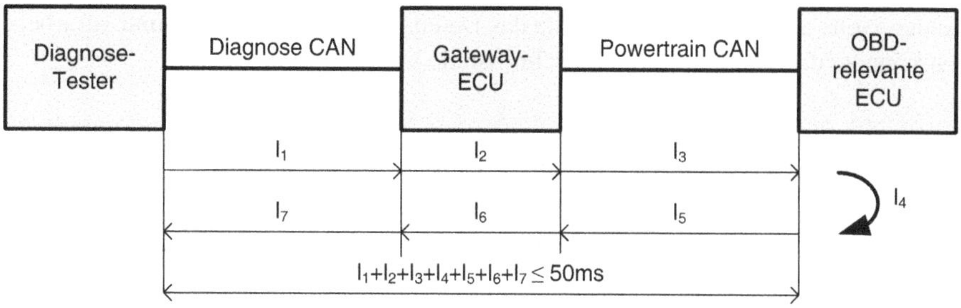

Abb. 2.13 Beispiel für einen Diagnosepfad, welcher die Anforderung der maximalen Latenzzeit von 50 ms erfüllen muss

gen in den Zielmärkten wichtig. Viele dieser länderspezifischen Vorschriften kommen aus dem Bereich der Abgasemissionen und der Unfallsicherheit. Ein Überblick über die gesetzlichen Vorschriften ist in [AG11] gegeben. Um diese vielfältigen, diversen und teilweise komplexen Vorschriften in den Entwicklungsprozessen zu berücksichtigen, bedarf es einer gründlichen Planung während der Entwicklung und Fahrzeugzulassung. Diese Prozedur der Fahrzeugzulassung wird auch als *Homologation* bezeichnet. Im Folgenden soll anhand von drei Beispielen gezeigt werden wie gesetzliche Vorgaben Einfluss auf die E/E-Architektur nehmen.

On-Board Diagnose

Um ein Fahrzeug in den USA auf den Markt bringen zu können, muss dieses den Regeln der CARB-Behörde (California Air Resource Board) genügen. Diese Behörde stellt Anforderungen für die abgasrelevanten Komponenten von Kraftfahrzeugen auf. Durch den Einsatz neuer Antriebstechnologien (Hybrid, E-Antrieb) werden immer mehr E/E-Komponenten von der CARB als OBD-relevant eingestuft. Die Anforderung betrifft auch die Diagnostizierbarkeit von E/E-Komponenten. Beispielsweise müssen die als OBD-relevant eingestuften Steuergeräte, welche die Speicherung von OBD-Fehlern durchführen, innerhalb von 50 ms auf die Anfrage eines Diagnosetesters antworten. In Abb. 2.13 ist ein solcher Pfad dargestellt, der über zwei CAN-Busse und ein Gateway zum diagnostizierten Steuergerät und wieder zurück zum Diagnosetester geht.

Weiterhin wird an einer weltweiten Harmonisierung der On-Board Diagnose gearbeitet, bei der eine einheitliche Diagnoseschnittstelle am Auto definiert werden soll. Dieser Standard [IOfS11, IOfS06] sieht eine Einführung einer Ethernet-Schnittstelle und die Anwendung des Internet Protokolls vor. Zusätzlich kommt eine sogenannte *Diagnostics over IP*-Schnittstelle (DoIP) zum Einsatz. Mit diesen standardisierten Protokollschichten soll nicht nur die Kompatibilität zwischen den Fahrzeugen, sondern auch zwischen Fahrzeug und einem Diagnose-Computer gegeben sein. Somit ergibt sich wiederum ein Einfluss auf die E/E-Architektur. Einerseits muss die Schnittstelle im Fahrzeug vorhanden und technologisch abgesichert sein.

Andererseits müssen die Steuergeräte das Datenaufkommen verteilen und verarbeiten können, das über die Ethernet-Schnittstelle kommuniziert wird.

Elektronisches Stabilitätsprogramm (ESP)

Ein weiteres Beispiel mit Einfluss auf die E/E-Architektur ist die Einführung des elektronischen Stabilitätsprogramms (ESP), das die Anzahl an Schleuderunfällen erheblich reduziert. Während in Premium- und Mittelklassefahrzeugen das System als Serienausstattung verbaut wird, kommt es in kostengünstigen Kleinwagen seltener zum Einsatz. Um langfristig eine flächendeckende Integration in die Fahrzeuge zu erreichen, hat das Europäische Parlament entschieden, dass neu entwickelte Modelle ab dem 1. November 2011 und bereits auf dem Markt befindliche Modelle ab dem 1. November 2014 mit dem elektronischen Stabilitätsprogramm ausgestattet sein müssen [dEU09]. Auch der EuroNCAP-Test wird die Möglichkeiten der Umfelderkennung und aktiven Sicherheit in die Bewertung der Sicherheit eines Fahrzeugs stärker einbeziehen. Ein Fahrzeug, das beispielsweise über radarbasierte Notbremssysteme verfügt, kann Unfälle vermeiden und somit mehr Punkte im Test erreichen. In diesem Fall ist es zwar keine zwingende Vorgabe, dass ein Notbremssystem verbaut ist, es stellt allerdings einen starken Anreiz für Fahrzeughersteller dar solche Systeme zu integrieren.

In beiden Fällen macht es Sinn die Integration der Sicherheitssysteme neu zu bewerten. Bei Systemen, die unter der Annahme einer Sonderausstattung integriert wurden, muss das Fahrzeug mit und ohne dieser Sonderausstattung effizient und funktional sein. Unter der Annahme, dass ein System zur Serienausstattung wird, kann jedoch eine Integration in eine bereits bestehende Komponente sinnvoll sein.

Rechts/Linkslenker

In unterschiedlichen Ländern existieren verschiedene Vorgaben für die Straßenseite, auf der gefahren wird und die Position des Lenkrads. Bei diesen Vorgaben wird im Wesentlichen zwischen vier Kombinationen unterschieden: Bei Rechtsverkehr ist es entweder empfohlen oder verpflichtend das Lenkrad auf der linken Fahrzeugseite zu haben. Bei Linksverkehr ist es entsprechend empfohlen oder verpflichtend das Lenkrad auf der rechten Fahrzeugseite zu haben. Abbildung 2.14 zeigt einen Überblick über diese Vorgaben in den verschiedenen europäischen Ländern. Der Einfluss auf die E/E-Architektur ist an mehreren Stellen gegeben. So müssen einzelne Bedienelemente und Steuergeräte statt auf der linken auf der rechten Fahrzeugseite untergebracht sein und Leitungssätze entsprechend angepasst werden. Teilweise wird auch die Anordnung von Bedienelementen gespiegelt. Während die Anordnung der Pedale und des Schalthebels gleich bleibt, befinden sich teilweise der Scheibenwischer- und Blinkerhebel auf der entgegengesetzten Seite.

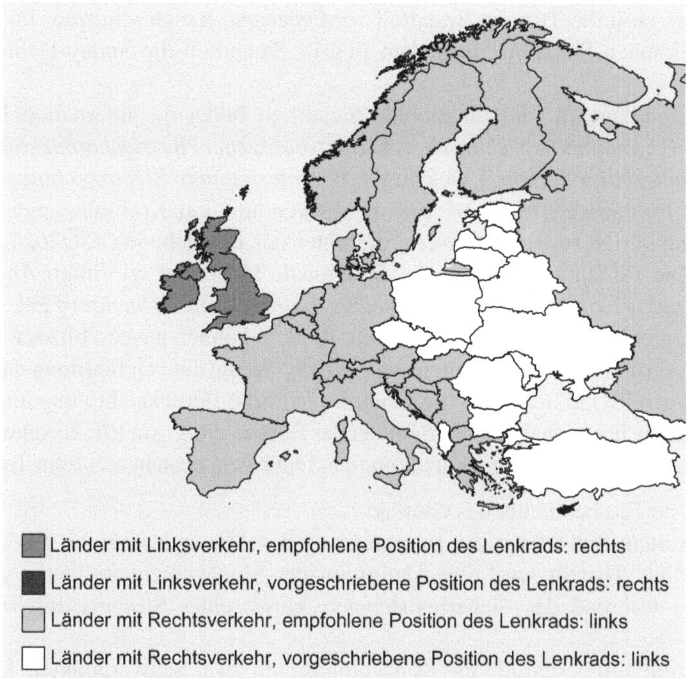

Abb. 2.14 Empfohlene oder vorgeschriebene Position des Lenkrads von europäischen Ländern

Funktionale Sicherheit

Das Thema *funktionale Sicherheit* nimmt bei der Entwicklung von Kraftfahrzeugen einen immer größeren Stellenwert ein. Am Beispiel des Falles von Toyota aus der jüngeren Vergangenheit, bei dem es zu einer Verwechslung des Gas- und des Bremspedals durch den Kunden kam, wird deutlich wie wichtig der Nachweis für den Hersteller von Kraftfahrzeugen ist, dass er nach aktuellem Stand der Technikentwickelt hat, um Risiken für den Kunden und die Umwelt zu minimieren.

Der Einstieg in das Thema soll anhand der eindeutigen Bestimmung der Begrifflichkeiten erfolgen. Im deutschen Sprachgebrauch wird der Begriff *Sicherheit* mit verschiedenen Bedeutungen verwendetet. Eine eindeutige Zuordnung kann immer erst durch die Berücksichtigung des Kontextes, in dem der Begriff verwendet wurde erfolgen. Die folgenden beiden Definitionen sind gültig:

- *Sicherheit (engl. Security)* beschreibt den Schutz eines Systems gegenüber äußeren Angreifern, z. B. durch böswillige Manipulation von Daten oder die Beeinträchtigung eines Systems durch unerlaubten Zugriff.
- *Sicherheit (engl. Safety)* beschreibt den Schutz der Umwelt vor einem Objekt.

Anhand eines Beispiels einer *Tür* lassen sich die beiden Begriffsdefinitionen verdeutlichen. Im Fall der Sicherheit – im Sinne der *Security* – hat die Türe die Aufgabe den Zutritt zu einem Raum zu verhindern. Im Fall der Sicherheit – im Sinne der *Saftey* – soll die Türe im Brandfall vor Feuer und Rauch schützen. Im Kontext der funktionalen Sicherheit liegt dem Begriff Sicherheit die Saftey-Definition zu Grunde.

Die Grundlage für die funktionale Sicherheit bildet die internationale Norm *IEC61508 (Funktionale Sicherheit sicherheitsbezogener elektrischer/elektronischer-/programmierbarer Systeme)*, welche von der *International Electrotechnical Comission (IEC)* herausgegeben wird. Für die Anwendung auf Kraftfahrzeuge hat eine Anpassung der Norm stattgefunden, die unter der Bezeichnung *ISO26262* zu finden ist. Die ISO26262 definiert die funktionale Sicherheit wie folgt: *Absence of unacceptable risk due to hazards caused by malfunctional behavior of E/E systems.* Dies bedeutet übersetzt: Nicht akzeptable Risiken können ausgeschlossen werden, welche aufgrund des Fehlverhaltens von E/E-Systemen eine Gefährdung darstellen.

Die Norm ISO26262 bildet die Grundlage für die Berücksichtigung und Dokumentation der funktionalen Sicherheit bei der Entwicklung von E/E-Systemen, welche im Kraftfahrzeug zum Einsatz kommen. Die Norm besteht aus zehn Teilen:

- Der erste Teil beinhaltet das Glossar.
- Im zweiten Teil erfolgt die Beschreibung des Managements der funktionalen Sicherheit. Hierfür wird eine Definition der Managementtätigkeiten gegeben, welche während des Sicherheitslebenszykluses eines Systems durchzuführen sind.
- Der dritte Teil beschreibt die Konzeptphase mit zwei Schwerpunkten. Der erste Schwerpunkt liegt auf der Identifikation von potentiell gefährlichen Situationen (engl. hazards), welche in allen Betriebsmodi und Ausfallarten eines Systems auftreten können. Diese können z. B. mittels einer sogenannten *Failure Mode and Effect Anaylsis (FMEA)* ermittelt werden. Der zweite Schwerpunkt beschreibt die Klassifikation der Sicherheitsanforderungsstufen. Diese sind in fünf Stufen aufgeteilt, den sogenannten *Automotive Safety Integrity Levels (ASIL)*. Sicherheitsrelevante Systeme werden mit den ASIL-Stufen A bis D klassifiziert und Systeme, die nicht sicherheitsrelevant sind, werden als *QM-Thema (Qualitätsmanagement)* eingestuft. Das heißt allerdings nicht, dass von diesen Systemen eine Gefährdung ausgehen darf. Durch die Produkthaftung kann auch eine Komponente, die nach Qualitätsmanagementmethoden entwickelt ist, besondere Mechanismen zur funktionalen Sicherheit beinhalten.
- Im vierten Teil werden das Vorgehen und die Anforderungen bei der Produktentwicklung beschrieben.
- Der fünfte Teil umfasst die sicherheitsrelevanten Themen der Hardware-Ebene.
- Im sechsten Teil wird auf die Software-Ebene der Produktentwicklung eingegangen.
- Der siebte Teil umfasst die Produktion und den Betrieb. Es wird das Vorgehen der Erstellung eines Produktions- und Installationsplans für sicherheitskritische Systeme inklusive deren Wartung und Reparatur beschrieben.
- Die unterstützenden Prozesse werden im achten Teil definiert. Diese gehen z. B. auf das Änderungsmanagement und die Dokumentationsprozesse ein.
- Der neunte Teil beschreibt die ASIL- und sicherheitsorientierte Analyse.
- Im zehnten Teil sind Anhänge zu finden.

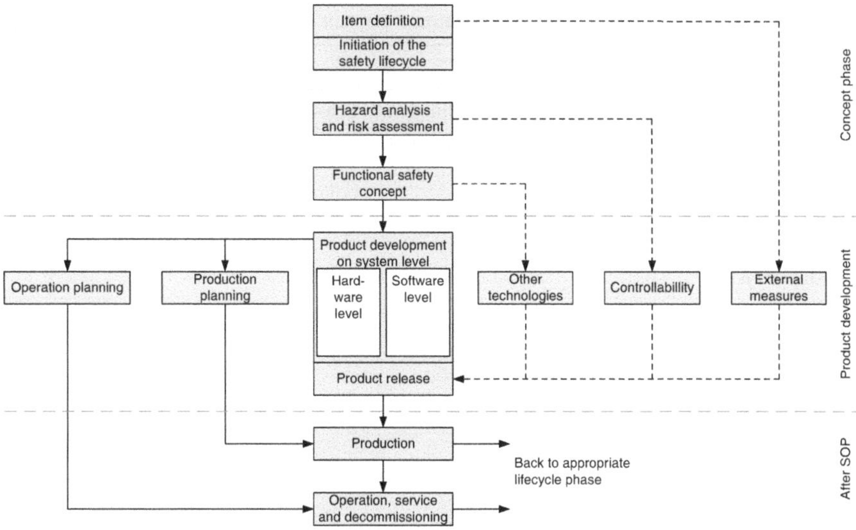

Abb. 2.15 Dargestellt ist der Sicherheitslebenszyklus eines Systems, von der Konzeptphase bis nach dem *Start-of-Production (SOP)*

Der Sicherheitslebenszyklus eines Systems ist in Abb. 2.15 dargestellt. Ein solcher Zyklus umfasst die Konzeptphase, die Entwicklungsphase bis zum *Product Release* sowie die Produktion bis nach dem *Start-of Production (SOP)*. In jeder der einzelnen Phasen sind die drei Managementaktivitäten: Planung, Koordination und Dokumentation durchzuführen.

Innerhalb der Konzeptphase ist eine Gefahren- und Risikoanalyse durchzuführen. Das Risiko R eines Systems kann über folgende Funktion F beschrieben werden:

$$R = F(f, S) \tag{2.5}$$

f steht für die Frequenz, mit der ein kritisches Ereignis auftritt und S für die Ernsthaftigkeit (engl. Severity) des resultierenden Schadens. Die Frequenz f hängt von folgenden Eigenschaften ab:

- Wie oft und wie lange ein System betrieben wird. E steht für *probability of exposure*.
- Wie wahrscheinlich es ist durch menschliches Eingreifen schwerwiegende Folgen abzuwenden. C steht für *Controllability*.

Für die Frequenz f gilt somit:

$$f = C \times E \tag{2.6}$$

Das folgende Beispiel in Tab. 2.2 beschreibt einen Fall für eine Abschätzung der Ernsthaftigkeit (Severity) eines Schadens. Die Klassifizierung der Ernsthaftigkeit geht von S0 = Keine Verletzungen bis S3 = lebensgefährliche Verletzungen (Über-

Tabelle 2.2 Beispiel für eine Abschätzung der Ernsthaftigkeit eines Schadens

Klasse	SO	S1	S2	S3
Beschreibung	Keine Verletzungen	Leichte/moderate Verletzungen	Schwere/ lebensgefährliche Verletzungen (Überleben ist wahrscheinlich)	lebensgefährliche Verletzungen (Überleben ist unwahrscheinlich)
Schaden während des Einparkens	trifft zu			
Abkommen von der Straße ohne Überschlag und Kollision	trifft zu			
Kollision vorne/hinten zwischen zwei PKWs		$v < 20\,\text{km/h}$	$20 < v < 40\,\text{km/h}$	$v > 40\,\text{km/h}$
Überschlag		Ohne Kollision (max. ein Überschlag)	Ohne Kollision, mehr als ein Überschlag	Mit Kollision, z. B. mit einem Baum

leben unwahrscheinlich). Anhand der Klassifizierung können verschiedene Fälle, die eintreten können, betrachtet werden. In gleicher Weise lässt sich die Häufigkeit des Auftretens (Exposure) und die Beherrschbarkeit (Controllability) abschätzen.

Die ASIL-Einstufung eines Systems bezieht sich immer auf eine bestimmte Sicherheitsanforderung. Ist ein System mit QM eingestuft, kann es mit den üblichen Qualitätsmanagementmethoden entwickelt und dokumentiert werden. Zu diesen Methoden zählen alle organisierten Maßnahmen, die der Sicherstellung und der Verbesserung eines Systems dienen. Das Qualitätsmanagement ist eine Kernaufgabe des Managements. In Tab. 2.3 sind den einzelnen Schadensklassen anhand ihrer Auftrittsfrequenz f aufgezeigt.

Auf der Basis der Gefahrenanalyse werden Sicherheitsziele als Anforderungen an das System sowie die Entwicklung und Dokumentation abgeleitet. Das Sicherheitskonzept (engl. Functional Safety Concept) beschreibt die hierfür notwendigen

Tabelle 2.3 Einstufung von Gefahrenklassen anhand deren Auftrittsfrequenz

	Frequenz (f) = Exposure × Controllability					
Severity	$f = 1$	$f = 0.1$	$f = 0.01$	$f = 0.001$	$f = 0.0001$	$f = 0.00001$
S0	QM	QM	QM	QM	QM	QM
S1	ASIL B	ASIL A	QM	QM	QM	QM
S2	ASIL C	ASIL B	ASIL A	QM	QM	QM
S3	ASIL D	ASIL C	ASIL B	ASIL A	QM	QM

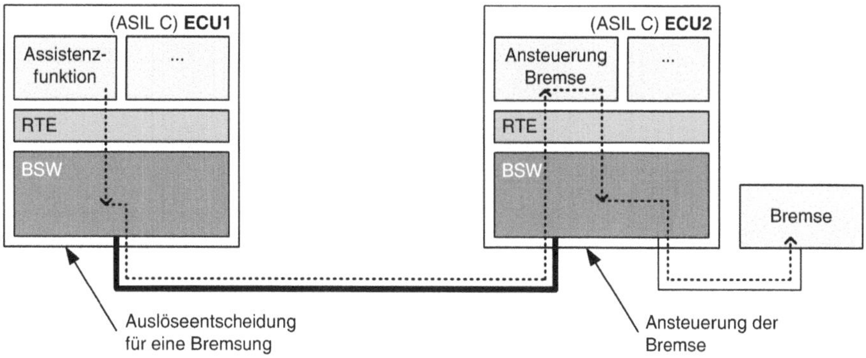

Abb. 2.16 Beispiel für ein Teilsystem, welches einen Bremseingriff auslösen kann

Schritte. Es umfasst ein Konzept ohne dabei die technische Implementierung vorzuschreiben. So werden zum Beispiel folgende Anforderungen darin beschrieben:

- Fehlererkennungsmechnismen mit Fehlerentschärfung (z. B. durch Übergang in einen sicheren Zustand)
- Fehlertoleranzmechanismen (z. B. durch Redundanz)
- Fehlererkennungsmechanismen mit Warnung (z. B. durch akustische, haptische oder visuelle Warnungen)

Für jede ASIL-Stufe sind Methoden spezifiziert und deren Eignung für die jeweilige Stufe bewertet. Zu den Methoden zählen u. a. Plausibilitätsprüfungen, Redundanz von Daten, Degradationsmechanismen, etc. Weiterhin werden die zulässigen Programmiersprachen sowie deren Eignung für die einzelnen ASIL-Stufen spezifiziert.

Für die Überprüfung eines Systems werden weiterhin Review-Aktivitäten beschrieben. Diese sind je nach Einstufung eines Systems 1.) von einer anderen Person (nicht der Entwickler), 2.) von einem anderen Team, 3.) von einer anderen Abteilung oder 4.) von einer anderen Firma durchzuführen. Dadurch soll eine Unabhängigkeit zwischen den Entwicklern und Überprüfern gewährleistet sein.

Im Folgenden werden einige Einflüsse der Sicherheitsanforderungen auf eine E/E-Architektur anhand eines Beispiels erläutert. Als Beispiel dient eine Fahrerassistenzfunktion (siehe Abb. 2.16), die auf einer ECU1 läuft und von dort über das Bremsensteuergerät ECU2 einen Bremseingriff auslösen kann.

Eine Gefahrenanalyse des Systems hat ergeben, dass eine Vollbremsung bis zum Stillstand als ASIL C eingestuft werden muss. In dem betrachteten System kann sowohl von ECU1 als auch von ECU2 die Bremse ausgelöst werden. Aus diesem Grund sind beide Steuergeräte mit ASIL C einzustufen. Da die Entwicklung einer Komponente mit hohem ASIL einen höheren Aufwand im Entwicklungsprozess und höhere Materialkosten verursachen kann, ist es wünschenswert den *Safety-Lavel* gering zu halten. Um für dieses Beispiel die ASIL-Einstufung der ECU1 zu reduzieren, sind folgende Schritte möglich:

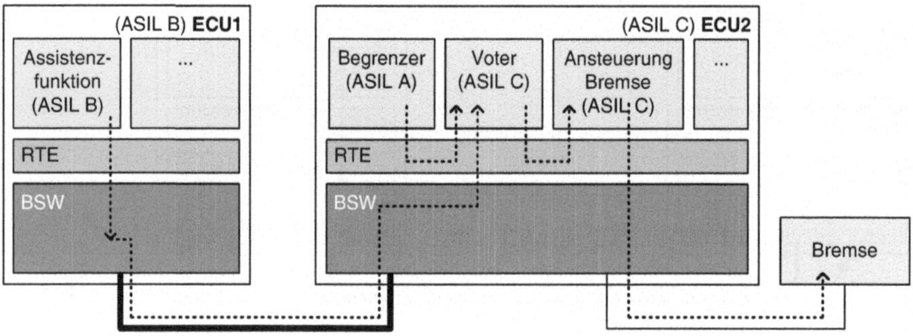

Abb. 2.17 Dargestellt ist das um einen *Begrenzer* und einen *Voter* erweiterte Teilsystem aus Abb. 2.16

- Die Eingriffsdauer der Assistenzfunktion kann zeitlich begrenzt werden (z. B. auf eine Sekunde).
- Es muss dann ein Nachweis erbracht werden, dass Fehleingriffe mit der maximalen Eingriffsdauer vom Fahrer (besser) beherrschbar sind.
- Als weitere technische Maßnahme muss ein *Zeitbegrenzer* auf der ECU2 integriert werden.

Über diese Maßnahmen ist eine Einstufung der ECU1 mit ASIL-B möglich. Die erneute Gefahrenanalyse ergibt nun, dass eine fehlerhafte Vollbremsung durch ECU1 ausgelöst werden kann und diese durch einen Begrenzer in ECU2 entschärft wird. In Abb. 2.17 ist das erweiterte Teilsystem dargestellt. ECU2 enthält nun zusätzlich den zeitlichen Begrenzer und einen Entscheider (Voter). Für die einzelnen Funktionen sind noch jeweils deren ASIL-Einstufung angetragen.

Als Fazit für das Beispiel sind folgende Punkte für den Einfluss auf eine E/E-Architektur von Bedeutung. Eine sinnvolle Funktionseinschränkung hilft in einigen Fällen die ASIL-Einstufung von einzelnen Komponenten zu reduzieren. Weiterhin sollte eine Verteilung von Sicherheitsanforderungen auf die einzelnen Komponenten so stattfinden, dass Funktionen mit hohen ASIL-Einstufungen möglichst auf einem Steuergerät partitioniert werden, welches bereits eine hohe ASIL-Einstufung hat.

2.3 E/E-Architekturkonzepte

Ein wesentlicher Bestandteil bei der Entwicklung von E/E-Architekturen besteht aus dem Aufzeigen und Bewerten von Alternativkonzepten. Wie diese Konzepte im Einzelnen aussehen, ist natürlich abhängig von der Anwendung, den technischen Möglichkeiten und von den existierenden Konzepten. Nichts desto trotz sollen an dieser Stelle grundlegende Architekturkonzepte [EB07] erörtert werden, die verdeutlichen welche Denk- und Argumentationsrichtungen bei der Architekturentwicklung eine Rolle spielen.

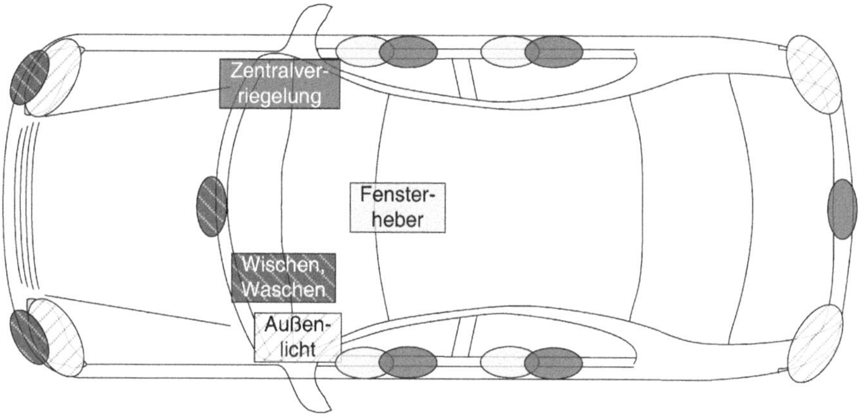

Abb. 2.18 Funktionsorientiertes Konzept: Beim funktionsorientierten Konzept werden für jede Funktion separate Komponenten und Verbindungen vorgesehen

2.3.1 Funktionsorientiertes Konzept

Das funktionsorientierte Konzept basiert auf der Idee, dass für jede Funktion eine separate Komponente mit ihren Sensoren und Aktoren integriert werden muss. In Abb. 2.18 sind vier Funktionen gezeigt, die jeweils getrennte Steuergeräte, Sensorik und Aktorik haben. Die Fensterheber haben in dem Beispiel ein zentrales Steuergerät und in den Türen jeweils Bedienfelder und Motoren. Die Zentralverriegelung hat ebenfalls ein zentrales Steuergerät und in den Türen wiederum die elektrischen Türschlösser als Aktoren. Bei den weiteren Funktionen für Scheibenwischer und Außenlicht verhält es sich analog. Auch hier gibt es jeweils ein zentrales Steuergerät und die zugehörige Sensorik/Aktorik. Die Vorteile, die sich hieraus ergeben sind folgende:

- Geringe Komplexität der einzelnen Komponenten, da ein kleinerer Funktionsumfang mit weniger Schnittstellen unterstützt wird als bei einem Ansatz mit verschiedenen Funktionen auf der gleichen Hardware.
- Geringe Packungsgröße für jede einzelne Komponente, da weniger Schnittstellen nach außen existieren und weniger Bauteile im Steuergerät benötigt werden.
- Vorteilhafte Wärmeentwicklung und angepasste Wärmeableitung, wegen der reduzierten Anzahl an Bauteilen.
- Skalierbarkeit der Fahrzeugarchitektur mit dem Funktionsumfang, da Funktionen und Komponenten äquivalent sind.
- Plattformübergreifende Nutzung der Komponenten möglich

Neben diesen Vorteilen lassen sich folgende Argumente nennen, die gegen einen solchen Ansatz sprechen:

- Eine große Anzahl an Komponenten, da keine Mehrfachnutzung einer Komponente für verschiedene Funktionen in dem Ansatz vorgesehen ist.

- Hoher Verdrahtungsaufwand, da mehr Komponenten miteinander Daten austauschen.
- Keine Mehrfachnutzung von Sensorik und Aktorik, sodass evtl. ein Aktor mehrfach verbaut werden muss. Beispielsweise wird ein Blinker typischerweise für die Diebstahlwarnanlage, den Fahrtrichtungswechsel und die Schließanlage verwendet, was bei einer strengen Auslegung des funktionsorientierten Ansatzes nicht möglich ist.
- Höhere Kosten der Elektrik/Elektronik, da mit steigender Anzahl an Komponenten, Sensoren/Aktoren und Leitungen auch die Kosten zunehmen.

2.3.2 Zentralisiertes Konzept

Das zentralisierte Konzept sieht vor, dass die Funktionalität auf einem Zentralsteuergerät gebündelt wird. Dieser Ansatz ist typisch für kleinere Fahrzeuge oder für standardmäßige Funktionsumfänge, die in den meisten Fahrzeugen vorkommen. In Abb. 2.19 ist ein solcher Ansatz verdeutlicht. Der Funktionsumfang, der gerade noch auf vier Steuergeräte verteilt war, ist ein typischer Funktionsumfang, der in den meisten Fahrzeugen vorkommt. Beim zentralisierten Ansatz übernimmt ein sogenannter *Body Controller* diese Funktionen, wodurch sich die Anzahl an Steuergeräten reduziert. Die Vorteile, die sich hieraus ergeben, sind folgende:

- Alle Funktionen können mit einer Komponente von einem Zulieferer getestet werden.
- Der Aufwand für die Komponentenentwicklung ist reduziert, da keine nebenläufigen Prozesse auf mehreren ECUs berücksichtigt werden müssen.

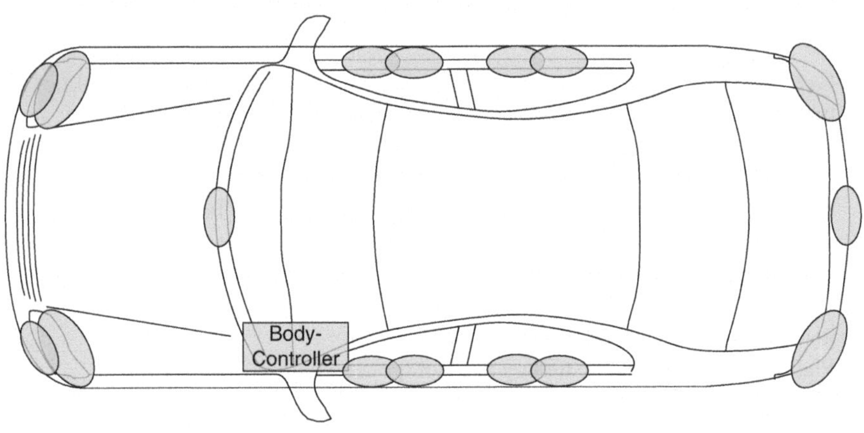

Abb. 2.19 Zentralisiertes Konzept: Beim zentralisierten Konzept wird die Fahrzeugfunktionalität auf einem Zentralrechner zusammengefasst

- Günstigere Kostenstruktur, da u. a. Gehäusekosten nur einmal anfallen und Bauteile wie Mikrocontroller, Speicher und Bus-Interfaces für verschiedene Funktionen verwendet werden.

Umgekehrt ergeben sich folgende Nachteile aus einem zentralisierten Konzept:

- Hoher Verkabelungsaufwand ist möglich, da das zentrale Steuergerät nicht in der Nähe aller Sensoren und Aktoren platziert werden kann, sondern Leitungen immer quer durch das Fahrzeug gelegt werden müssen.
- Ein größerer Bauraum ist für eine solche zentrale Komponente vorzusehen, da mehr Bauteile für die Schnittstellen, größere Stecker und somit mehr Platinenfläche notwendig sind.
- Thermische Probleme können auftreten, da die Wärme von mehr Bauteilen in einem Gehäuse abgeführt werden muss.
- Erschwerter Umgang mit verschiedenen Fahrzeugvarianten, da der Funktionsumfang evtl. nicht zu jedem Fahrzeugtyp passt.
- Eingeschränkte Skalier- und Erweiterbarkeit, da Schnittstellen, Speichergrößen, Rechenleistung, etc. für den Funktionsumfang angepasst sind.

2.3.3 Räumlichorientiertes Master/Slave-Konzept

Beim räumlichorientierten Konzept wird davon ausgegangen, dass der Funktionsumfang aus einem Fahrzeugbereich zusammengefasst wird. Zum Teil werden solche Ansätze auch als Master/Slave-Konzept gesehen, da in jedem Bauraum eine Master-ECU deren Slaves ansteuert und nur die Master untereinander kommunizieren. In Abb. 2.20 ist dieser Ansatz mit vier Bereichen verdeutlicht, in denen jeweils eine ECU vorkommt, die vor Ort die Ansteuerung der Slaves vornimmt. Als Vorteile für diesen Ansatz lassen sich folgende Punkte nennen:

- Geringer Verdrahtungsaufwand, da die Logik zur Ansteuerung in der Nähe der Sensorik und Aktorik sitzt und die Kommunikation zwischen den Master-Steuergeräten über ein Kommunikationssystem erfolgen kann.
- Wenig Bauraum für jede einzelne Komponente, da die benötigte Rechenleistung und Anzahl an Interfaces sich auf die verschiedenen Steuergeräte aufteilt.
- Komponenten sind eventuell plattformübergreifend nutzbar, sofern die Sensorik und Aktorik sich in dem Bauraum ähnelt.
- Geringe Komplexität der Hard- und Software-Slave-Module, da die Funktionen auf den Master-Modulen zusammengefasst sind.

Folgende Nachteile ergeben sich allerdings bei einem solchen Ansatz:

- Netzwerkmanagement notwendig, da Master-Knoten voneinander abhängen und sich gegenseitig wecken müssen.
- Erhöhte Software-Komplexität, da Funktionen aus unterschiedlichen Funktionsgruppen auf der gleichen Komponente laufen und die Kommunikation zwischen den Master-Komponenten geregelt werden muss.

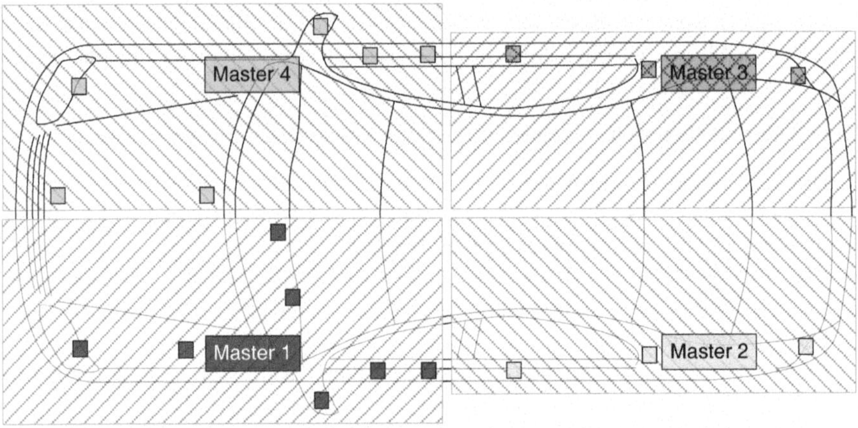

Abb. 2.20 Räumlichorientiertes Master/Slave-Konzept: Dieses Konzept sieht für Bauräume einen Master vor, der die lokale Elektronik steuert. Die Master sind miteinander vernetzt

- Erhöhter Kommunikationsbedarf, da zusammenhängende Funktionen auf mehreren Komponenten verteilt laufen und somit Daten über ein Netzwerk austauschen müssen.
- Erhöhte Testkomplexität, da verteilte Funktionen aus verschiedenen Funktionsgruppen (Safety, Chassis, Comfort, Powertrain) auf den gleichen Ressourcen laufen und um diese konkurrieren.

Baugruppenorientiertes Konzept

Beim baugruppenorientierten Ansatz ist die Fahrzeugfunktionalität mit der zugehörigen Elektronik einer bestimmten Baugruppe zugeteilt. Eine Tür, so wie sie in Abb. 2.21 gezeigt ist, stellt somit eine abgeschlossene Komponente mit den folgenden Vorteilen dar:

- Baugruppen sind getrennt produzier- und testbar, da Mechanik und Elektronik aus einer Baugruppe zusammen verarbeitet werden.
- Geringer Verkabelungsaufwand zwischen den Baugruppen, da Elektronik zum Steuern der Sensorik und Aktorik in der Baugruppe integriert ist und über Bussysteme von extern Daten empfängt. Die Leistungsversorgung der Sensoren und Aktoren geschieht ebenfalls aus einer zentralen Komponente der Baugruppe.

Die Nachteile sind allerdings vergleichbar zum räumlichorientierten Ansatz:

- Abhängig von der Baugruppe steht für die Elektronik ein geringer Bauraum zur Verfügung, dieser ist nicht optimal in Bezug auf Umweltbedingungen wie Temperatur, Feuchtigkeit oder Vibrationen. Die Elektronik muss hierbei an die Baugruppe angepasst sein.
- Erhöhter Kommunikationsbedarf zwischen den verteilten Funktionen, da Funktionen baugruppenübergreifend arbeiten (z. B. Fensterheber, Zentralverriegelung).

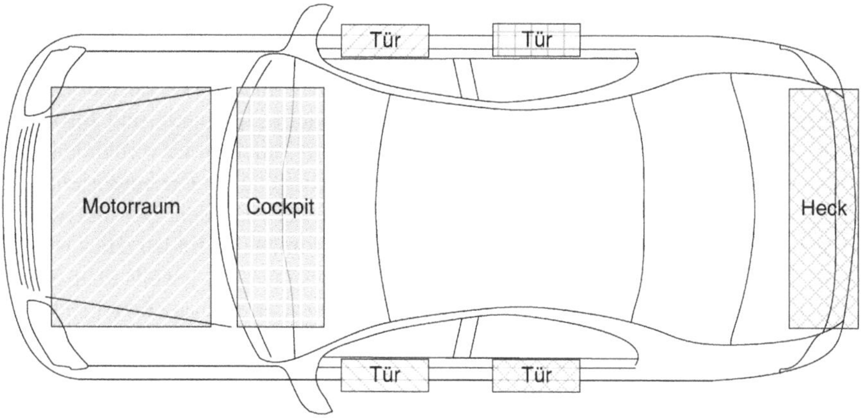

Abb. 2.21 Baugruppenorientiertes Konzept: Hierbei wird die Elektronik möglichst weitgehend in eine Baugruppe integriert

- Netzwerkmanagement notwendig, da die Elektronik aus den einzelnen Baugruppen sich gegenseitig wecken und den Zustand des Fahrzeugs erkennen muss.
- Erhöhte Softwarekomplexität, da verschiedene Funktionen auf der gleichen CPU laufen und ggf. gekapselt werden müssen oder Funktionen auf mehreren CPUs verteilt im Netzwerk laufen.

Eine strenge Auslegung eines Netzwerks entsprechend der vorgestellten Konzepte liegt in der E/E-Architektur heutzutage nicht vor. Stattdessen werden solche Konzepte in einzelnen Bereichen der E/E-Architektur aufgegriffen. In Abb. 2.22 ist

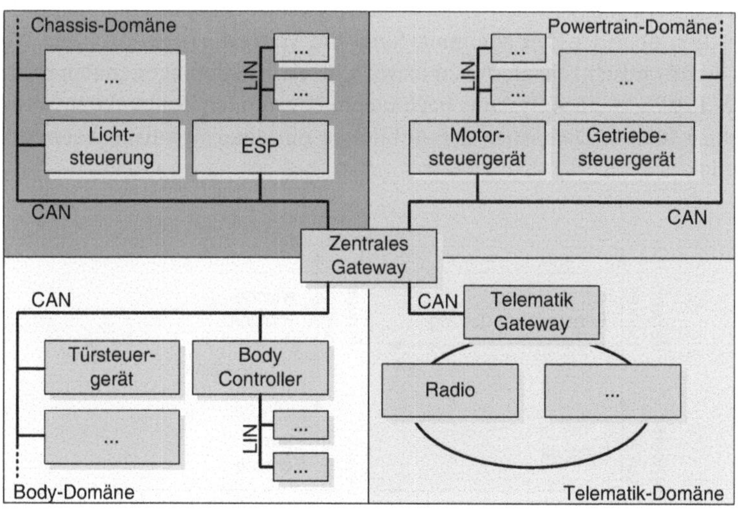

Abb. 2.22 Heutige E/E-Architekturen sind häufig in funktionale Domänen unterteilt und über ein zentrales Gateway miteinander gekoppelt. Innerhalb der Domänen lassen sich wiederum obige Konzepte erkennen

ein typischer Aufbau einer Kommunikationsstruktur dargestellt wie sie in aktuellen Premiumfahrzeugen zu finden ist. Charakteristisch für eine solche Kommunikationsstruktur ist die Gruppierung der Funktionen in die Domänen 1. Antriebsstrang, 2. Fahrerassistenz und Fahrwerk, 3. Innenraum sowie 4. Telematik und Infotainment. Diese Domänen sind durch ein zentrales Gateway miteinander verbunden und können jeweils noch sogenannte Domänen-Gateways beinhalten. Die beschriebenen Ansätze sind teilweise in den einzelnen Domänen wieder zu finden. Beispielsweise ist der räumlichorientierte Ansatz in der Innenraumdomäne zu finden. Hier ist ein Body Controller für vorne und einer für hinten vorgesehen, die jeweils über einen LIN-Bus lokale Slaves ansteuern. Der baugruppenorientierte Ansatz findet sich bei den Türsteuergeräten wieder, bei denen für jede Tür ein separates Steuergerät vorgesehen ist.

2.4 Ebenen der Timing-Bewertung

Bei der Absicherung von Elektrik und Elektronik steht häufig die funktionale Absicherung im Vordergrund. Das System wird hierbei mit verschiedensten Eingabemustern ausgeführt und die Reaktionen des Systems werden mit den erwarteten Reaktionen verglichen. Bei vielen Systemen sind solche Absicherungen völlig ausreichend. Es gibt allerdings auch Systeme, bei denen der Zeitpunkt der Reaktion ausschlaggebend ist. In solchen Echtzeitsystemen hängt die Verwertbarkeit einer Reaktion von dem Zeitpunkt ab, zu dem sie vom System generiert wird. In Abb. 2.23 ist die Verwertbarkeit einer Reaktion über der Zeit dargestellt. Bei Systemen ohne Echtzeitanforderung (oben links) ist die Reaktion immer gleich verwertbar. Unter weicher Echtzeit (oben rechts) versteht man Systeme, bei denen die Verwertbarkeit der Reaktion über der Zeit abnimmt. Sinkt die Verwertbarkeit sofort auf Null, so spricht man von Echtzeit. Bestehen harte Echtzeitanforderungen (unten rechts), so kann die Reaktion eines Systems nach einem bestimmten Zeitpunkt zu verheerenden Folgen führen. Dies ist in der Abbildung mit einer negativen Verwertbarkeit ausgedrückt.

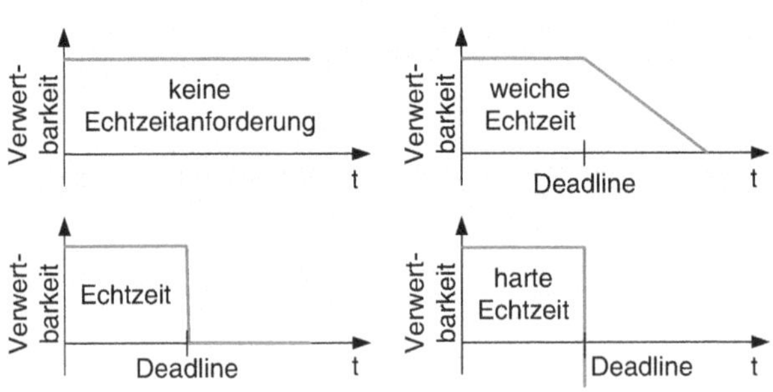

Abb. 2.23 Aufgezeigt ist die Verwertbarkeit einer Reaktion eines Systems bezüglich der Echtzeitanforderungen

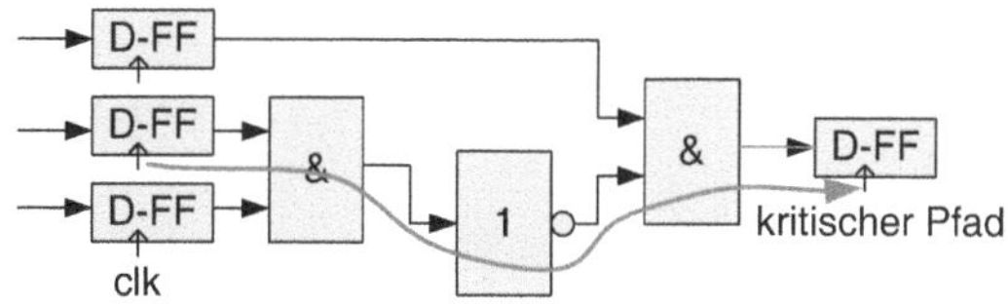

Abb. 2.24 Dargestellt ist ein kritischer Pfad am Beispiel der Gatterlaufzeit durch kombinatorische Logik

Diese zeitlichen Eigenschaften beziehen sich auf Systeme und deren Reaktionen. Die Absicherung des zeitlichen Verhaltens einer E/E-Architektur muss allerdings auf verschiedensten Systemebenen erfolgen. Bei Rechnerarchitekturen, Halbleiterbausteinen und der zugehörigen Software unterscheidet man zwischen folgenden Ebenen des zeitlichen Verhaltens:

- **Gatterlaufzeit:** Dieses zeitliche Verhalten bezieht sich auf die spezifische Latenz, die ein Signal vom Eingang durch das Gatter bis zum Ausgang benötigt. Diese Zeit wird auch mit *Propagation-Delay* bezeichnet und kann für logische Pegelwechsel von 1 auf 0 sowie auch umgekehrt variieren. Auf dieser Ebene spielen physikalische Zeiten von Transistoren bzw. der verwendeten Halbleitertechnologie eine Rolle. Somit sind solche Zeitangaben spezifisch für bestimmte Bauteile.
- **Taktfrequenz von integrierten Schaltungen:** Die Länge von kombinatorischen Pfaden bzw. der kritische Pfad in einer integrierten Schaltung bestimmt die Taktfrequenz, mit der eine Schaltung läuft. In Abb. 2.24 ist eine kombinatorische Schaltung zwischen zwei Flip-Flops dargestellt. Der längste Pfad zwischen den Flip-Flops läuft durch ein AND-Gatter, einen Inverter und noch ein AND-Gatter. Die Zeit von den unteren beiden linken Flip-Flops bis zum rechten Flip-Flop wird durch diesen Pfad bestimmt und ist maßgeblich für die Taktfrequenz der Schaltung.
- **Ausführungszeit für einzelne Anwendungen (Task auf Prozessor):** Die Ausführungszeit einer einzelnen Anwendung hängt von der Taktfrequenz des Prozessors, der Prozessorarchitektur sowie der Software-Anwendung ab. Das Zusammenspiel von Prozessorarchitektur und Software muss im Rahmen einer sogenannten *Worst-Case-Execution-Time-Analyse* bestimmt werden. Wie diese Art der Analyse funktioniert ist in Kap. 7 erläutert.
- **Antwortzeit von mehreren Anwendungen auf dem gleichen Prozessor mit Betriebssystem und Scheduling:** Auf dieser Ebene muss neben der Ausführungszeit eines einzigen Tasks auch das Zusammenspiel von mehreren Tasks betrachtet werden (Abb. 2.25). Tasks können sich hierbei gegenseitig unterbrechen oder verzögern, da sie um die gleiche Ressource konkurrieren. Der Einfluss von mehreren Tasks auf die Antwortzeit eines bestimmten Tasks kann analysiert werden, was in Kap. 8 beschrieben ist.

Bei der Absicherung von Kommunikationstechnologien gibt es von der physikalischen bis zur Systemebene ebenfalls verschiedene Ebenen des zeitlichen Verhaltens:

- **Signallaufzeiten auf Leitungen, Ausbreitungsgeschwindigkeit von Wellen:** Die maximale Ausbreitungsgeschwindigkeit im Medium ist kleiner als die Licht-

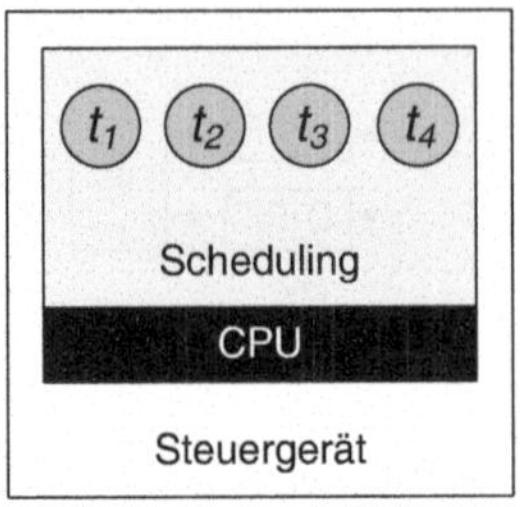

Abb. 2.25 Laufen mehrere Tasks auf einem Prozessor muss das Scheduling bei der Bewertung des zeitlichen Verhaltens berücksichtigt werden

geschwindigkeit mit ca. 3×10^8 m/s. In elektrischen Leitern geht man von einer Ausbreitungsgeschwindigkeit von ca. 2/3 der Lichtgeschwindigkeit aus. Dieser Wert ist allerdings nicht konstant sondern abhängig von der Frequenz, die übertragen wird. Diese Eigenschaft wird Dispersion genannt. Weiterhin sorgt das Übertragungsmedium für eine Dämpfung des Signals. Die Dämpfung beschreibt hierbei das Verhältnis von Sende- zu Empfangsleistung. Als dritte Einflussgröße muss die Reflexion bei der Übertragung berücksichtigt werden. Hierbei findet eine Überlagerung der ausgehenden Welle mit einer reflektierten Welle statt.

- **Übertragungszeit einer Nachricht über einen Bus (Dauer für N Bits):** Auf dieser Ebene sind das Rahmenformat einer Nachricht und Protokollmechanismen entscheidend. Werden für die Übertragung von N Nutzdatenbits im Rahmenformat noch M weitere Bits für Kopfdaten und Prüfsummen verwendet, so verlängert sich die Übertragungszeit einer Nachricht. Weitere Mechanismen wie *Bitstuffing* oder Datenkodierung können die Nachrichtenübertragung verlängern. Die Analyse solcher Übertragungszeiten ist allerdings sehr stark abhängig von einem Protokoll bzw. von einer Technologie. Deshalb geht Kap. 8 auf die Technologien CAN, LIN, FlexRay und Ethernet separat ein.
- **Antwortzeit von mehreren Nachrichten:** Sofern mehrere Nachrichten über das gleiche Medium übertragen werden sollen, müssen Arbitrierungsmechanismen den Datenverkehr regeln. Diese Arbitrierungsmechanismen haben die gleiche Aufgabe wie Scheduling-Verfahren, auch wenn sie aus algorithmischer Sicht anders sein können (siehe Abb. 2.26). Den Einfluss von Arbitrierungsverfahren

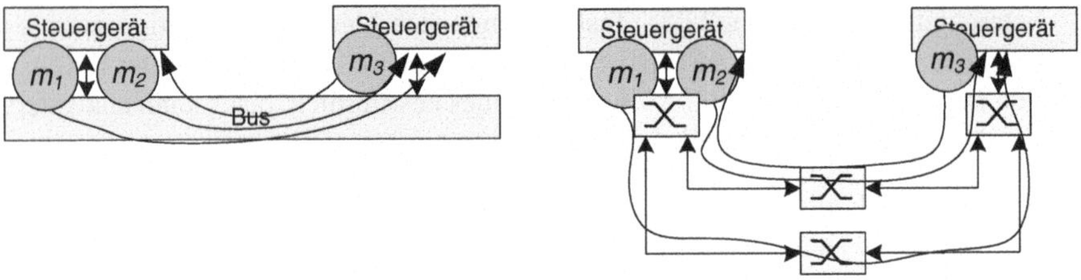

Abb. 2.26 Werden mehrere Nachrichten über einen Bus oder in einem Netzwerk übertragen, so müssen Arbitrierungsmechanismen bei der Bewertung des zeitlichen Verhaltens berücksichtigt werden

und die Auswirkung mehrerer Nachrichten auf die Antwortzeit einer bestimmten Nachricht wird ebenfalls in Kap. 8 erläutert.
- **Scheduling von Tasks und Arbitrierung von Nachrichten:** Auf Systemebene können auf zwei Steuergeräten mehrere Tasks laufen, die miteinander kommunizieren. Auf dieser Ebene wirken sich also sowohl Scheduling-Verfahren, Task-Ausführungszeiten, Arbitrierungsverfahren und Nachrichtenübertragungszeiten auf das Systemverhalten aus.

2.5 Verfahren zu Timing-Bewertung

Der folgende Abschnitt stellt die verschiedenen Verfahren vor, welche eine Bewertung des Timing-Verhaltens ermöglichen. Diese lassen sich wie in Abb. 2.27 dargestellt in zwei Kategorien einteilen:

1. **Experimentelle Verfahren:** Bei diesen Verfahren erfolgt die Timing-Bewertung auf der Basis von Simulationsmodellen oder durch die Verwendung von realer Hardware. Ferner ist eine Kombination der beiden Verfahren möglich.
2. **Analytische Verfahren:** Diese Verfahren bestimmen das Timing-Verhalten auf analytischem Wege anhand von mathematischen Modellen. Die formalen Verfahren lassen sich in zwei Gruppen einteilen: 1.) Die sogenannten holistischen Verfahren erweitern die klassischen Analysemethoden der Schedulingtheorie für verteilte eingebettete Systeme [PWT$^+$08]. Das resultierende heterogene Modell, welches die verschiedensten Analysetechniken kombiniert, wird jedoch bei großen Systemen schnell unübersichtlich. 2.) Der modulare Analyseansatz wird oft auch als *Compositional Analysis* referenziert. Bei diesem Ansatz werden die Komponenten eines verteilten Systems parallel und lokal analysiert. Das resultierende Ausgangsereignismodell wird als Eingangsereignismodell für den nächsten Analyseschritt verwendet [RJE03].

Die experimentellen Verfahren befinden sich schon seit vielen Jahren im breiten Serieneinsatz. Sowohl bei der Auslegung von Vernetzungsarchitekturen im Kraftfahrzeug und deren einzelnen Komponenten als auch bei der Absicherung in der Integrationsphase werden Simulations- sowie Testtechniken eingesetzt. Mit diesen Verfahren lassen sich anhand von Testfällen verschiedenste Untersuchungen durch-

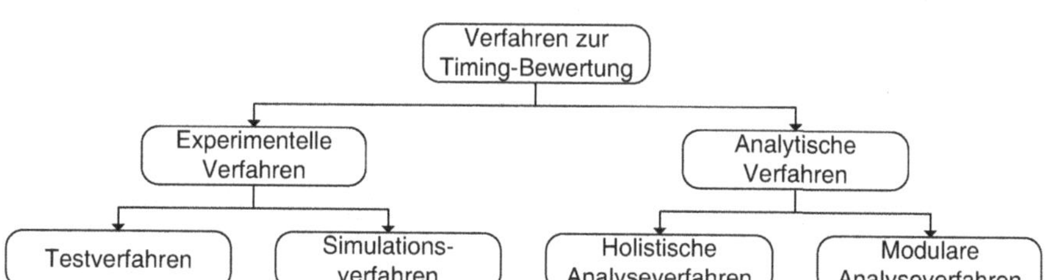

Abb. 2.27 Übersicht möglicher Verfahren zur Timing-Bewertung

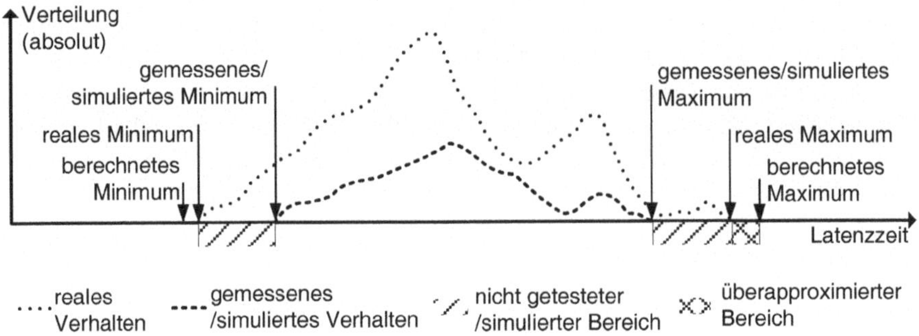

Abb. 2.28 Vergleich der verschiedenen Timing-Bewertungsverfahren

führen. Es können Verteilungen ermittelt und obere Schranken bestimmt werden. Je nach Testtiefe und -umfang stellen diese jedoch nicht immer die oberen Schranken sicher dar. Für eine sichere Bestimmung ist der Einsatz von formalen Verfahren notwendig.

An formalen Analyseverfahren für die Bewertung von Echtzeitsystemen wird schon seit vielen Jahren in der Wissenschaft geforscht. In der Halbleiterindustrie sind formale Verfahren schon seit längerer Zeit in breitem Serieneinsatz, während in Luftfahrt- und Automobilindustrie deren Anwendung sich im E/E-Entwicklungsprozess erst allmählich etabliert. Mit formalen Analyseverfahren sind die Systemauslastungen sowie die unteren und oberen Schranken z. B. von Ausführungszeiten oder die maximalen Ressourcenanforderungen auf der Basis von Modellen zuverlässig bestimmbar.

Abbildung 2.28 zeigt einen exemplarischen Vergleich der verschiedenen Verfahren am Beispiel der Bestimmung der maximalen Latenzzeit. Sowohl bei der Messung als auch bei der Simulation wird das Zeitverhalten anhand von Testmustern untersucht. Dabei kann der Fall eintreten, dass das real mögliche Maximum nicht erzeugt wird (siehe Abb. 2.28 gestrichelte Linie).

Mit formalen Analyseverfahren können die oberen Schranken dagegen sicher bestimmt werden, allerdings kann es auch zu Überabschätzungen bei diesen Verfahren kommen. Der berechnete *Worst-Case* ist dabei schlimmer als der reale.

Je nach Einsatzzweck bietet das eine oder das andere Verfahren gewisse Vorteile. Mit Simulationen und Tests lassen sich beliebige Details eines Systems untersuchen und die Abläufe können exakt nachvollzogen werden. Hierfür ist es jedoch notwendig, dass für alle zu überprüfenden Fälle ein entsprechendes Testpattern vorhanden sein muss. Die analytischen Verfahren abstrahieren dagegen gezielt Details, identifizieren die kritischen Randfälle automatisch und ermitteln zuverlässig die oberen Schranken [TLB09]. Die Bestimmung von Häufigkeitsverteilungen kann mit Simulations- und Testverfahren ermittelt werden.

Alle Verfahren bieten die Möglichkeit, Timing-Bewertungen auf Komponentenebene (von Steuergeräten oder Bussen) und auf Systemebene (von gesamten Vernetzungsarchitekturen) durchzuführen. In den Kapiteln 7 bis 9 werden die einzelnen Verfahren auf den verschiedenen Systemebenen vorgestellt.

Kapitel 3
Software-Architektur und -Entwicklung

Die ersten eingebettete Systeme waren zum Teil sehr einfach strukturiert. Sie messen, berechnen und steuern und konnten dies in einer unendlichen Schleife oder angestoßen durch bestimmte Ereignisse durchführen (siehe Abb. 3.1 links). In solchen einfachen Fällen stellt sich die Frage, wofür ein Betriebssystem überhaupt notwendig ist. Heutige Komponenten einer E/E-Architektur sind wesentlich komplexer. Sie führen nicht nur einfache Steuerungsaufgaben durch, sondern müssen auch Diagnosefunktionen, Netzwerkmanagementfunktionen und Konfigurationsfunktionen übernehmen. Sicherlich könnte man auch solche Funktionen in eine Schleife (siehe Abb. 3.1 rechts) einfügen oder als Funktionsaufrauf integrieren. Solche Ansätze führen allerdings zu einem unstrukturierten Design, bei dem verschiedenste Programmsegmente vermischt sind und für folgende Steuergeräte schwer portiert werden können.

Aus diesem Grund haben sich die Automobilhersteller zusammengeschlossen, um gemeinsam an einer OEM-eigenen Software-Architektur zu arbeiten. Dieser Zusammenschluss erfolgte aus mehreren Gründen: Einerseits besteht in der Software-Architektur kein signifikanter Wettbewerbsvorteil, da es nicht unmittelbar kundenerlebbar ist. Andererseits reduziert es die Komplexität bei Zulieferern, die nicht verschiedene Betriebssysteme oder Software-Architekturen für die einzelnen OEMs unterstützen müssen.

Die wichtigsten Gremien in diesem Kontext sind *OSEK/VDX (Offene Systeme für die Elektronik im Kraftfahrzeug/Vehicle Distributed Executive)*, die *Herstellerinitiative Software (HIS)* und *AUTOSAR (Automotive Open Systems Architecture)* [OSE05], [AUT10b]. Mit den Arbeiten an OSEK/VDX wurde im Jahre 1995 begonnen. Die entwickelten Standards bilden die Grundlage der Software-Architektur in fast allen Steuergeräten aktueller Fahrzeuge. Mit dem Zusammenschluss vieler OEMs, Zulieferer und Hersteller von Entwicklungswerkzeugen im AUTOSAR-Konsortium erfolgte ein weiterer Schritt hin zu einer umfassenden Standardisierung. Ferner sind in AUTOSAR große Teile der Konzepte von OSEK eingeflossen. Im Gegensatz zu OSEK, welches hauptsächlich die Software-Architektur beschreibt, geht AUTOSAR auch im Detail auf die Entwicklungsmethodik von Software ein.

T. Streichert, M. Traub, *Elektrik/Elektronik – Architekturen im Kraftfahrzeug*,
DOI 10.1007/978-3-642-25478-9_3,

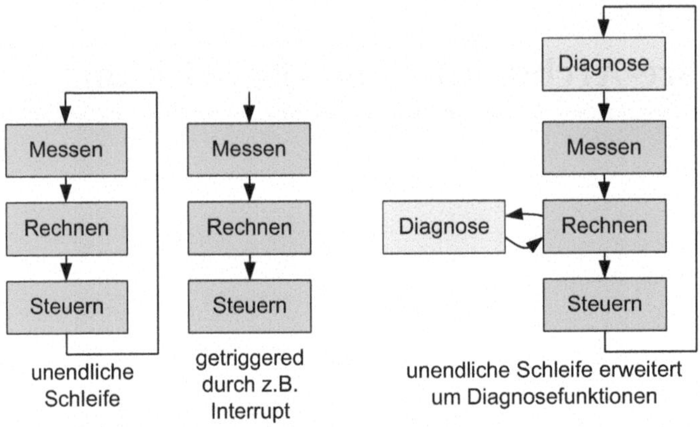

Abb. 3.1 Einfache Steuerungen erweitert um zusätzliche Funktionen führen mit steigender Komplexität zu unstrukturierten Designs

3.1 Software-Architektur von Steuergeräten

Die Software-Architektur eines Steuergeräts (siehe Abb. 3.2) umfasst neben der Laufzeitumgebung auch die Applikations-Software. Die Laufzeitumgebung beinhaltet das Betriebssystem, die Treiber für die Ansteuerung der Peripherie, den Kommunikationsstack sowie Basisdienste. Zu den Basisdiensten zählen u. a. das Netzwerkmanagement und Diagnoseanwendungen. In der Applikations-Software sind die kundenerlebbaren Funktionen gekapselt.

In den folgenden Abschnitten werden die am häufigsten verwendeten Software-Architekturen und deren Eigenschaften im Detail beschrieben. Weiterhin erfolgt eine Darstellung des heute hierfür üblichen Entwicklungsprozesses und der typischen Werkzeugketten. Ferner wird auf die in diesem Bereich auftretenden Fragestellungen zum Zeitverhalten eingegangen.

3.1.1 OSEK/VDX

Parallel zu den Arbeiten des OSEK-Konsortiums startete im gleichen Zeitraum die Initiative *Vehicle Distribution eXecutive (VDX)*. Im Jahr 1994 wurden die beiden Aktivitäten zusammengeführt und waren fortan innerhalb der Initiative OSEK/VDX gebündelt. Ziel war es eine Laufzeitumgebung (Basissystem) bereitzustellen, welches folgende Eigenschaften umfasst:

- Die Standardisierung von Schnittstellen
- Die Skalierbarkeit für Hardware-Plattformen und Anwendungen
- Die Bereitstellung von sogenannten *Error-Checking-Mechanismen* für die Entwicklungs- und Produktionsphase
- Die Möglichkeit zur Portierung von Anwendungen

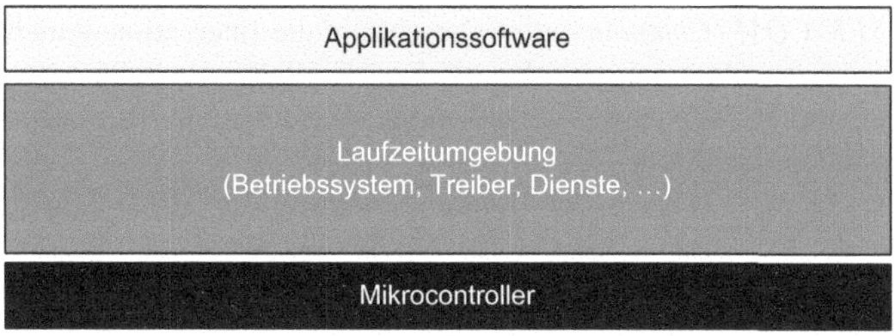

Abb. 3.2 Dargestellt ist der typische Aufbau einer Software-Architektur eines Steuergeräts

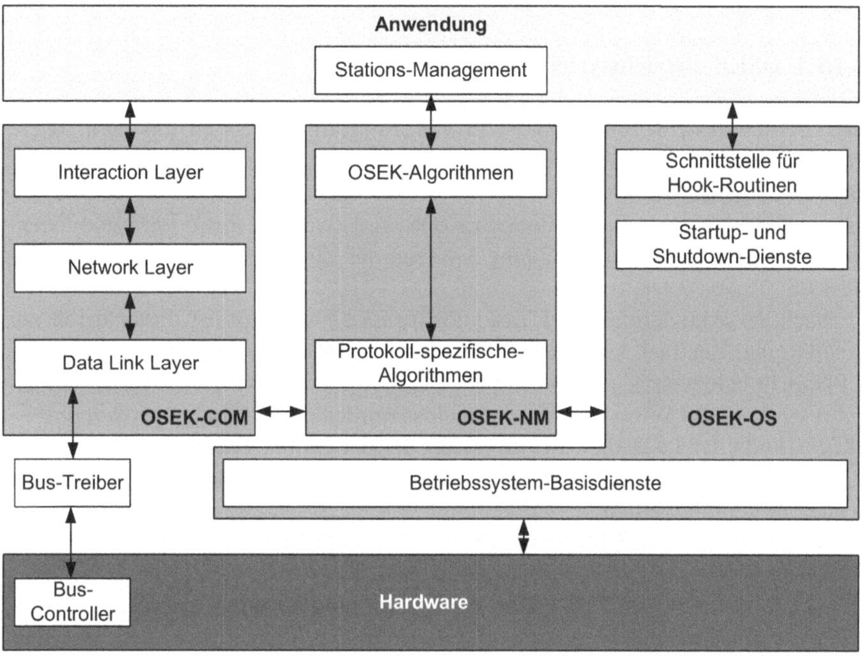

Abb. 3.3 Dargestellt sind die einzelnen Software-Module des OSEK/VDX-Systems [OSE10]

Die OSEK/VDX-Spezifikationen bestehen aus folgenden Umfängen: Es werden die Teile beschrieben, welche die Laufzeitumgebung realisieren sowie den hierfür vorgesehenen Konfigurationsprozess spezifizieren. In Abb. 3.3 sind die einzelnen Module dargestellt:

1. Das *OSEK-OS (Operating System)* ist ein ereignisgesteuertes Echtzeit-Multitasking-Betriebssystem, welches die Möglichkeit zur Task-Synchronisation und Ressourcenverwaltung bietet [Hom05]. Es handelt sich dabei um ein statisches Betriebssystem, d. h. das Scheduling-Verhalten wird vor der Kompilierung des Systems festgelegt.
2. Das *OSEK-TIME* ist die zeitgesteuerte Variante des OSEK-OS.

3. Der *OSEK-COM (Communication)* beschreibt die Interaktionsschicht, welche für den internen Datenaustausch zwischen den Tasks eines Steuergerätes und für den externen Datenaustausch mit anderen Steuergeräten die entsprechenden Schnittstellen bereitstellt.
4. Über das *OSEK-NM (Network Management)* wird die Überwachung und Verwaltung der Kommunikation mit anderen Steuergeräten realisiert. Diese findet über ein oder mehrere Kommunikationssysteme statt.
5. Die *OSEK-OIL (OSEK Implementation Language)* ist eine Beschreibungssprache zur Konfiguration der aufgeführten Module. Weiterhin wird hier der Konfigurationsprozess für ein OSEK-basiertes Steuergerät beschrieben.

3.1.1.1 OSEK-Betriebssystem (OSEK-OS)

Das Betriebssystem OSEK-OS ist in vier Konformitätsklassen unterteilt. Diese ermöglichen es, je nach Anforderungen an das Steuergerät einen bestimmten Funktionsumfang des OSEK-OS zu verwenden. Als Ausführungseinheiten für den Programmcode dienen die *Tasks*. Bei OSEK-OS wird zwischen *Basic Tasks* und *Extended Tasks* unterschieden. Abbildung 3.4 zeigt das Zustandsmodell der OSEK-OS-Tasks.

Nach der Aktivierung eines Tasks *(Suspended → Ready)* ist dieser bereit zur Ausführung. Ein Task kann ausgeführt *(Ready → Running)* werden, falls: 1.) Die CPU nicht belegt ist, 2.) ein preemptiver Task mit niederer Priorität gerade ausgeführt wird und 3.) keine Interrupts ausgelöst wurden. Beim Übergang *(Running → Waiting)* gibt der Tasks die CPU für andere Tasks frei ohne beendet zu werden. Um wieder aktiviert zu werden, wird der Task auf *Ready* gesetzt und kann anschließend weiter ausgeführt werden.

Beim OSEK-OS wird über den Scheduler die CPU den Tasks über statische Prioritäten zugewiesen [Ker03]. Im Gegensatz dazu arbeitet das OSEK-TIME über das TDMA-Verfahren. Alle Tasks beim OSEK-OS können durch Interrupts unterbrochen werden. Preemptive Tasks sind auch von höherprioren Tasks unterbrechbar. Bei gemeinsam genutzten Ressourcen wird der korrekte Zugriff über das *Priority-*

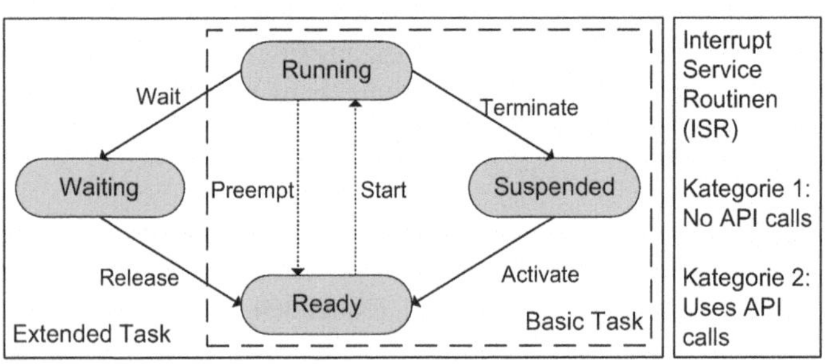

Abb. 3.4 Betriebssystemzustände für den *Basic Task* Modus und *Extended Task* Modus des OSEK-OS [OSE10]

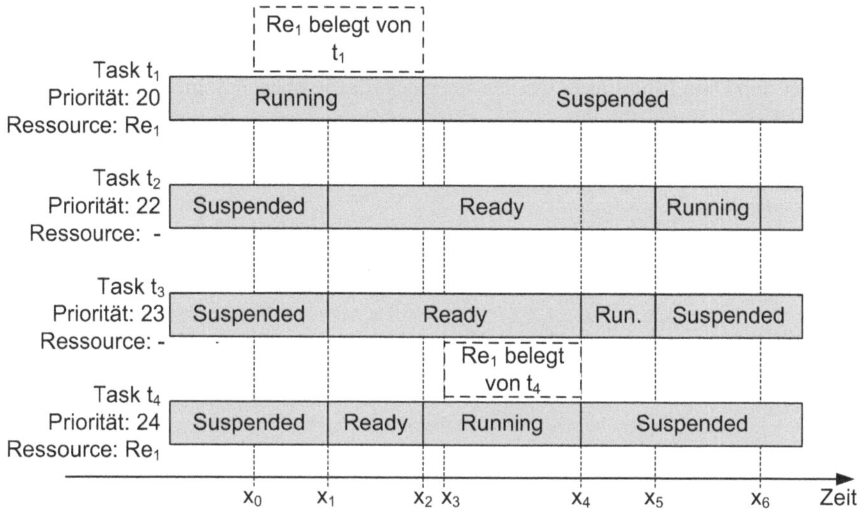

Abb. 3.5 Beispiel für das Scheduling von Tasks unter Berücksichtigung des Priority-Ceiling-Protokolls [GS88]

Ceiling-Protokoll gesteuert. Ein Beispiel für ein Deadlock-freies Task-Scheduling des OSEK-OS ist in Abb. 3.5 dargestellt.

Der Task t_1 wird aktuell ausgeführt. Zum Zeitpunkt x_0 wird die Ressource Re_1 verwendet. Task t_4 steht ab dem Zeitpunkt x_1 zur Ausführung bereit. Trotz der höheren Priorität von Task t_4 wird über das Priority-Ceiling-Protokoll dessen Ausführung erst bei x_2 gestartet (die Priorität von Task t_1 wird von 20 auf 24 angehoben), nachdem Task t_1 die Ressource wieder freigegeben hat. Die beiden weiteren Tasks t_2 und t_3 werden auch zum Zeitpunkt x_1 aktiviert. Aufgrund ihrer niedrigen Priorität erfolgt die Ausführung erst nachdem Task t_4 vollständig ausgeführt wurde.

3.1.1.2 OSEK-Kommunikation (OSEK-COM)

Das Kommunikationsmodul *OSEK-COM* ist angelehnt an das ISO-OSI-Schichtenmodell und spezifiziert folgende Ebenen *(Layer)*: Den *Interaction Layer*, den *Network Layer* und den *Data Link Layer*.

Der Interaction Layer stellt die Schnittstelle *(OSEK-COM-API)* für das Senden und Empfangen von Nachrichten zur Verfügung. Die steuergeräteinterne Kommunikation wird innerhalb des Interaction Layers behandelt. Die externe Kommunikation wird über die unteren Schichten weitergegeben.

Innerhalb des Network Layers erfolgt die Flusskontrolle für die Kommunikation mit den externen Teilnehmern sowie die Umsetzung der notwendigen *Acknowledgement-Funktionen*. Weiterhin wird die Segmentierung und Rekombination von Nachrichten durchgeführt. Das OSEK-COM-Modul setzt nicht den vollständigen

OSI-Network-Layer um, sondern spezifiziert nur die Minimalanforderungen, welche zu erfüllen sind.

Über den Data Link Layer werden Services für die oberen Schichten des OSEK-COM-Moduls sowie für das OSEK-Netzwerkmanagement bereitgestellt. Wie im Fall des Network Layers erfolgt hier lediglich die Spezifikation von Minimalanforderungen.

3.1.1.3 OSEK-Netzwerkmanagement (OSEK-NM)

Das *OSEK-Netzwerkmanagement (OSEK-NM)* dient zur Überwachung der einzelnen Teilnehmer im Netzwerk. Zu den spezifizierten Aufgaben zählen die folgenden Aufgaben:

- Die Initialisierung der Steuergeräte-Ressourcen (z. B. Netzwerk-Schnittstellen)
- Das Hochfahren und die Konfiguration des Netzwerkes
- Die Überwachung der einzelnen Teilnehmer eines Netzwerkes sowie die Koordination netzwerkweiter Betriebszustände (z. B. das Setzen des Befehls zum globalen Herunterfahren des Netzwerkes)
- Das Detektieren, Verarbeiten und Verteilen der aktuellen Zustände der einzelnen Teilnehmer und des Netzwerkes selber
- Die Unterstützung der Diagnose

Das OSEK-NM spezifiziert zwei Arten des Netzwerkmanagements, um den aktuellen Zustand von Steuergeräten zu überwachen:

1. Das *direkte NM* erfordert explizite Nachrichten, welche die Zustandsinformationen der einzelnen Knoten enthalten.
2. Beim *indirekten NM* erfolgt die Zustandsüberwachung anhand von vorhandenen Applikationsnachrichten der einzelnen Steuergeräte.

Besteht ein Netzwerk aus mehreren Teilnetzen, so ist für die Kopplung ein Steuergerät mit Gateway-Funktionalität erforderlich. Für die Koordination der einzelnen OSEK-NMs der Teilnetze ist zusätzlich ein übergeordneter Dienst *(Admindienst)* im Gateway-Steuergerät erforderlich. Der Admindienst koordiniert die einzelnen OSEK-NMs und stellt konsistente globale Zustände im Netzwerk sicher.

3.1.1.4 OSEK-Implementierung (OSEK-OIL)

Die *OSEK Implementation Language (OSEK-OIL)* spezifiziert eine ANSI-C ähnliche Sprache zur Beschreibung und Konfiguration des OSEK-Betriebssystems. In einer OIL-Konfigurationsdatei können alle Objekte des Betriebssystems (z. B. Tasks, Ereignisse, Alarme, etc.) inklusive ihrer Eigenschaften abgelegt werden. Eine solche Datei kann manuell oder über ein entsprechendes Konfigurationswerkzeug erstellt werden. In Abb. 3.6 ist die typische Werkzeugkette dargestellt, welche

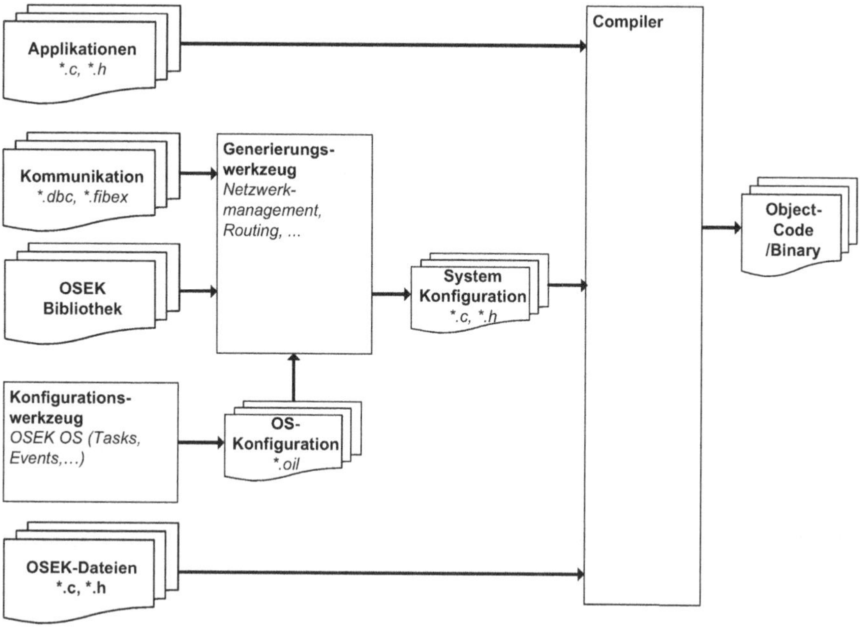

Abb. 3.6 Dargestellt ist eine typische Werkzeugkette für die Erstellung einer OSEK-basierten Steuergerätekonfiguration

für die Erstellung eines OSEK-basierten Steuergeräts verwendet wird. Die Konfiguration des Betriebssystems OSEK-OS kann über ein entsprechendes Werkzeug erfolgen, Ergebnis ist die OIL-Konfigurationsdatei. Diese dient zusammen mit der OSEK-Bibliothek und der Beschreibung der Kommunikation als Eingangsinformation für das Generierungswerkzeug. Als Informationen für die Kommunikation sind die Busse relevant, welche mit dem zu konfigurierenden Steuergerät verbunden sind. Mittels des Generierungswerkzeugs erfolgt u. a. die Konfiguration des Netzwerkmanagements, des COM-Stacks und gegebenenfalls des Routings, sofern es sich bei dem Steuergerät um ein Gateway handelt. Nach Abschluss der Konfiguration ist die Generierung der Konfigurationsdateien möglich. Gemeinsam mit den Applikationsdateien und den OSEK-Dateien kann dann über den entsprechenden Compiler der Objekt-Code und das Binary für die Ziel-Hardware generiert werden. Die OSEK-Dateien beinhalten das Grundverhalten der einzelnen OSEK-Dienste, welche dann über die Konfigurationsdateien parametriert werden.

3.1.2 AUTOSAR

Die AUTOSAR-Initiative definiert eine Software-Architektur für Steuergeräte sowie eine hierfür passende Entwicklungsmethodik. Die in AUTOSAR beschriebene Ar-

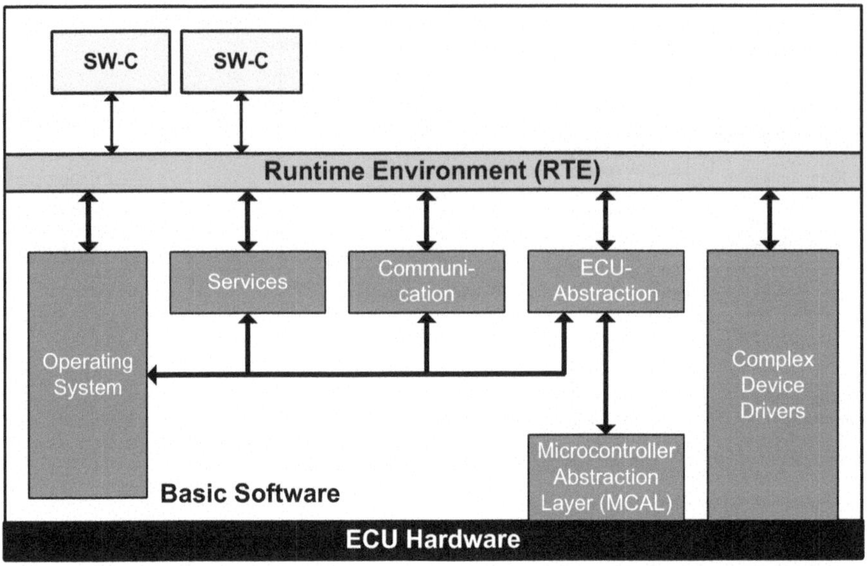

Abb. 3.7 AUTOSAR Software-Architektur [AUT08a]

chitektur hat das Ziel die Software von der Hardware eines Gerätes zu entkoppeln. Weiterhin beinhaltet die Software-Architektur Applikationsmodule, die sogenannten Software-Komponenten. Diese können unabhängig voneinander und durch verschiedene Hersteller entwickelt und dann in einem weitgehend automatisierten Konfigurationsprozess zu einem konkreten Projekt zusammengebunden werden [ZS08]. In Abb. 3.7 ist die Software-Architektur von AUTOSAR mit den wichtigsten Modulen abgebildet. Die sogenannte Basis-Software enthält die Hardware-Schnittstellen (Treiber), die Services, das Betriebssystem und die Interaktionsschicht. Das Betriebssystem *AUTOSAR-OS* ist abwärtskompatibel zu OSEK-OS und wurde zusätzlich um Konzepte aus OSEK-TIME erweitert [AUT10a]. Über diese Schicht wird eine klare Trennung auf der Basis standardisierter Schnittstellen realisiert. Dadurch ist der Austausch oder die Ergänzung von Applikationen leicht möglich, ohne dass der komplette Software-Stack geändert werden muss.

Im Folgenden wird auf die Basis-Software sowie auf die Software-Komponenten näher eingegangen. Weiterhin erfolgt eine Vorstellung der *AUTOSAR-Timing-Extensions*, welche eine Beschreibung des Zeitverhaltens ermöglichen.

3.1.2.1 AUTOSAR Basis-Software

Die AUTOSAR Basis-Software (BSW) ist in drei Ebenen unterteilt, diese sind in Abb. 3.8 dargestellt. Die unterste Ebene bildet die Hardware-Abstraktionsebene *(Mikrocontroller Abstraction Layer (MCAL))*. Oberhalb des MCAL befindet sich die Steuergeräteabstraktionsebene *(ECU Abstraction Layer (ECU-AL))*. Die da-

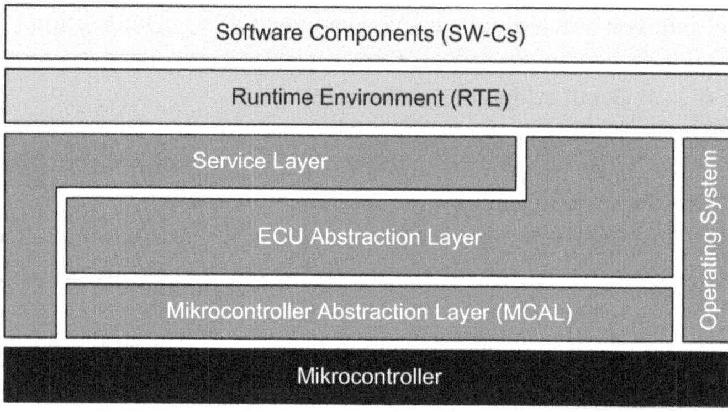

Abb. 3.8 Abstraktionsebenen von der AUTOSAR-Software

rüberliegende Service-Ebene *(Service Layer)* abstrahiert zum einen die Steuergeräte-Abstraktionsebene und zum anderen erlaubt die Service-Ebene den direkten Zugriffe auf die Hardware des Mikrocontrollers. Parallel zu den drei Ebenen befindet sich das Betriebssystem (Operating System). Zwischen der BSW und den Software-Komponenten (SW-Cs) befindet sich das *Runtime Environment (RTE)*, welches eine klar definierte Schnittstelle bereitstellt, auf deren Basis ein einfacher Austausch von Software-Komponenten ermöglicht wird. In Abb. 3.8 sind die einzelnen Ebenen der Basis-Software dargestellt.

Der MCAL ist die unterste Ebene der Basis-Software. Die Aufgabe des MCALs ist die höheren Ebenen unabhängig vom Mikrocontroller zu machen. Die Bestandteile des MCALs sind Hardware-Treiber, diese Software-Module ermöglichen einen direkten Zugriff auf die Peripherie und den Speicher des Mikrocontrollers.

Der ECU-AL stellt Schnittstellen zwischen dem MCAL und den höheren Ebenen bereit. Über den ECU-AL bleiben die höheren Ebenen unabhängig von der Hardware des Steuergeräts. Die bereitgestellten Schnittstellen ermöglichen den Zugriff auf die Peripherie und Geräte ungeachtet deren Verortung (Mikrocontroller intern oder extern) und deren Anbindung an den Mikrocontroller (Ports, Pins, Art der Schnittstellen).

Der Service-Layer ist die oberste Ebene der Basis-Software. Dieser ist direkt für die Software-Komponenten (Applikationen) von Bedeutung, da dieser verschiedene Services zur Verfügung stellt. Zu diesen zählen:

- Kommunikations- und Netzwerkdienste
- Speicherverwaltung (NVRAM Management)
- Diagnosedienste
- Statusmanagement des Steuergeräts

Die Kommunikationsdienste umfassen das *COM-Modul* und den *PDU-Router*. Das COM-Modul bietet verschiedene Dienste zur Signalverwaltung und -bereitstellung, diese sind zum Beispiel:

- Bereitstellung von Sendemodi zum Versand von I-PDUs (Interaction PDUs). Zu den Sendemodi zählen: *Periodic*, *Mixed* und *None*. Die Sendetypen werden in Abschn. 6.2 im Detail erläutert.
- Ein Dienst zur Anpassung der AUTOSAR-Datentypen auf die geforderte Byte-Reihenfolge
- Ein Mechanismus zur Empfangsfilterung von Signalen
- Ein Dienst zur Überwachung von Deadlines periodischer Signale

Der PDU-Router stellt u. a. folgende Dienste zur Verfügung:

- Ein Dienst zum Empfangen und Weiterleiten von PDUs an die nächst höhere Schicht
- Ein Dienst zur Weiterleitung von PDUs, die von höheren Schichten kommen
- Gateway-Funktionalität zur Weiterleitung von PDUs zwischen den einzelnen Schnittstellen des ECU-AL sowie zum Routing von PDUs welche über Transportprotokolle empfangen werden

Zu den Netzwerkdiensten zählt das sogenannte Netzwerkmanagement, welches einen geregelten Betrieb des gesamten Netzwerkverbundes sicherstellt. Im Gegensatz zum OSEK NM (siehe Abschn. 3.1.1.3) wird beim AUTOSAR NM kein logischer Ring aufgebaut, d. h. das Netzwerkmanagement weist ein dezentrales und direktes Verhalten auf. Wird von einem Netzwerkteilnehmer der Bus benötigt, sendet dieser zyklisch eine NM-Nachricht. Weiterhin bietet das AUTOSAR NM die sogenannte *Bus Load Reduction*, bei der schrittweise die einzelnen aktiven Teilnehmer keine NM-Nachricht mehr senden, bis am Ende nur noch zwei Steuergeräte aktiv den NM-Dienst bedienen.

Die Diagnosedienste umfassen die *On-Board Diagnose*, die UDS-Kommunikation (Unified Diagnostic Services) und die Fehlerspeicherverwaltung sowie Fehlerbehandlung des Steuergeräts.

Oberhalb der Basis-Software befindet sich das Runtime Environment (RTE). Dieses stellt Dienste und Schnittstellen für die Kommunikation zwischen der Basis-Software und den einzelnen Software-Komponenten der Applikationsebene bereit. Die Kommunikation zwischen den einzelnen Software-Komponenten eines Steuergeräts erfolgt immer über die RTE.

3.1.2.2 AUTOSAR Software-Komponenten

Die Funktionen, welche auf Steuergeräten in Software ausgeführt werden, sind oberhalb der RTE-Ebene über sogenannte *Software-Komponenten (engl. Software-Component (SW-C))* realisiert. Eine AUTOSAR Software-Komponente ist atomar, d. h. sie kann nicht auf mehrere Steuergeräte partitioniert werden. Eine Software-Komponente kapselt eine Funktion oder einen Teil davon, abhängig davon, ob eine Funktion auf mehrere Steuergeräte verteilt ist. Die Implementierung ist nicht Bestandteil der AUTOSAR-Beschreibung einer Software-Komponente, sondern es werden die Eigenschaften einer Software-Komponente beschrieben, wie diese in ein

Gesamtsystem (z. B. Netzwerk von Steuergeräten) integriert werden kann. Zu den Eigenschaften zählen folgende Punkte:

- Operationen, Datenelemente und Schnittstellen
- Anforderungen, welche eine Software-Komponente an die Infrastruktur hat
- Ressourcen (z. B. Speicher, Rechenkapazität der CPU, etc.), die von der Software-Komponente benötigt werden
- Implementierungsspezifische Informationen

Weiterhin ist eine Software-Komponente unabhängig von der Art des Mikrocontrollers und des Steuergeräts auf dem diese ausgeführt wird. Für die direkte Verarbeitung von Sensor-/Aktorinformationen gibt es spezielle Software-Komponenten, diese sind immer noch Steuergeräte unabhängig, aber abhängig von dem jeweiligen Sensor oder Aktor. Der Grund sind die speziellen elektrischen Eigenschaften der Sensoren und Aktoren, welche von einer solchen Software-Komponente entsprechend umgesetzt werden.

Eine Software-Komponente kann einer oder mehreren sogenannten *Runnable Entities (RE)* zugeordnet sein. Über die REs findet die Ausführung der Software-Komponente statt, d. h. die REs werden entsprechend ihrer Scheduling-Eigenschaften vom Betriebssystem über die RTE aufgerufen, den sogenannten *RTE Events*. Diese Ereignisse (Events) können ereignisbasiert oder zyklisch sein. Die Kommunikation innerhalb einer Software-Komponente zwischen den einzelnen REs erfolgt über *Inter Runnable Variables (Variables)*. In Abb. 3.9 ist der interne Aufbau einer Software-Komponente sowie deren Kommunikationsmechanismen dargestellt.

Für die Kommunikation zwischen Software-Komponenten existieren bei AUTOSAR zwei Paradigmen: 1.) die Sender-Receiver (SR) Kommunikation und 2.) die Client-Server (CS) Kommunikation. Bei der SR-Kommunikation verteilt der Sender Informationen zu einem oder mehreren Empfänger. Die jeweiligen Empfänger

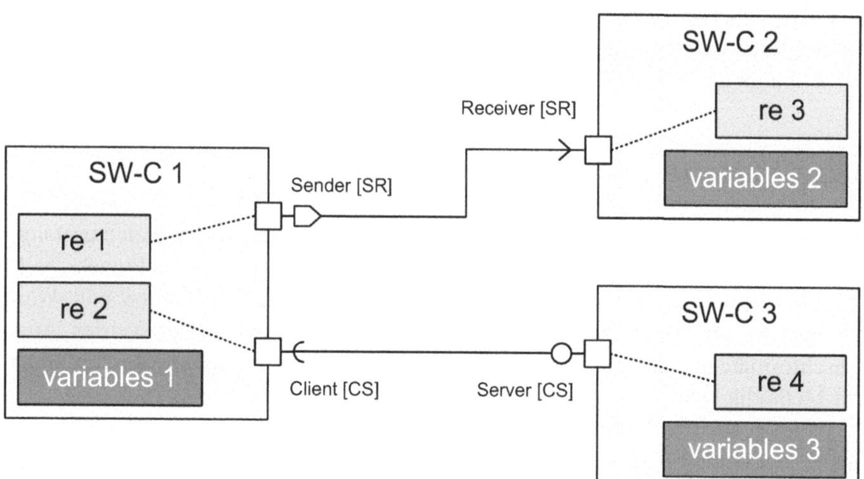

Abb. 3.9 Interner Aufbau einer Software-Komponente und deren Schnittstellen

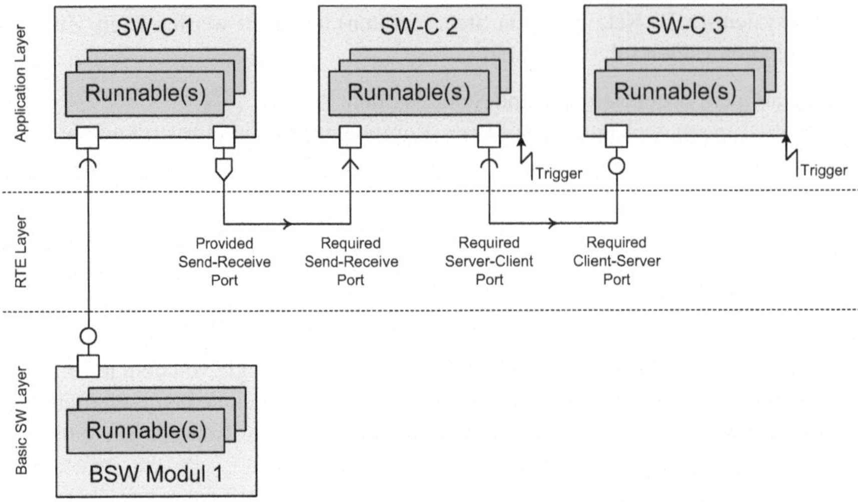

Abb. 3.10 Kommunikationsmechanismen zwischen den Software-Komponenten eines Steuergeräts über die RTE

entscheiden dann wie sie die empfangene Information weiterverarbeiten. Bei der CS-Kommunikation initiiert der sogenannte Client die Kommunikation und fordert einen Service an. Der betroffene Server erhält die Anforderung und gibt den entsprechenden Service an den Client zurück. Die für die Kommunikation notwendigen Eigenschaften, wie zum Beispiel die Länge von Warteschlangen (engl. Queues), Blockier- und Sendezeiten werden über entsprechende Attribute spezifiziert. Für die Kommunikation von Software-Komponenten eines Steuergeräts als auch über Steuergerätegrenzen hinweg dient die RTE. Ein Beispiel für einen Datenaustausch über die RTE ist in Abb. 3.10 dargestellt. Vom *BSW Modul 1* gibt es eine Client-Server Kommunikation zur *SW-C 1*. SW-C 1 kommuniziert über eine Sender-Receiver Schnittstelle mit *SW-C 2*, SW-C 2 wiederum kommuniziert mit *SW-C 3* über eine Client-Server Schnittstelle.

3.1.2.3 AUTOSAR-Konfigurationsprozess

Im Rahmen der Arbeiten des AUTOSAR-Konsortiums entstand auch eine umfangreiche Beschreibung zur Entwicklungsmethodik. Diese beinhaltet den Prozess, welche Entwicklungsschritte und in welcher Sequenz diese zu durchlaufen sind. Weiterhin wird auf die erforderlichen Werkzeuge eingegangen und es werden Austauschformate auf der Basis von XML spezifiziert. Eine detaillierte Beschreibung der Methodik kann dem Dokument [AUT09a] entnommen werden.

Im Folgenden sollen anhand einer typischen Werkzeugkette die einzelnen Schritte des Entwicklungsprozesses erläutert werden (siehe Abb. 3.11). Die *System Description* kann über ein entsprechendes Konfigurationswerkzeug erstellt werden. Diese *System Description* umfasst sowohl eine Schnittstellenbeschreibung der einzelnen

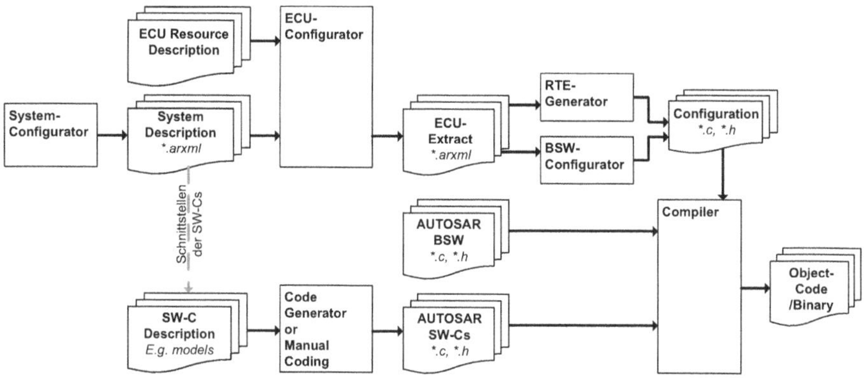

Abb. 3.11 Dargestellt ist der AUTOSAR-Konfigurationsprozess ausgehend von der Systemkonfiguration bis zur Erstellung der Software-Binaries

Steuergeräte und Software-Komponenten als auch die Signale, PDUs und Nachrichten, welche über die Busse des Gesamtsystems übertragen werden. Die Spezifikation der Schnittstellen der Software-Komponenten kann als Eingangsinformation zum Beispiel für die modellbasierte Funktionsentwicklung dienen. Im Anschluss kann über einen Generator der Code generiert werden. Parallel zur Erstellung der Software-Komponenten kann die Konfiguration der Basis-Software sowie der RTE für die einzelnen Steuergeräte erfolgen. Über den *ECU-Configurator* ist die Ausleitung der spezifischen Steuergerätekonfiguration möglich. Diese wird in Form des *ECU-Extracts* abgelegt. Dieses wiederum dient als Eingangsinformation für den nächsten Konfigurationsschritt. In diesem Schritt wird die RTE erstellt und die Basis-Software des Steuergeräts konfiguriert. Als Ergebnis stehen dann die Konfigurationsdateien zur Verfügung. Gemeinsam mit den Dateien der AUTOSAR-Basis-Software und den Dateien der Software-Komponenten kann die Kompilierung des Objekt-Codes und des Binaries für die Ziel-Hardware erfolgen.

Ab der Projektphase für das AUTOSAR-Release *Rel.4* wird die Beschreibung des Zeitverhaltens in einer zusätzlichen Arbeitsgruppe bearbeitet. Die Spezifikation und die Methodik wird in einer eigenen Spezifikation *Specification of Timing-Extensions* beschrieben [AUT09b]. Der Hauptfokus richtet sich auf die Bereitstellung einer konsolidierten und konsistenten Beschreibung des Zeitverhaltens auf den einzelnen in AUTOSAR adressierten Ebenen. Die Timing-Spezifikation in AUTOSAR bietet die Möglichkeit in den verschiedenen Schritten des Entwicklungsprozesses Informationen zum Zeitverhalten und deren Anforderungen zu beschreiben sowie eine Bewertung auf Basis dieser Daten durchzuführen. Ein Beispiel für die Beschreibung eines Ende-zu-Ende Pfades über Steuergerätegrenzen hinweg ist in Abb. 3.12 dargestellt.

Über die Notationsmöglichkeiten der AUTOSAR-Timing-Spezifikation kann eine solche sogenannte Timing-Kette *(End-to-end timing-chain)* von der Abfrage eines Sensors bis zum Aktor beschrieben werden. Die Timing-Kette teilt sich in mehrere Untersegmente auf, die sogenannten *Timing chain segments*. Die Seg-

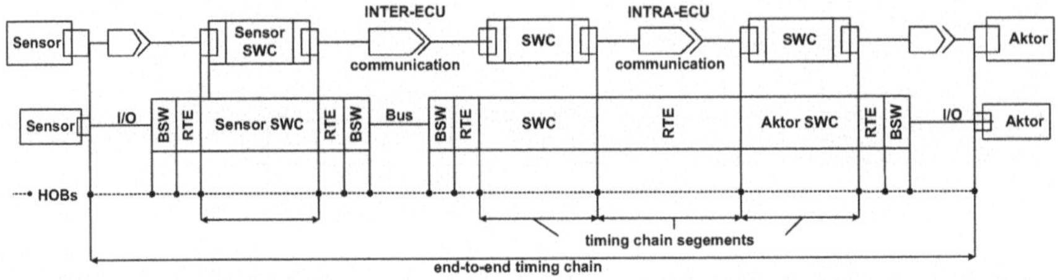

Abb. 3.12 Beispiel für eine Ende-zu-Ende-Timingkette, von Abfrage des Sensors bis zur Auslösung des Aktors [AUT09b]

mentierung ermöglicht eine Beschreibung des Zeitverhaltens auf verschiedenen Abstraktionsebenen. Hierüber kann zum Beispiel die Deadline eines Pfades sowie die Latenzzeiten und Ausführungszeiten der einzelnen Segmente beschrieben werden.

Die notwendigen Attribute zur Beschreibung des Zeitverhaltens können ab dem AUTOSAR Release 4.0 in einem eigenen Template hinterlegt werden [AUT09b]. Zusätzlich werden in der aktuellen Spezifikation verschiedene Ansätze vorgeschlagen, um Timing-Fragestellungen in den unterschiedlichen Phasen des Entwicklungsprozesses sowie auf verschiedenen Ebenen beschreiben zu können. Diese werden im Folgenden näher erläutert.

Virtual-Function-Bus-Timing

Mittels des *VFB-Timings* kann das Zeitverhalten zwischen den einzelnen miteinander interagierenden Software-Komponenten (SWC) auf der Ebene des *Virtual Function Busses (VFB)* beschrieben werden. Das interne Verhalten der einzelnen Software-Komponenten wird dabei nicht berücksichtigt. Im Fokus steht das zeitliche Verhalten zwischen den Ein- und Ausgangsschnittstellen (den Ports) einer einzelnen oder zwischen mehreren Software-Komponenten. Im oberen Teil der Abb. 3.13 ist ein Beispiel für das VFB-Timing dargestellt. Bei einer Beschreibung des Zeitverhaltens auf Virtual Function Bus Ebene spielt das Mapping der Software-Komponenten auf die Steuergeräte bzw. Prozessoren keine Rolle, d. h. die Konfiguration des Betriebssystems und der Runnables muss noch nicht vorliegen.

Software-Component-Timing

Über das *Software-Component-Timing (SWC-Timing)* kann die Beschreibung des internen Zeitverhaltens einer Software-Komponente erfolgen. Während auf VFB-Ebene die einzelnen Software-Komponenten als *Black box* betrachtet werden, ist mittels des SWC-Timings eine detaillierte Beschreibung des internen Verhaltens einer Software-Komponente möglich. Die Spezifikation erfolgt dabei anhand der einzelnen *Runnable-Entities* (siehe Abb. 3.13 in der Mitte), welche Bestandteil der Software-Komponente sind.

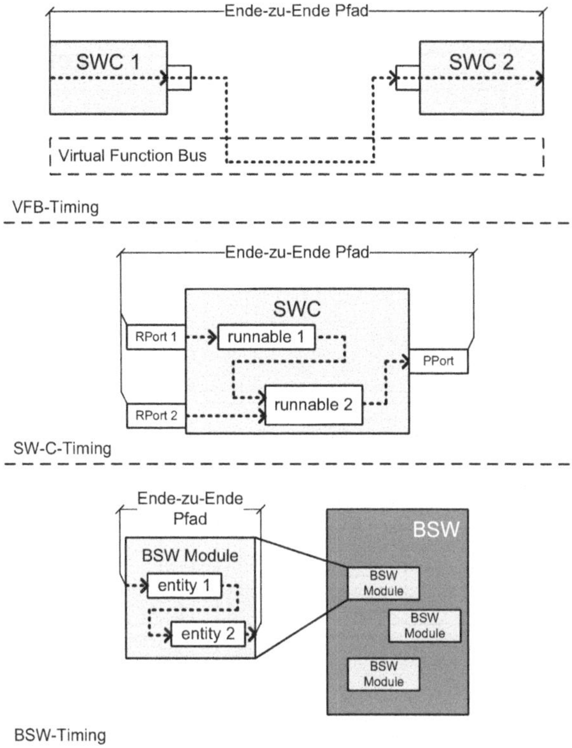

Abb. 3.13 Beispiele für das *VFB-Timing* (oberer Teil), das *SWC-Timing* (mittlerer Teil) einer Software-Komponente inklusive der darin eingebetteten Runnables und des *BSW-Timings*

BSW-Module-Timing

Das *BSW-Module-Timing* beschreibt das interne Zeitverhalten eines Basis-Software-Moduls *(BSW Module Description)*. Ähnlich wie beim SWC-Timing liegt der Fokus der Beschreibung des BSW-Timings auf der Ausführung der einzelnen *BSW Module Entities* [AUT09b]. Im unteren Teil der Abb. 3.13 ist ein Beispiel für ein BSW Module Timing gezeigt.

ECU-Timing

Mittels des *ECU-Timings* kann das Zeitverhalten auf Steuergeräteebene beschrieben werden. Basis hierfür ist das *ECU Extract* oder die spezifischen Steuergeräteanteile der *System Description*. In diesem Kontext kann das Zusammenspiel der partitionierten Software-Komponenten untereinander sowie deren abhängiges Verhalten mit den einzelnen Modulen der Basis-Software untersucht werden. Hierbei nehmen die Konfiguration des Betriebssystems und die Runnable Entities, welche auf die einzelnen Tasks gemapped sind eine zentrale Rolle ein. In Abb. 3.14 ist

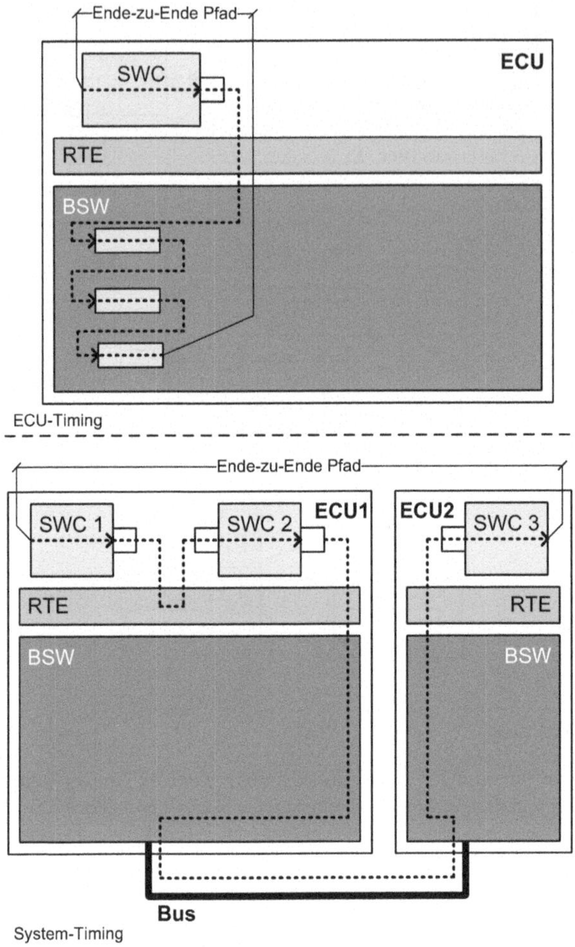

Abb. 3.14 Beispiel für einen Timing-Pfad innerhalb eines Steuergeräts *(ECU-Timing)* und über Steuergerätegrenzen hinweg *(System-Timing)*

ein Beispiel für die Beschreibung eines Pfades durch die einzelnen Module eines Steuergeräts dargestellt.

System-Timing

Die Beschreibung des Zeitverhaltens über Steuergerätegrenzen hinweg erfolgt auf Basis des *System-Timings*. Ähnlich wie beim ECU-Timing werden beim System-Timing die einzelnen Module der Steuergeräte und deren Betriebssystemkonfiguration mit betrachtet. Hinzu kommt noch die Beschreibung des zeitlichen Verhaltens der einzelnen Bussysteme. In Abb. 3.14 im unteren Teil ist beispielhaft ein solches

System dargestellt. Grundlage für die Beschreibung des Zeitverhaltens auf dieser Ebene bildet die *System Description*.

3.2 Software-Entwicklungsprozess

Das Thema Software-Entwicklungsprozess wurde schon in vielen Publikationen ausführlich erörtert. Eine sehr gute Übersicht und Einführung in das Thema ist in [SZ05] zu finden. In diesem Abschnitt wird lediglich eine kurze Einführung in das Thema gegeben. Weiterhin erfolgt eine Vorstellung der *MISRA-Regeln* und es wird auf die Modell-basierte Entwicklung von Software-Komponenten eingegangen.

Eine typische Darstellung des Software-Entwicklungsprozesses wie er heute in der Automobilindustrie Anwendung findet, ist in Abb. 3.15 aufgezeigt. Ausgangspunkt ist die Anforderungsanalyse. Diese setzt auf den Informationen auf, die zum Beispiel einen neuen Funktionsumfang betreffen, der für ein neues Fahrzeug geplant ist. Anhand der Anforderungen kann die Spezifikation des Funktionsumfanges, d. h. der einzelnen Funktionen und deren Merkmale erfolgen. Bis zu diesem Punkt erfolgt die Ausarbeitung ausschließlich beim OEM. Im weiteren Verlauf gibt es zwei parallele Wege. Zum einen erfolgt ein Teil der Software-Entwicklung mittlerweile wieder beim OEM direkt, zum anderen wird an diesem Punkt das Lastenheft mit den Anforderungen für die Entwicklung an einen Zulieferer übergeben.

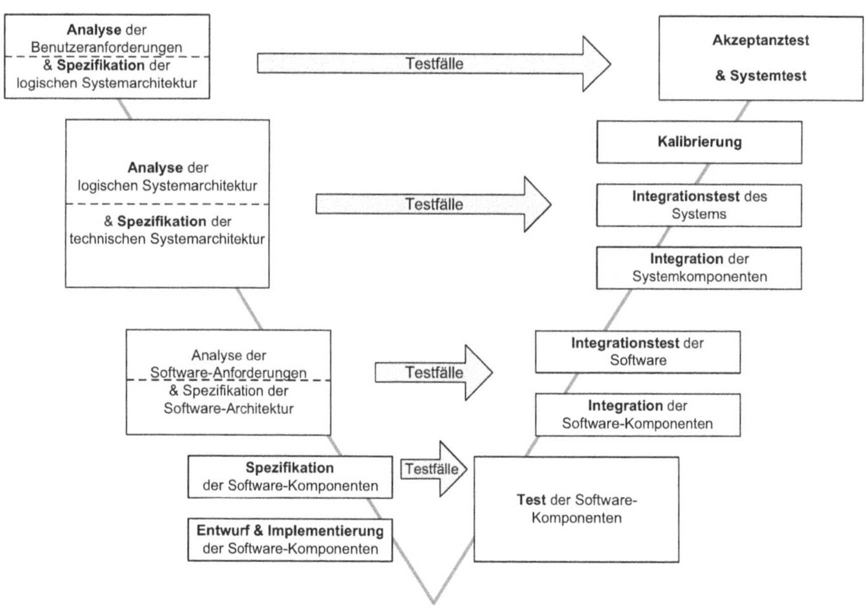

Abb. 3.15 Entwicklungsprozess für Software anhand des V-Modells [SZ05]

Die Analyse der Spezifikation des Funktionsumfanges dient dann im nächsten Schritt als Grundlage für die Aufstellung der Anforderung, welche die Software zu erfüllen hat. Auf Basis dieser Anforderungen kann dann die Software-Architektur und deren einzelne Komponenten spezifiziert werden. Diese Spezifikation dient dann als Ausgangspunkt für den Entwurf und die Implementierung der Software.

Nach der Implementierung der Software kann schrittweise die Integration und der Test erfolgen. Im nächsten Schritt nach der Implementierung erfolgen die Tests der einzelnen Software-Komponenten. Nach erfolgreichem Abschluss der Tests kann die Integration der Software-Komponenten auf der Ziel-Hardware erfolgen. Im Anschluss daran wird der Integrationstest für die Software durchgeführt. Wurde die Komponente bei einem Zulieferer entwickelt, erfolgt anschließend die Übergabe der Komponente an den OEM. Dieser führt dann die Integration und die Tests auf Systemebene durch.

Die jeweiligen Spezifikationen, welche im linken Teil des V-Modells erstellt werden, dienen nicht nur als Eingangsinformation für den nächsten Entwicklungsschritt, sondern liefern auch die Testfälle für den gegenüberliegenden Schritt im rechten Teil des V-Modells.

3.2.1 MISRA-Regeln

Die britische *Motor Industry Software Reliability Association (kurz MISRA)* hat 1998 ein standardisiertes Regelwerk für die Verwendung der Programmiersprache *C* bei Steuergeräte-Projekten eingeführt. Als Grundlage für den MISRA-C Programmierstandard dienten Erfahrungen und Erkenntnisse, welche aus Industrieprojekten, der Wissenschaft und aus Firmen-internen Standards abgeleitet wurden. Das Regelwerk wird kontinuierlich fortgeführt und ergänzt. Seit 2008 kam eine Erweiterung für die Umfänge von *C++* hinzu *(MISRA-C++)*. Die folgenden Kategorien an Fehlern werden innerhalb des Standards beschrieben und entsprechende Regeln zu deren Vermeidung definiert:

- Übliche Fehler, die bei der Programmierung auftreten können
- Nichtbeachtung von Lücken in der Sprachdefinition der Programmiersprache
- Ungenauigkeiten, welche innerhalb einer Programmiersprache vorhanden sind und zu Laufzeitfehlern führen können.
- Fehler, die beim Compilieren aufgrund von Ungenauigkeiten der Programmiersprache oder bei der Umsetzung innerhalb des Compilers entstehen können
- Die Beseitigung von strukturellen Schwächen im Code, die durch die Bearbeitung eines Codesegments mehrerer Programmierer entstehen können.

Das folgende Beispiel zeigt einen möglichen Fehler innerhalb eines Code-Segments, welcher durch die Anwendung der MISRA-Regeln vermieden wird.

```
if (x = y)
{
//Anweisung
}
```

Es ist unklar, ob innerhalb der `if`-Anweisung wirklich eine Zuweisung stehen sollte oder ob nicht doch ein Vergleich der beiden Variablen geplant war und es sich hierbei um einen Programmierfehler handelt. Eindeutige Programmsegmente für einen Vergleich von `x` und `y` (links) oder die Überprüfung der erfolgreichen Zuweisung von `y` zu `x` (rechts) sind folgende:

```
x = y;
if (x == y)              if ((x=y) != 0)
{                        {
//Anweisung              //Anweisung
}                        }
```

Weitere Beispiele für uneindeutigen Code zeigen folgende Code-Zeilen:

```
y = x/*p
z = x---y;
```

Aus der ersten Zeile geht nicht klar hervor, ob `/*p` der Beginn eines Kommentars ist und ein Semikolon hinter der Zuweisung `y =x` vergessen wurde oder ob es sich um eine Division handelt, bei der `*p` auf den Divisor zeigt. In der zweiten Zeile kann entweder `z = x-- - y` oder `z = x - --y` gemeint sein.

Die Anwendung einiger Regeln kann zur Verlängerung der Ausführungszeit und/oder zur Zunahme des Speicherverbrauchs führen. Dies tritt insbesondere an Stellen auf, wo eine Hardware-nahe Programmierung notwendig oder erwünscht ist.

Ein weitere Herausforderung besteht bei dem Einsatz von automatischen Seriencodegeneratoren. Die MISRA-Regeln sind ursprünglich für die Anwendung im Bereich der manuellen Programmierung entstanden. Viele der Regeln liefern im Kontext von Seriencodegeneratoren keinen Mehrwert, da diese bestimmte Fehler nicht machen, welche bei einer manuellen Programmierung auftreten können. Bei einigen Regeln kann es, wie auch schon im letzten Abschnitt beschrieben, zu einem höheren Ressourcenverbrauch führen. Diese Eigenschaften sind bei der geforderten Anwendung der MISRA-Regeln innerhalb eines Software-Projektes zu beachten. In begründeten Fällen können entsprechende Ausnahmen erfolgen, um eine effizientere Ressourcennutzung zu ermöglichen. Dabei sind jedoch die betroffenen Code-Segmente als nicht MISRA-konform zu deklarieren und einer zusätzlichen Prüfung zu unterziehen.

3.3 Modellbasierte Funktionsentwicklung

Die Anwendung der modellbasierten Funktionsentwicklung für E/E-Systeme hat in den letzten Jahren im Automobilbereich stark zugenommen. Bei der bisherigen Entwicklung von E/E-Systemen war es üblich, dass für jede neue Baureihe je nach Vergabe der einzelnen Steuergeräte an die Lieferanten eine bereits existierende Funktion wieder neu entwickelt wurde und ein zweites Mal vom OEM bezahlt werden

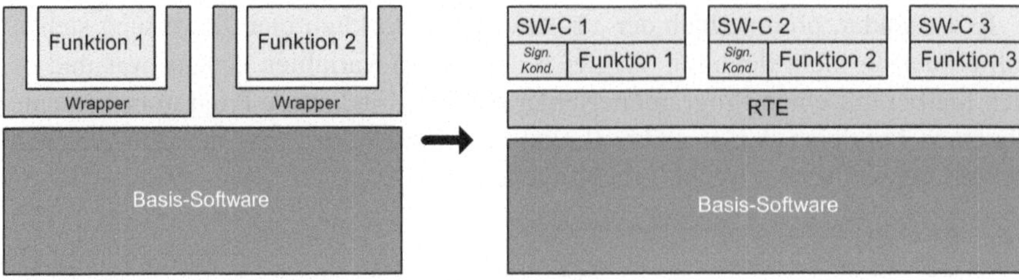

Abb. 3.16 Beispiel für die Migration von Funktionen auf ein AUTOSAR-basiertes System

musste. Um hier OEM-seitig die Entwicklungskosten zu reduzieren, erfolgte in den vergangenen Jahren ein stetiger Ausbau von Entwicklungsbereichen, welche sich mit der modellbasierten Funktionsentwicklung befassen. Im Gegensatz zur manuellen Programmierung der Funktionen bieten modellbasierte Funktionen eine ganze Reihe von Vorteilen [DWR08]. Hierzu gehören die:

- Frühzeitige Reifegradabsicherung durch Simulation der Funktionsmodelle
- Darstellung und Absicherung der Funktionen im Fahrzeug bereits vor Verfügbarkeit der Steuergeräte durch Rapid-Prototyping
- Lieferantenunabhängige Funktionsentwicklung
- Bessere Weiterentwicklungsmöglichkeiten für die einzelnen Funktionen
- Wiederverwendung von Funktionen in verschiedenen Baureihen

Zusätzlich wird durch die Wiederverwendung und die frühzeitigen Absicherungsmöglichkeiten eine höhere Qualität der Funktionen erzeugt. Weiterhin kann auf Basis der formalen Beschreibung der Funktionsmodelle eine automatische Generierung des Softwarecodes erfolgen. Durch den zunehmenden Einsatz von AUTOSAR ist die Portierung und Wiederverwendung von Funktionen einfacher möglich. In Abb. 3.16 ist eine solche Migration dargestellt. Die Funktionen 1 und 2 existieren bereits in einer nicht AUTOSAR-Umgebung. Bisher wurde über einen sogenannten Wrapper versucht die Funktion von deren Integrationsplattform zu entkoppeln. Durch den Einsatz von AUTOSAR ist es nun möglich über die RTE auf Basis von standardisierten Schnittstelleneigenschaften die einzelnen Funktionen einfacher zu integrieren. Den Rahmen für die Integration bildet dabei die Software-Komponente. Für die migrierten Funktionen (Funktion 1 und 2) ist ggf. noch eine zusätzliche Signalkonditionierung in der jeweiligen Software-Komponente zu integrieren. Bei neu entwickelten Funktionen bzw. Software-Komponenten ist eine solche Konditionierung meist nicht notwendig (siehe Abb. 3.16 Funktion 3).

Um eine entsprechende Umsetzung mittels des AUTOSAR-Standards durchführen zu können, ist die Modellierung und Entwicklung in zwei Teilbereiche aufgeteilt. Im ersten Teilbereich erfolgt die Modellierung des Verhaltens der Funktionen, der zweite Teilbereich deckt die formale Beschreibung der Schnittstellen der Funktionen in Form von Software-Komponenten und deren Vernetzung ab.

Die hierfür erforderliche Werkzeugkette ist in Abb. 3.17 dargestellt. Die modellbasierte Funktionsentwicklung stellt Anforderungen an die Schnittstellen oder

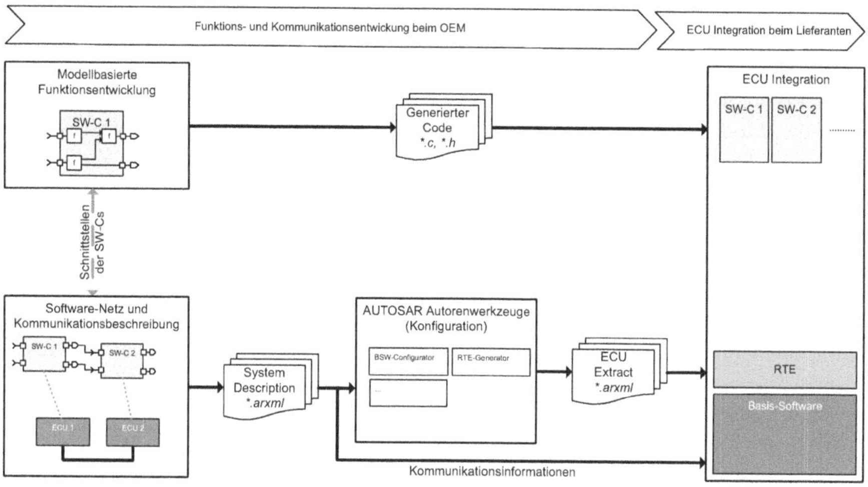

Abb. 3.17 Dargestellt ist eine AUTOSAR-basierte Werkzeugkette für die Entwicklung und Integration von modellbasierten Funktionen

es werden existierende Schnittstellen zur Verfügung gestellt. Die Verwaltung der Schnittstellen kann im Software-Netz erfolgen, welches auch die Grundlage für die Ableitung der Kommunikationsbeschreibung ist. Diese Beschreibungen können über das entsprechende Austauschformat dem AUTOSAR-Autorenwerkzeug übergeben werden. Mittels des Autorenwerkzeuges kann die Konfiguration der einzelnen Teilsysteme weiter detailliert werden. Die resultierende Konfiguration kann auf Basis des ECU-Extracts Lieferanten übergeben werden. Weiterhin ist auf Basis von Funktionsmodellen eine automatisierte Codegenerierung möglich. Diese Dateien können dann vom Lieferanten für die Integration verwendet werden.

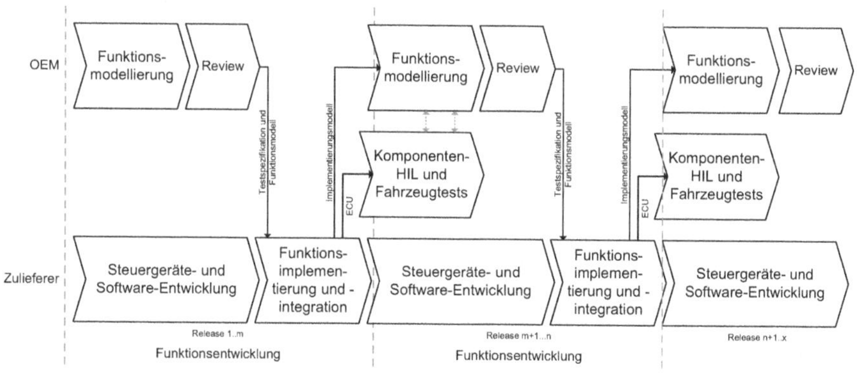

Abb. 3.18 Typischer Entwicklungsprozess zwischen OEM und Zulieferer [WDR08]

Die Funktions- und Steuergeräteentwicklung erfolgt meist in enger Abstimmung zwischen OEM und dem Steuergerätelieferant, der für die Gesamtintegration verantwortlich ist. In Abb. 3.18 ist ein hierfür typischer Prozess dargestellt. Die Funktionsentwicklung erfolgt beim OEM. Nach dem internen Review erfolgt die Übergabe des Modells oder des generierten Codes an den Zulieferer inklusive Testspezifikation. Diese lässt sich automatisiert aus dem Modell erstellen. Der Zulieferer hat parallel mit der Entwicklung des Steuergerätes und der Basissoftware begonnen und kann nach erfolgter Übergabe der Funktionsmodelle eine erste Integration des Gesamtsystems durchführen. In einer frühen Phase erfolgt die Integration oft auf einer entsprechenden Rapid-Prototyping-Plattform. Nach erfolgreichem Test des Gesamtsystems beim Zulieferer kann das System für die Durchführung der Komponenten- und Fahrzeugtests dem OEM übergeben werden. Die bei den Tests identifizierten Fehler und Änderungen sind dann in der nächsten Entwicklungsphase im Funktionsmodell vom OEM umzusetzen.

3.4 Fallstudie: Von der Funktion zur Software

In der folgenden Fallstudie soll ausgehend von der Funktion *Parkmaster* schrittweise die Entwicklung der Software und deren anschließende Partitionierung auf die Steuergeräte beschrieben werden. Weiterhin erfolgt die schrittweise Detaillierung der Schnittstellen und der resultierenden Signale.

Die Funktion Parkmaster umfasst die Einparkhilfe für den Front- und Heckbereich eines Fahrzeuges. Der Heckbereich soll zusätzlich zur Nahfeldsensorik über ein Kamerabild überwacht werden. In Tab. 3.1 sind die einzelnen Merkmale der Funktion Parkmaster inklusive einer kurzen Beschreibung aufgelistet. Die Fallstudie behandelt das Merkmal *Einparkhilfe hinten* sowie die Basisumfänge der Funktion. Zu diesen zählen die *Aktivierung/Deaktivierung* der Funktion, ein *Warnsignal* und eine *Anzeige*.

Wie in Abschn. 2.1 dargestellt kann ein Merkmale über verschiedene Eigenschaften im Detail beschrieben werden. In Tab. 3.2 sind beispielhaft die Eigenschaften für das Merkmal *Anzeige* aufgelistet. Diese Eigenschaften dienen als Grundlage für die Ableitung der Anforderungen (funktional/nicht-funktional), welche bei der Umsetzung zu erfüllen sind.

Für die Umsetzung des Funktionsumfanges in Hardware und Software sind schrittweise die einzelnen abgeleiteten Anforderungen zu betrachten und eine geeignete Realisierung zu bestimmen. Das Ergebnis für den betrachteten Teilumfang des Parkmasters ist in Abb. 3.19 aufgezeigt. Die Realisierung der einzelnen Merkmale durch die jeweiligen Software-Komponenten ist durch die entsprechenden Realisierungskanten dargestellt. So wird z. B. das Merkmal *Anzeige* von der Software-Komponente *Ansteuerung Anzeige* und der Hardware-Komponente *Monitor* realisiert.

Nachdem die Software-Komponenten erstellt und deren Schnittstellen festgelegt sind, kann die Partitionierung auf die Steuergeräte erfolgen. In Abb. 3.20 ist bei-

Tabelle 3.1 Liste mit den einzelnen Merkmalen der Funktion *Parkmaster*

Merkmal	Beschreibung
Einparkhilfe vorne	Überwachung des Frontbereiches Radius: 160° Nahfeldsensorik (bis 3 m)
Einparkhilfe hinten	Überwachung des Heckbereiches Radius: 180° Nahfeldsensorik (bis 4 m) Kamerabild
Aktivierung/Deaktivierung	Aktor zum Ein- und Ausschalten der Parkmasterfunktion
Warnton	Akustische Warnung des Fahrers beim Annähern an ein Hindernis
Anzeige	Visualisierung des Heckbereiches als Echtzeitbild

Tabelle 3.2 Eigenschaften des Merkmals *Einparkhilfe hinten*

Merkmal	Bedingung	Ereignis	Teilreaktion	Anforderung
Anzeige	Klemme 30	Parkmasterfunktion aktiv	Echtzeitbild	Reaktionszeit: 100 ms
	Kamera	Kamera stellt Heckbereich dar	vom Heckbereich des Fahrzeugs	Temperaturbereich: −40 °C bis +80 °C

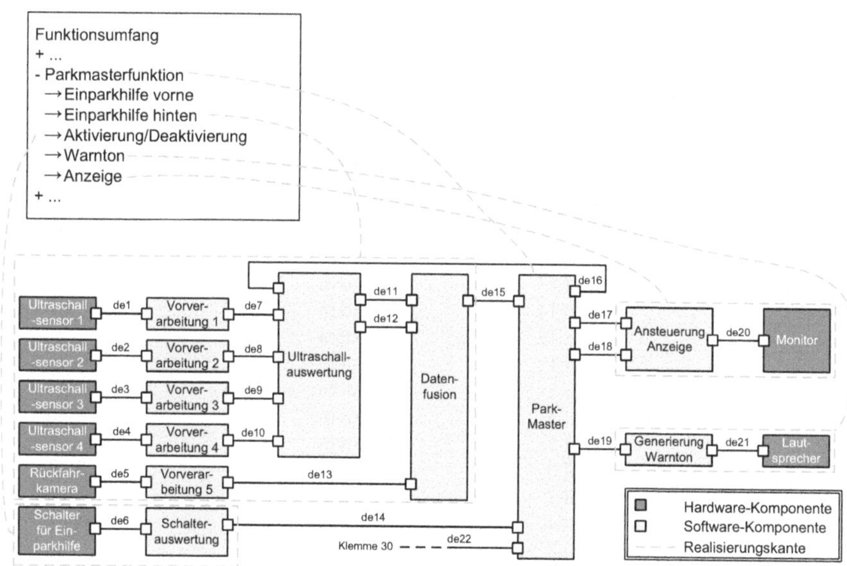

Abb. 3.19 Dargestellt sind die Anteile der resultierenden Software-Architektur der *Parkmasterfunktion*, welche die Basisumfänge und das Merkmal *Einparkhilfe hinten* umsetzen

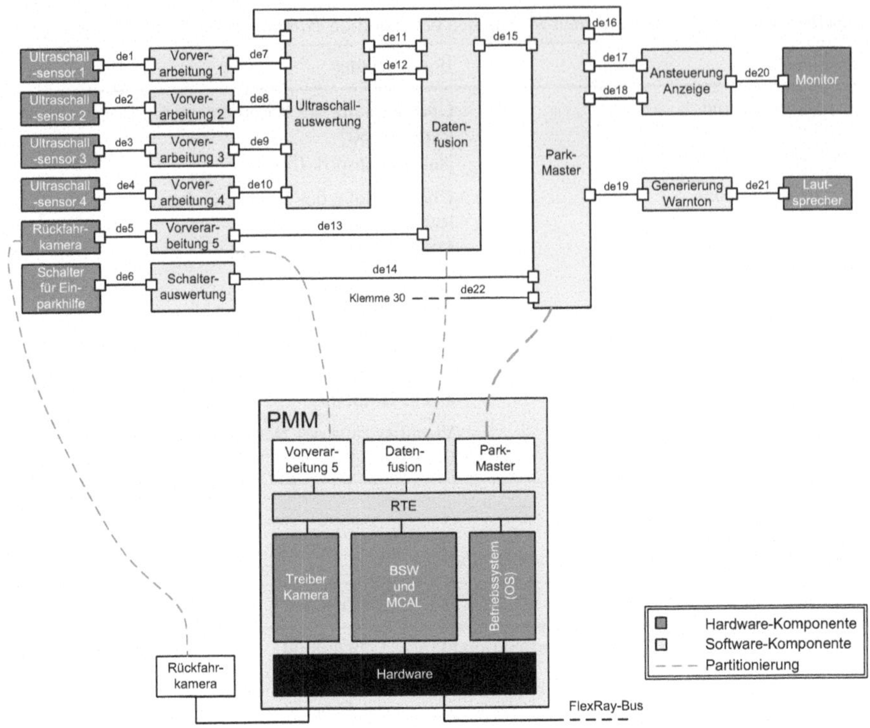

Abb. 3.20 Beispielhaft ist die Partitionierung der Hardware-/Software-Komponenten dargestellt, die auf dem Steuergerät *Parkmaster Modul (PMM)* partitioniert sind

Tabelle 3.3 Abbildung der Datenelemente auf die externen Signale nach der Partitionierung der Hardware- und Software-Komponenten

Datenelement	Signalname	extern/intern	Typ
de1	Signal 10	extern	HW-Signal
de2	Signal 11	extern	HW-Signal
de3	Signal 12	extern	HW-Signal
de4	Signal 13	extern	HW-Signal
de5	Signal 14	extern	HW-Signal
de6	Signal 15	extern	HW-Signal
de11	Signal 1	extern	Bussignal
de12	Signal 2	extern	Bussignal
de14	Signal 3	extern	Bussignal
de16	Signal 5	extern	Bussignal
de17	Signal 6	extern	Bussignal
de18	Signal 7	extern	Bussignal
de19	Signal 4	extern	Bussignal
de20	Signal 8	extern	HW-Signal
de21	Signal 9	extern	HW-Signal
de22	Signal 22	extern	Bussignal

spielhaft die Partitionierung der Hardware-/Software-Komponenten auf das Steuergerät *Parkmaster Modul (PMM)* dargestellt. Die Hardware-Komponente *Rückfahrkamera* ist auf der entsprechenden Hardware partitioniert. Diese ist direkt mit dem Steuergerät PMM über eine Hardware-Leitung verbunden.

Auf Basis der Partitionierung können die internen (innerhalb eines Steuergeräts) und externen Kommunikationsanteile (über Steuergerätegrenzen hinweg) abgeleitet werden. Bei der externen Kommunikation ist weiterhin zwischen Bussignalen (logische Signale) und Signalen, die über Hardware-Leitungen realisiert werden zu unterscheiden. In Tab. 3.3 ist das Mapping der Datenelemente des Parkmasters aus der Softwareebene auf die externen Signale aufgelistet. In Abschn. 5.4 wird die Fallstudie wieder aufgegriffen und die Ausleitung der resultierenden Kommunikation beschrieben. In diesem Abschnitt ist auch eine vollständige Übersicht der Partitionierung zu finden (siehe in Abb. 5.21).

Kapitel 4
Steuergeräte und Echtzeit-Rechnerstrukturen

In diesem Kapitel soll der typische Aufbau von Steuergeräten erläutert und auf die einzelnen Komponenten eines Steuergerätes eingegangen werden. Hierfür liefert Abschn. 4.1 einen Überblick über die Bestandteile eines Steuergerätes sowie die Anforderungen, die an die Komponenten gestellt werden. Anschließend sind in den Abschnitten 4.2 bis 4.4 die Verarbeitungs- und Peripheriekomponenten eines Steuergeräts beschrieben. Mit einer Fallstudie zur Bewertung von Steuergerätearchitekturen schließt das Kapitel ab.

4.1 Aufbau und Anforderungen an Steuergeräte

Steuergeräte sind angepasst an ihren Einsatzbereich – also dem Ort, an dem sie verbaut sind – und an die Anwendungen, die sie ausführen sollen. Es gibt allerdings gewisse strukturelle Ähnlichkeiten im Aufbau eines Steuergeräts. Damit ein Steuergerät funktioniert, muss eine lokale Spannungsversorgung aus der Batteriespannung die benötigten Spannungspegel der Bauteile im Steuergerät schnell und stabil zur Verfügung stellen. In vernetzten Steuergeräten kann die Spannungsversorgung von der Kommunikationsschnittstelle gesteuert werden. Diese Kommunikationsschnittstelle muss natürlich zu dem Bus passen und wird daher typischerweise vom OEM spezifiziert. Um Sensoren auszuwerten und Aktoren anzusteuern, verfügen Steuergeräte über spezielle Schnittstellen, die auf die Sensorik und Aktorik angepasst sind. Typische Schnittstellen wie Analog/Digital-Wandler oder digitale Input/Output-Ports, die zu der Halbleitertechnologie eines Mikrocontrollers passen, sind häufig in einen Mikrocontroller integriert. Andere Schnittstellen wie Leistungstreiber können als externe Bauteile an die Schnittstellen eines Mikrocontrollers angeschlossen werden. Wie in Abb. 4.1 sind diese Bauteile auf einer Platine an einen Mikrocontroller angeschlossen. Je nach Anwendung und Art der Datenverarbeitung können auch DSPs (Digitaler Signalprozessor), FPGAs (Field Programmable Gate Array) oder ASICs (Application Specific Integrated Circuit) vorkommen.

T. Streichert, M. Traub, *Elektrik/Elektronik – Architekturen im Kraftfahrzeug*,
DOI 10.1007/978-3-642-25478-9_4,

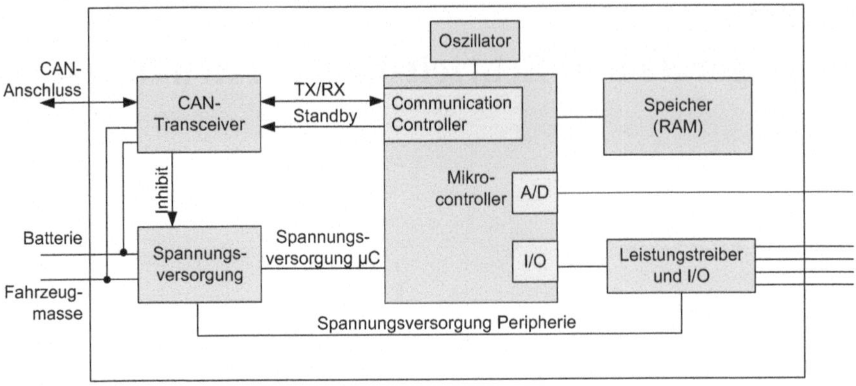

Abb. 4.1 Prinzipieller Aufbau eines Steuergeräts

Auf die verschiedenen Verarbeitungs- und Peripheriekomponenten eines Steuergeräts wird im Verlauf des Kapitels genauer eingegangen. Neben den funktionalen und zeitlichen Eigenschaften, die für die korrekte Ausführung von Anwendungen relevant sind, müssen die Komponenten auch zu dem Wirkungsort passen. Für den Einsatz von elektronischen Komponenten im Automobil gelten gewisse Anforderungen, die durch die Umweltbedingungen am Einsatzort, der Lebensdauer sowie der Zuverlässigkeit des Produkts entstehen. Man unterscheidet hierbei Parameter wie Umgebungstemperatur, Feuchtigkeit, Lebensdauer, Teileverfügbarkeit und Ausfallrate im Feld. Im Vergleich zur Consumer- oder Industrieelektronik gelten in der Fahrzeugelektronik in allen Bereichen höhere Anforderungen. Tabelle 4.1 zeigt eine Übersicht über die Anforderungen in den drei Produktbereichen.

Neben Temperaturanforderungen gibt es noch Feuchtigkeitsanforderungen, die ein Bauteil unbeschadet aushalten muss. Diese Feuchtigkeitsanforderungen sind durch die Norm [Com00] in sogenannte IP-Schutzklassen klassifiziert. Die Schutzklasse setzt sich aus zwei Zahlen zusammen, wobei die erste Zahl den Fremdkörperschutz angibt und die zweite Zahl den Feuchtigkeitsschutz. Der Fremdkörperschutz ist in sieben Klassen unterteilt, dabei bedeutet die Klasse 0 kein Schutz und die Klasse 6 ein Schutz gegen Staubeindringung. Dazwischen liegen kleiner werdende Größen der Fremdkörper, die eindringen dürfen. Die zweite Zahl der Schutzklasse

Tabelle 4.1 Gegenüberstellung der Anforderung an elektronische Komponenten für verschiedene Anwendungen

Parameter	Consumer	Industrial	Automotive
Temperatur	0 °C → 40°C	−10 °C → 70 °C	−40 °C → 85 °C/155 °C
Feuchtigkeit	niedrig	mittel	0 % bis zu 100 %
Lebensdauer	1–3 Jahre	5–10 Jahre	bis 15 Jahre
Teileverfügbarkeit	häufig keine Verpflichtung	bis zu 5 Jahre	bis zu 30 Jahre
Ausfallrate im Feld	< 10 %	$\ll$ 1 %	Ziel: Null-Fehler

liegt auf einer Skala von 0 bis 9 und gibt den Feuchtigkeitsschutz an. Die Klasse 0 bedeutet wieder, dass kein Schutz vorliegt und die Klasse 9 gibt an, dass ein Schutz gegen Hochdruckreinigung einzuhalten ist. Dazwischen liegen verschiedene Szenarien; tropfendes Wasser, Spritzwasser aus allen Richtungen, Strahlwasser aus allen Richtungen, Ein- bzw. Untertauchen mit gewissen Druck- und Zeitbedingungen. Eine typische Schutzklasse für eine elektronische Komponente, die im Außenbereich des Fahrzeugs liegt, ist IP55. Diese Kennung bedeutet, dass die Komponente vor Staubeindringung und Strahlwasser aus allen Richtungen geschützt ist.

Eine weitere Herausforderung besteht in der langen Lebensdauer und Teileverfügbarkeit. Die Entwicklungszeit eines Fahrzeugs beträgt ca. 5 Jahre und anschließend folgen ca. 7 Jahre Produktion. Nach Produktionsende sind die Fahrzeuge noch mindestens 10 Jahre im Straßenverkehr und benötigen Ersatzteile. Somit ergibt sich ein Zeitraum von 22 Jahren, der allerdings auch noch deutlich länger sein kann. Im Bereich der Halbleiterindustrie findet jedoch in sehr kurzen Abständen ein Technologiewechsel statt, sodass über einen solchen Zeitraum nicht die gleichen Bauteile verfügbar sind. Um dieses Problem zu lösen, müssen entweder Steuergeräte als Ersatzteil neu entwickelt, Bauteile unter optimalen klimatischen Bedingungen eingelagert oder innerhalb der Produktionszeit einer Baureihe die Vernetzungsarchitekturen mit ihren Komponenten verändert werden. Weiterhin werden Zulieferer dazu verpflichtet mit einer definierten Vorlaufzeit anzukündigen, wenn sie bestimmte Bauteile, zu denen es keine Alternativen gibt, abkündigen. Aus diesem Grund ist ein Second-Sourcing-Strategie – also der Aufbau eines zweiten Zulieferers für elektronische Bauteile – in vielen Bereichen wichtig. Hierdurch kann die Verfügbarkeit von Bauteilen verbessert werden.

Eine weitere Besonderheit besteht in der Ausfallrate von Bauteilen im Automobil. Für die Automobilelektronik liegt ein Null-Fehler-Ziel vor, da die Elektronik im Auto einen Einfluss auf die Sicherheit der Insassen hat. Weiterhin sind in einem Auto mit bis zu 70 Steuergeräten sehr viele elektrische Komponenten verbaut, sodass durch die Menge an elektronischen Komponenten die Wahrscheinlichkeit eines Fehlers im Gesamtfahrzeug rasant ansteigt, wenn kein Null-Fehler-Ziel vorliegt. Als Anforderung der Automobilindustrie für jede ECU gilt, dass bei 0km und während des Betriebs weniger als 10ppm/Jahr ausfallen dürfen [Kal06]. Verteilt man diese Fehlerrate auf die Bauteile eines Steuergeräts ergibt sich eine Anforderung für jedes Bauteil von weniger als 1ppm/Jahr. Wie sich diese Fehlerraten auf die einzelnen Bereiche aufteilen, ist in Abb. 4.2 gezeigt. Die Fehler, die zu einem Ausfall eines Steuergeräts führen, dürfen nicht aufgrund eines fehlerhaften Designs geschehen. Stattdessen sind die genannten 10ppm/Jahr komplett auf den Fertigungsprozess zurückzuführen. Hierbei wurden 3ppm/Jahr durch die Fertigungsbedingungen in der Massenproduktion, 0ppm/Jahr auf Fehler in der Lagerhaltung bzw. Logistik und 7ppm/Jahr auf elektronische Bauteile verursacht. Die Fehler im Bereich der elektronischen Bauteile verteilen sich auf die Halbleiterbauteile mit der höchsten Fehlerrate bis zu Widerständen und Kondensatoren mit einer Fehlerrate, die bei Null liegt. Die Maßnahmen, die im Rahmen der Null-Fehler-Strategie getroffen werden, sind durch verschiedenste mechanische und elektrische Testvorschriften [Cou] sowie Produktionsvorschriften vorgeschrieben.

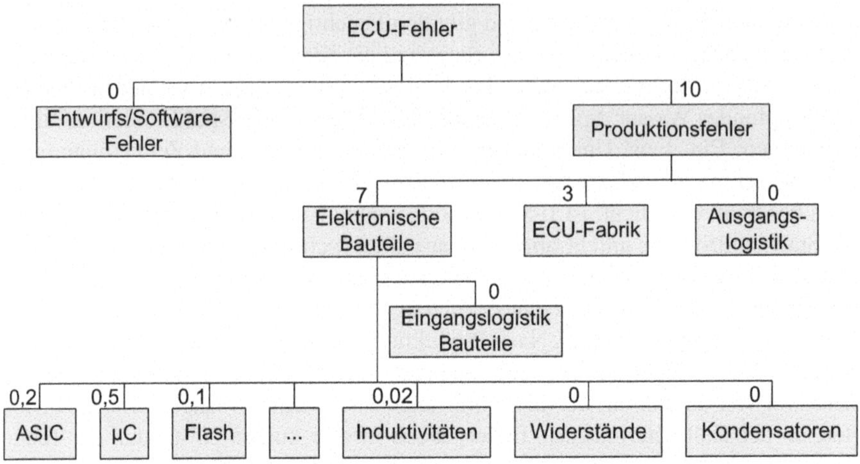

Abb. 4.2 Zuverlässigkeitsanforderungen an elektronische Komponenten in ppm [Kal06]

4.2 Rechnerarchitekturen und programmierbare Hardware

Für die Implementierung und Ausführung von Funktionalität steht eine Reihe an Hardware-Plattformen zur Verfügung, die je nach Anwendungsbereich gewisse Vor- und Nachteile mit sich bringen. Die wohl wichtigsten Lösungen sind in Abb. 4.3 dargestellt. Diese Auflistung ist nicht vollständig, stellt aber das Spektrum von Vielzweckprozessoren über domänenspezifische Prozessoren (μC, DSP) zu programmierbarer bzw. festverdrahteter Hardware dar. Neben den dargestellten Varianten gibt es natürlich noch weitere Rechnertypen und Hardware-Varianten wie z. B. Coarse-Grain-Architekturen, ASIPs (Application-Specific Instruction-set Processor), GPUs (Graphics Processing Unit), etc., auf die im Folgenden nicht weiter eingegangen wird.

Charakteristisch für Vielzweckprozessoren wie sie im Bereich der Desktop-PCs zum Einsatz kommen, ist die Optimierung auf Durchsatz von Operationen für beliebige Anwendungen. Es kann zwar große Schwankungen in der Ausführungsdauer einer Anwendung geben, im Mittel können die Prozessoren jedoch eine Vielzahl von Anwendungen schnell abarbeiten. Hierfür greifen solche Prozessoren auf spekulative Mechanismen zur Sprungvorhersage, zum Vorladen von Cache-Speichern und der internen Ablaufplanung von Operationen zurück.

Vielzweckprozessoren sind im Allgemeinen sogenannte CISC-Prozessoren (Complex Instruction Set Computer) – also Prozessoren mit einem großen Befehlssatz bestehend aus spezialisierten Befehlen. Die Motivation für einen komplexen Befehlssatz liegt in der Code-Größeneffizienz. Da solche Prozessoren das Programm von langsamen großen Speichermedien lesen, soll die Anzahl der Speicherzugriffe reduziert werden. Innerhalb des Prozessors können die komplexen Instruktionen auf ein sogenanntes Mikroprogramm abgebildet werden. Eine komplexe Instruktion besteht dann aus einer Sequenz von einfachen Mikrooperationen. In

Vielzweckprozessoren	µC (Microcontroller)	DSP (Digital Signal Processor)	FPGA (Field Programmable Gate Array)	ASIC (Application Specific Integrated Circuit)
Prozessoren, die für verschiedenste Aufgaben z.B. in Desktop-PCs zum Einsatz kommen; der Befehlssatz ist typischerweise CISC (Complex Instruction Set Computer)	Prozessor für Steuerungsaufgaben mit zahlreichen Peripherie-komponenten wie z.B. Communication Controllern, A/D-Wandlern, etc.	Prozessor mit optimiertem Befehlssatz für digitale Signalverarbeitung	Programmierbare Hardware für verschiedene Einsatzzwecke geeignet	Festverdrahtete Hardware

Abb. 4.3 Rechnertypen und programmierbare Hardware

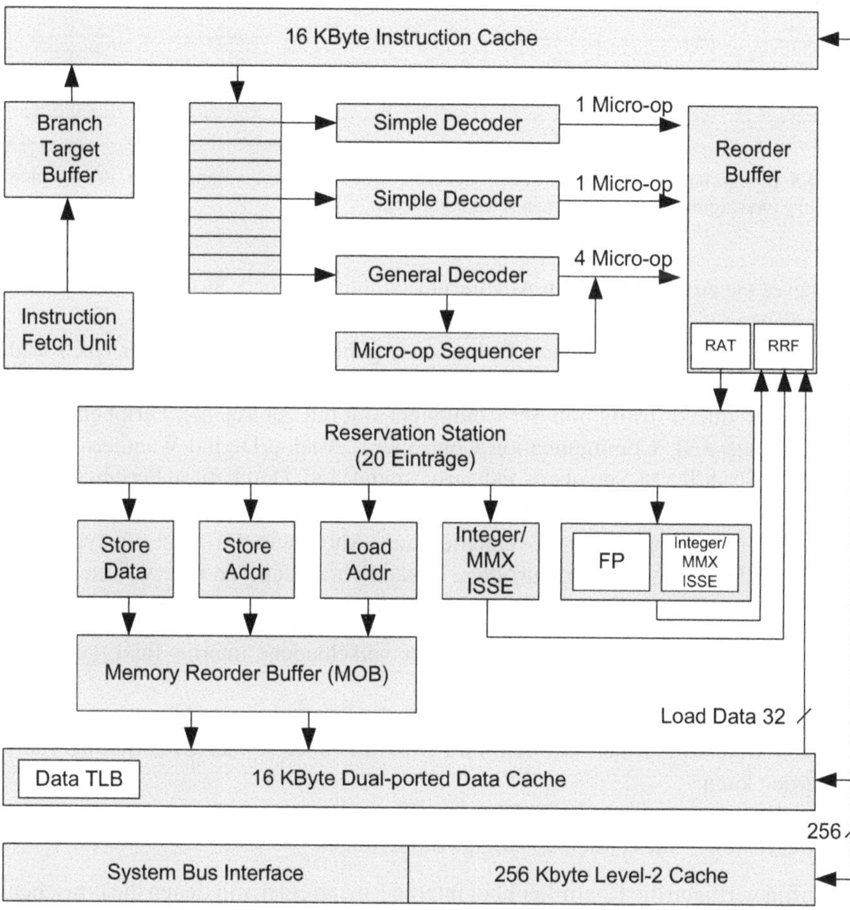

Abb. 4.4 Blockschaltbild eines Pentium III Prozessors [BU07]

Abb. 4.4 ist ein Blockschaltbild eines Pentium III dargestellt, der über drei Decoder für die Übersetzung von komplexen Instruktionen auf Mikrooperationen enthält. Die Mikrooperationen laufen durch einen Reorder-Buffer zu den Reservierungsstatio-

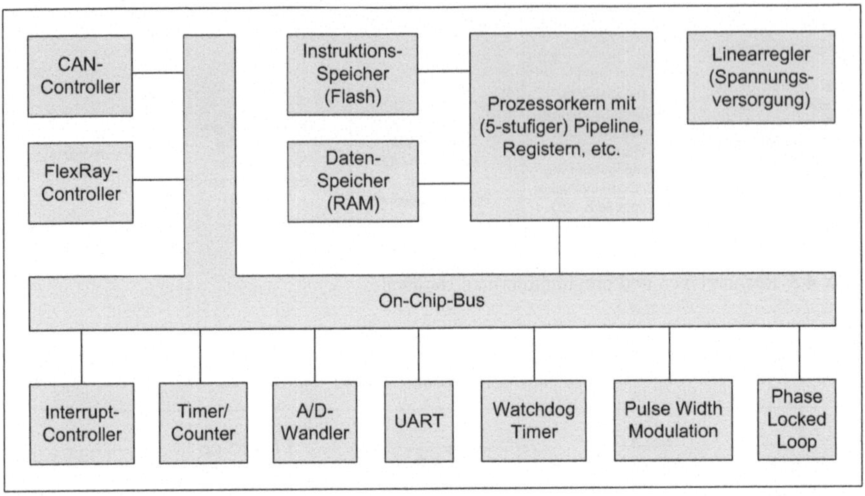

Abb. 4.5 Blockschaltbild eines Mikrocontrollers mit seinen Peripheriekomponenten, der internen Spannungsversorgung und den internen Speicherblöcken

nen, bevor sie zu den parallelen Ausführungseinheiten (Load, Store, Integer/MMX, etc.) gelangen.

Zu den domänenspezifischen Prozessoren gehören Mikrocontroller (μC) und digitale Signalprozessoren (DSP). Mikrocontroller sind typischerweise RISC-Prozessoren (Reduced Instruction Set Computer), die mit zahlreichen Peripheriekomponenten wie z. B. Communication Controllern, Analog/Digital-Wandlern (A/D-Wandler), Flash/RAM-Speichern, etc. ausgestattet sind. Durch diese Peripherie sind sie geeignet für Steuerungs- und Regelungsaufgaben in eingebetteten Systemen und kommen mit wenigen externen Bauteilen aus. Abbildung 4.5 zeigt ein typisches Blockschaltbild eines Mikrocontrollers. Zusätzlich zu den bereits erwähnten Peripheriekomponenten verfügt der Controller über:

- Eine Phase-Locked-Loop (PLL), mit der verschiedene interne Takte generiert werden können
- Eine Puls-Weiten-Modulation (PWM), für die Steuerung von Aktoren
- Einen Watchdog Timer, mit dem im Fehlerfall ein Reset der CPU durchgeführt werden kann
- Serielle Schnittstellen wie UART oder SPI
- Timer/Counter für zeitlich abhängige Steuerungen

Weiterhin verfügen die Controller über interne Linearregler, mit denen die typischen Board-Spannungen (z. B. 3,3 V, 5 V oder 12 V) auf interne Spannungen (z. B. 1,2 V) umgesetzt werden.

Im Gegensatz zu Vielzweckprozessoren haben Mikrocontroller eine Pipeline mit nur wenigen Stufen. Eine solche Pipeline wird später in diesem Kapitel noch im Detail vorgestellt.

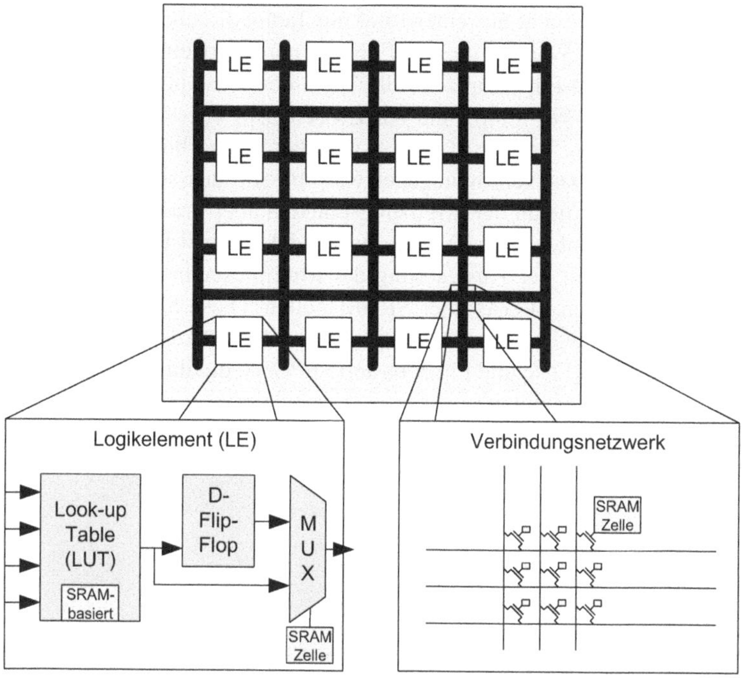

Abb. 4.6 FPGAs bestehen aus Logikelementen (LE), die über ein Verbindungsnetzwerk verbunden sind. Ein Logikelement besteht in diesem Fall aus einer programmierbaren Tabelle und einem D-Flip-Flop am Ausgang. Das Verbindungsnetzwerk besteht aus senkrechten und waagerechten Verbindungen, die an den Kreuzungspunkten über Transistoren verknüpft werden können

Zu den domänenspezifischen Prozessoren gehören auch die DSPs. Sie sind ebenfalls optimiert für den Einsatz in eingebetteten Systemen und verfügen über Schnittstellen zur Anbindung von Sensorik und Aktorik. Allerdings ist der Befehlssatz optimiert für Aufgaben der digitalen Signalverarbeitung. Ein typisches Beispiel sind sogenannte MAC-Instruktionen. MAC steht für Multiply-Accumulate und addiert das Ergebnis einer Multiplikation auf einen anderen Wert. Solche Operationen kommen bei Filteroperationen wie FIR-Filtern oder zur Berechnung einer diskreten Kreuzkorrelation vor. Weiterhin können Datenwörter in verschiedene Sub-Datenwörter unterteilt werden. Sollen beispielsweise Bilddaten mit einer Farbtiefe von 8 Bit pro Pixel verarbeitet werden, so kann ein 32 Bit Datenwort in 4×8 Bit unterteilt und somit 4 Pixel parallel berechnet werden. Mit der Einführung von Mehrkernprozessoren in eingebetteten Systemen wird eine klare Trennung zwischen μCs und DSPs schwieriger, da viele Prozessorarchitekturen aus einem oder mehreren RISC-Prozessoren sowie speziellen Recheneinheiten für die digitale Signalverarbeitung bestehen.

Eine Alternative zu den Software-programmierbaren Rechnertypen stellen sogenannte FPGAs (Field Programmable Gate Array) dar. FPGAs bestehen aus programmierbaren Logikeinheiten, die über ein Verbindungsnetzwerk miteinander in Verbindung stehen. In Abb. 4.6 ist die Struktur eines FPGAs prinzipiell dargestellt.

Jedes Logikelement besteht aus einer Look-up Table, die über einen 4 Bit breiten Eingang verfügt. Der Wert an diesem Eingang adressiert ein Bit in der Look-up Table, das über ein D-Flip-Flop oder direkt an den Ausgang des Logikelements gegeben wird. Das D-Flip-Flop dient zur Zwischenspeicherung eines Wertes. Die Logikelemente und die Pins des FPGAs sind über ein Verbindungsnetzwerk miteinander gekoppelt. Das Verbindungsnetzwerk besteht aus senkrechten und waagerechten Leitungen, die an den Kreuzungspunkten über Transistoren miteinander gekoppelt bzw. getrennt werden. Die Ansteuerung der Transistoren sowie der Inhalt der Look-up Table mit der Ansteuerung der Multiplexer in den Logikelementen erfolgt bei den meisten FPGAs über SRAM-Zellen. Diese SRAM-Zellen müssen beim Starten eines FPGAs jedes Mal neu beschrieben werden. Alternativ gibt es auch sogenannte Anti-Fuse und Flash-basierte FPGAs, die ihre Konfiguration auch nach dem Abschalten behalten.

Im folgenden Abschnitt liegt der Fokus auf den Software-programmierbaren Rechnertypen, da diese eine höhere Verbreitung in eingebetteten Systemen haben.

4.3 Komponenten eines Prozessors

Im folgenden Abschnitt werden die einzelnen Komponenten eines Prozessors im Detail dargestellt. Dabei stehen insbesondere die Timing-Eigenschaften sowie die Auswirkungen auf das zeitliche Verhalten der auszuführenden Software im Vordergrund. Für eine umfassende Lektüre zum Thema Prozessoren und Mikrocontroller können z. B. [WB05, BU07] herangezogen werden.

4.3.1 Kern eines Prozessors

Ein einfacher Prozessor besteht aus einer Schnittstelle zum Adress- und Datenbus, einem Registersatz, einem Steuerwerk und einer *Arithmetic Logic Unit (ALU)*. Über die Schnittstelle wird der Prozessorkern mit den anderen Komponenten wie Speicher oder Eingangs- und Ausgangsschnittstellen verbunden. Nachdem ein Daten- und Befehlssatz an der Schnittstelle zur Verfügung steht, werden die Befehle im Steuerwerk ausgewertet und die Daten im Registersatz zwischengespeichert. Die Steuersignale werden aus dem jeweils auszuführenden Befehl generiert und zur Steuerung des Registersatzes und der ALU verwendet. Sobald die Signale am Registersatz und der ALU anliegen, werden die Daten aus den Registern geholt und verarbeitet. Das Ergebnis wird dann entweder zur weiteren Verarbeitung in ein Register zurückgeschrieben oder es erfolgt die Ausgabe über die Schnittstelle, um die Daten z. B. im internen Speicher des Prozessors abzulegen.

In Abb. 4.7 ist ein Beispiel für einen einfachen Prozessorkern dargestellt. Bei heutigen Prozessoren kommen Techniken zum Einsatz, mit denen der Befehlsdurchsatz und somit die Performance gesteigert werden soll. Hierzu zählen 1.) Pipelines für eine Parallelisierung der Verarbeitung und Verkürzung von kombinatorischen

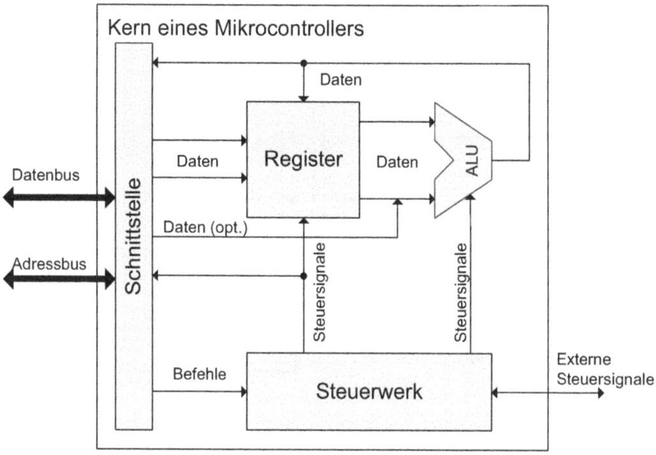

Abb. 4.7 Dargestellt ist ein einfacher Prozessorkern mit den relevanten Komponenten (Schnittstelle, Register, ALU und Steuerwerk)

Pfaden, 2.) Speicherhierarchien mit Caches für ein schnelles Laden und Speichern von Daten sowie 3.) Multi-Core-Architekturen für eine Parallelisierung auf Thread- oder Task-Ebene.

4.3.2 Pipelines

Unter Pipelining versteht man bei Prozessorarchitekturen eine Art der Verarbeitung, bei der eine Instruktion nicht in einem Taktzyklus ausgeführt, sondern auf mehrere Taktzyklen verteilt wird. Hierdurch wird der längste kombinatorische Pfad mit Hilfe von Registern unterteilt und so die Taktfrequenz erhöht. Mit dieser Technik soll der Durchsatz an Instruktionen im Prozessor gesteigert werden. Ein anschauliches Beispiel ist die DLX-Pipeline in Abb. 4.8, in der es fünf solcher Pipeline-Stufen gibt:

1. **Instruction Fetch:** Die erste Stufe der Pipeline lädt den nächsten Befehl aus dem Speicher.
2. **Instruction Decode:** Die zweite Stufe dekodiert den Befehl. Hierbei werden alle Steuersignale für die späteren Verarbeitungseinheiten generiert und die Werte für die Verarbeitung aus dem Befehl oder dem Registersatz geholt.
3. **Execute:** In dieser Stufe findet die eigentliche Verarbeitung des Befehls statt. Ist der Befehl ein Sprung, so wird hier die Adresse für das Sprungziel berechnet. Ist der Befehl eine Addition, wird in dieser Stufe addiert. Ist der Befehl eine Load-Operation, wird hier die Speicheradresse berechnet, usw.
4. **Memory:** Für den Fall, dass die Ergebnisse der Execute-Stufe in den Speicher geschrieben werden müssen oder Werte von der berechneten Adresse gelesen werden, so findet dieser Speicherzugriff in dieser Stufe statt.

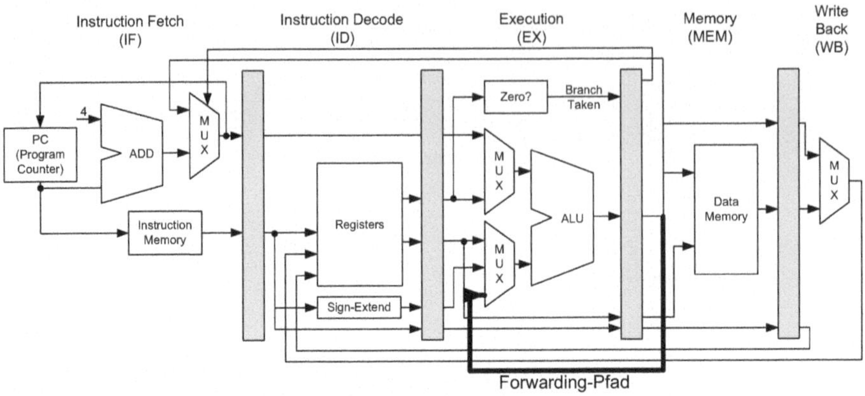

Abb. 4.8 Dargestellt ist eine fünfstufige DLX-Pipeline, die über einen Forwarding-Pfad den Ausgang der Execute-Stufe mit deren Eingang verbindet. So können Rechenergebnisse der Execute-Stufe im nächsten Taktzyklus weiterverarbeitet werden

5. **Write Back:** In dieser Phase werden die Werte der beiden vorherigen Pipeline-Stufen wieder in den Registersatz geschrieben, sodass sie für folgende Berechnungen zur Verfügung stehen.

Forwarding

Durch solche Pipeline-Stufen wird einerseits der Instruktionsdurchsatz eines Prozessors gesteigert, andererseits gibt es bestimmte Befehlsreihenfolgen, die den Durchsatz sogar verringern. Benötigt eine Instruktion ein Ergebnis aus der unmittelbar vorherigen Berechnung, so muss diese Instruktion warten bis das Ergebnis durch die *Memory* und *Write Back* Stufe wieder im Registersatz liegt. Hierdurch entsteht Wartezeit für den zweiten Befehl, die mit Hilfe der sogenannten *Forwarding-Technik* vermieden wird. In Abb. 4.8 ist die DLX-Pipeline mit einem Forwarding-Pfad dargestellt. Das Ergebnis der Execute-Stufe wird durch ein Register gleich wieder an den Eingang der Verarbeitungslogik (ALU) gelegt.

Für eine Timing-Bewertung von Software bedeutet ein fehlender Forwarding-Pfad, dass die Ausführungsdauer der Software von der Befehlsreihenfolge und den Datenabhängigkeiten zwischen den Befehlen abhängt. Dieses Verhalten gilt bei einer Bewertung entsprechend zu berücksichtigen.

Spekulative Programmausführung

Eine weitere Unregelmäßigkeit bei der Befehlsausführung entsteht durch Sprungbefehle. Die Berechnung der Zieladresse für den Sprungbefehl findet in der Execute-Stufe statt. Erst nach dieser Stufe kann entschieden werden, welche Befehle des Sprungziels in die Pipeline geladen werden. Somit kann es sein, dass die Instruktionen in der Instruction Fetch und Decode Phase ungültig sind. Mit Hilfe der *spe-*

kulativen Programmausführung versucht man die Wahrscheinlichkeit von ungültigen Befehlen, die verworfen werden müssen, zu reduzieren. Hierfür gibt es einfache Mechanismen wie 1-Bit- und 2-Bit-Prädiktoren, die aus der Vergangenheit auf die Zukunft schließen. Beispielsweise hat der 1-Bit-Prädiktor einen Zustand dafür, dass ein Sprung genommen werden soll und einen Zustand dafür, dass der Sprung nicht genommen werden soll. Falls seine Sprungvorhersage zutrifft, bleibt er in dem Zustand, ansonsten wechselt der Prädiktor seinen Zustand und gibt beim nächsten Sprung das Gegenteil an. Bei der Pentium III Architektur ist hingegen ein sogenannter *gshare-Algorithmus* implementiert. Dieser Algorithmus versucht durch Korrelation aller (globalen) Verzweigungen noch treffsicherer Vorhersagen machen zu können. Es werden Muster von Entscheidungen (T=Taken, N=Not Taken) aufgezeichnet und zur Vorhersage herangezogen. Ein einzelner Branch Befehl, z. B. eine Schleife würde durch das Muster TTTNTTTN oder alternativ eine if-then-else-Anweisung mit TNTNTN repräsentiert werden. Korrelationen zwischen verschiedenen zusammenhängenden Branch-Befehlen z. B. if then else in einer Schleife (TT NT TT NT TN TT NT TT NT TN) sind ebenfalls möglich.

In der Regel steigern diese Techniken den Durchsatz einer Pipeline, sie stellen allerdings auch ein Problem für die Timing-Bewertung von Software dar. Soll die Ausführungszeit eines Programms für einen Prozessor mit spekulativer Programmausführung bestimmt werden, so muss im schlimmsten Fall immer von einer Fehlvorhersage ausgegangen werden. Dies führt in den meisten Fällen zu einer Überabschätzung der Ausführungszeit.

Superskalare Einheiten und Out-of-Order Execution

Da verschiedene Operationen unterschiedlich viel Zeit benötigen, führt man diese häufig in ein oder mehreren Taktzyklen aus. Das heißt, dass eine Addition beispielsweise die Execute-Stufe nur einen Takt belegt, während eine Multiplikation hierfür drei Takte benötigt. Dies führt zu einem Rückstau in der Pipeline, bei dem die Instruction Fetch und Decode Stufe angehalten werden muss. Um einen solchen Rückstau zu verhindern und ungenutzte Ressourcen in der Execute Phase ausnutzen zu können, gibt es sogenannte *superskalare Einheiten*, die eine Art der Parallelverarbeitung darstellen. In Abb. 4.9 ist eine solche Einheit dargestellt. Die Execute-Stufe ist in eine *Integer-*, eine *Multiplication-*, eine *Floating-Point-Addition-* und eine *Division*-Einheit unterteilt, die parallel arbeiten und unterschiedlich lange für die Ausführung eines Befehls benötigen.

Mit einer solchen superskalaren Einheit ist es nun möglich, dass sich Befehle in einer Pipeline überholen und Ergebnisse in einer falschen Reihenfolge berechnet werden. Da dies vermieden werden muss, gibt es verschiedene Verfahren zum Befehls-Scheduling. Einerseits kann der Compiler eine statische Reihenfolge der Befehle bestimmen, die auf die superskalare Einheit angepasst ist. Andererseits kann der Prozessor die Befehlsreihenfolge ändern. Ist während des Compile-Vorgangs jedoch noch nicht bekannt, ob der Zielprozessor eine superskalare Einheit hat oder die Befehle sequenziell verarbeitet werden, kann ein dynamisches Scheduling des

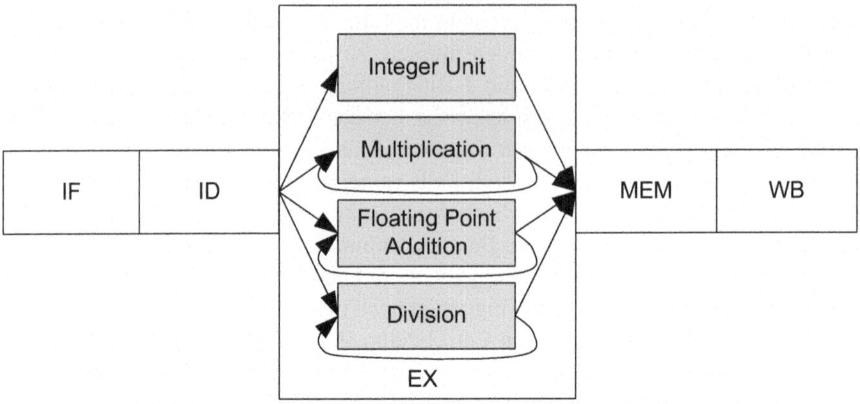

Abb. 4.9 Superskalare Pipelines verfügen über mehrere parallele Ausführungseinheiten (Integer Unit, Multiplication, Floating Point Addition, Division), die gleichzeitig mehrere Instruktionen bearbeiten können

Prozessors die Befehlsreihenfolge ändern. In einem solchen Fall spricht man von *Out-of-Order-Execution*. Diese Out-of-Order-Execution verbessert allerdings nicht in jedem Fall den Durchsatz in der Pipeline wie folgende Beispiele zeigen.

Im ersten Beispiel gibt es drei parallele Ausführungseinheiten, die wir Load/Store Unit (LSU), Instruction Unit (IU) und Multi-Cycle Instruction Unit (MCIU) nennen. Auf diesen parallelen Einheiten wird das folgende Programm ausgeführt [Lundquist]:

```
A   LD  r4, 0(r3)
B   ADD r5, r4, r4
C   ADD r11, r10, r10
D   MUL r12, r11, r11
E   MUL r13, r12, r12
```

In Abb. 4.10 sind zwei Fälle dargestellt, in denen sich durch einen Cache-Miss die Ausführungsreihenfolge ändert. Im ersten Fall starten die Instruktionen der Reihe nach von A bis E und sind nach 12 Takten fertig. Im zweiten Fall verursacht die Load-Instruktion einen Cache-Miss. Hierdurch kann Instruktion B nicht ausgeführt werden, da zwischen A und B eine Datenabhängigkeit besteht. Stattdessen zieht der Prozessor die Operation C vor, wodurch auch die von C abhängigen Operationen D und E früher starten können. Insgesamt ergibt sich trotz des Cache-Miss eine verbesserte Ausführungszeit von 11 Takten.

Eine weitere Anomalie zeigt folgendes Beispiel. Auf der gleichen superskalaren Einheit wird folgendes Programm ausgeführt:

```
A   LD  r4, 0(r3)
B   MUL r5, r4, r4
C   LD  r6, 0(r5)
D   MUL r11, r10, r10
```

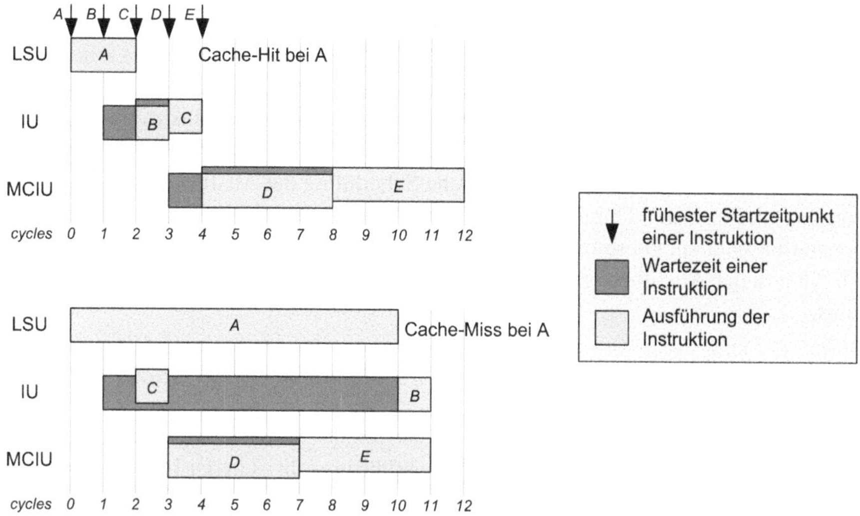

Abb. 4.10 Superskalare Einheiten können zu Timing-Anomalien führen. Die Befehle A, B, C, D, E werden im oberen Fall ohne und im unteren Fall mit Cache-Miss bei Befehl A ausgeführt. Trotz Cache-Miss ist die Ausführungszeit im unteren Fall kürzer

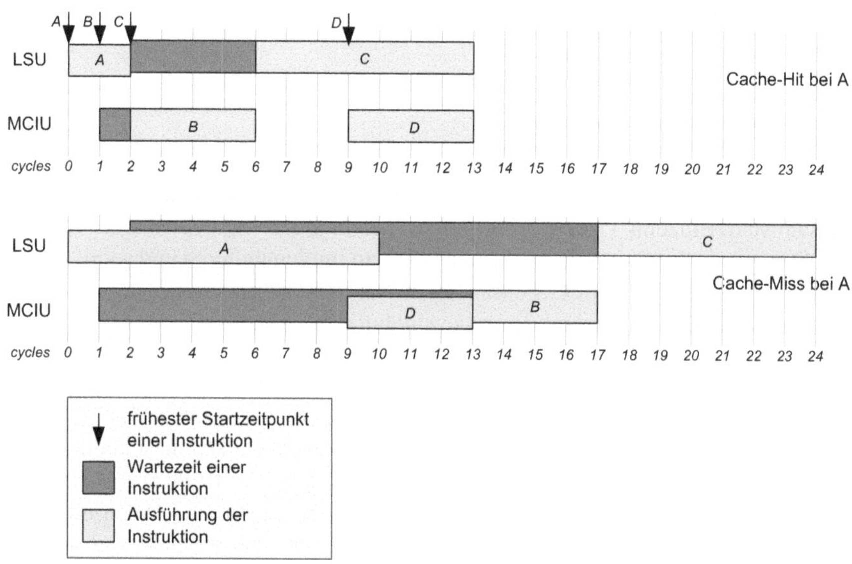

Abb. 4.11 Der obere Fall zeigt die Ausführung der Befehle A, B, C, D mit einem Cache-Hit bei A. Der untere Fall zeigt einen Cache-Miss bei A, wodurch die Reihenfolge von Befehl B und D sich ändert. Wäre die Befehlsreihenfolge unverändert geblieben, so könnte das Programm drei Zyklen schneller sein [Lundquist]

Zwischen den ersten drei Instruktionen liegt eine Datenabhängigkeit vor, während die letzte Instruktion unabhängig ist. Im ersten Fall in Abb. 4.11 liegt ein Cache-Hit vor. Im zweiten Fall liegt ein Cache-Miss vor, was zur Folge hat, dass die Instruktion A solange braucht, dass dadurch parallel schon Instruktion D startet. Anschließend folgen die Instruktionen B und C, was zu einer Ausführungszeit von 27 Takten führt. Wäre das dynamische Scheduling die Ausführungsreihenfolge von Instruktion B und D nicht vertauscht worden, so hätten B und C drei Takte früher starten können. Diese beiden Beispiele zeigen, dass unter gewissen Umständen ein Ändern der Ausführungsreihenfolge zu einer Verschlechterung des Durchsatzes führt.

Optionale Instruktionen

Eine weitere Besonderheit bei der Befehlsausführung gibt es in der Instruction Fetch und Decode Stufe. Falls aus dem Instruktionsspeicher eine Instruktion geladen wird, die in der Execute-Stufe nicht implementiert ist, kann ein Interrupt ausgelöst und der Befehl in Software emuliert werden. Bei einer Timing-Bewertung eines Programms sollte offensichtlich bekannt sein, ob die Instruktionen emuliert werden müssen oder im Prozessor vorhanden sind. Hieraus können sich wesentliche Unterschiede in der Ausführungszeit ergeben.

4.3.3 Speicherhierarchien

Speicher haben die Eigenschaft, dass sie entweder schnell und klein oder groß und langsam sind. Einzelne Prozessorregister können in jedem Takt einen anderen Wert speichern, sind allerdings teuer auf einem Chip zu implementieren und somit relativ klein. Festplatten bieten im Gegensatz dazu viel Speicherplatz mit deutlich längeren Zugriffszeiten. Auf Grund dieser gegenläufigen Eigenschaften kommen Speicherhierarchien zum Einsatz, bei denen die Geschwindigkeit mit größerer Distanz zum Prozessor abnimmt und die Speicherkapazität steigt. Abbildung 4.12 zeigt eine mehrstufige Speicherhierarchie einer üblichen PC-Rechnerarchitekur. Unterhalb des Registersatzes befindet sich der First-Level-Cache, der in ein Daten- und ein Code-Segment unterteilt ist. Diese sogenannte Harvard-Architektur teilt die Daten und Instruktionen in zwei parallele Speicher auf, da Instruktionen und Daten meistens gleichzeitig in den Prozessor geladen werden müssen. Auf den unteren Schichten folgen weitere Cache-Speicherebenen, ein Hauptspeicher und die Festplatte als nichtflüchtiger Speicher. In eingebetteten Systemen ist die Anzahl an Hierarchiestufen nicht so stark ausgeprägt. Unterhalb des First-Level-Caches kommt direkt ein nichtflüchtiger Speicher wie z. B. Flash- oder ROM-Speicher.

Beide Speicherhierarchien haben jedoch gemeinsam, dass sie über unterschiedlich ausgeprägte Cache-Strukturen verfügen, die zur Aufgabe haben zum richtigen Zeitpunkt Speicherblöcke aus einem Hauptspeicher dem Prozessor zur Verfügung

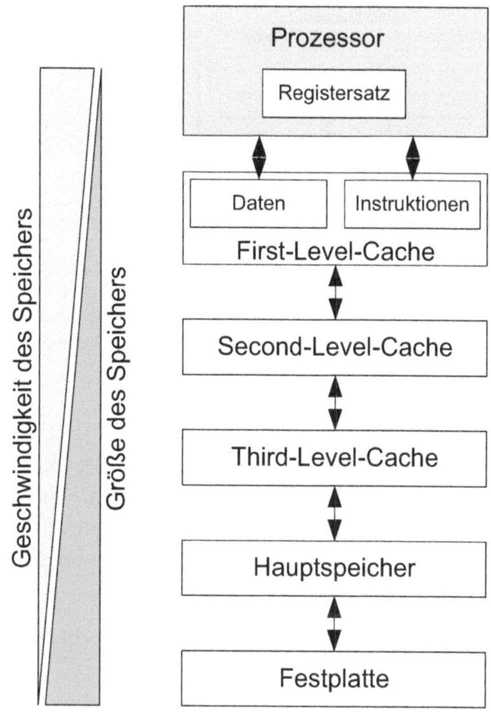

Abb. 4.12 Eine mehrstufige Speicherhierarchie ermöglicht die Kopplung von langsamen großen Speichern mit schnellen kleinen Speichern. Die Anzahl der Hierarchieebenen ist in eingebetteten Systemen typischerweise geringer als hier dargestellt

zu stellen. Da ein Cache allerdings nie so groß ist wie der Speicher auf der tieferen Ebene, kann er nur einen Teil der Daten speichern. Aus diesem Grund gibt es vier wesentliche Probleme, die es im Zusammenhang mit Cache-Architekturen zu lösen gilt:

- Abbildung von Hauptspeicherblöcken im Cache: Dies betrifft die Frage, ob ein Hauptspeicherblock an einer beliebigen Stelle im Cache, an mehreren definierten Stellen oder an genau einer Stelle im Cache gespeichert werden darf.
- Suchstrategie: Falls ein Hauptspeicherblock an mehreren Stellen im Cache stehen darf, muss bei einem Speicherzugriff des Prozessors erst nach der richtigen Stelle gesucht werden.
- Ersetzungsstrategie: Falls ein neuer Hauptspeicherblock in den Cache geladen werden muss, stellt sich die Frage, welcher andere Hauptspeicherblock von dem neuen Hauptspeicherblock verdrängt wird. Diese Frage stellt sich natürlich nur, wenn ein Hauptspeicherblock an mehreren Stellen im Cache gespeichert werden darf.
- Konsistenz von Hauptspeicher und Cache: Speichert der Prozessor einen Wert im Cache ab, so muss der Wert ebenfalls im Hauptspeicher landen. Geschieht dies nicht und der Wert wird anschließend von einem neuen Hauptspeicherblock überschrieben, kann es zur Inkonsistenz von Daten kommen. Umgekehrt kann auch eine Peripheriekomponente einen Wert im Hauptspeicher ändern, die dann im Cache ebenfalls geändert werden muss.

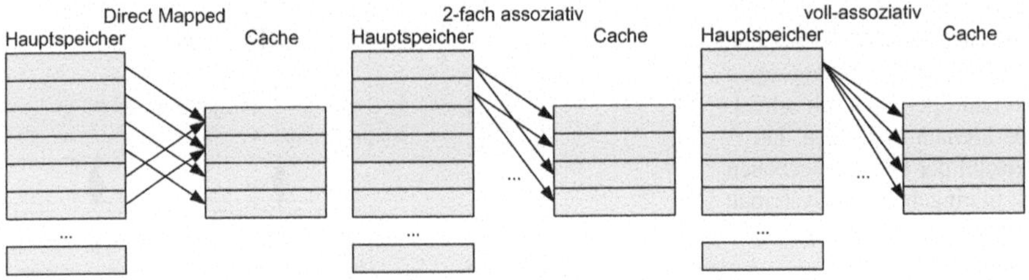

Abb. 4.13 Dargestellt sind drei Abbildungsstrategien von Hauptspeicherblöcken auf Cache-Blöcke: Bei Direct-Mapped ist ein Hauptspeicherblock eindeutig einem Cache-Block zugewiesen. Bei 2-fach assoziativem Cache kann ein Hauptspeicherblock in einem von zwei Cache-Blöcken liegen. Bei voll-assoziativen Caches kann ein Hauptspeicherblock in einem beliebigen Cache-Block liegen

Für die folgenden Überlegungen zum Einfluss von Caches auf das zeitliche Verhalten ist die Abbildungsstrategie von Hauptspeicherblöcken auf Caches und die Ersetzungsstrategie von besonderer Relevanz. Bei der Abbildungsstrategie wird im Wesentlichen zwischen drei Strategien unterschieden, die auch in Abb. 4.13 dargestellt sind:

- direct mapped: Jeder Hauptspeicherblock ist eindeutig einem Block im Cache zugeordnet.
- voll-assoziativ: Jeder Hauptspeicherblock kann einem beliebigen Block im Cache zugeordnet werden.
- set-assoziativ: Jeder Hauptspeicherblock ist eindeutig einer Menge an Blöcken im Cache zugeordnet. Bei einem 2-fach assoziativen Cache gibt es beispielsweise zwei bestimmte Bereiche im Cache, wo ein Hauptspeicherblock im Cache liegen kann.

Für den ersten Fall – Direct Mapped Cache – erübrigt sich das Problem der Ersetzungsstrategie, da eindeutig definiert ist, an welcher Stelle ein Hauptspeicherblock steht. Für die assoziativen Caches gibt es folgende Ersetzungsstrategien:

- FIFO (First In First Out): Der älteste Hauptspeicherblock im Cache wird ersetzt.
- LRU (Least Recently Used): Der am längsten nicht mehr angesprochene Hauptspeicherblock im Cache wird ersetzt.
- LFU (Least Frequently Used): Der am seltensten angesprochene Hauptspeicherblock im Cache wird ersetzt.
- Random: Ein (pseudo)zufällig ausgewählter Hauptspeicherblock im Cache wird ersetzt.

Nachdem die Funktionsweise von Speicherhierarchien erläutert ist, sollen im Folgenden die Einflüsse auf das zeitliche Verhalten der Software verdeutlicht werden.

Da ein Cache nur einen Teil des Hauptspeichers enthält, kann ein Zugriff vom Prozessor auf den Cache zu einem sogenannten *Cache-Miss* oder *Cache-Hit* führen. Ein Cache-Hit liegt vor, wenn die angeforderten Daten bereits im Cache vorliegen

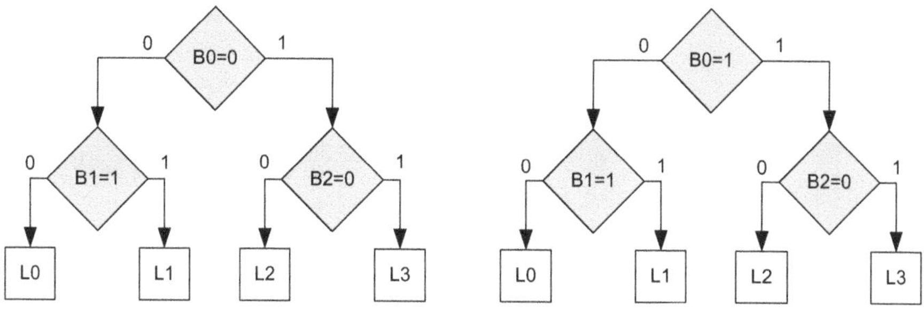

Abb. 4.14 Pseudo-Least-Recently-Used (PLRU) ist eine Ersetzungsstrategie, die in Caches mit hoher Assoziativität zum Einsatz kommt. Wird auf ein Element Lx zugegriffen, invertiert PLRU die Bits Bx entlang des Pfades zu Lx. Muss ein Element Lx ersetzt werden, wird das Lx gewählt, auf das ausgehend von $B0$ gezeigt wird

und an die CPU übergeben werden können. Ein Cache-Miss liegt vor, wenn die Daten nicht im Cache liegen und erst nachgeladen werden müssen. Da dieses Nachladen deutlich länger dauert als ein Cache-Hit, muss die CPU solange angehalten werden bis die angeforderten Daten zur Verfügung stehen. Es ergeben sich also durch diese beiden Fälle Laufzeitunterschiede bei der Ausführung von Software, die nur bedingt vorhersehbar sind (siehe Kap. 7).

Als Beispiel für einen Cache, bei dem die Zugriffsdauer schwanken kann, soll im Folgenden ein Cache mit *Pseudo-Least-Recently-Used* als Ersetzungsstrategie erörtert werden. Für Caches mit hoher Assoziativität (im Allgemeinen $\geq$4-fach) ist die Implementierung von LRU zu teuer. Aus diesem Grund kommen in CPUs probabilistische Verfahren zum Einsatz, die fast immer ein am längsten nicht mehr angesprochenes Element ersetzen. Ein solches Verfahren ist Pseudo-LRU, das mit maximal einem Bit pro Cache-Block arbeitet und zum Beispiel in PowerPC-Architekturen Anwendung findet. In Abb. 4.14 ist ein Cache mit vier Blöcken $L0, \ldots, L3$ dargestellt. Zusätzlich gibt es drei Bits $B0$, $B1$, $B2$, die auf einen Block zeigen. Findet nun vom Prozessor ein Zugriff auf einen Block im Cache statt, werden die Bits entlang des Pfades zu dem Block so gesetzt, dass immer auf die andere Seite des Teilbaums gezeigt wird. Beispielsweise führt ein Zugriff auf $L0$ dazu, dass $B0 = 1$ gesetzt wird. $B = 1$ bleibt unverändert, da es auf die andere Seite des Teilbaums zeigt. Soll nun ein neuer Hauptspeicherblock in den Cache geladen werden, wird der Baum von oben nach unten ausgewertet: Da $B0 = 1$, wird der rechte Teilbaum betrachtet. Hier ist $B2 = 0$, also wird $L2$ durch einen neuen Hauptspeicherblock ersetzt. $B0$ und $B1$ werden anschließend auf $B0 = 0$ und $B2 = 1$ gesetzt.

Ein solches Pseudo-LRU-Verfahren bringt ein gewisses Risiko mit. Bei bestimmten Belegungen des Caches, kommt es zu einem Dominoeffekt, der häufiger als notwendig Cache-Misses hervorruft.

In Abb. 4.15 sind zwei Caches gezeigt: ein Cache, der beim Starten mit den Blöcken „c,d,f,h“ und ein Cache der mit „c,h,d,b“ gefüllt ist. Beide Caches haben initial einen unterschiedlichen Inhalt und unterschiedliche PLRU-Bits. Die Reihenfolge, mit der Speicherblöcke aus dem Cache geladen werden, ist bei beiden „c,d,f,c,d,h“.

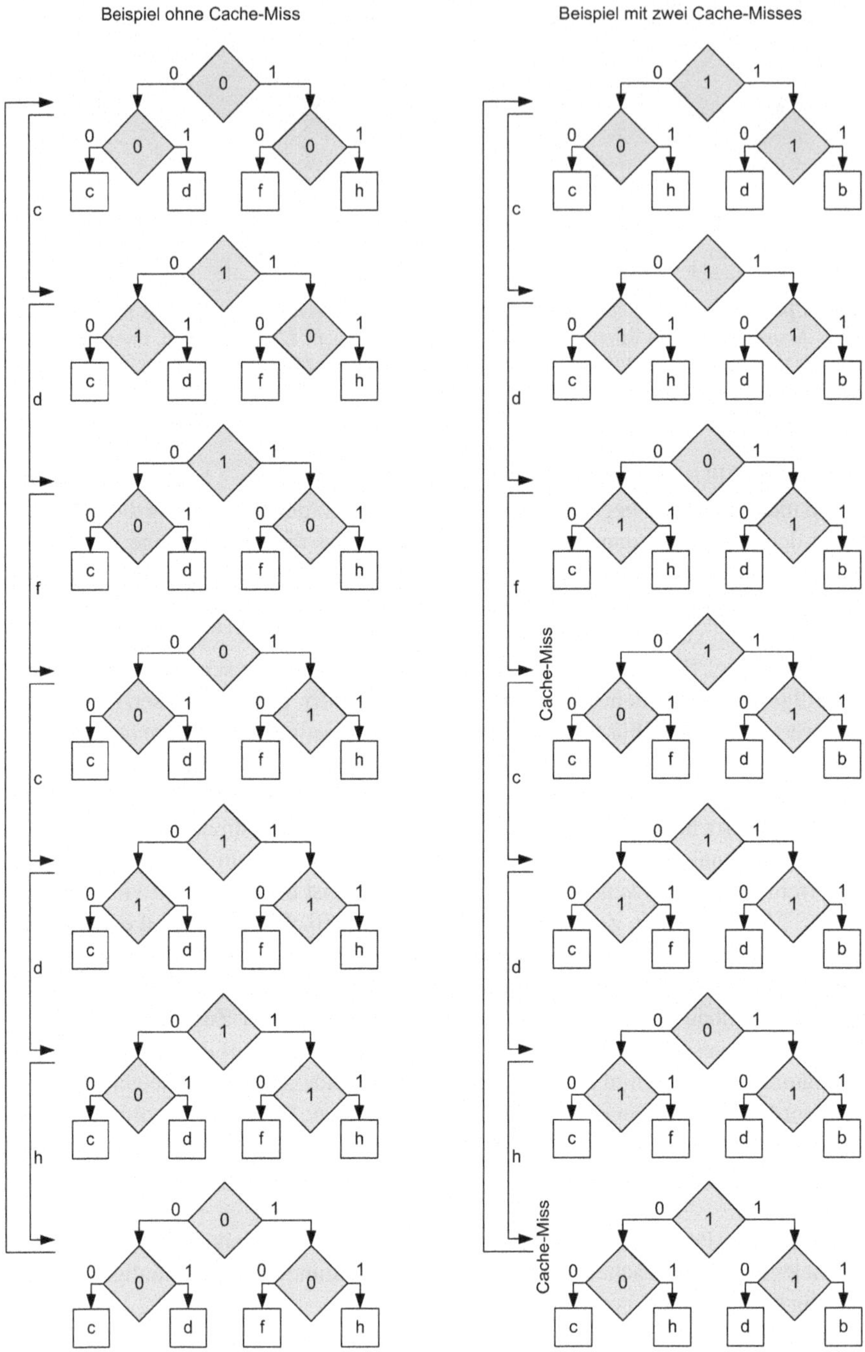

Abb. 4.15 PLRU kann zu einem Dominoeffekt führen. Beide Caches sind initial unterschiedlich befüllt. Ein Programm greift wiederholend auf die Elemente c, d, f, c, d, h zu. Im linken Fall führt das zu keinem Cache-Miss und im rechten Fall zu zwei Cache-Misses pro Wiederholung

Diese vier verschiedenen Speicherblöcke sind im linken Cache bereits gespeichert. Im rechten Cache sind alle Speicherblöcke mit Ausnahme des Blocks „f" enthalten. Hierdurch kommt es zu einem Cache-Miss im dritten Schritt, der dazu führt, dass der Block „h" durch „f" im Cache ersetzt wird. Beim letzten Cache-Zugriff in der obigen Sequenz muss „h" im Cache vorliegen. Da dies nicht der Fall ist, kommt es wieder zu einem Cache-Miss, bei dem der Block „f" durch den Block „h" ersetzt wird. Es ist nun wieder der Initialzustand im Cache und bei den PLRU-Bits erreicht. Eine wiederholte Ausführung der Sequenz, führt im linken Fall zu keinem Cache-Miss und im rechten Fall zu zwei Cache-Misses. Mit der linken Cache-Belegung läuft das Programm also schneller als mit der rechten. Weitere Beispiele [Ber06] zeigen, dass ein solcher Dominoeffekt sich auch wieder stabilisieren kann. Für Echtzeitsysteme bleibt allerdings das Problem, dass das Auftreten eines solchen Dominoeffekts nicht vorhersagbar ist und man vom schlimmsten Fall – also einer maximalen Anzahl an Cache-Misses – ausgehen muss, wenn die Laufzeit eines Programms bestimmt werden soll.

Dieser Dominoeffekt, der bei PLRU-Caches auftritt, kommt nicht nur bei dieser Ersetzungsstrategie vor. In [RWT$^+$06] wird gezeigt, dass auch andere Ersetzungsstrategien wie FIFO, Round-Robin oder Random zu einem Dominoeffekt führen.

Eine Alternative zu Caches stellen sogenannte *Scratchpad-Memories* dar. Diese Art von Speicher sind kleine schnelle Speicher, die ähnlich wie Caches direkt an der CPU sitzen. Der Unterschied zum Cache besteht darin, dass diese Art des Zwischenspeichers nicht dynamisch durch Ersetzungsstrategien der Caches geschieht, sondern zur Compile-Zeit feststeht was im Scratchpad-Memory gespeichert wird. Typischerweise kommen häufig verwendete Variablen oder Instruktionssequenzen in den Scratchpad-Memory. Der Inhalt des Scratchpad-Memory kann entweder durch den Programmierer oder durch den Compiler definiert werden.

4.3.4 Unterbrechungen (Interrupts)

Prozessoren verfügen über Mechanismen, die es ermöglichen auf interne oder externe Ereignisse zu reagieren. Diese Mechanismen werden *Interrupts* genannt und führen zu einer Unterbrechung des laufenden Programms. Interne Interrupts werden ausgeführt, wenn Fehler oder Ausnahmesituationen auf einem Prozessor auftreten und behandelt werden müssen. Hierfür lassen sich folgende Beispiele nennen: Innerhalb einer Prozessorfamilie mit dem gleichen Befehlssatz sind nicht alle Befehle bei jeder Prozessorvariante in Hardware implementiert. Stattdessen werden einzelne Befehle in Software nachgebildet, was zwar einen Performance-Nachteil dafür aber einen Kostenvorteil mit sich bringt. Um diese Software-Routine für den Befehl auszuführen, löst der Prozessor einen internen Interrupt aus, falls eine unbekannte Instruktion ausgeführt werden soll. Ein anderes Beispiel ist die Fehlerbehandlung in Programmen. Betriebssysteme und Programme können einen internen Interrupt auslösen, wenn ein Fehler behandelt werden muss. Dies geschieht, indem ein Interrupt-Befehl mit einer Adresse ausgeführt wird. Über die Adresse kann die Art oder Herkunft des Fehlers einer Interrupt-Service-Routine signalisiert werden.

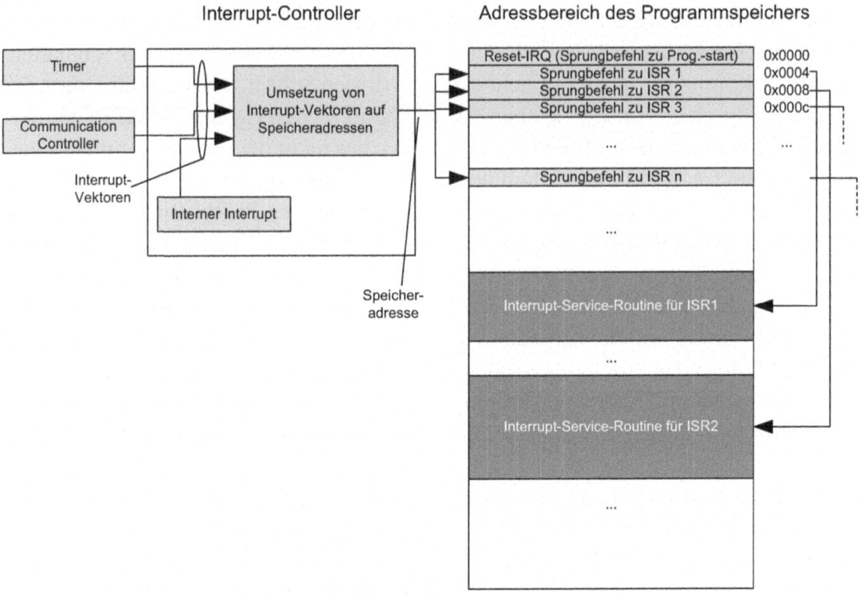

Abb. 4.16 Der Interrupt-Controller nimmt externe sowie interne Interrupts entgegen und verweist je nach Interrupt-Quelle auf einen Sprungbefehl im Programmspeicher. Über den Sprungbefehl wird an die Einsprungadresse der Interrupt-Service-Routine gesprungen

Innerhalb dieser Routine findet die Behandlung des Fehlers statt, sodass anschließend wieder der normale Betrieb gewährleistet ist.

Neben den internen Interrupts gibt es externe Interrupts, die durch Unterbrechungen der Prozessorperipherie auftreten. Zu den Peripheriekomponenten gehören zum Beispiel Timer, die dem Prozessor signalisieren, dass eine gewisse Zeit abgelaufen ist oder Communication-Controller, die neue Pakete einem Prozessor übergeben wollen. Damit der Prozessor zwischen verschiedenen Interrupt-Quellen unterscheiden kann und nicht der Interrupt eines Timers mit dem Interrupt eines Communication Controllers verwechselt wird, muss zwischen den verschiedenen Interrupt-Quellen unterschieden werden. Dies geschieht typischerweise, indem einer Interrupt-Quelle ein *Interrupt-Vektor* zugeordnet ist. Mit diesem Interrupt-Vektor wird in einer Tabelle die Startadresse der Interrupt Service Routine ermittelt, zu der im folgenden Schritt gesprungen wird. Abbildung 4.16 zeigt eine solche Speicherstruktur mit dem entsprechenden Interrupt-Controller. Der Interrupt-Controller nimmt einen internen oder externen Interrupt entgegen und entscheidet anhand der Interrupt-Quelle an welche Stelle im Instruktionsspeicher gesprungen werden soll. An dieser Stelle befindet sich ein Sprungbefehl durch den an die Startadresse der Interrupt-Service-Routine gesprungen wird. Der Ablauf nach dem Auftreten eines Interrupts besteht typischerweise aus fünf Schritten:

1. Die Prozessorregister werden ausgelesen und auf einem Stack-Speicher abgelegt. Dies ist notwendig, da nach der Interrupt-Service-Routine wieder zum

unterbrochenen Programm zurück gesprungen wird und somit der ursprüngliche Prozessorzustand hergestellt werden muss.
2. Parameter, die für die Ausführung einer sogenannten *Interrupt Service Routine* erforderlich sind, werden in die Prozessorregister geschrieben.
3. Die Funktion der Interrupt Service Routine wird ausgeführt.
4. Mögliche Ergebnisse der Interrupt Service Routine müssen aus den Prozessorregistern im Speicher abgelegt werden, da sie ansonsten im nächsten Schritt überschrieben werden.
5. Registerinhalte des unterbrochenen Programms vom Stack-Speicher laden und Programm fortführen.

Einige Operationen wie zum Beispiel das Speichern von Prozessorregistern auf einem Stack-Speicher (Schritt 1) dürfen nicht von einem weiteren Interrupt unterbrochen werden, da ansonsten das ursprüngliche Programm nicht wieder herstellbar ist. Weiterhin kann es aus Effizienzgründen sinnvoll sein die Unterbrechung einer Interrupt-Service-Routine durch einen neuen Interrupt zu verhindern. Aus diesem Grund bieten Interrupt-Controller die Möglichkeit eine Interrupt-Quelle zu sperren bzw. zu maskieren. Während der Maskierung werden die auftretenden Ereignisse zwar entgegengenommen, die Bearbeitung findet allerdings erst statt, nachdem die Maskierung aufgehoben ist.

Die Unterbrechung von Programmen durch Interrupts ist nicht frei von zeitlichen Effekten. In Systemen mit Caches, soll die Ersetzungsstrategie eine Vorhersage treffen, welche Blöcke mit großer Wahrscheinlichkeit von dem laufenden Programm wieder verwendet werden. Diese Blöcke sollen im Cache bleiben. Ein Interrupt mit seiner Interrupt-Service-Routine sorgt allerdings dafür, dass nicht vorhersagbare Cache-Zugriffe auftauchen und der Cache einen anderen Inhalt beim Eintritt in die Interrupt-Service-Routine hat als beim Austritt aus der Routine.

4.3.5 Multi-Core-Architekturen

Bei Desktop-PCs sind Multi-Core-Architekturen weit verbreitet, um eine Leistungssteigerung nicht über eine höhere Taktfrequenz, sondern über parallele Verarbeitung zu erzielen. In eingebetteten Systemen kommen Dual-Core-Architekturen nicht nur zur Leistungssteigerung zum Einsatz, sondern auch für sicherheitskritische Anwendungen. Im sogenannten *Lock-Step-Betrieb* rechnen zwei Cores des Prozessors synchron das gleiche Programm und vergleichen das jeweilige Ergebnis. Dieser Fall soll im Folgenden nicht weiter betrachtet werden. Stattdessen soll aufgezeigt werden, welche Entwurfsempfehlungen für Multi-Core-Architekturen in der Literatur bestehen, um eine zeitlich deterministische Multi-Core-Architektur bereitstellen zu können. Hierbei ist ein wesentliches Kriterium die Nutzung gemeinsamer Ressourcen. In Abb. 4.17 ist eine beispielhafte Multi-Core-Architektur dargestellt. Die Cores des Multi-Core-Prozessors sind über einen On-Chip-Bus miteinander verbunden und können über diesen Bus untereinander kommunizieren. An dem gleichen Bus sind die Peripheriekomponenten angeschlossen, die von den Cores gesteuert werden. In der dargestellten Prozessorarchitektur haben alle Cores private

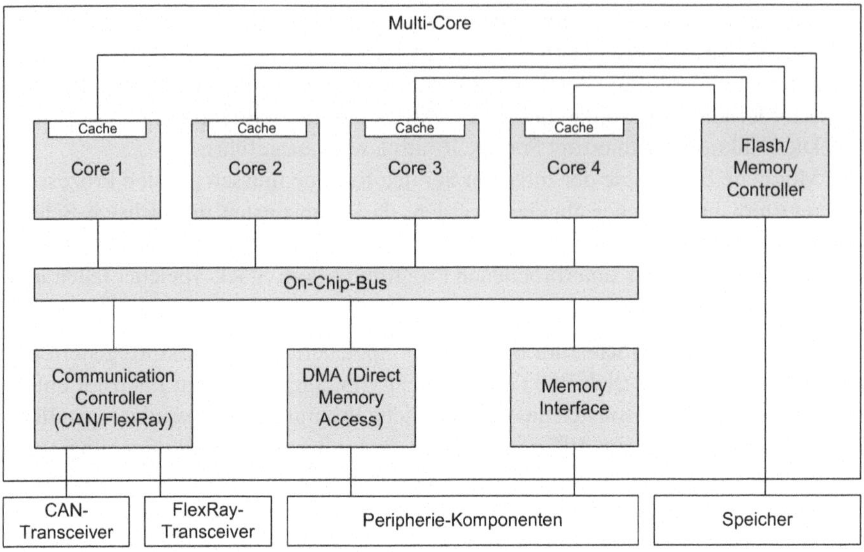

Abb. 4.17 Die dargestellte Multi-Core-Architektur besteht aus vier Prozessorkernen, die über einen gemeinsamen On-Chip-Bus kommunizieren und über ein gemeinsames Flash-Interface auf einen externen Speicher zugreifen

Instruktions-Caches, die über ein gemeinsames Flash-Interface auf den externen Flash zugreifen können. Die von allen Cores gemeinsam verwendeten Ressourcen sind somit der On-Chip-Bus und das Flash-Interface. An diesem Beispiel ist leicht zu erkennen, dass der On-Chip-Bus einen Flaschenhals bilden kann oder sogar maßgeblich für die Rechenleistung des Multi-Core-Prozessors verantwortlich ist. Selbst wenn zwei Cores auf unterschiedliche Peripheriekomponenten zugreifen, muss ein Core warten bis der andere Core seinen Zugriff beendet hat.

In Single-Core-Prozessoren kann es ebenfalls Konflikte geben, wenn zwei Tasks auf die gleiche Peripheriekomponente zugreifen. Hier kann es zu einem sogenannten *Deadlock* kommen, wenn ein niederpriorer Task eine Peripheriekomponente belegt hält und von einem hochprioren Task unterbrochen wird, der die gleiche Peripheriekomponente benötigt. In diesem Fall blockiert der niederpriore Task den hochprioren Task, da er die Peripheriekomponente belegt. Der hochpriore Task verhindert über seine höhere Priorität, dass der niederpriore Task die Peripheriekomponente wieder frei gibt. Solche Blockierungen können bei sequentieller Bearbeitung durch sogenannte *Priority Ceiling Protokolle* behandelt werden. Hierbei wird die Priorität des niederprioren Tasks vorübergehend auf eine höhere Priorität gesetzt als die des hochprioren Tasks. Bei parallelen Prozessor-Cores könnte ein Task auf einem Prozessor-Core weiterlaufen, während der andere Task auf dem anderen Prozessor-Core blockiert wird, da dieser die Peripheriekomponente nicht bekommt. Es muss also bei Multi-Core-Prozessoren zwischen zwei Fällen unterschieden werden: 1.) Dem Fall, in dem zwei Tasks sequentiell auf einem Prozessor-Core laufen und sich über einen Peripheriezugriff blockieren und 2.) dem Fall, in dem zwei Tasks

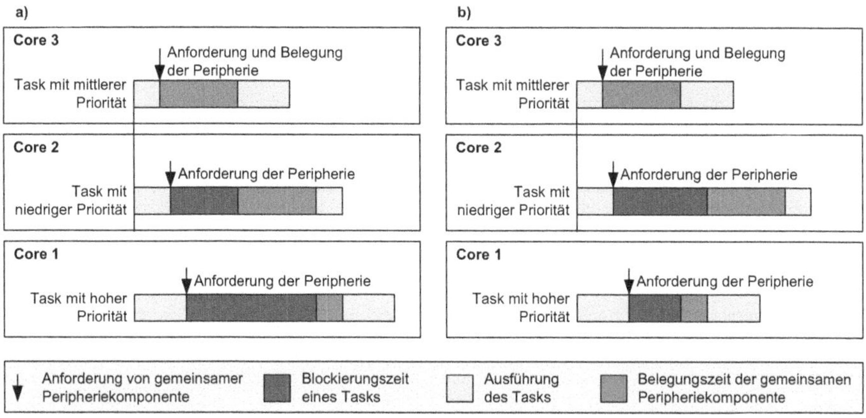

Abb. 4.18 a Dargestellt ist eine Situation, in der mehrere Cores auf die gleiche Ressource zugreifen und die Ressource mit einer First-Come-First-Served-Strategie arbitriert wird. Dies kann zu einer Prioritätsinversion führen, bei der niederpriore Tasks vor hochprioren Tasks eine Ressource bekommen. **b** Durch Berücksichtigung der Task-Priorität kann die Bearbeitungszeit eines Tasks entsprechend seiner Priorität geschehen

parallel laufen und einer der Tasks warten muss [NSE10]. Der erste Fall kann über das erwähnte Priority-Ceiling Protokoll behandelt werden. Der zweite Fall benötigt eine Arbitrierungsstrategie, mit der Tasks von verschiedenen Prozessor-Cores auf die gemeinsame Ressource zugreifen. Eine solche Arbitrierungsstrategie kann z. B. First-Come-First-Served sein, wie sie in Abb. 4.18a) dargestellt ist. In dieser Abbildung verzögern die Peripheriezugriffe der Cores 2 und 3 den Zugriff von Core 1, obwohl dort der Task mit höchster Priorität läuft. Dies ist eine Art der Prioritätsinversion, die durch eine Arbitrierung mit Berücksichtigung von Task-Prioritäten vermieden werden kann (siehe Abb. 4.18b).

Eine weitere Situation, die zu Deadlocks führen kann, tritt beim verschachtelten Zugriff auf gemeinsame Ressourcen auf. In Abb. 4.19 ist eine Situationen dargestellt, bei der ein Task auf Core 1 die Ressource 1 belegt und anschließend zusätzlich die Ressource 2 benötigt um weiterzulaufen. Auf dem anderen Core ist diese Ressource 2 allerdings von einem Task belegt und zusätzlich wird Ressource 1 angefordert, um den Task weiter ausführen zu können. Dies führt zu einer gegenseitigen Blockierung und somit zu einem Deadlock.

Weitere Szenarien im Zusammenhang mit gemeinsamen Ressourcen, bei denen es zwar nicht zu Deadlocks kommt, die aber Einfluss auf die Ausführungszeit von Tasks haben, sind in [NSE10] dargestellt. Hierzu zählen Situationen, bei denen Tasks während des Zugriffs auf eine gemeinsame Ressource oder während diese blockiert sind, unterbrochen werden.

Für Multi-Core-Architekturen, die in Echtzeitsystemen eingesetzt werden sollen, gelten folgende Entwurfsempfehlungen [CFG$^+$10]:

- Timing-Anomalien wie diese bei der spekulativen Ausführung auftreten, sind zusammen mit Interferenz aus geteilten Ressourcen im Rahmen einer zeitlichen Analyse sehr komplex zu behandeln.

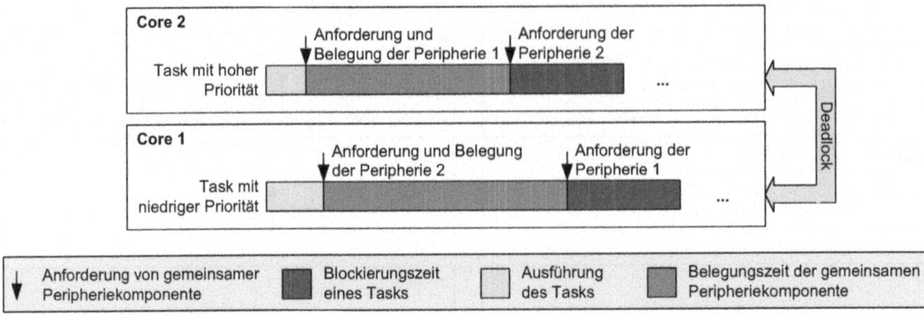

Abb. 4.19 Verschachtelte Zugriffe auf gemeinsame Ressourcen einer Multi-Core-CPU können zu Deadlocks führen

- Die Cores sollten über private, d. h. getrennte Instruktions- und Daten-Caches verfügen. Die Ersetzungsstrategien, versuchen entsprechend der Zugriffswahrscheinlichkeit eines Programms den Cache zu befüllen. Da die Cores jedoch asynchron zueinander laufen, ist die Reihenfolge von Cache-Zugriffen nicht mehr vorhersagbar. Außerdem ist der Instruktions-Code, der auf den beiden Cores läuft meistens nicht identisch. Deshalb würde das Speichern dieser Instruktionen in einem gemeinsamen Cache zu unnötigen Interferenzen führen.
- Im Zusammenhang mit Caches sollten Dominoeffekte durch die Ersetzungsstrategie vermieden werden.
- Greifen die Cores eines Prozessors auf einen gemeinsamen On-Chip-Bus zu, so sollte sichergestellt sein, dass die Zugriffszeit begrenzt ist. Ansonsten kann ein Core, der über den On-Chip-Bus kommunizieren möchte, blockiert werden. In der Multi-Core-Architektur aus [WGR+09] sind die On-Chip-Busse durch Cross-Bars ersetzt. Hierdurch sollen Zugriffe von den Cores auf unterschiedliche Peripheriekomponenten parallel ohne Interferenz geschehen. Alternativ gibt es ein Konzept [KOESH07], bei dem die Interferenz auf dem On-Chip-Bus durch ein Time-Triggered-Network aufgelöst wird.

4.4 Peripheriekomponenten von CPUs

Neben den typischen Peripheriekomponenten (Timer, PWM, Watchdog, etc.), die ein Mikrocontroller integriert hat, gibt es noch weitere Bauteile, die als externe Peripherie für ein Steuergerät notwendig sind. Die Gründe solche Bauteile nicht im Mikrocontroller zu integrieren, sind folgende:

- Bauteile zur Spannungsversorgung oder -überwachung sowie Transceiver werden in einer anderen Halbleitertechnologie gefertigt als Mikrocontroller.
- Bauteile zur Spannungsversorgung führen eine gewisse Verlustleistung ab, die bei einer separaten Ausführung besser thermisch von einem Mikrocontroller entkoppelt werden kann.

- Bauteile zur Spannungsversorgung und -überwachung können an den Leistungsbedarf der ECU mit den angeschlossenen Sensoren und Aktoren angepasst werden.
- Eine komplexe Peripheriekomponente verteuert als integrierter Bestandteil einen Mikrocontroller, obwohl dieser evtl. nur selten verwendet wird. Je nach Produktstrategie kann eine höhere Stückzahl von separaten Bauteilen erreicht werden, als von verschiedenen hochintegrierten Bauteilen.

Die wesentlichen Peripheriekomponenten eines eingebetteten Steuerungssystems sind bereits genannt. Weiterhin soll im Folgenden auf einige ausgewählte Bauteile eingegangen werden. Hierzu zählen Peripheriekomponenten zur Spannungsversorgung – also Spannungswandler und Spannungsüberwachung – sowie Transceiver bzw. PHYs (PHY steht für physikalische Schnittstelle) für die Kommunikation. Weiterhin gehen wir auf System Basis Chips ein, die eine Reihe von Peripheriekomponenten zusammenfassen.

Transceiver und PHYs

Als *Transceiver* wird die physikalische Schicht beim CAN- oder FlexRay-Bus bezeichnet. Um eine CAN- oder FlexRay-Kommunikation zu ermöglichen, ist noch ein Communication Controller notwendig, der die oberen Protokollschichten implementiert hat und typischerweise in einem Mikrocontroller integriert ist. Bei Ethernet-basierten Netzwerken spricht man nicht von Transceiver und Communication Controller, sondern von PHY und MAC.

Beim CAN-Bus ist der Transceiver nicht nur notwendig, um die Kommunikation eines Steuergeräts mit anderen Busteilnehmern zu ermöglichen, sondern auch, um das Steuergerät an- und abzuschalten. In Abb. 4.20 ist die Kopplung von Transceiver, Spannungsversorgung und Mikrocontroller dargestellt. Der Transceiver hat für seine eigene Spannungsversorgung einen internen Spannungsregler, der direkt an die Fahrzeugbatterie inklusive Schutzschaltung angeschlossen ist. Hierüber wird eine Logik versorgt, mit der Aktivität auf einem CAN-Bus erkannt werden kann. Für den Fall, dass Busaktivität vorhanden ist, steuert ein sogenannter *Inhibit*-Pin die Spannungsversorgung für das gesamte Steuergerät. Die Spannungsversorgung versorgt den Mikrocontroller auf der Platine damit der Mikrocontroller anschließend hochfahren kann. Neben diesem Anschaltvorgang, der von extern gestartet wird, kann auch ein interner Anschaltvorgang ablaufen. Hierbei wird an einem Pin des Transceivers signalisiert, dass er sich anschalten soll. Der Abschaltvorgang wird eingeleitet, indem der Mikrocontroller über Pins des CAN-Transceivers signalisiert, dass sich der Transceiver abschalten kann. Der Transceiver schaltet mit einem Inhibit-Pin daraufhin die Spannungsversorgung des Steuergeräts ab. Alternativ gibt es ein weiteres Konzept zum An- und Abschalten von ECUs. Hierbei wird eine sogenannte *Weckleitung* zwischen den Steuergeräten verlegt. Über ein Wecksignal auf dieser Leitung kann ein Steuergerät die anderen Busteilnehmer aufwecken. In Abb. 4.21 ist beispielhaft ein Schaltplan für die Ansteuerung eines CAN-Transceivers dargestellt. Der *Wake*-Pin ist für den Anschluss einer Weckleitung

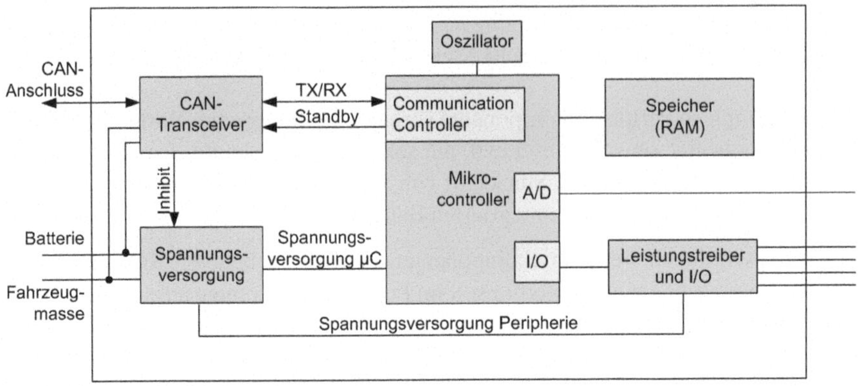

Abb. 4.20 Transceiver stellen nicht nur die physikalische Verbindung zu einem Bus dar. Sie steuern auch das An- und Abschalten eines Steuergeräts

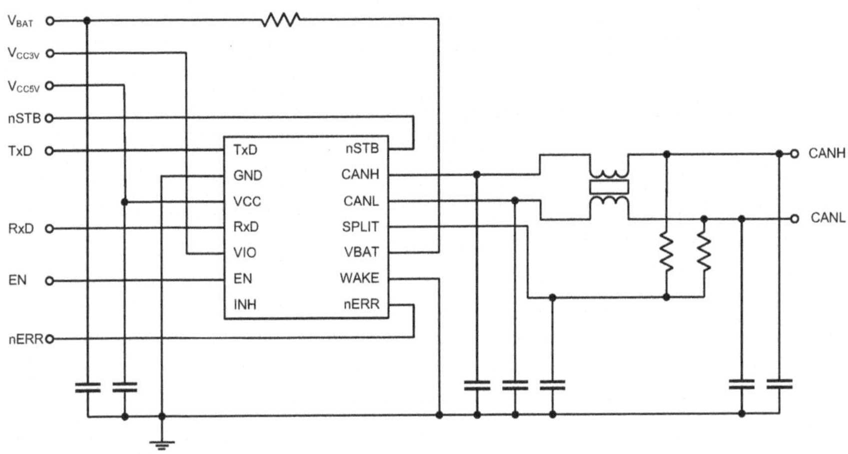

Abb. 4.21 Beispielhafter Schaltplan für die Ansteuerung eines CAN-Transceivers

vorgesehen. In dem Beispiel ist jedoch der *WAKE*-Pin auf Masse gezogen, sodass das Wecken über den Bus stattfindet. Die beiden parallelen Widerstände zwischen *CANH* und *CANL* bilden die Terminierung.

Solche Mechanismen zum Aufwecken eines Steuergeräts über den Bus sind typisch für Automotive-Netzwerke und stehen nicht nur bei CAN, sondern auch bei FlexRay zur Verfügung. Im Bereich der Computer-Netzwerke gibt es vergleichbare Mechanismen, allerdings unterscheiden sie sich in der Leistungsaufnahme im abgeschalteten Zustand. Ein Wake-on-LAN-Konzept, was bei Ethernet-basierten Netzwerken für das Wecken eines Computers verwendet werden kann, erfordert einen angeschalteten PHY. Der PHY weckt den Computer auf, wenn er ein sogenanntes *Magic-Packet* erhält. Solche Mechanismen, bei denen ganze Bauteile mit Spannung versorgt sind, haben häufig eine Leistungsaufnahme im mW-Bereich. Da die

Automobilelektronik bei ausgeschaltetem Motor heutzutage nicht aus der Steckdose, sondern aus einer Batterie versorgt wird, liegen die Anforderungen an die Leistungsaufnahme im µW-Bereich.

Weitere Fähigkeiten, die von Transceivern unterstützt werden sollen, sind Mechanismen zum selektiven Wecken. Bei der Kommunikation auf einem CAN-Bus müssen nicht in allen Betriebszuständen alle Steuergeräte aktiv sein. Für die Kommunikation ist nur eine gewisse Untermenge an Steuergeräten am Bus notwendig. Somit muss nur ein Teil des Netzwerks betrieben werden und die Leistungsaufnahme kann in einem gewissen Betriebszustand reduziert werden. Dieses selektive Wecken von Steuergerätegruppen wird in die Automobilelektronik als *Teilnetzbetrieb* bezeichnet [AUT10b].

Spannungswandler

In Steuergeräten kommen Gleichspannungswandler zum Einsatz, die aus der Batteriespannung einen geringeren Spannungspegel z. B. 5 V für die digitalen Bauteile generieren. Hierbei unterscheidet man zwischen Linearreglern und Schaltreglern (DC/DC-Konvertern), wobei erstere noch eine deutlich höhere Verbreitung haben. Bei einem Linearregler wird die Spannung am Eingang auf eine konstante Ausgangsspannung geregelt. Die Stromaufnahme am Eingang ist bei Linearreglern geringfügig höher als der Strom am Ausgang, somit muss ein Linearregler die Leistungsdifferenz aus aufgenommener Leistung am Eingang und abgegebener Leistung am Ausgang in Wärme umwandeln. Wird die Ausgangsspannung deutlich kleiner gewählt als die Eingangsspannung, sinkt der Wirkungsgrad. Schaltregler hingegen schalten eine Eingangsspannung auf ein speicherndes Element wie z. B. eine Drossel oder einen Kondensator. Abhängig vom Verhältnis der Ein- und Ausschaltzeit stellt sich am Ausgang eine bestimmte mittlere Spannung ein. Durch die Schaltvorgänge der Eingangsspannung entstehen EMV-Störungen. Ein Beispiel für eine mögliche Umsetzung einer Spannungsregelung inklusive Glättung durch mehrere Kondensatoren sowie einem Überspannungs- und Verpolschutz ist in Abb. 4.22 dargestellt.

Zusammenfassend haben Linearregler die Eigenschaft, dass sie einen geringeren Wirkungsgrad als Schaltregler (DC/DC-Konverter) haben und somit eine höhere Verlustwärme abgeführt werden muss. Dafür bieten sie eine störungsarme Ausgangsspannung.

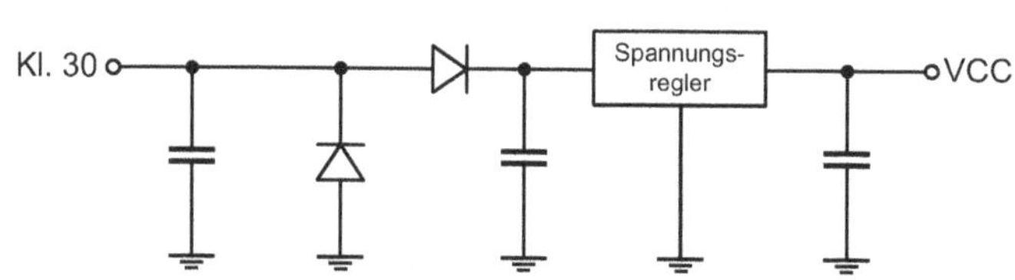

Abb. 4.22 Schaltung für eine Spannungsregelung inklusive Glättung durch mehrere Kondensatoren

Neben der Spannungswandlung gibt es noch die Spannungsüberwachung. Sie dient der Überwachung eines bestimmten Bereichs einer Betriebsspannung. Falls dieser Bereich verletzt wird, müssen Gegenmaßnahmen ergriffen werden. Typischerweise wird eine Unterspannungsüberwachung durchgeführt und im Fall eines Spannungsabfalls ein Reset des Mikrocontrollers durchgeführt.

System Basis Chips

Ein System-Basis-Chip fasst alle Halbleiterbauteile zusammen, die in der Regel auf der gleichen Halbleitertechnologie basieren und in nahezu allen Steuergeräten notwendig sind. Hierzu gehören Spannungsregler, Spannungsüberwachung, Bus-Transceiver, Watchdog, Leistungstreiber und Wake-up-Logik. Über eine serielle SPI-Schnittstelle können diese Bausteine an einen Mikrocontroller angeschlossen und hierüber konfiguriert werden.

Die Idee für solche System-Basis-Chips ist motiviert durch eine Steigerung der Zuverlässigkeit, die mit einer geringeren Anzahl an Pins auf einem Board einhergeht. Die Steuerung über eine serielle Schnittstelle mit nur wenigen Pins unterstützt diese Anforderung. Weiterhin sind Mikrocontroller und Spannungsquellen mit einer hohen Abwärme voneinander getrennt auf einer Platine platzierbar [SSB08].

4.5 Fallstudie: Architekturalternativen für Steuergeräte

Die folgende Fallstudie diskutiert anhand von drei Architekturalternativen auf Steuergeräteebene die Vor- und Nachteile der verschiedenen Alternativen sowie deren technische Realisierbarkeit. Ausgehend von einer bestehenden Architektur werden dabei die Steuergerätealternativen entwickelt und evaluiert. Dabei werden die vorgestellten Bewertungsmöglichkeiten aus den vorherigen Kapiteln aufgegriffen und angewandt.

4.5.1 Ausgangssituation

Ausgehend von der Elektrik/Elektronik-Architektur einer bestehenden Baureihe soll für eine Folgebaureihe die Anzahl der Steuergeräte reduziert werden, da eine Integration Kosten- und Bauraumvorteile verspricht. Im Rahmen von Architekturstudien wurden bereits Möglichkeiten sondiert, um zwei Steuergeräte zu einem zusammenzufassen. In der bestehenden E/E-Architektur, die in Abb. 4.23 dargestellt ist, sind der *Body Computer Front (BCF)* und das *Gateway (GW)* noch als zwei separate Steuergeräte verbaut. Die interne Realisierung der beiden Steuergeräte inklusive der darauf laufenden Funktionen zeigt Abb. 4.24. Der Body Computer Front hat einen CAN- und vier LIN-Schnittstellen sowie eine große Zahl an Eingangs-

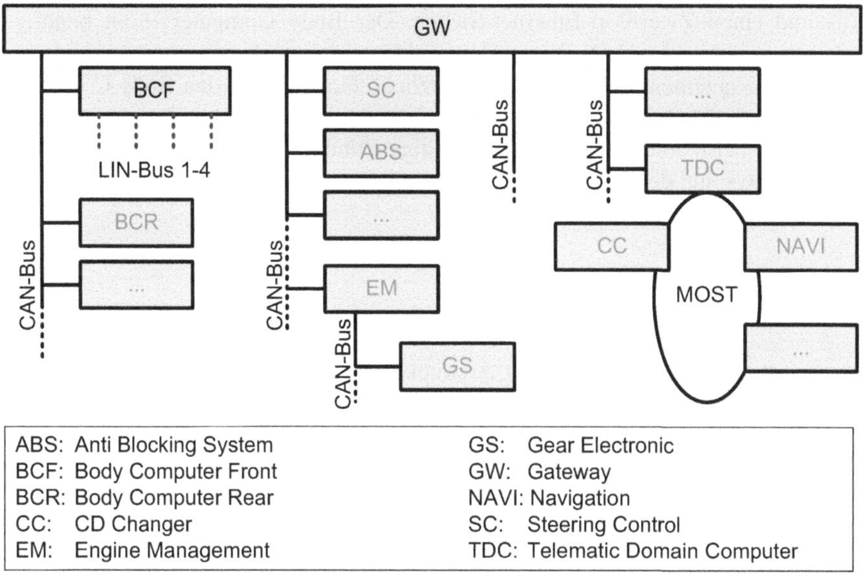

Abb. 4.23 Teilansicht der Vernetzungsarchitektur der aktuellen Baureihe. Hervorgehoben sind die beiden Steuergeräte (GW und BCF), deren Integration in der nächsten Fahrzeuggeneration untersucht werden soll

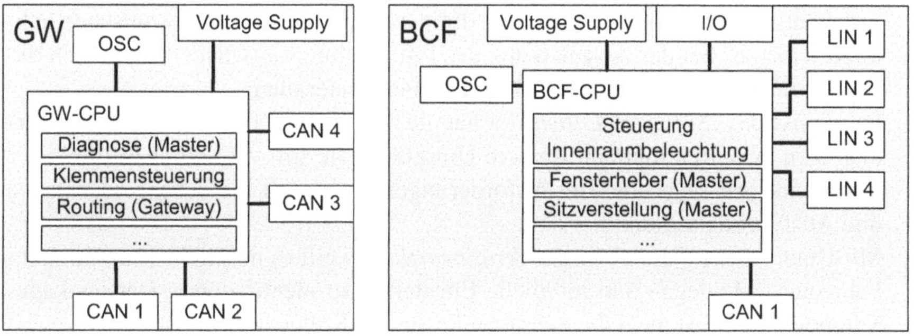

Abb. 4.24 Realisierung der beiden Steuergeräte Gateway und Body Computer Front in der aktuellen Baureihe

und Ausgangsschnittstellen (I/Os). Es werden u. a. der Fensterheber (Master), die Sitzverstellung (Master) und die Steuerung der Innenraumbeleuchtung auf dem Body Computer Front ausgeführt. Auf dem Steuergerät Gateway sind vier CAN-Schnittstellen integriert. An Funktionen laufen die Diagnose (Master), die Klemmensteuerung und die Routing-Funktion auf dem Gateway. Die Integration dieser Funktionen auf einem Steuergerät und evtl. auf einem Prozessor im Steuergerät soll im Rahmen der Studie untersucht werden. Zusätzlich ist noch eine Steigerung des Schnittstellen- und Funktionsumfangs zu berücksichtigen. Als Erweiterung zu den bestehenden Schnittstellen erhält das Gateway eine Schnittstelle für einen FlexRay-

Bus und einen Zwei-Port-Ethernet-Switch. Der Body Computer Front benötigt zukünftig zwei weitere LIN-Busse. Der Funktionsumfang des Gateways wird durch ein Lademanagement erweitert. Als zusätzliche Funktion für den Body Computer Front kommt ein Teil der Klimatisierungsfunktionen hinzu. Das Ziel der Neuentwicklung ist also eine kleinere, kostengünstigere und leistungsfähigere Realisierung des Gateways und des Body Computers Front zu ermöglichen.

4.5.2 Entwicklungsteam

Bevor mit einer Untersuchung der Architekturalternativen gestartet werden kann, gilt es alle notwendigen Beteiligten zu identifizieren, die zur Erarbeitung der Lösung einen Beitrag leisten können. Abbildung 4.25 zeigt die Teilnehmer eines solchen Teams.

- Der *E/E-Architekt* hat die Aufgabe die möglichen Architekturalternativen aufzustellen. Seine Rolle ist es mit den einzelnen Partnern des Entwicklungsteams die Alternativen anhand deren Expertise zu bewerten. Anschließend kann er die Ergebnisse zusammenfassen und eine abschließende Bewertung durchführen, die dann mit allen Beteiligten diskutiert und entschieden wird.
- Der *Komponentenentwickler* ist für die Entwicklung des Steuergerätes verantwortlich. Sein Wissen und seine Erfahrungen spielen eine wichtige Rolle bei einer Entscheidungsfindung, dies betrifft insbesondere die nicht-technischen Faktoren wie z. B. bei der Abschätzung des Entwicklungsaufwands. Er ist auch die Schnittstelle zu existierenden und potentiellen Lieferanten.
- Der *Funktions-/Software-Entwickler* hat die Aufgabe die funktionalen Anforderungen zu bewerten und eine spätere Umsetzung in Software durchzuführen. Er liefert eine Aussage über die Anforderungen an Speicher, Rechenperformance und Ausführungszeiten.
- Mit Unterstützung des *Package-Verantwortlichen* gilt es mögliche Bauräume im Fahrzeug festzulegen und mögliche Engstellen zu identifizieren. Der Package-Verantwortliche ist auch die Schnittstelle zu den Kollegen beim Design.
- Gemeinsam mit dem *Leitungssatzentwickler* kann die Verkabelung festgelegt werden. Anhand der festgelegten Bauräume kann er eine Abschätzung über die Leitungslängen und die Bündelquerschnitte machen.
- Der *EMV-Verantwortliche* stellt sicher, dass die Architekturalternativen nach deren Umsetzung auch den entsprechenden Anforderungen an die elektromagnetische Verträglichkeit (EMV) genügen.
- Gemeinsam mit dem *Test-/Absicherungsverantwortlichen* gilt es die Alternativen hinsichtlich deren Testbarkeit zu bewerten sowie eine vollständige Absicherung zu erarbeiten und sicherzustellen.
- Der *Kostenplaner* ist für eine erste Preisindikation der Alternativen zuständig. Auf der Basis der aktuellen Umsetzung kann somit der Mehr- bzw. Minderaufwand bezüglich anfallender Kosten bewertet werden.

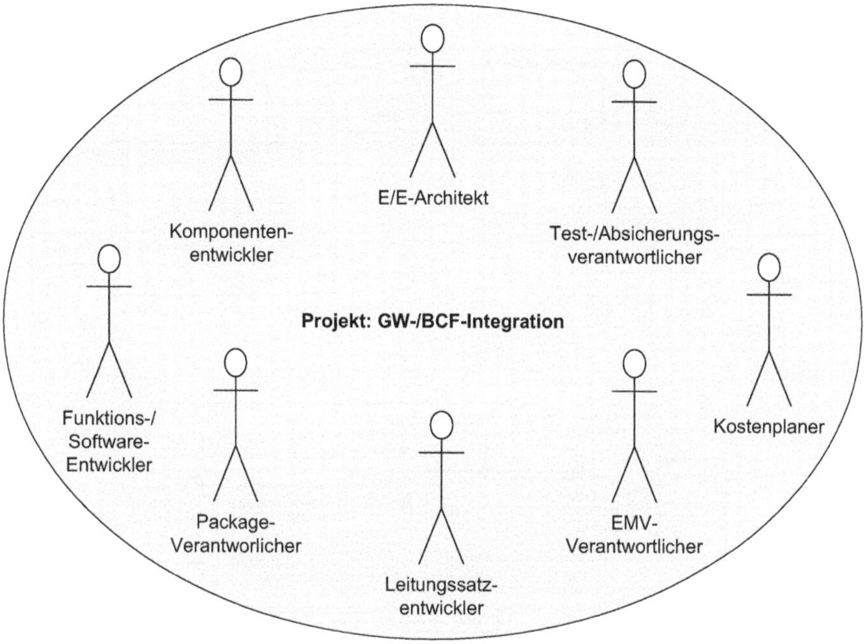

Abb. 4.25 Beteiligte Entwickler und E/E-Architekten, die für die Bewertung der Architekturalternativen erforderlich sind

4.5.3 Architekturalternativen

Im ersten Schritt müssen die potentiellen Architekturalternativen bestimmt werden, die es zu untersuchen gilt. In der vorliegenden Fallstudie stehen drei Alternativen zur Bewertung an (siehe Abb. 4.26). Die erste Alternative *Alternative 1* ist eine Fortschreibung der bisherigen Lösung. Hier gilt es lediglich die Steigerung des Funktionsumfangs und die zusätzlichen Schnittstellen umzusetzen. Die zweite Alternative *Alternative 2* basiert auf einer sogenannten *Box-in-Box*-Lösung. Dabei kommen weiterhin zwei Prozessoren zum Einsatz, die unabhängig voneinander die Funktionen des Gateways und des Body Computer Front ausführen. Die beiden Prozessoren können sich allerdings die Spannungsversorgung und das Gehäuse teilen. Die dritte Alternative *Alternative 3* beschreibt die Vollintegration der kompletten Funktionalität auf einem Prozessor.

4.5.4 Zusammenstellung der Bauteile

Die Liste mit den notwendigen Bauteilen des Body Computer Front sind in Tab. 4.2 links aufgeführt. Zusätzlich zu den Bauteilekosten ist noch der Montageaufwand (1,00 €) für das Steuergerät und die EMV-Absicherung (1,50 €) zu berücksichtigen.

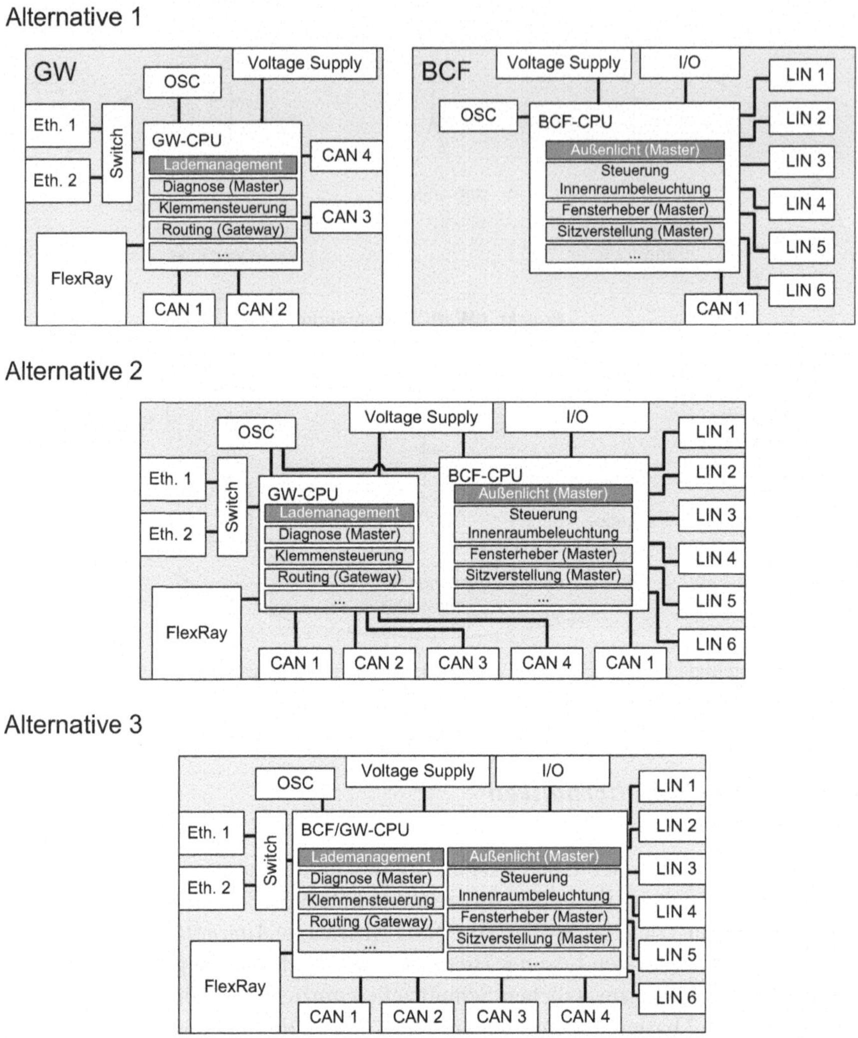

Abb. 4.26 Gegenüberstellung möglicher Integrationsalternativen. Alternative 1 (*Oben*): Weiterverfolgung der bisherigen Lösung auf Basis der existierenden Steuergeräte (Erweiterung). Alternative 2 (*Mitte*): Box-in-Box-Lösung, die beiden Mikrocontroller teilen sich das Gehäuse, die Spannungsversorgung sowie die Platine. Alternative 3 (*Unten*): Vollständig integrierte Lösung, bei der ein gemeinsamer Mikrocontroller die Funktionalität ausführt

Die hier angenommenen Preise spiegeln eine Größenordnung wider und dienen nur der Veranschaulichung des Beispiels. Der Mikrocontroller des BCF hat 1,5 MByte ROM und 512 kByte RAM.

Rechts in Tab. 4.2 sind die benötigten Bauteile für das Gateway-Steuergerät aufgelistet. Der verwendete Mikrocontroller für das Gateway hat 2 MByte ROM und

Tabelle 4.2 *links*: Liste mit den notwendigen Bauteilen für die Umfänge des BCF/*rechts*: Liste mit den notwendigen Bauteilen für die Umfänge des Gateways

Bauteil	Anzahl	Kosten pro Stück [€]
Mikrocontroller	1	8,00
Quarz	1	0,20
LIN-Transceiver	6	0,40
CAN-Transceiver	1	0,60
vCAN-Drossel	1	0,40
Spannungsregler	1	0,40
Leistungstreiber	20	0,50
Kondensatoren	81	0,10
Widerstände	82	0,10
Transistoren	21	0,10
Platine 4-lagig	1	1,20
Gehäuse	1	1,00

Bauteil	Anzahl	Kosten pro Stück [€]
Mikrocontroller	1	6,00
Quarz	1	0,20
CAN-Transceiver	4	0,60
CAN-Drossel	4	0,40
FlexRay-Sternkoppler	2	1,50
FlexRay-Drossel	8	0,40
Ethernet-Switch	1	7,50
Ethernet-Drossel	2	0,70
Spannungsregler	1	0,40
Kondensatoren	75	0,10
Widerstände	69	0,10
Transistoren	8	0,10
Platine 4-lagig	1	1,00
Gehäuse	1	0,80

Tabelle 4.3 Liste mit den notwendigen Bauteilen für die Umfänge einer vollintegrierten Lösung (Alternative 3)

Bauteil	Anzahl	Kosten pro Stück [€]
Mikrocontroller	1	10,50
Quarz	1	0,20
CAN-Transceiver	5	0,60
CAN-Drossel	5	0,40
FlexRay-Sternkoppler	2	1,50
FlexRay-Drossel	8	0,40
Ethernet-Switch	1	7,50
Ethernet-Drossel	2	0,70
Spannungsregler	1	0,40
LIN-Transceiver	6	0,40
Leistungstreiber	20	0,50
Kondensatoren	95	0,10
Widerstände	99	0,10
Transistoren	25	0,10
Platine 6-lagig	1	1,80
Gehäuse	1	1,70

684 kByte RAM. Für die Alternative 3 liegen die Speicherressourcen des geplanten Mikrocontrollers bei 3 MByte ROM und 1024 kByte RAM. Die Bauteileliste für Alternative 3 ist Tab. 4.3 zu entnehmen.

4.5.5 Bewertung der Architekturalternativen

Als Kriterien für die Bewertung der drei Architekturalternativen kommen folgende zur Anwendung:

- Abschätzung der Platinenfläche
- Packaging und Verbauort
- Ressourcenbedarf: Speicher und Rechenleistung
- Kosten
- Weitere Kriterien: verfügbare Lieferanten, Entwicklungskomplexität, etc.

Platinenfläche

Eine erste Abschätzung der Platinenfläche kann über eine Platzierung der Bauteile erfolgen. Hierbei werden die Bauteilgrößen mit einem gewissen Mindestabstand zueinander angeordnet. Auf dieser Basis gilt es dann eine Einschätzung über die notwendige Anzahl an Leiterplattenlagen zu treffen. In Abb. 4.27 ist beispielhaft eine solche Abschätzung für die Alternative 3 dargestellt. Die dunkelgrauen Blöcke

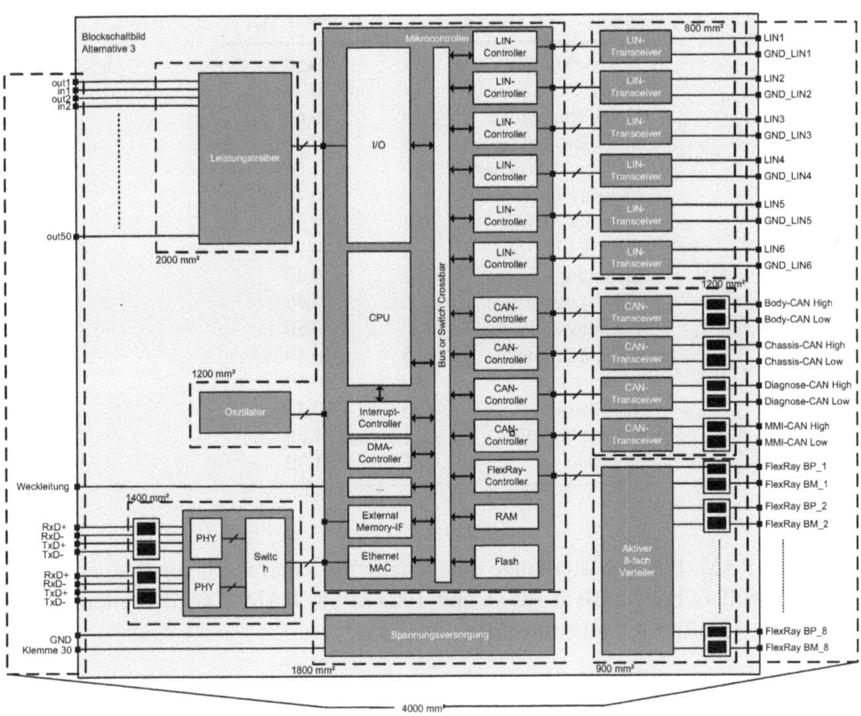

Abb. 4.27 Blockdiagramm der Alternative 3 inklusive einer groben Abschätzung der erforderlichen Platinenfläche

stellen die Bauelemente dar. Die gestrichelte Linie um die Bauelemente ist der Mindestabstand, der zu dem Bauelement oder der Baugruppe gehalten werden muss. Im vorliegenden Beispiel beträgt die Platinenfläche der einzelnen Alternativen:

Alternative 1: 2000 mm^2 für das Gateway, 3000 mm^2 für den Body Computer Front
Alternative 2: 4700 mm^2
Alternative 3: 4000 mm^2

Die Vollintegration (Alternative 3) hat die meiste Platzersparnis. Mit der Alternative 2 kann durch die gemeinsame Verwendung der Spannungsversorgung die Platinenfläche um 300 mm^2 gegenüber Alternative 1 reduziert werden.

Package

Nachdem eine erste Abschätzung der benötigten Platinenfläche erfolgt ist, kann darauf aufbauend die Gehäuseabmessung festgelegt werden. Mit den Werten für das Gehäuse können gemeinsam mit dem Package-Verantwortlichen mögliche Bauräume identifiziert und die Verbauorte geprüft werden. Auf eine detailliertere Darstellung an dieser Stelle wird aus Gründen der Übersichtlichkeit verzichtet.

Ressourcenbedarf

In Tab. 4.4 ist der Ressourcenbedarf der einzelnen Software-Komponenten für die Funktionen und der Basis-Software (u. a. Betriebssystem) aufgeführt. Der Speicherbedarf ist für die Alternativen 1 und 2 identisch. Bei Alternative 3 reduziert sich der

Tabelle 4.4 Ressourcenbedarf der einzelnen Software-Komponenten

Software-Komponente	ROM [kB]	RAM [kB]	CPU-Zeit [%] Alternative 1 und 2	CPU-Zeit [%] Alternative 3
Fensterheber (Master)	150	20	10	9
Sitzverstellung (Master)	50	10	2	1
Steuerung Innenlicht	220	80	12	8
Sonstiges SW-Cs BCF	300	70	15	10
LIN-Modul je Bus	8	6	3	2
Lademanagement	250	80	2	1
Klemmensteuerung	170	70	5	3
Diagnose (Master)	520	90	5	3
Sonstiges SW-Cs. GW	200	60	5	3
CAN-Modul je Bus	7	5	3	2
FlexRay-Modul	50	17	15	9
Ethernet-Modul	10	20	10	8
Gateway-Modul	260	100	15	11
Basis-Software (Betriebssystem)	260	50	8	6

Tabelle 4.5 Gesamter Ressourcenbedarf für die einzelnen Alternativen

Software-Komponente	ROM [kB]	RAM [kB]	CPU-Zeit [%]
BCF (Alternative 1 und 2)	1035	366	59
GW (Alternative 1 und 2)	1748	507	83
Vollintegration (Alternative 3)	2523	723	92

Speicherbedarf um 260 kByte für ROM und 50 kByte für RAM, da nur eine Basis-Software notwendig ist. Die benötigte CPU-Zeit ist ebenfalls unterschiedlich. Für die Alternativen 1 und 2 kommen jeweils zwei getrennte Mikrocontroller zum Einsatz, somit ist die CPU-Zeit bei beiden Alternativen gleich. Bei der Alternative 3 erfolgt eine Vollintegration auf einem Mikrocontroller. Der verwendete Mikrocontroller für Alternative 3 hat eine höhere Rechenleistung als der jeweilige Mikrocontroller der Alternativen 1 und 2, sodass sich trotz der Vollintegration eine Verkürzung der CPU-Zeit pro Funktion ergibt.

Die Abschätzung in Tab. 4.5 zeigt, dass bei allen drei Alternativen die gewählten Mikrocontroller den Ressourcenbedarf decken. Bei Alternative 3 ist jedoch kein großer Spielraum mehr für Erweiterungen. Hier gilt es frühzeitig den Betrieb bei hoher CPU-Last zu untersuchen, um einen fehlerfreien Betrieb sicherzustellen. Hierzu kommen Verfahren zur Timing-Analyse wie sie in den Kapiteln 7 bis 9 vorgestellt werden zum Einsatz.

Kosten

Für eine erste Kostenkalkulation der drei Alternativen werden die reinen Fertigungs- und Materialkosten der Steuergeräte berücksichtigt. Weitere Kostenbestandteile wie EHPV oder Leitungssatzkosten, die in Abschn. 2.1.5 erläutert sind, werden hierbei vernachlässigt. Eine Preisindikation der verwendeten Bauteile kann den Tabellen 4.2 und 4.3 entnommen werden. Der gesamte Kostenaufwand für die einzelnen Alternativen ist in Tab. 4.6 dargestellt. Die Summe bildet sich aus den Bauteilekosten sowie den Kosten für EMV und Montage.

Die Alternative 1 kostet in Summe 97,20€. Mit der Alternative 2 lassen sich 4,90€ an Fertigungs- und Materialkosten einsparen. Die Einsparungen ergeben sich durch ein gemeinsam genutztes Gehäuse sowie der gleichen Spannungsversorgung. Die Alternative 3 ermöglicht noch eine höhere Kostensenkung von 25,70 € im Vergleich zu Alternative 1. Der Hauptfaktor ist die Einsparung eines Mikrocontrollers.

Tabelle 4.6 Gegenüberstellung der Kosten für die einzelnen Alternativen

Software-Komponente	Gesamtkosten [€]
BCF (Alternative 1)	44,80
GW (Alternative 1)	52,40
Box-in-Box (Alternative 2)	92,30
Vollintegration (Alternative 3)	71,50

Weitere Kriterien

Gemeinsam mit dem Entwicklungsteam gilt es nun die drei Alternativen anhand der weiteren Kriterien zu bewerten. Insbesondere die Alternative 3 ist hier zu betrachten. Es gilt zu prüfen, ob aktuell Lieferanten verfügbar sind, die ein solch komplexes Steuergerät umsetzen können. OEM-intern ist gemeinsam mit dem Verantwortlichen für Test- und Absicherung zu prüfen, inwieweit die existierenden Prozesse mit einer solchen Komplexität umgehen können. Weiterhin ist auch die Meinung des Komponenten- und des Software-Entwicklers wichtig, ob sie die Vollintegration bei Alternative 3 als realistisch ansehen.

Um eine unternehmerisch tragfähige Gesamtentscheidung treffen zu können, gilt es alle Kriterien und Aussagen gegenüberzustellen und zu gewichten. Oft reicht es nicht aus die reinen Fertigungs- und Materialkosten für eine Entscheidung heranzuziehen, wenn andere Kriterien nicht oder nur sehr schwer zu erfüllen sind.

Im Architekturentwicklungsprozess kommt es immer wieder vor, dass Entscheidungen nicht auf der Basis von Metriken bzw. quantifizierbaren Größen getroffen werden, sondern von einzelnen Interessen abhängen. Im Folgenden sollen Situationen und Beispiele aufgezeigt werden, in denen eine technologische Entscheidung auf nichttechnischer Basis getroffen wird. Anzumerken ist hierbei, dass die gewählten Beispiele rein hypothetischer Natur sind und nur zur Verdeutlichung des soziotechnischen Sachverhalts dienen.

Im ersten Szenario soll ein Steuergerät mit einem anderen Steuergerät zusammengefasst werden. Für jedes dieser Steuergeräte hat es ursprünglich einen ausgewiesenen Komponentenverantwortlichen gegeben, von denen einer – vermutlich der mit der weniger komplexen Komponente – sich eine neue Aufgabe suchen darf. Es kann also zu einer Situation kommen, in der das Zuständigkeitsgebiet eines Komponentenverantwortlichen vehement verteidigt wird. Aus Sicht eines E/E-Architekten kann eine solche Situation durch eine deutliche technische Überlegenheit entschieden werden. Sollten nur marginale Verbesserungen bei der Integration zweier Steuergeräte entstehen, so wird man leicht mit Argumenten wie dem höheren Reifegrad der existierenden Lösung, der Frage nach Entwicklungskapazitäten und der Verblockung mit bestehenden Fahrzeugen konfrontiert. Diese Fragen sind natürlich gerechtfertigt, können aber in einem formalen Modell mit quantitativen Metriken nur sehr begrenzt beantwortet werden.

Ähnliche Beispiele zur Integration von Komponenten lassen sich auch schon oberhalb der Komponentenebene finden. So können einzelne Funktionsumfänge von einer Domäne in die andere wandern, da sie dort einen wesentlich größeren Einfluss haben können. Als Beispiel für eine solche Funktionsverschiebung ist in der Antriebsstrangdomäne zu finden. Die Elektrifizierung des Antriebsstrangs erfordert, dass große Batteriepakete auf eine optimale Arbeitstemperatur heruntergekühlt werden müssen. Die Klimatisierung, die hierfür verwendet werden kann, ist jedoch häufig der Innenraumdomäne zugeordnet, da sie den Innenraum nach den Wünschen der Insassen kühlen bzw. heizen sollte. Es stellt sich nun die Frage, in welcher Domäne dieser Funktionsumfang bei gleicher Art der Implementierung besser aufgehoben ist und, ob alle Verantwortungsbereiche einem solchen Wechsel zustimmen.

In dem nächsten Beispiel geht es um die Bewertung einer Alternativtechnologie zu einer bestehenden Technologie. Gegenüber der bestehenden Technologie hat die Alternativtechnologie einen ausgewiesenen Kostenvorteil, bietet eine größere Flexibilität in der Architektur und ist ausreichend flexibel für zukünftige Anwendungen. Diesen technischen Vorzügen steht ein bereits erprobtes System mit den genannten Nachteilen gegenüber. In einer solchen Situation hängt es wiederum von einzelnen Verantwortlichen ab, die einen solchen Technologiewechsel als zielführend ansehen und ihrer eigenen Organisationseinheit sowie den Zulieferern dies zutrauen.

Kapitel 5
Kommunikationsgrundlagen

In den heutigen Fahrzeugarchitekturen kommen eine Vielzahl an Kommunikationsprotokollen und Kommunikationstechnologien zum Einsatz. Zu diesen Technologien gehören:

- Das *Local Interconnect Network (LIN)*, ein serielles Bussystem, welches nach dem Master/Slave-Prinzip arbeitet. Die maximale Übertragungsgeschwindigkeit des LIN-Busses liegt bei 20 kBit/s [LIN03, LIN10].
- Das *Controller Area Network (CAN)*, ein serielles Bussystem, welches prioritätsbasiert Nachrichten verschickt und gemäß Spezifikation bis zu 1 MBit/s unterstützt [Rob91].
- Der *FlexRay-Bus*, der TDMA-basiert Nachrichten verschickt und auf zwei Kanälen über jeweils 10 MBit/s Bandbreite verfügt [Rau07, Fle10a].
- Der *Media Oriented System Transport (MOST)*, der für Multimedia-Anwendungen konzipiert ist und eine maximale Übertragungsgeschwindigkeit von 150 MBit/s hat. Der MOST-Bus ist als Ringtopologie ausgeführt [MOS05, MOS10].
- Das *Low Voltage Differential Signaling (LVDS)* wird zur Hochgeschwindigkeitsdatenübertragung verwendet, beispielsweise für die Übertragung von Videodaten.
- *Ethernet* mit *IP (Internet Protocol)* wird derzeit als schneller Flash- und Diagnosezugang eingesetzt. Weiterhin erfolgt aktuell die Weiterentwicklung von Ethernet mit IP für den Einsatz als Systembus für die fahrzeuginterne Vernetzung. [SKB$^+$11], [RHH$^+$07].

Neben diesen Kommunikationstechnologien gibt es noch weitere auch proprietäre Lösungen, die im Fahrzeug zum Einsatz kommen. Im Folgenden sollen die vier Kommunikationstechnologien CAN, FlexRay, LIN und Ethernet genauer betrachtet werden, da sie einerseits eine hohe Verbreitung haben und andererseits für die ab Kap. 7 beschriebenen Timing-Bewertungsverfahren als Grundlage dienen.

T. Streichert, M. Traub, *Elektrik/Elektronik – Architekturen im Kraftfahrzeug*,
DOI 10.1007/978-3-642-25478-9_5, © Springer-Verlag Berlin Heidelberg 2012

5.1 Kommunikationssysteme

In einer Elektrik/Elektronik-Architektur (E/E-Architektur) im Kraftfahrzeug kommen unterschiedliche Kommunikationssysteme zum Einsatz. Der Fokus liegt dabei auf den Kommunikationssystemen CAN und FlexRay, da diese in aktuellen und zukünftigen Vernetzungsarchitekturen die zentrale Rolle einnehmen. In den folgenden Abschnitten werden die für die Arbeit relevanten Aspekte erläutert. Für eine umfassende Beschreibung wird auf die wichtigsten Dokumente verwiesen.

5.1.1 Controller Area Network

Das *Controller Area Network (CAN)* ist das am häufigsten eingesetzte Kommunikationssystem im Kraftfahrzeug. Die Spezifikation definiert eine maximale Übertragungsgeschwindigkeit von 1 MBit/s. In aktuellen Vernetzungsarchitekturen liegt die Übertragungsgeschwindigkeit auf den CAN-Bussen bei 125 kBit/s, 250 kBit/s und 500 kBit/s. Höhere Übertragungsgeschwindigkeiten als 500 kBit/s führen zu starken Topologieeinschränkungen im Kraftfahrzeug. Die Busarbitrierung erfolgt mittels des CSMA/CR-Verfahrens (Carrier Sense Multiple Access/Collision Resolution), bei dem Kollisionen von mehreren Nachrichten erkannt und aufgelöst werden. Diese Arbitrierung findet über einen eindeutigen Identifier statt, der einer Nachrichtenpriorität entspricht und nur einmal im Netzwerk vorkommen darf. Pro Nachricht können maximal acht Byte Nutzdaten übertragen werden. In Abb. 5.1 ist der Aufbau eines CAN-Datenframes dargestellt. Die Daten werden NRZ-codiert. Weiterhin wird für einen Teilbereich der Nachricht das sogenannte *Bitstuffing* angewandt, was zur fortlaufenden Synchronisation der CAN-Knoten verwendet wird. Im Folgenden werden diese Grundprinzipien des CAN-Busses vorgestellt.

5.1.1.1 Aufbau einer CAN-Nachricht

Eine CAN-Nachricht besteht aus verschiedenen Teilen, die in Abb. 5.1 dargestellt sind. Angefangen bei einem *Start-of-Frame* Bit (SOF) folgt der Identifier, der je nach CAN-Version entweder 11 oder 29 Bit lang ist. Bei CAN 2.0A ist der Identifier 11 Bit lang, während die CAN-Version 2.0B 29 Bit unterstützt. Diese CAN-

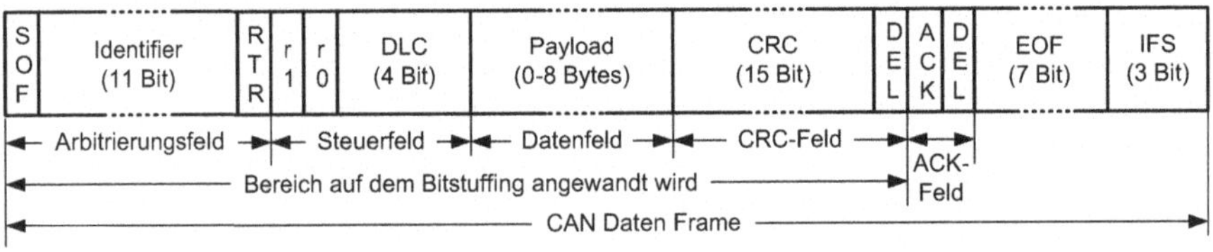

Abb. 5.1 Aufbau einer CAN-Nachricht

Identifier haben zwei Funktionen in einem CAN-Netzwerk. Zum einen kann ein Empfänger anhand des Identifiers erkennen, ob die Nachricht einen für ihn interessanten Inhalt hat und die Nachricht entweder verwerfen oder an den Prozessor weiterleiten. Die zweite Funktion des Identifiers ist die Arbitrierung auf dem Bus. Identifier stellen eine Priorität dar, bei der ein kleiner Wert hohe Priorität und ein großer Wert niedrige Priorität hat. Die Nachricht mit der höchsten Priorität darf den Bus belegen. Hieraus wird deutlich, dass gleiche Prioritäten und somit auch Identifier in einem Netzwerk nicht vorkommen dürfen. Das *Remote Transmission Request* Bit (RTR) definiert, ob die Nachricht Daten enthält oder zum Senden entsprechender Daten auffordert. Bit $r1$ dient als *Identifier Extension* und $r0$ ist reserviert. Anschließend folgt die Information über die Länge des Datenfeldes. Das DLC-Feld besteht aus vier Bits, mit denen die Payload-Länge in einem Wertebereich von 0 bis 8 Byte angegeben werden kann. Die Payload mit den zu übertragenden Daten folgt dieser Vorgabe. Über einen Cyclic Redundancy Check kann eine fehlerhafte Übertragung der Nachricht erkannt werden. Das *Acknowledge* Bit (ACK) ist von zwei sogenannten *Delimiter* Bits (DEL) umgeben. Während das ACK-Bit vom Empfänger gesetzt wird, sind die Delimiter-Bits definierte Buspegel in der Nachricht. Das *End-of-Frame-Field* und der *Interframe Space* sind definierte Buspegel, die auf eine CAN-Nachricht folgen.

5.1.1.2 Busarbitrierung

Die Arbitrierung erfolgt nach dem Start-of-Frame Bit (SOF), auf das je nach CAN Version entweder 11 oder 29 Identifier-Bits folgen. Jeder Busteilnehmer, der etwas senden möchte, legt synchron ein Bit nach dem anderen seines Identifiers auf den Bus. Gleichzeitig überprüft er, ob der Pegel auf dem Bus zu dem Pegel passt, den er auf den Bus gelegt hat. Hat er beispielsweise eine logische Eins auf den Bus gelegt, während ein anderer Teilnehmer eine logische Null auf den Bus legt, so liest er eine Null von dem Bus zurück. Die logische Null gilt bei CAN als dominant gegenüber der logischen Eins. Bei einer Abweichung zwischen gesendetem und gelesenem Bit, zieht sich der Knoten zurück und sendet seine Nachricht nicht weiter aus. Stattdessen kann er nur noch Nachrichten anderer Knoten empfangen. Am Ende des Identifiers bleibt noch ein Knoten übrig, da jeder Identifier nur einmal im Bussystem vorkommen darf.

Ein Beispiel mit drei Sendern ist in Abb. 5.2 dargestellt. Die obersten drei Zeilen zeigen die logischen Bits der Sender. Die unterste Zeile zeigt die logischen Buspegel. Bis zum Identifier-Bit 5 lesen alle Sender die gleichen Bits vom Bus, die sie auf den Bus gelegt haben. Bei Bit 5 gibt es eine Abweichung zwischen dem, was Sender 2 gesendet hat und dem Buspegel. Somit zieht sich Sender 2 von dem Bus zurück und geht in den Empfangsmodus. Gleiches passiert mit Sender 1 bei Bit 2. Es bleibt also Sender 3 übrig, der den Identifier mit höchster Priorität übertragen hat und nun seine restliche Nachricht weiter übertragen darf. Die anderen Knoten versuchen nach der Übertragung der Nachricht von Sender 3 erneut ihre Nachrichten auf dem Bus zu übertragen.

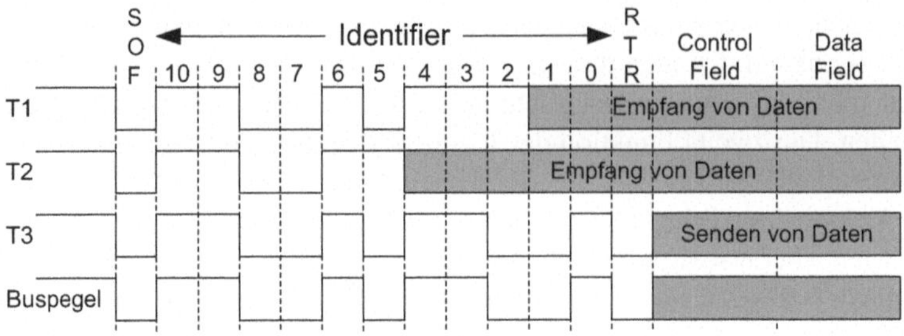

Abb. 5.2 Arbitrierung von CAN-Nachrichten

5.1.1.3 Synchronisation auf dem Bus

Die einzelnen Busteilnehmer tasten die Bits auf dem Bus unabhängig voneinander ab. Sie müssen sich hierfür synchronisieren, um möglichst zum gleichen Zeitpunkt die Bits auf dem Bus abzutasten. Diese Synchronisation erfolgt anhand von Pegelwechseln bzw. Flanken zwischen zwei Bits auf dem Bus. Um solche Pegelwechsel auf dem Bus zu erzwingen, wurde bei CAN das Prinzip des *Bitstuffings* angewandt. Bei Folgen von fünf und mehr gleichen Bits wird vom Sender ein inverses Bit (*Stuff-Bit*) eingefügt, das beim Empfänger wieder entfernt wird. In Abb. 5.3 ist ein Beispiel für eine zu sendende Bitfolge in der obersten Zeile dargestellt. In diese Bitfolge wird nach fünf gleichen Bits nach Bit 7 ein invertiertes Bit eingefügt und somit ein Pegelwechsel erzwungen. Der Empfänger zählt ebenfalls die Anzahl an gleichen Bits mit und entfernt nach Bit 7 das *Stuff-Bit* wieder. Dieses Verfahren wird auch durchgeführt, wenn nach fünf gleichen Bits ohnehin ein Pegelwechsel stattgefunden hätte. Ein solcher Fall liegt nach Bit 15 vor. Im Folgenden verändert sich nach vier Datenbits immer der Buspegel. Da jedoch nach Bit 15 ein Stuff-Bit eingefügt wurde, tritt nun ein Fall auf, bei dem durch den Bitstuffing-Mechanismus aus vier gleichen Bits fünf gleiche Bits erzeugt werden. Diese hinzugefügten Stuff-Bits sorgen auf dem Bus für zusätzliche Buslast.

Für die Korrektur der Synchronisation wird auf dem CAN-Bus ein Bit in drei Segmente unterteilt: 1. InSync, 2. TSeg1 und 3. TSeg2. Der Abtastzeitpunkt eines Bits muss immer zwischen den Segmenten TSeg1 und TSeg2 liegen. Für die Syn-

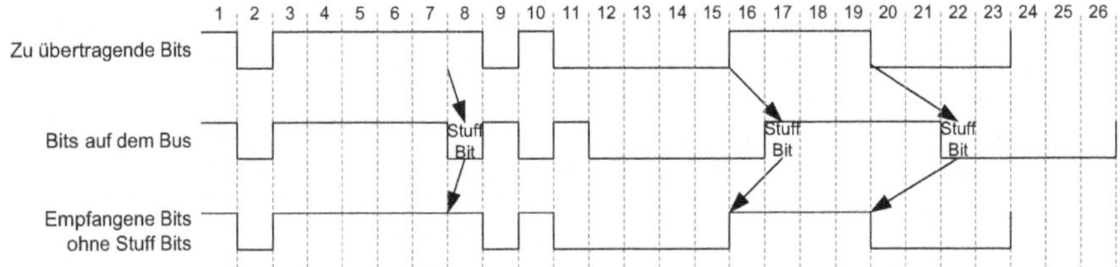

Abb. 5.3 Durch das *Bitstuffing* von CAN-Nachrichten werden maximal fünf gleiche Bits in Folge auf dem CAN-Bus übertragen. Die somit entstehenden Pegelwechsel sind für die Synchronisation der Steuergeräte am Bus erforderlich

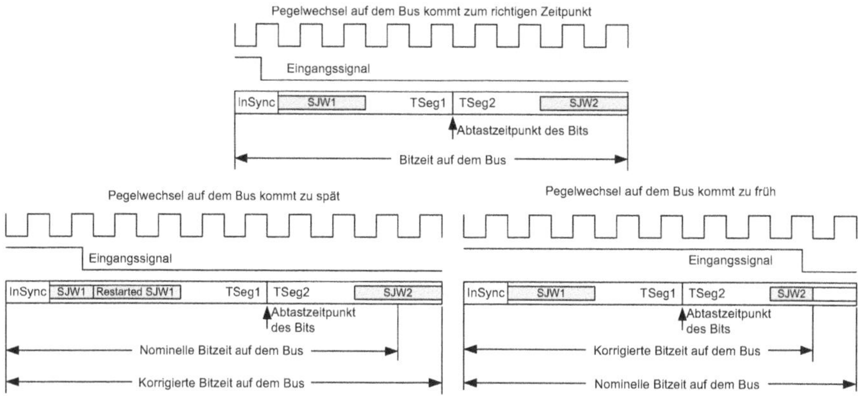

Abb. 5.4 Ein Pegelwechsel muss innerhalb des InSync-Feldes auftreten (oben). Findet der Pegelwechsel innerhalb des SJW1-Segments statt, ist er zu spät (unten links). Findet der Pegelwechsel im SJW2-Segment statt, ist er zu früh (unten rechts)

chronisation auf den Bus werden in den Segmenten TSeg1 und TSeg2 noch die Bereiche SJW1 und SJW2 (Synchronisation Jump Width) definiert. Beim Empfang eines Bits wird innerhalb des InSync-Segments eine Flanke erwartet. In diesem Fall startet Empfänger TSeg1 und tastet an dessen Ende ab. Anschließend wird TSeg2 gestartet, nach dessen Ablauf das nächste Bit erwartet wird. Dieses Prinzip ist in Abb. 5.4 im oberen Teil dargestellt. Für den Fall das die Bitzeit des Senders länger als die des Empfängers ist, wird die Flanke erst in dem Segment SJW1 detektiert. In diesem Fall wird SJW1 erneut gestartet und alle weiteren Segmente verschieben sich entsprechend nach hinten. Dieser Fall ist in Abb. 5.4 unten links abgebildet. Für den Fall, dass die Bitzeit des Senders kürzer ist als die des Empfängers, wird eine Flanke im Bereich des SJW2-Segments detektiert. In diesem Fall wird SJW2 sofort gestoppt und der Empfänger startet die Bitzeit für das nächste Bit. Dieser Fall ist in Abb. 5.4 unten rechts aufgezeigt. Für den Fall, dass keine Flanke auftritt, da zwei gleiche Bits übertragen werden, findet keine Resynchronisation statt.

5.1.1.4 Fehlererkennung

Für die Erkennung von Fehlern ist bei CAN ein 15 Bit langer *Cyclic Redundancy Check* vorgesehen. Mit diesem Check können Übertragungsfehler wie Bitkipper bis zu einer gewissen Häufigkeit erkannt werden. Nachdem die CRC-Checksumme empfangen und die Nachricht damit überprüft wurde, quittieren alle empfangenden Knoten mit einem dominanten Bit (logisch Null) den Empfang der Nachricht. Diese Quittierung geschieht durch das Acknowledge-Bit auf dem Bus. Der Sender weiß, dass mindestens ein Knoten die Nachricht korrekt empfangen hat. Erkennt ein Knoten einen Fehler bei der Übertragung, so kann er ein *Active Error Flag* senden. Dieses Flag besteht aus sechs aufeinander folgenden Nullen, womit die Bitstuffing-Regeln verletzt sind. Alle Knoten erkennen diese Verletzung des Bitstuffings und

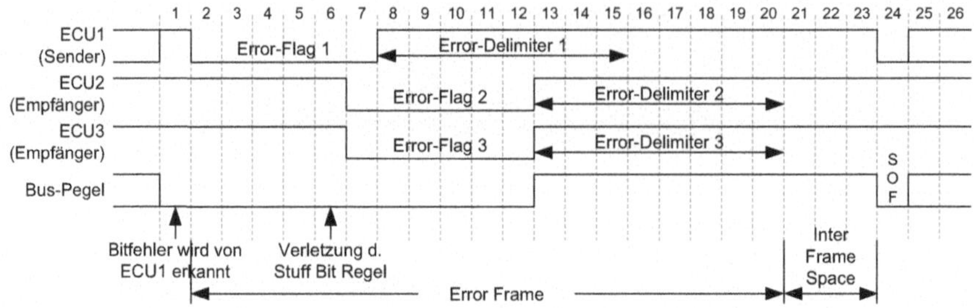

Abb. 5.5 Erkennt eine ECU einen Fehler in der Kommunikation, findet die Benachrichtigung durch eine künstliche Verletzung der Stuff-Bit-Regel über das Error-Flag statt. Das Error-Flag besteht aus sechs Nullen. Anschließend folgt ein Error-Delimiter und eine neue Nachricht kann übertragen werden

senden ihrerseits ebenfalls ein Error-Flag. Ein Error Flag wird von einem Error Delimiter gefolgt. Anschließend fängt die Übertragung einer neuen Nachricht mit einem Inter Frame Space an. Dieser Vorgang ist in Abb. 5.5 dargestellt.

5.1.1.5 Sendetypen

Für die Nachrichten, die über einen CAN-Bus übertragen werden, sind bestimmte Sendetypen definiert. Diese Sendetypen beschreiben wie das zeitliche Verhalten des Senders für eine bestimmte Nachricht ist. In Tab. 5.1 sind typische Sendetypen der CAN-Nachrichten beschrieben.

Tabelle 5.1 Sendetypen der CAN-Nachrichten [Vec03]

Sendetyp	**Zeitliches Verhalten**
zyklisch *cyclicX*	immer aktiv mit fester Periode T_{cycle}
spontan *spontanous*	spontanes Auftreten (ereignisgesteuert, im schlimmsten Fall wird die Nachricht mit mit dem Mindestsendeabstand $T_{\min}$ verschickt.
bei aktiver Funktion (BAF) *cyclicIfActive*	zeitweise aktiv (wenn Funktion aktiviert) mit fester Periode
zyklisch und spontan (csx) *cyclicAndSpontanWithDelay*	immer aktiv mit fester Periode T_{cycle} zusätzlich kann die Nachricht auch noch spontan innerhalb der Periode unter Berücksichtigung des Mindestsendeabstandes $T_{\min}$ verschickt werden
schnell *cyclicIfActiveFast*	immer aktiv mit zwei festen Perioden: Langsame Periode T_{slow} bei nicht aktiver Funktion und schnelle Periode T_{fast} bei aktiver Funktion
cyclicWithRepeatOnDemand	werden abhängig von der Anzahl der definierten Wiederholungen zyklisch gesendet
Keine *none*	Kein Verhalten definiert

Zusätzlich können zu den Sendetypen noch Offsets für CAN-Nachrichten definiert werden. Durch diese Offsets kann Burst-artiges Sendeverhalten zum Beispiel beim Starten eines Netzwerks vermieden werden. Diese Offsets werden auch als *StartDelayTime* (siehe *Specification of DBKOM-Attributes* [Vec03]) oder *ComTxModeTimeOffsetFactor* (siehe hierzu *Specification of Communication* in AUTOSAR [AUT08b]) bezeichnet.

5.1.2 FlexRay

Das Kommunikationssystem *FlexRay* wurde ab 2001 innerhalb eines Konsortiums verschiedener OEMs, Zulieferer und Halbleiterhersteller entwickelt. Die Motivation für diese Entwicklungspartnerschaft entstand aus dem Bedarf eine Kommunikationstechnologie für sicherheitskritische X-by-Wire-Anwendungen zu haben. Bei diesen Anwendungen soll die Fahrzeugsteuerung elektrisch bzw. elektronisch geschehen, ohne dass eine mechanische Rückfalllösung besteht. Deshalb verfügt FlexRay über etliche Maßnahmen, die eine sichere und deterministische Kommunikation ermöglichen. In den neuen Fahrzeuggenerationen kommt FlexRay mittlerweile zum Einsatz, allerdings in Anwendungsbereichen, die von der hohen Bandbreite Gebrauch machen. Auf physikalischer Ebene erlaubt FlexRay den ein- oder zweikanaligen Betrieb. Es kann eine Umsetzung in Linien- oder Sterntopologie sowie in einer Mischform erfolgen. Die maximale Datenrate liegt bei 10 MBit/s.

5.1.2.1 Aufbau einer FlexRay-Nachricht

FlexRay ist wie CAN ein nachrichtenorientiertes Kommunikationssystem. Eine Nachricht setzt sich aus drei Teilen zusammen: Einem *Header-Segment*, einem *Payload-Segment* und einem *Trailer-Segment*. Ein FlexRay-Knoten sendet eine Nachricht immer genau mit diesem Aufbau. Der Aufbau einer FlexRay-Nachricht ist in Abb. 5.6 dargestellt. Das Header-Segment besteht aus 5 Bytes und enthält folgende Daten: Reserved Bit, den *payload preamble indicator*, den *null frame indicator*, den *sync frame indicator* und den *startup frame indicator*.

- **Reserved Bit:** Das Reserved Bit hat eine Länge von einem Bit (1 Bit). Es ist für zukünftige Erweiterungen von FlexRay reserviert. Das Reserved Bit ist per Default auf Null zu setzen. Jeder Empfangsknoten hat das Reserved Bit zu ignorieren.
- **Payload Preamble Indicator:** Der *Payload Preamble Indicator* hat eine Länge von einem Bit (1 Bit). Dieses Bit zeigt an, ob sich im Payload-Segment ein optionaler Datenvektor befindet. Dabei ist zwischen zwei Fällen zu unterscheiden: 1. Bei der Übertragung der Nachricht innerhalb eines statischen Segments wird mit dem Payload Preamble Indicator angezeigt, dass sich am Anfang des Payload-Segments der Datenvektor des Netzwerkmanagements befindet. 2. Wird die Nachricht innerhalb eines dynamischen Segments übertragen zeigt der Pay-

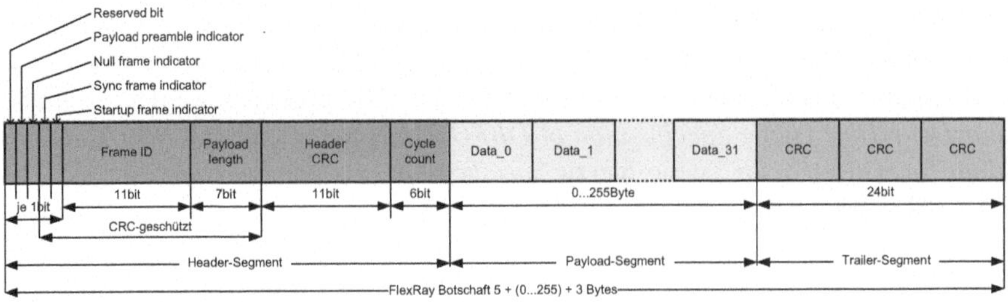

Abb. 5.6 Aufbau eines FlexRay-Frames [Fle10a]

load Preamble Indicator an, dass sich am Anfang des Payload-Segments eine Nachrichten-ID befindet. Der Payload Preamble Indicator ist immer Null, wenn sich kein Datenvektor des Netzwerkmanagements oder einer Nachrichten-ID am Anfang des Payload-Segments befindet. Ist der Null Frame Indicator gesetzt, ist der Wert des Payload Preamble Indicators ohne Bedeutung, da das Payload-Segment keine Daten enthält.

- **Null Frame Indicator:** Der *Null Frame Indicator* hat eine Länge von einem Bit (1 Bit). Dieses Bit zeigt an, wenn sich im Payload-Segment Daten befinden. Ist der Null Frame Indicator auf Null gesetzt, enthält das Payload-Segment keine gültigen Daten. Alle Bits des Payload-Segments sind Null. Steht das Null Frame Indication Bit auf Eins, sind im Payload-Segment gültige Daten enthalten.
- **Sync Frame Indicator:** Der *Sync Frame Indicator* hat eine Länge von einem Bit (1 Bit). Es zeigt an, dass es sich bei der Nachricht um eine Synchronisationsnachricht handelt. Über dieses Bit ist es möglich einen neuen bzw. gemeinsamen Synchronisationspunkt zu setzen. Ist das Bit gesetzt, setzen alle empfangenden Knoten ihren Synchronisationspunkt neu. Steht der Sync Frame Indicator auf Null, wird die Nachricht nicht zur Synchronisation verwendet.
- **Startup Frame Indicator:** Der *Startup Frame Indicator* hat eine Länge von einem Bit (1 Bit). Es zeigt an, wenn es sich bei der Nachricht um eine Startup-Nachricht handelt. Ist das Bit gesetzt, handelt es sich bei der Nachricht um eine Startup-Nachricht. Steht der Startup Frame Indicator auf Null, ist es keine Startup-Nachricht. Es dürfen nur sogenannte Kaltstart-Knoten den Startup Frame Indicator verwenden. Der Startup Frame Indicator kann immer nur gesetzt werden, wenn auch der Sync Frame Indicator gesetzt ist.
- **Frame ID:** Die *Frame ID* hat eine Länge von elf Bits (11 Bit). Mit dieser ID wird festgelegt, in welchem Slot eine Nachricht zu übertragen ist. Jede ID darf nur einmal innerhalb eines Netzsegments verwendet werden. Jede Nachricht, die innerhalb eines Kommunikationszykluses übertragen wird, muss eine gültige Frame ID besitzen. Der Wert der Frame ID kann zwischen 1 und 2047 liegen.
- **Payload Length:** Das Datenfeld für die *Payload Length* hat eine Länge von sieben Bits (7 Bit) und enthält die Länge des Payload-Segments. Die Länge gibt die Anzahl der Bytes geteilt durch zwei an. So hat zum Beispiel ein Payload-Segment mit 64 Bytes eine Payload Length von 32.

- **Header CRC:** Das CRC-Feld für das Header-Segment hat eine Länge von elf Bits (11 Bit). Der Sync Frame Indicator, der Startup Frame Indicator, die Frame ID und die Payload Length werden vom CRC-Feld abgesichert.
- **Cycle Count:** Der *Cycle Count* hat eine Länge von sechs Bits (6 Bit) und zeigt den Wert des Zykluszählers (cycle counter) an.

Das Payload-Segment hat eine Länge zwischen 0 und 254 Bytes. Bei Nachrichten, die innerhalb des statischen Segments eines Kommunikationszykluses gesendet werden, kann in den ersten 12 Bytes des Payload-Segments der Datenvektor des Netzwerkmanagements stehen. Bei Nachrichten, die innerhalb des dynamischen Segments eines Kommunikationszykluses gesendet werden, kann im ersten Teil des Payload-Segments eine optionale Nachrichten-ID stehen. Diese erlaubt es einem Empfängerknoten eine Filterung vorzunehmen. Die optionale Nachrichten-ID belegt zwei Bytes im Payload-Segment. Enthält eine Nachricht am Anfang des Payload-Segments eine Nachrichten-ID, so wird dies durch das Setzen des Payload Preamble Indicators angezeigt.

Das *Trailer-Segment* hat eine Länge von drei Bytes (24 Bit) und enthält nur einen Datensatz, die CRC-Prüfsumme. Sie dient zur Prüfung auf Korrektheit der Daten des Payload-Segments.

5.1.2.2 Busarbitrierung

FlexRay ist in Kommunikationszyklen organisiert, die sich regelmäßig wiederholen. Ein solcher Kommunikationszyklus besteht immer aus einem statischen Teil und einer *Network Idle Time (NIT)*. Die NIT wird für protokollinterne Prozesse verwendet. Während dieser Zeit findet keine Kommunikation auf dem Medium statt. Während des statischen Teils des Kommunikationszykluses kommt das TDMA-Verfahren zum Einsatz. Bei diesem Verfahren werden den einzelnen Knoten Zeitslots fest zugeordnet. Innerhalb eines solchen Zeitslots darf immer ein bestimmter Knoten senden. Jedem Knoten können ein oder mehrere solcher Slots zugeordnet sein, was vor der Inbetriebnahme erfolgt.

Abbildung 5.7 zeigt den Aufbau eines solchen Kommunikationszykluses. Zusätzlich zum statischen Teil kann auch noch ein dynamischer Teil dem Kommunikationszyklus hinzugefügt werden. Im dynamischen Teil erfolgt der Zugriff auf den Bus nach einem sogenannten Minislot-Verfahren. Zu sendende Nachrichten sind fest einem dynamischen Slot zugeordnet. Während in statischen Slots immer gesendet wird, können die Slots im dynamischen Bereich nur bei Bedarf genutzt werden. Ein Knoten kann im dynamischen Teil immer dann senden, wenn die ID der zu sendenden Nachricht mit der Slotnummer übereinstimmt. Sendet kein Knoten, warten alle Knoten ein Minislot lang und erhöhen dann ihren Slotzähler um eins. Nach der Erhöhung des Slotzählers prüfen alle Knoten, ob die neue Slotnummer zu einer der von ihnen zu sendenden Nachricht passt. Ist dies der Fall, sendet der entsprechende Knoten die Nachricht. Alle anderen Knoten empfangen die Nachricht und warten mit der Erhöhung des Slotzählers solange bis die Nachricht vollständig empfangen wurde. Dies setzt sich solange fort, bis das Ende des dynamischen Teils erreicht ist.

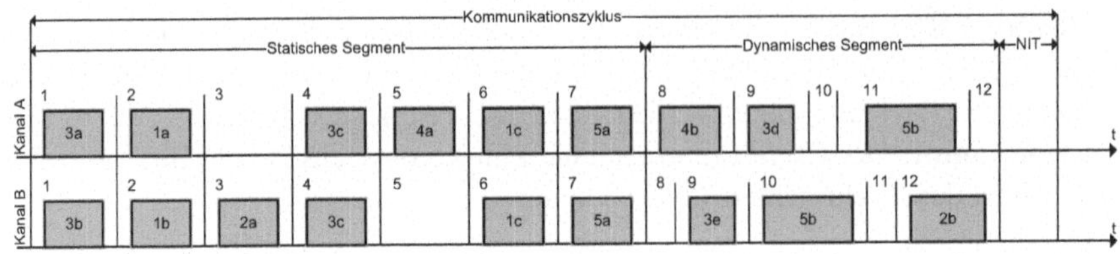

Abb. 5.7 Beispiel für die Kommunikation auf zwei Kanälen in einem statischen und dynamischen Segment des FlexRay-Busses

Der späteste Zeitpunkt, zu dem ein Knoten eine dynamische Nachricht senden kann, ist durch einen Parameter *pLatestTx* definiert.

Wenn während eines Zykluses keine oder nur wenige Knoten Nachrichten senden, wird zum Ende des dynamischen Teils eine höhere Slotnummer erreicht, als in dem Falle, in dem viele Knoten senden. So kann es vorkommen, dass ein Knoten, der eine Nachricht mit einer hohen ID zu senden hat, nie seine Nachricht senden darf, da alle anderen Nachrichten mit niedrigerer ID das dynamische Segment belegen. Daraus ergibt sich für den Anwender folgendes. Um sicherzustellen, dass eine Nachricht in jedem Zyklus gesendet wird, ist diese entweder im statischen Teil des Kommunikationszykluses einzubinden oder im dynamischen Teil mit einer niedrigen Priorität zu versehen.

Abbildung 5.8 zeigt die vier Timing-Hierarchien eines Kommunikationszykluses. Die höchste Ebene *Communication Cycle Level* definiert den Kommunikationszyklus. Dieser beinhaltet das statische Segment, das dynamische Segment, das Symbol Fenster und die NIT. Im *Arbitration Level* wird das statische Segment in die einzelnen statischen Slots unterteilt, auf welche die Knoten durch das TDMA-Verfahren Zugriff haben. Das dynamische Segment teilt sich in dieser Ebene auf sogenannte Minislots auf. Im *Macrotick Level* sind die Slots weiter in Macroticks unterteilt. Die Macroticks bilden die kleinste gemeinsame globale Zeiteinheit. Die

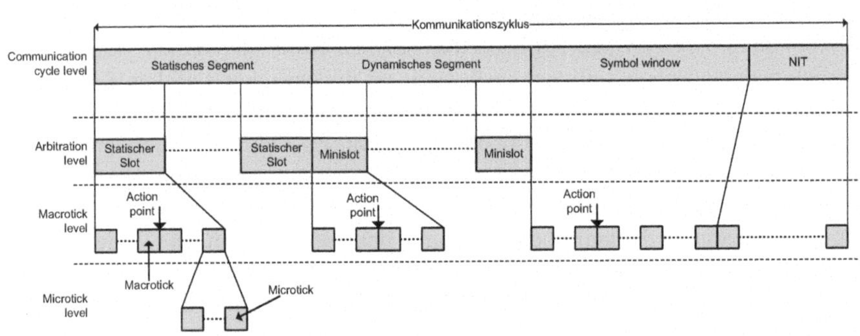

Abb. 5.8 FlexRay verfügt über vier Zeitebenen: Auf oberster Ebene stehen die Kommunikationszyklen. Ein solcher Zyklus setzt sich teilweise aus statischen Slots und Minislots zusammen. Die Slots sowie das Symbol Window und NIT bestehen aus Macroticks, die wiederum aus Microticks bestehen

unterste Ebene ist der Microtick Level, anhand eines Microtick wird ein Macrotick erzeugt. Ein Microtick ist direkt auf die Oszillatorfrequenz des Knotens zurück zuführen.

5.1.2.3 Synchronisation und Start der Busteilnehmer

Wie in vielen technischen Prozessen ist auch bei FlexRay die Startphase eine komplexe Betriebsphase. Der Grund dafür ist, dass die Kommunikation bei FlexRay auf dem gemeinsamen Wissen der Zeit basiert. Da diese Zeitbasis aber während der Startup-Phase noch nicht etabliert ist, muss diese während dieser Phase global im Cluster eingeführt werden. Aus Gründen der Fehlertoleranz wird bei FlexRay auf einen Masterknoten verzichtet, sodass die Zeitbasis nicht einfach durch einen solchen Master vorgegeben werden kann. Das Starten eines Busses initiieren sogenannte Coldstart-Knoten, von denen es immer mehrere gibt. Der Coldstart-Knoten, der als erstes mit dem Senden von Nachrichten beginnt, wird *Leading Coldstarter* genannt. Nach dem Wecken und der Initialisierung eines Knotens kann dieser nach entsprechendem Kommando vom Host in den Startup-Prozess gehen. Der Ablauf für das Wecken eines Clusters ist im Folgenden detailliert dargestellt.

Der Ablauf kann anhand von Abb. 5.9 nachvollzogen werden (aus [Ele05]).

1. Der Host-Controller 1 wird durch ein äußeres Ereignis geweckt und vom Schlaf-Modus in den Normal-Modus versetzt. Nach dem Wecken startet die Initialisierung des Knotens. Während der Initialisierungsphase wird der Communication-Controller 1 (CC 1) geweckt. (Zustand *PowerDown* → *PowerUp*)
2. Host 1 weckt den zugehörigen CC 1 und initialisiert diesen.
3. Der Host 1 weckt die beiden Bustreiber (BD 1 und BD 2).
4. Der Host 1 gibt das Kommando für das Wecken des Busses via Kommunikationskanal an den CC 1. Der CC 1 geht in den Wakeup-Zustand über und

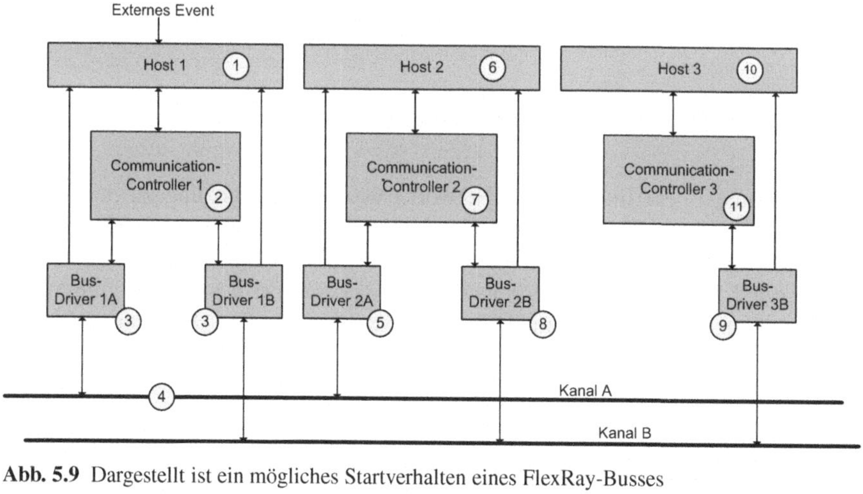

Abb. 5.9 Dargestellt ist ein mögliches Startverhalten eines FlexRay-Busses

erzeugt ein Wakeup-Pattern, welches an die beiden Bus-Treiber geschickt wird. Diese legen das Pattern nacheinander auf den jeweiligen Kommunikationskanal, wobei immer erst ein Kanal geweckt wird. Im Beispiel siehe Abb. 5.9 wird erst Kanal A geweckt.
5. Alle Bustreiber an Kanal A werden durch das Wakeup-Pattern geweckt und gehen aus dem Schlafmodus in den Normalmodus über, bei diesem Vorgang wird auch der dazugehörige Host geweckt.
6. Der Host-Controller durchläuft die Initialisierungsphase.
7. Der Host 2 weckt dessen CC 2 und initialisiert diesen.
8. Nach abgeschlossener Initialisierung des CC 2 wird geprüft, ob der Bustreiber BD2 geweckt wurde. Ist dies nicht der Fall so weckt Host 2 den BD 2.
9. Alle geweckten Hosts, die an zwei Kanälen angeschlossen sind, überprüfen, ob beide Kanäle geweckt sind. Ist dies nicht der Fall, wecken einer oder mehrere Hosts den zweiten Kanal, indem ein Weckkommando an den CC gegeben wird (siehe Punkt 4). Das Wakeup-Pattern auf Kanal B weckt alle noch nicht geweckten Bustreiber an diesem Kanal.
10. Knoten, die nur an Kanal B angeschlossen sind, werden erst jetzt durch das versenden des Wakeup-Patterns geweckt. Die Bus-Treiber (BD 3A und BD 3B) wecken ihren Host 3.
11. Der Host 3 initialisiert den CC 3.
12. Sind beide Kanäle geweckt, so kann der Startup durchgeführt werden. Dazu gibt jeder Host ein Startup-Kommando an seinen CC.

Bei verteilten Kommunikationssystemen hat jeder angeschlossene Knoten seine eigene Taktung (Clock). In Folge von äußeren Einflüssen wie zum Beispiel Temperaturschwankungen, Spannungsschwankungen oder durch produktionbedingte Toleranzen kommt es zu Taktdifferenzen zwischen den einzelnen Knoten. Diese Unterschiede der einzelnen Zeitbasen können durch eine verteilte Synchronisation ausgeschaltet werden, die in FlexRay realisiert ist.

Für weiterführende Literatur zum Thema FlexRay wird auf [Rau07, Fle10a] und [Fle10b] verwiesen.

5.1.3 Local Interconnect Network (LIN)

Der LIN-Bus (Local Interconnect Network) wurde in Ergänzung zu den bestehenden Bussystemen entwickelt, um eine kostengünstige Technologie für einfache Steuergeräte bzw. Sensoren und Aktoren mit einer digitalen Schnittstelle zu haben. Der serielle LIN-Bus basiert hierbei auf einer Master/Slave-basierten Kommunikation, bei der genau ein Master und mehrere Slaves an einem Bus vorkommen dürfen. Die Arbitrierung auf dem Bus ermöglicht eine Vorhersagbarkeit des zeitlichen Verhaltens. Weiterhin unterstützt LIN Bandbreiten bis zu 20kBit/s über einen einzigen Draht.

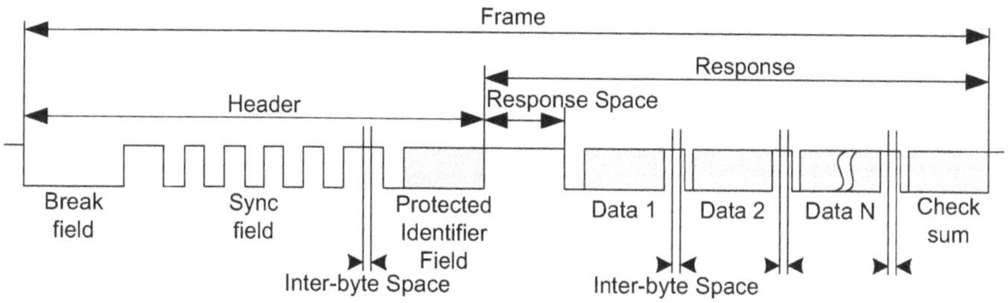

Abb. 5.10 Die LIN-Nachricht besteht aus einem Header, der immer vom Bus-Master verschickt wird und einer Response, die sowohl vom Master als auch von einem Slave kommen kann

5.1.3.1 Aufbau einer LIN-Nachricht

Eine LIN-Nachricht besteht wie in Abb. 5.10 aus einem *Header* und einer *Response*. Der Header mit seinem Identifier wird von dem Master-Steuergerät verschickt und adressiert über seinen Identifier den Inhalt der Nachricht. Der Nachrichteninhalt befindet sich in dem Response-Feld, das entweder vom Master oder von einem der Slaves auf den Bus gelegt wird. Der Header startet mit einem *Break Field*, das den Beginn eines neuen Frames signalisiert. Es ist mindestens 13 Bits lang und wird von einem *Break-Delimiter* gefolgt, das mindestens ein Bit lang ist. Anschließend folgt das *Sync Field*, das eine 8-Bit-Folge mit dem Wert 0x55 ist. Der *Protected Identifier* besteht aus insgesamt 8 Bits, von denen die ersten sechs Bits für die Adressierung von 64 verschiedenen Nachrichten verwendet werden. Allerdings sind von diesen 64 Adressen jeweils zwei Adressen für Diagnose und zukünftige Erweiterungen reserviert, sodass nur 60 Adressen für allgemeine Daten zur Verfügung stehen. Die letzten beiden Bits des Identifier-Feldes sind Paritätsbits, um die ersten sechs Bits abzusichern.

Die *Response* besteht aus Daten-Bytes und einer Check-Summe. Die Anzahl der Datenbytes kann zwischen einem und acht Bytes betragen. Die Check-Summe besteht aus acht Bits und stellt die invertierte Summe der Daten-Bits bzw. der Daten-Bits und Identifier-Bits dar. Für den Fall, dass nur die Daten-Bits in die Check-Summenberechnung einfließen, liegt eine klassische LIN-Nachricht vor. Die erweiterte LIN-Nachricht berücksichtigt die Daten- und Identifier-Bits in der Check-Summe. Wie in Abb. 5.10 dargestellt, befindet sich zwischen den einzelnen Daten-Bytes und der Check-Summe ein Abstand. Dieser Abstand verdeutlicht, dass bei LIN ein Byte mit einem Start-Bit begonnen und mit einem Stop-Bit beendet wird. Hierdurch ergibt sich, dass statt 8 Bits tatsächlich 10 Bits übertragen werden.

5.1.3.2 Busarbitrierung

Das LIN-Protokoll basiert auf sogenannten *Schedule Tables*. Durch diese Tabellen soll sichergestellt werden, dass ein LIN-Bus nicht in eine Überlastsituation gerät. Diese Tabelle basiert auf einer sogenannten *Time-Base*, die jeweils ein Zeitintervall

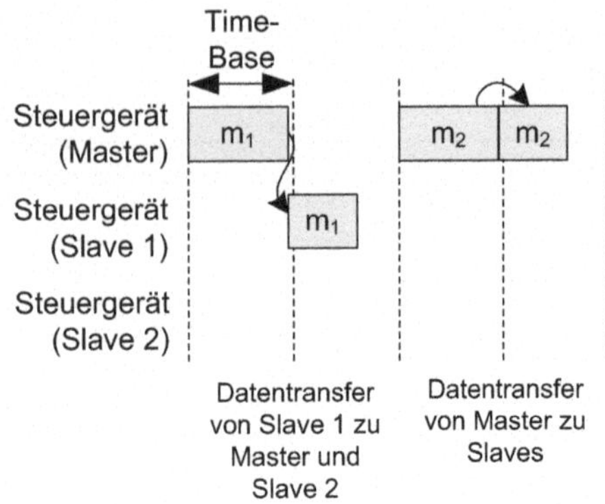

Abb. 5.11 Beim LIN-Bus wird die Nachrichtenübertragung vom Master zum Beginn einer Time-Base initiiert. Nach dem Header einer Nachricht kann die Response von einem der Slaves oder vom Master kommen

von typischerweise 5 oder 10ms darstellt. In Abb. 5.11 ist eine solche Time-Base in den Kommunikationsablauf eingezeichnet. Hierbei startet ein Master-Knoten zu Beginn einer bestimmten Time-Base den Datentransfer, indem er seinen Header auf den Bus legt. Die Slaves wissen durch den Identifier im Header welche Daten als nächstes übertragen werden sollen. In dem Beispiel in Abb. 5.11 ist das zunächst eine Nachricht von Slave 1 und beim zweiten Nachrichtentransfer eine Nachricht vom Master zu den Slaves. Durch diesen Arbitrierungsmechanismus können Kollisionen vermieden werden. Lediglich bei gewissen Sendetypen (siehe unten) kann es trotzdem zu Kollisionen auf dem Bus kommen.

5.1.3.3 Sendetypen

Der LIN-Bus unterstützt verschiedene Sendetypen von Nachrichten, um periodisches, ereignisgesteuertes oder sporadisches Sendeverhalten zu ermöglichen. Ein sogenannter *Unconditional-Frame* besteht aus einem Header, der vom Master auf den Bus gelegt wird und einer Response, die entweder von einem Slave oder dem Master auf den Bus gelegt wurde. Dies entspricht dem Sendeverhalten, das bereits beschrieben wurde. Durch einen *Event Triggered Frame* erhalten mehrere Slaves an einem LIN-Bus die Möglichkeit zu antworten, ohne dass für jeden Slave Bandbreite reserviert wird. Hierfür wird zu bestimmten Zeitpunkten der Header einer Nachricht vom Master übertragen. Die anderen Slaves übertragen ihre Response nur, wenn sie etwas Neues zu übertragen haben. Falls keiner der Slaves eine Response überträgt, bleibt das reservierte Zeitintervall ungenutzt. Falls mehrere Slaves eine Response übertragen, kommt es zu einer Kollision auf dem Bus. Der Master muss in diesem Fall die Kollision auflösen, indem er die Knoten einzeln abfragt. In Abb. 5.12 ist ein solcher Fall dargestellt. Der Master legt einen Header mit dem Identifier 0x10 auf den Bus. Beide Slaves antworten auf diesen Header. Dies führt daraufhin zu einer Kollision. Der Master erkennt diese Kollision und schaltet in den sogenannten *Kollisionsmodus* um. Hierbei fragt dieser zuerst Slave 2 ab, indem er einen Header mit dem Identifier 0x12 überträgt. Anschließend folgt Slave 1 der mit Identifier

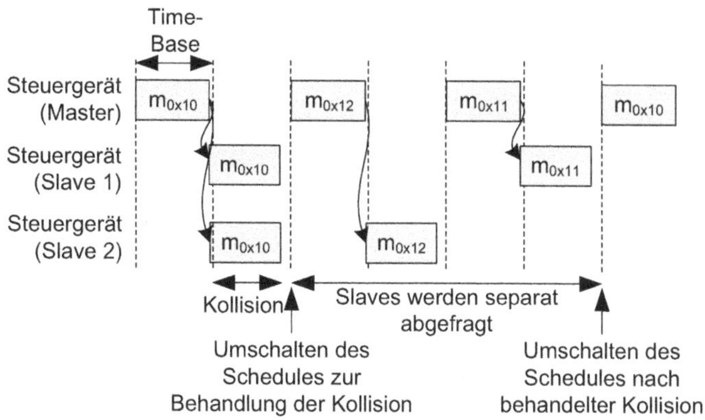

Abb. 5.12 Bei Nachrichten, die vom Typ *Event-Triggered* sind, können Kollisionen auftreten, da mehrere Slaves gleichzeitig ein Datum senden möchten. Der Master muss dann die Slaves nacheinander in einer definierten Reihenfolge abfragen

0x11 abgefragt wird. Nachdem beide Slaves ihre Daten übertragen haben, kehrt der Master in seinen ursprünglichen Ablaufplan zurück.

Die sogenannten *Sporadic Frames* sind eine Gruppe von Nachrichten, die zur gleichen Zeit von einem Master übertragen werden können. Wenn ein *Sporadic Frame* übertragen werden soll, wird vorher überprüft, ob aktuell Daten vorliegen. Falls dies nicht der Fall ist, wird keine Nachricht übertragen. Wenn mehrere Nachrichten gleichzeitig zur Übertragung bereit stehen, wird die Nachricht mit der höchsten zugeordneten Priorität verschickt.

Diagnostic Frame und *Reserved Frames* sind Nachrichten, die für bestimmte Zwecke wie Diagnose oder zukünftige Erweiterungen reserviert sind.

5.1.4 Ethernet-basierte Kommunikation

Ethernet kommt in der Automobilindustrie zunehmend zum Einsatz. Als höhere Protokollschichten werden das *Internet Protocol (IP)*, das *Transmission Control Protocol (TCP)*, das *User Datagram Protocol (UDP)* oder auch Erweiterungen wie das *Audio Video Bridging (AVB)* mit einem IEEE1722-Transportprotokoll verwendet [CH10]. Anwendungsszenarien kommen aus dem Bereich der Diagnose und des Flashens, wo eine standardisierte Schnittstelle mit hoher Bandbreite zur Fahrzeugelektronik notwendig ist. Zudem kommt Ethernet im Bereich der internen Vernetzung zum Einsatz, wo Multimediadaten über die herkömmlichen Automotive-Technologien nicht übertragen werden können.

Um das Zusammenspiel der verschiedenen Protokolle zueinander einordnen zu können, soll im Folgenden ein kurzer Überblick über die Schichten und Protokolle der Ethernet-basierten Kommunikation gegeben werden. In Abb. 5.13 ist ein Überblick über die Schichten gegeben. Das Schichtenmodell zeigt im linken Teil den Aufbau von Ethernet-AVB mit dem Transportprotokoll IEEE 1722 und im rech-

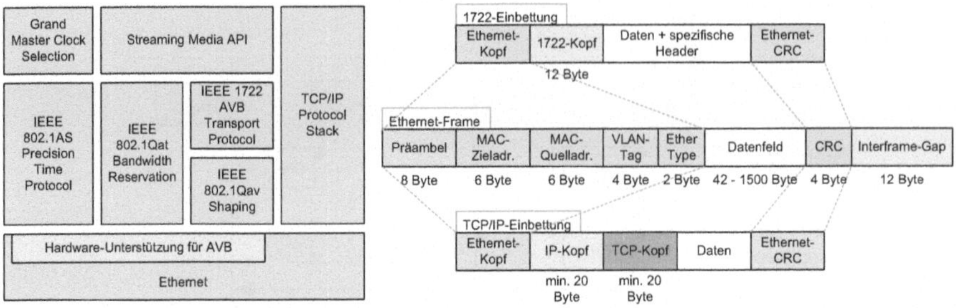

Abb. 5.13 Dargestellt sind die Protokollschichten, die in der Automobilindustrie für verschiedene Anwendungsszenarien diskutiert werden

ten Teil die TCP/IP-Protokollschichten. Im Rahmenformat von Ethernet, das in der rechten Hälfte der Abbildung zu sehen ist, sind exemplarisch die Ethernet-, IP- und TCP-Kopfdaten gezeigt.

Die *physikalische Schicht* von Ethernet, die dieses Rahmenformat überträgt, ist in IEEE802.3 standardisiert, und die gängigen Standards für 100 MBit/s bzw. 1 GBit/s sind 100Base-TX bzw. 1000Base-T. Da in der Automobilelektronik höhere Anforderungen an die Elektromagnetische Verträglichkeit bestehen, sind die existierenden Standards angepasst bzw. mit Filterschaltungen versehen, sodass sie sowohl Emissions- wie auch Störfestigkeitsanforderungen erfüllen. Die physikalische Schicht ist typischerweise als separater Baustein – dem sogenannten *PHY* – erhältlich. Der PHY ist über ein xMII (Media Independent Interface) an einen Mikrocontroller, DSP, Switch, o. ä. angeschlossen. Die Recheneinheiten oder Switches stellen die Sicherungsschicht (MAC-Layer, Media Access Control) dar. In dieser Schicht werden Ethernet-Frames mit CRC-Mechanismen abgesichert und im Fehlerfall verworfen. Weiterhin findet eine Knotenadressierung über MAC-Adressen statt, sodass Switches entsprechend der Ziel-MAC-Adresse Ethernet-Frames im Netzwerk weiterleiten. Neben Switches werden in Computer-Netzwerken noch sogenannte *Hubs* und *Router* verwendet. Die Merkmale dieser drei Verbindungstechnologien sind folgende:

- Hubs arbeiten auf Schicht 1 im OSI-Modell und haben eine reine Verteilfunktion. Alle angeschlossenen Stationen teilen sich die durch den Hub zur Verfügung gestellte Bandbreite. Im Gegensatz zu Repeatern verfügt ein Hub meistens über mehrere Ports und eine Kaskadierung von Hubs ist möglich.
- Switches arbeiten auf der zweiten Schicht (Sicherungsschicht) und schalten direkte Verbindungen zwischen den angeschlossenen Geräten. So steht auf dem gesamten Kommunikationsweg die gesamte Bandbreite des Links zur Verfügung. Switches sind heute die typische Technologie, um einzelne Links im Ethernet-Netzwerk zu verbinden.
- Router arbeiten wie Gateways auf höheren Schichten des OSI-Modells und implementieren Funktionen wie Protokollumsetzungen. Ein Gateway nutzt auch die Informationen aus den höheren Protokollschichten (z. B. IP, TCP, UDP, Application Data), um Verteilungsfunktionen zu erledigen.

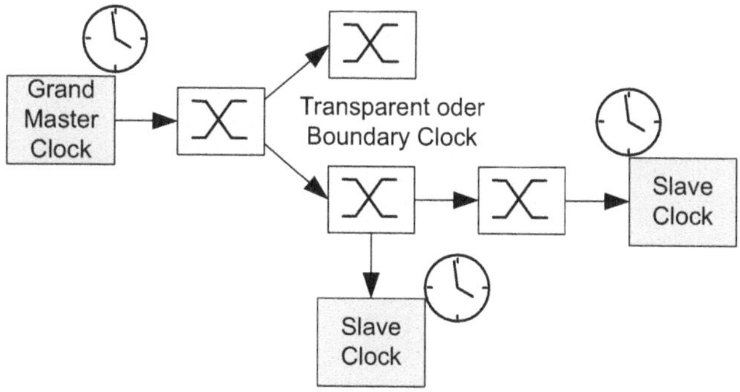

Abb. 5.14 Ausgehend von einer *Grand Master Clock* synchronisieren sich die benachbarten Knoten auf den Knoten, der näher am Grand Master sitzt. Die synchronisierte Zeitbasis breitet sich somit baumartig im Netzwerk aus

Als Erweiterung zum Ethernet-MAC-Layer gibt es den Ethernet-AVB-Standard (IEEE 802.1AS, Qat, Qav, BA), der im Wesentlichen aus drei Elementen besteht: 1.) einem Protokoll zur globalen Uhrensynchronisation, 2.) einem Protokoll zur Bandbreitenreservierung und 3.) einem Standard zum Traffic Shaping und Priorisieren von unterschiedlichen FIFOs an Ausgangsports.

Bei der Uhrensynchronisation wird ein Zeitwert zum Beispiel im UTC- oder TAI-Format ausgehend von einem zentralen Knoten im Netz verbreitet. Wie in Abb. 5.14 dargestellt, übergibt dieser zentrale Knoten (Grand Master) seinen Zeitwert an einen Switch, der wiederum den Zeitwert weiter im Netzwerk verteilt. Somit breitet sich die Uhrzeit baumartig im Netzwerk aus. Der Switch kann bei der Synchronisation zwei Rollen einnehmen: 1.) Als sogenannte *Boundary Clock* hat dieser am Eingangsport eine Slave Clock und an dessen Ausgangsports eine Master Clock. 2.) Als sogenannte *Transparent Clock* leitet der Switch die Synchronisationspakete weiter, korrigiert jedoch die Zeitstempel um die Verweildauer des Pakets im Switch. Damit während des Betriebs die Uhren der einzelnen Knoten nicht auseinander driften, findet eine periodische Synchronisation statt, die alle 10 ms oder 100 ms wiederholt wird. Die Synchronisationsnachrichten werden hierbei zwischen zwei Knoten hin- und hergeschickt, um die Übertragungslatenz zu ermitteln.

Die *Bandbreitenreservierung* ist für dynamisch veränderliche Netzwerke gedacht und soll sicherstellen, dass zwischen einer Datenquelle und Senke eine zugesicherte Bandbreite zur Verfügung steht. Die Mechanismen, um genügend Bandbreite entlang eines Pfades durch ein Netzwerk zu reservieren, sollen hier nicht weiter betrachtet werden.

Das sogenannte Traffic Shaping findet immer am Ausgangsport eines Knotens statt. Ein Ausgangsport kann hierbei aus mehreren FIFO-Speichern bestehen, die über einen Port-Scheduler verbunden sind. In Abb. 5.15 ist ein solcher Ausgangsport mit seinen Warteschlangen beispielhaft dargestellt. Die oberen beiden FIFOs mit den Shapern sind für AVB-Nachrichten bestimmt. Die unteren FIFOs können für Standard-Ethernet-Nachrichten wie z. B. TCP/IP-Traffic verwendet werden.

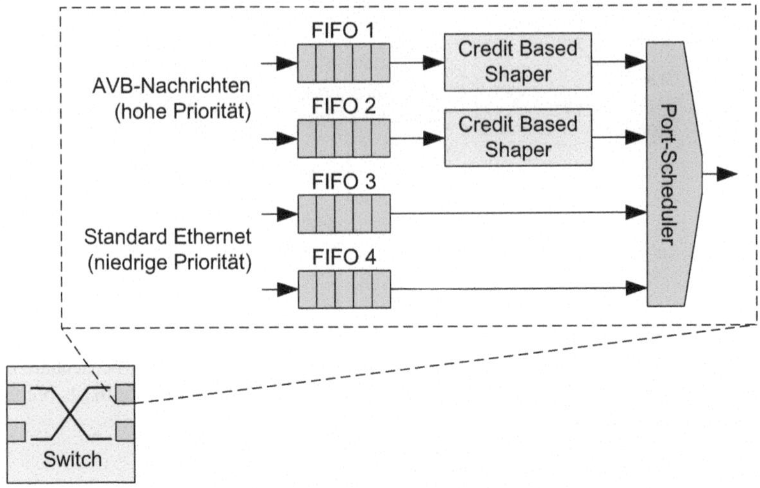

Abb. 5.15 Ein Switch verfügt am Ausgangsport typischerweise über mehrere FIFOs, denen Prioritäten zugeordnet sind. Für AVB-fähige Switches sind hinter diesen FIFOs Credit Based Shaper vorgesehen und ein Port Scheduler mit Fixed-Priority-Scheduling

Im AVB-Standard ist ein sogenanntes Credit-Based-Shaping vorgesehen. Bei diesem Shaping wird für eine FIFO ein Credit aufgebaut solange sich wartende Nachrichten in der Ausgangs-FIFO befinden und aus dieser FIFO keine Nachricht entnommen wird. Wenn aus der FIFO Nachrichten verschickt werden, so baut sich der Credit wieder ab. Bei einer leeren FIFO wird der Credit wieder auf Null gesetzt. Eine Nachricht darf versendet werden, sofern kein negativer Credit vorliegt oder eine andere Nachricht den Port belegt. Mit dieser Vorgehensweise wird einerseits die Bandbreite, die über einen bestimmten Shaper geht, begrenzt. Andererseits reduziert der Shaper die Länge eines Bursts, sodass auch Nachrichten aus anderen FIFOs übertragen werden. Als Beispiel für das Verhalten des Shapers sind in Abb. 5.16 zwei Fälle gezeigt [IEE09]. Im linken Fall wartet eine Nachricht in einer FIFO, da eine andere Nachricht den Ausgangsport belegt. Während dieser Zeit wird ein Credit aufgebaut, der erst während der Übertragung der betrachteten Nachricht wieder abgebaut wird. Da noch ein gewisser Credit am Ende der Übertragung übrig bleibt, aber die FIFO bereits leer ist, wird der Credit zurück auf Null gesetzt. Im rechten Beispiel liegen drei Nachrichten vor, die Burst-artig angekommen sind. Zunächst baut sich ein gewisser Credit auf, da der Port von einer anderen Nachricht blockiert ist. Anschließend kann die erste Nachricht übertragen werden. Da der Credit immer noch positiv ist, schließt sich die zweite Nachricht gleich an. Nun liegt ein negativer Credit vor, der langsam wieder ansteigt. Sobald der Credit wieder Null ist, wird die dritte Nachricht über den Port verschickt. An diesem Beispiel ist gut zu erkennen, wie eine Burst-artige Nachrichtenfolge über einen längeren Zeitraum verteilt wird, sodass prinzipiell auch andere FIFOs Nachrichten übertragen können.

Der Port-Scheduler aus Abb. 5.15 entscheidet welche Nachricht aus welcher FIFO am Ausgangsport übertragen wird. Die Scheduling-Strategie kann hierbei

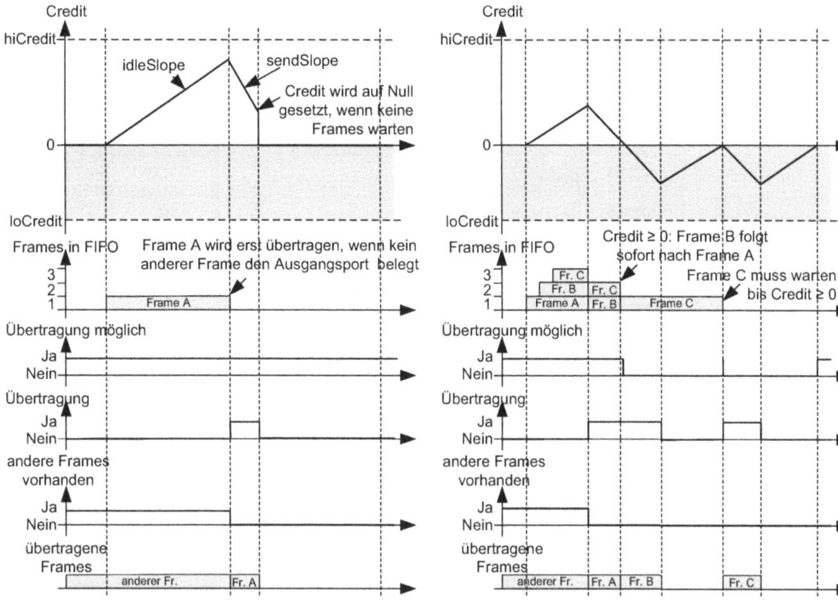

Abb. 5.16 Beim Credit-based Shaper wird ein Credit aufgebaut, wenn eine FIFO Nachrichten enthält und nicht senden darf. Beim Senden aus einer bestimmten FIFO wird der Credit wieder abgebaut. Ist eine FIFO leer, wird der Credit wieder auf Null gesetzt [IEE09]

variieren. AVB sieht ein sogenanntes *Static Priority Scheduling* vor, bei dem Nachrichten solange aus der FIFO mit der höchsten Priorität genommen werden bis keine Nachricht mehr da ist. Erst dann werden Nachrichten aus einer FIFO mit niedriger Priorität genommen. Alternativ gibt es noch andere Scheduling-Strategien. Hierzu gehören *Weighted Round Robin* oder *Deficit Round Robin*. Weighted Round Robin nimmt eine bestimmte Menge an Daten aus der FIFO und verschickt sie. Die Menge entspricht hierbei dem Gewicht. Die Schwäche dieses Schedulers liegt in der Gewichtung. Da Pakete in Ethernet-basierten Netzwerken eine variable Länge haben, kann es immer sein, dass die gewünschte Datenmenge nicht optimal mit den Paketen in der FIFO ausgefüllt wird. *Deficit Round Robin* [SV96] ist eine Modifikation von Weighted Round Robin. Hierbei wird eine Nachricht verschickt, sofern ein sogenannter *Defizit-Zähler* größer als die Paketgröße des nächsten Pakets in der FIFO ist. Ist das nicht der Fall, inkrementiert sich der Defizit-Zähler um einen bestimmten Betrag und die nächste FIFO wird überprüft. Jedes Mal, wenn ein Paket verschickt wird, dekrementiert sich der Defizit-Zähler um die Größe des Pakets.

Mit den drei Mechanismen Uhrensynchronisation, Bandbreitenreservierung und Traffic Shaping wird in Ethernet-AVB die Übertragung von Multimedia- und Streaming-Daten ermöglicht. Hierfür kommt ein Transportprotokoll wie IEEE1722 zum Einsatz. In diesem Transportprotokoll sind die Daten mit einer sogenannten *Presentation Time* versehen. Diese Presentation Time ist die Zeit, zu der ein Datum bei einem Empfänger verarbeitet werden soll. Sie berechnet sich aus der lokalen Uhrzeit, die zwischen den Knoten synchronisiert ist plus einer Konstanten, die

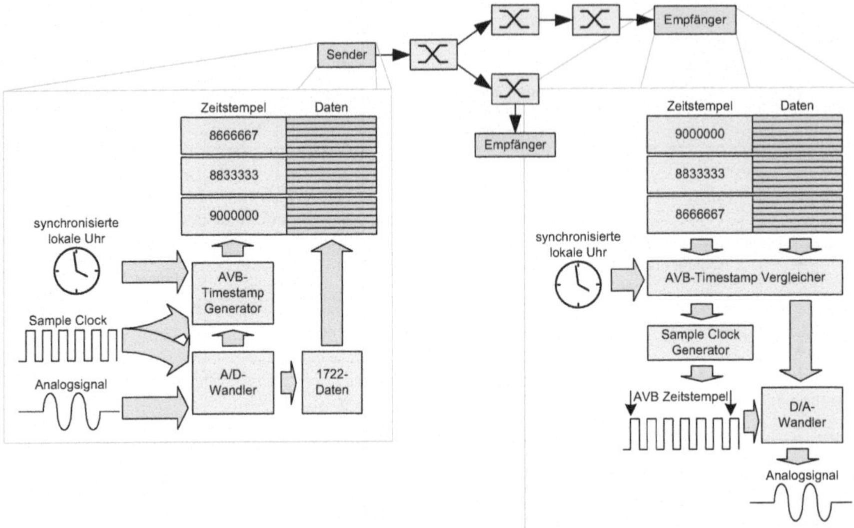

Abb. 5.17 Die Übertragung von Streaming-Daten ist anhand einer Audioquelle dargestellt. Die Audio-Samples werden mit einer *Presentation-Time* beim Aufnehmen versehen und über das Netzwerk übertragen. Ist beim Empfänger der Zeitpunkt der Presentation Time erreicht, gibt er das Sample auf seinen Digital/Analog-Wandler. So geben alle Empfänger synchron die Audiodaten aus

von der längsten möglichen Übertragungsdauer einer Nachricht im Netz abhängt. Somit können zwei Empfänger einer Nachricht die empfangenen Daten gleichzeitig verarbeiten, obwohl sie zu unterschiedlichen Zeiten angekommen sind. Dieses Prinzip ist in Abb. 5.17 anhand einer Übertragungsstrecke für Audiosignale dargestellt [Boa08]. Ein Analog-Digital-Wandler, der mit 48 kHz Audiosignale abtastet, fügt jedem sechsten Abtastwert einen Zeitstempel der synchronisierten Uhr plus der Konstante für die längste Übertragungszeit hinzu. Diese Pakete bestehend aus sechs Abtastwerten und einem Zeitstempel werden über ein Netzwerk zu einem Empfänger übertragen und landen dort in einem Speicher. Sobald die synchronisierte lokale Zeit des Empfängers gleich der Zeit im empfangenen Datenpaket ist, werden die sechs Abtastwerte auf einen DA-Wandler gegeben. Diese Wiedergabe erfolgt bei mehreren Empfängern synchron, da die Uhren der Empfänger zueinander synchronisiert sind.

Parallel zu dem IEEE1722-Stack liegen weitere Protokollschichten wie das Internet Protokoll (IP) mit dem User Datagram Protocol (UDP) oder dem Transmission Control Protocol (TCP), auf die im Folgenden nicht weiter eingegangen wird.

Die Topologie und Art der Steuergerätevernetzung unterscheidet sich bei Ethernet grundlegend von heutigen Automotive-Topologien. Während CAN- oder FlexRay-basierte Netzwerke einen gemeinsamen Bus mit aktiven oder passiven Sternkopplern haben, bestehen Ethernet-basierte Netzwerke aus Punkt-zu-Punkt-Links, die über Switches miteinander gekoppelt sind. Bei MOST liegen auf physikalischer Ebene ebenfalls Punkt-zu-Punkt-Verbindungen vor, die zu einer Ringtopologie ge-

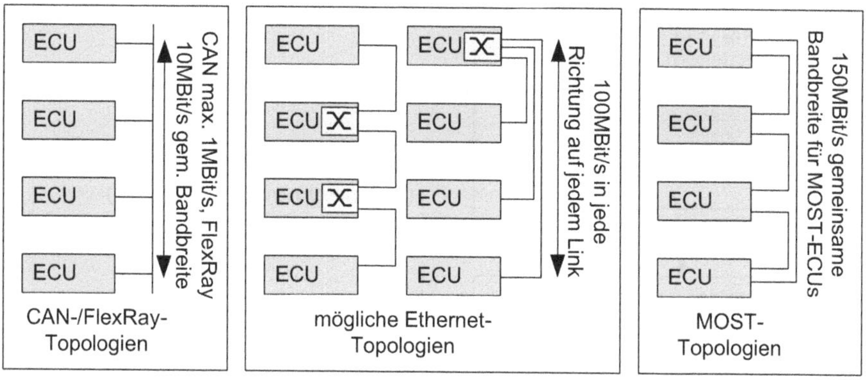

Abb. 5.18 Im Vergleich zu den bereits dargestellten Kommunikationstechnologien wie CAN, FlexRay, LIN und MOST, ist Ethernet sowohl auf physikalischer Ebene als auch auf logischer Ebene ein Punkt-zu-Punkt-Netzwerk

koppelt sind. Die Bandbreite auf jeder einzelnen Verbindung des MOST-Rings teilt sich allerdings unter den Steuergeräten im Ring auf. In Abb. 5.18 sind die möglichen Topologien vergleichend dargestellt.

5.2 Konfiguration der Busse

Die Konfiguration der einzelnen Busse ist fester Bestandteil des E/E-Entwicklungsprozesses. Nach der Auswahl der Funktionen für ein neues Fahrzeug gilt es für die einzelnen Umfänge die Funktion zu entwickeln. Auf der Basis von Software-Komponenten erfolgt eine Aufteilung der einzelnen Umfänge einer Funktion. Über die Partitionierung der Software-Komponenten auf Steuergeräte wird festgelegt, welche Anteile der Kommunikation zwischen den Software-Komponenten Steuergeräte-intern erfolgen und für welche Anteile eine Buskommunikation erforderlich ist. Auf der Basis der Umfänge an Buskommunikation gilt es für die einzelnen Busse eine Konfiguration zu erstellen. Für die Erstellung sind zusätzlich noch die allgemeingültigen Anforderungen zu beachten, welche u. a. die Regeln für die Konfiguration beinhalten oder das Vorgehen beim Mapping der Signale auf PDUs beschreiben. In Abb. 5.19 ist die Einordnung der Konfiguration von Bussen in den Entwicklungsprozess aufgezeigt.

Die Konfiguration der PDUs und Signale ist in der Regel protokollunabhängig. Erst über die Definition der einzelnen Nachrichten kommen protokollspezifische Aspekte hinzu. Im Folgenden sind die wichtigsten Eigenschaften einer PDU aufgeführt:

- **Name:** Name der PDU
- **Sendetyp:** Beschreibung, ob die PDU zyklisch, spontan oder zyklisch und spontan versendet wird

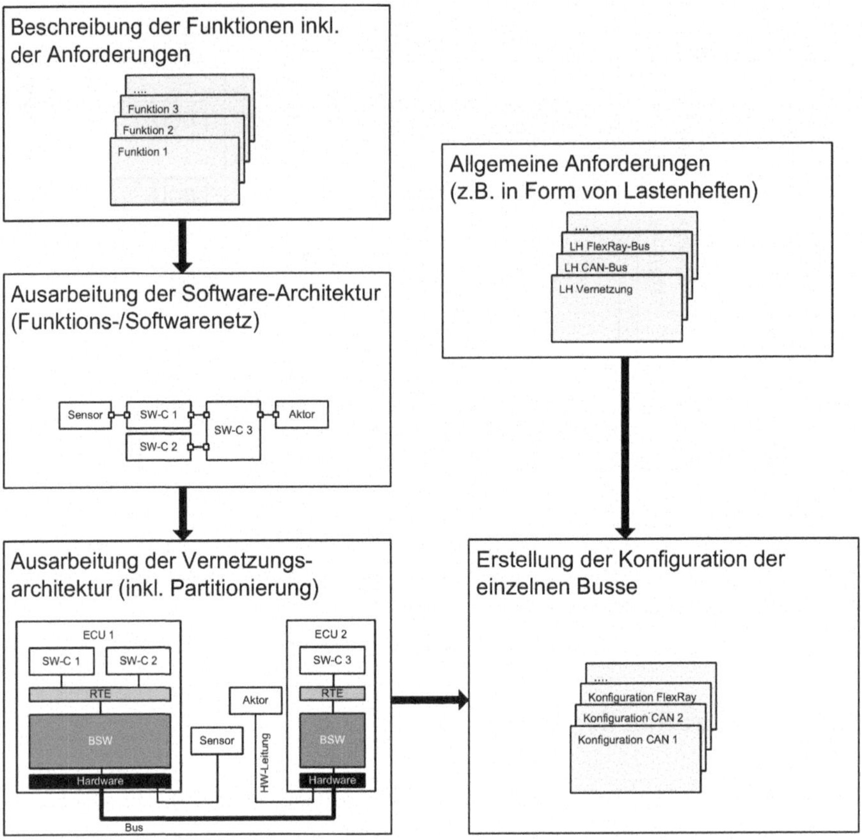

Abb. 5.19 Einordnung der Erstellung von Bus-Konfiguration in den Entwicklungsprozess

- **Periode:** Zykluszeit der PDU
- **Offset:** Beschreibt die Zeit, welche nach der Initialisierung der Software eines Steuergerätes vergeht, bis die PDU das erste Mal gesendet werden soll
- **Länge:** Beschreibt die Länge der PDU (meist in *Byte*)

Weiterhin sind bei jeder PDU sämtliche gemappten Signale angetragen inklusive deren Startbit. Das Startbit beschreibt an welcher Stelle innerhalb einer PDU das jeweilige Signal einsortiert ist. Eine weiterer Eintrag gibt an, welches Steuergerät die PDU sendet und welche Steuergeräte die PDU empfangen.

Für die Definition der Signale sind folgende Eigenschaften relevant:

- **Name:** Name des Signals
- **Sendetyp:**Beschreibung, wie ein Signal zu versenden ist. Die Anforderung wird der PDU vererbt. Gängige Sendetypen sind: Zyklisch, spontan oder zyklisch und spontan
- **Periode:**Zykluszeit des Signals
- **Länge:** Beschreibt die Länge des Signals (meist in *Bit*)

- **Wertebereich:** Beschreibt wie ein Signal von der Applikation zu interpretieren ist. Zum Beispiel ist dem Signal für die Temperatur folgender Wertebereich zugeordnet: Der Signalwert 0x00 bedeutet −40 °C und der Signalwert 0xFF gilt für +50 °C.

5.2.1 Konfiguration des CAN-Bus

Für die Konfiguration des CAN-Busses sind zum einen die protokollspezifischen Eigenschaften zu beschreiben und zum anderen die Nachrichten zu definieren, welche zu übertragen sind.

Die wichtigsten protokollspezifischen Eigenschaften sind:

- **Name:** Name des CAN-Busses.
- **Baudrate:** Übertragungsgeschwindigkeit des CAN-Busses (zumeist in $kBit/s$)

Zusätzlich sind die angebundenen Steuergeräte inklusive der auf die Steuergeräte gemappten Nachrichten anzulegen. Die einzelnen Nachrichten des CAN-Busses haben folgende Eigenschaften:

- **Name:** Name der Nachricht
- **Identifier:** Kennung der Nachricht
- **Sendetyp:** Leitet sich aus der Anforderung der gemappten PDU ab
- **Periode:** Leitet sich aus der Anforderung der gemappten PDU ab
- **Entprellzeit:** Beschreibt welchem Mindestsendeabstand zwei aufeinander folgende Nachrichten mindestens einhalten müssen
- **Offset:** Der Wert leitet sich auch aus der Anforderung der gemappten PDU ab
- **Länge:** Beschreibt die Länge des Datenfeldes der Nachricht

Weiterhin sind die Sender und Empfänger für jede Nachricht anzulegen sowie die PDUs und Signale zuzuweisen.

5.2.2 Konfiguration des FlexRay-Bus

Für die Konfiguration des FlexRay-Busses gilt es die Protokoll-spezifischen Eigenschaften zu beschreiben sowie die Nachrichten zu definieren, welche zu übertragen sind. Zu den Protokoll-spezifischen Eigenschaften zählen:

- **Name:** Name des FlexRay-Busses
- **Baudrate:** Übertragungsgeschwindigkeit (meist in $MBit/s$)
- **Version:** Bei FlexRay gibt es verschiedene Versionen des Protokolls, welche gewisse Unterschiede haben. Hierüber kann sichergestellt werden, dass nur passende Communication-Controller angebunden werden
- **Zyklusdauer:** Länge eines FlexRay-Zykluses
- **Macrotick:** Dauer eines Macroticks

- **Statische Slots:** Anzahl an statischen Slots
- **Minislots:** Anzahl an Minislots im dynamischen Segment
- **Network Idle Time:** Länge der Network Idle Time

Weiterhin sind die angebundenen Steuergeräte aufzulisten sowie die von ihnen versendeten Nachrichten. Für die Nachrichten sind folgende Eigenschaften von Bedeutung:

- **Name:** Name der Nachricht
- **Slot:** Nummer in welchem Slot eine Nachricht versendet wird
- **Cycle Repetition:** Beschreibt, ob eine Nachricht in jedem oder nur in jedem 2^n-fachen Zyklus versendet wird
- **InCycle Repetition:** Gibt an, falls eine Nachricht mehrmals innerhalb eines Zykluses versendet werden soll

Zusätzlich sind jeder Nachricht die PDUs zuzuweisen sowie die Nachricht an den entsprechenden Sende- und Empfangssteuergeräten anzutragen.

5.2.3 Konfiguration des LIN-Bus

Für die Konfiguration des LIN-Busses sind zum einen die protokollspezifischen Eigenschaften zu definieren und zum anderen die Nachrichten anzulegen. Zu den protokollspezifischen Eigenschaften zählen:

- **Name:** Name des LIN-Busses
- **Baudrate:** Übertragungsgeschwindigkeit des LIN-Busses (meist in $kBit/s$)
- **Version:** Bei LIN gibt es verschiedene Versionen des Protokolls, die aktuell im Einsatz sind. Über die Versionierung kann sichergestellt werden, dass die Steuergeräte entsprechend einheitlich an einem gemeinsamen LIN-Bus konfiguriert werden

Weiterhin ist eine Liste der angebundenen Steuergeräte sowie der zu übertragenden Nachrichten erforderlich. Während ein Steuergerät als Master und die anderen als Slave konfiguriert werden, sind für die Nachrichten folgende Eigenschaften von Bedeutung:

- **Name:** Name der Nachricht
- **Länge:** Länge des Datenfeldes
- **Identifier:** Kennung der Nachricht

Zusätzlich sind der Nachricht die entsprechenden Signale zuzuweisen.

5.3 Sicherheitskritische Kommunikation

Die Kommunikation zwischen Steuergeräten unterliegt teilweise strengen Anforderungen an die funktionale Sicherheit. Gerade in Anwendungsbereichen, in denen komplexe Sensoren beispielsweise die Umwelt eines Fahrzeugs erfassen und das Fahrzeug daraufhin gesteuert wird, muss die Kommunikation zwischen den Sensoren und der verarbeitenden Anwendung auf einem Steuergerät abgesichert sein. Da die Kommunikation hierbei auch über mehrere Busse und Gateways erfolgen kann, muss der komplette Kommunikationspfad abgesichert sein. Ein Sensorwert darf also nicht zwischendurch verfälscht werden oder verloren gehen, ohne dass die Anwendung darauf reagieren kann. Einfache Prüfsummenmechanismen, die in den vorgestellten Kommunikationstechnologien vorkommen reichen nicht aus, da sie immer nur einen Fehlertyp behandeln – nämlich eine Verfälschung des Nachrichteninhalts bei der Übertragung auf dem physikalischen Medium. Weitere typische Fehler, die auftreten können, sind Verlust, Vertauschung unbeabsichtigte Wiederholung oder Verzögerung einer Nachricht. Solche Fehler können durch physikalische Effekte wie Bitkipper oder durch falsche Systemauslegung geschehen. Weitere Fehler, die im Rahmen einer Manipulation eines Systems auftreten, sind die Einfügung von zusätzlichen Nachrichten oder die Maskierung bestimmter Nachrichten. Die Mechanismen für die Behandlung solcher Fehler sind folgende:

- **Sequenznummer:** Durch eine fortlaufende Nummer in den Nachrichten einer sicherheitsrelevanten Kommunikationsbeziehung können der Verlust von einzelnen, unbeabsichtigte Wiederholung oder Vertauschung vom Empfänger erkannt werden.
- **Zeitstempel, Zeitmessung und Erwartung:** Um Verzögerungen zu detektieren, gibt es verschiedene Möglichkeiten. Einerseits können Zeitstempel in einer Nachricht helfen deren Alter festzustellen. Es besteht auch die Möglichkeit Nachrichten im Kreis zu schicken und so die Kommunikationsdauer zwischen einem Sender und einem Empfänger festzustellen. Sollte diese Dauer unerwartet groß sein, so tritt ein Fehlerfall ein. Durch Zeitstempel können auch Fehler wie Vertauschung oder unbeabsichtigte Wiederholung erkannt werden, da keine zwei Pakete gleichzeitig verschickt werden können.
- **Verbindungsauthentifizierung:** Durch Authentifizierung der Kommunikationsteilnehmer kann das Einfügen bzw. die Maskerade von Nachrichten vermieden werden.
- **Rückmeldung (engl. Acknowledgement):** Durch die Rückmeldung, ob und welche Nachricht angekommen ist, können je nach Art der Rückmeldung verschiedene Fehlerfälle abgefangen werden.
- **Datensicherung:** Eine Datensicherung, die mit Prüfsummen erfolgt, wird typischerweise für die Erkennung von verfälschten Nachrichten eingesetzt.
- **Redundanz mit Kreuzvergleich:** Redundanz bei der Kommunikation kann auf verschiedene Arten erfolgen. Einerseits gibt es zeitliche Redundanz, bei der eine Nachricht wiederholt verschickt oder ein Wert doppelt in eine Nachricht gepackt wird. Andererseits gibt es räumliche Redundanz, bei der eine Nachricht parallel auf zwei Bussen oder Pfaden im Netzwerk verschickt wird. Bei beiden Redundanzmechanismen kann anschließend ein Kreuzvergleich erfolgen, der sicherstellt, dass die redundant empfangenen Werte gleich sind.

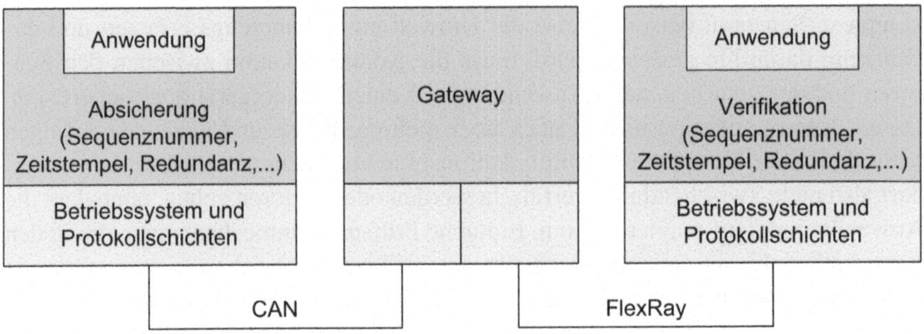

Abb. 5.20 Bei der Ende-zu-Ende-Absicherung wird die Kommunikation auf einem kompletten Kommunikationspfad von Anwendung zu Anwendung mit Mechanismen wie Sequenznummern, Zeitstempeln, Redundanz, etc. abgesichert

Um den kompletten Ende-zu-Ende Pfad in einem Netzwerk abzudecken, müssen die erwähnten Mechanismen direkt unterhalb oder bereits von der Anwendung eingebracht werden. Nur dann werden auch Pakete, die in fehleranfälligen Speichern o.ä. abgelegt werden auch abgesichert. Abbildung 5.20 zeigt ein solches Bild, bei dem direkt auf Anwendungsebene eine Bibliothek mit Funktionen zur Absicherung der Daten bereit steht. Die Daten durchlaufen anschließend die verschiedenen Protokollebenen und werden über einen CAN-Bus ein Gateway und einen FlexRay-Bus zu dem Empfänger-Steuergerät übertragen. Dort durchlaufen sie wieder die verschiedenen Protokollebenen und können mit Hilfe einer Verifikationsbibliothek auf Korrektheit überprüft werden.

5.4 Fallstudie

Basis für die Fallstudie bildet das Beispiel aus Abschn. 3.4. Hier wurde das Software-Netz einer Parkfunktion vorgestellt, die Partitionierung der Software-Komponenten für ein Steuergerät aufgezeigt sowie die resultierende Konfiguration des Schedulings abgeleitet. Im Folgenden sollen die verbliebenen Funktionen auf weitere Steuergeräte partitioniert werden und darauf basierend eine Konfiguration der Kommunikationssysteme erstellt werden. In Abb. 5.21 ist die Vernetzungsarchitektur inklusive aller partitionierten Funktionen auf die Steuergeräte dargestellt. An das Steuergerät *Ultraschallsensorik (USS)* sind die vier Ultraschallsensoren US1 bis US4 angebunden. Die Software-Komponenten für die Vorverarbeitung der vier Sensoren sowie die Auswertungen sind auf das Steuergerät USS partitioniert. An das Steuergerät *Bedienelemente (BE)* ist der Schalter für die Aktivierung des Parkassistenten angebunden sowie ein Lautsprecher, der den Warnton ausgibt. Als Software-Komponenten sind die Schalterauswertung und die Generierung des Warnsignals auf das Steuergerät BE partitioniert. Die beiden Steuergeräte USS und BE sind mit einem CAN-Bus verbunden. Ein weiteres Steuergerät *Anzeige (AZ)* setzt die Ansteuerung eines Monitors um. Hierfür ist die Software-Komponenten *Ansteuerung Anzeige* auf das Steuergerät partitioniert. Dieses Steuergerät und das PMM-

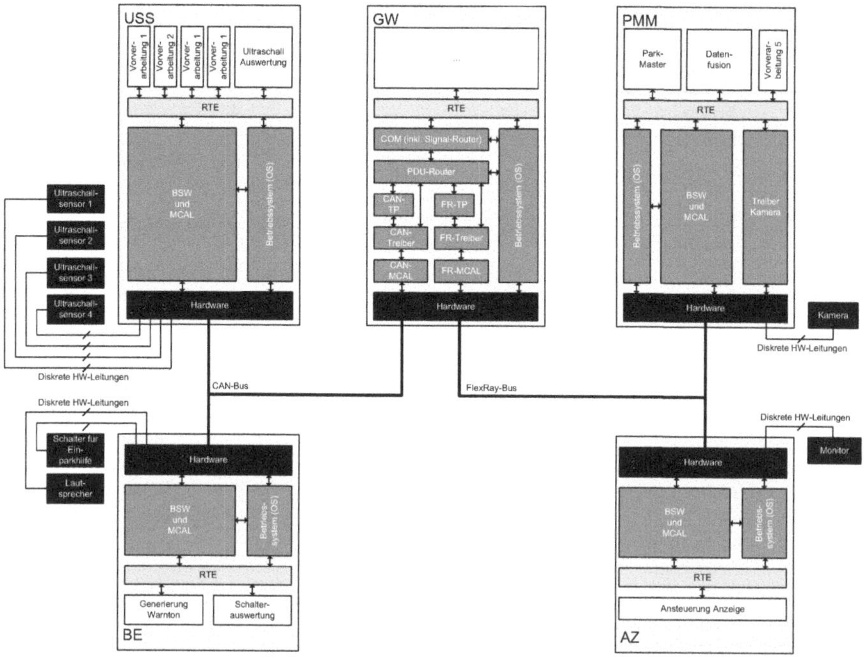

Abb. 5.21 Dargestellt ist die Vernetzungsarchitektur, welche den Parkassistenten umsetzt, inklusive der partitionierten Software-Komponenten des Software-Netzes aus Abb. 3.4

Steuergerät sind mit einem FlexRay-Bus verbunden. Für die Kopplung der beiden Busse (CAN-Bus und FlexRay-Bus) ist ein Gateway-Steuergerät verantwortlich.

Durch die Partitionierung der Software-Komponenten auf Steuergeräte werden einige der Datenelemente als steuergeräteinterne Signale realisiert und für die steuergeräteübergreifende Kommunikation erfolgt eine eine Abbildung der Datenelemente auf Bussignale. Aus den Anforderungen der Schnittstellen lassen sich die Eigenschaften der Signale ableiten. In Tab. 5.5 sind alle notwendigen Bussignale mit deren Eigenschaften aufgelistet. Die Basis bilden die Anforderungen, die mit den jeweiligen Ports und Datenelementen verknüpft sind. Die Verlinkung in Tab. 5.2 ist anhand der Datenelemente dargestellt. In den ersten fünf Spalten von links steht der Name des Signals sowie dessen Eigenschaften. Die letzte Spalte enthält den Link auf das jeweilige Datenelement.

Auf Basis der Bussignale können die PDUs gebildet werden. Diese sind immer noch unabhängig vom verwendeten Bustyp. In Tab. 5.3 sind die resultierenden PDUs aufgelistet. In den ersten fünf Spalten der Tab. 5.3 sind der Name der PDU sowie deren Eigenschaften aufgeführt. Diese leiten sich aus den Eigenschaften der auf die PDU gemappten Signale ab. In der letzten Spalte sind die Mappings von dem Signal auf die jeweilige PDU aufgelistet. In diesem Kontext ist anzumerken, dass die PDU5 wegen ihrer Länge von 16 Byte nicht direkt auf dem CAN-Bus gesendet werden kann. Bei einem System-Design, welches eine Übertragung erforderlich macht, sind aus der einen PDU mindestens zwei PDUs zu erstellen. Diese dürfen

Tabelle 5.2 Eigenschaften der Bussignale

Name	Sendetyp	Zykluszeit [ms]	Entprellzeit [ms]	Länge [Bit]	Datenelement
Signal 1	zyklisch	10	–	48	de11
Signal 2	zyklisch	10	–	16	de12
Signal 3	spontan	–	20	64	de14
Signal 4	zyklisch	10	–	32	de19
Signal 5	zyklisch	20	–	32	de16
Signal 6	zyklisch	5	–	64	de17
Signal 7	zyklisch	5	–	64	de18

Tabelle 5.3 Eigenschaften der PDUs

Name	Sendetyp	Zykluszeit [ms]	Entprellzeit [ms]	Länge [Byte]	Signale
PDU 1	zyklisch	10	–	8	Signal 1, Signal 2
PDU 2	spontan	–	20	8	Signal 3
PDU 3	zyklisch	10	–	8	Signal 4,Signal 5
PDU 4	zyklisch	10	–	8	Signal 4, Signal 5
PDU 5	zyklisch	5	–	16	Signal 6, Signal 7

Tabelle 5.4 Eigenschaften der Frames des CAN-Busses

Name	Sendetyp	Zykluszeit [ms]	Entprellzeit [ms]	Länge [Byte]	PDUs	Sender	Empfänger
Frame 1	zyklisch	10	–	8	PDU 1	USS	GW
Frame 2	spontan	–	20	8	PDU 2	BE	GW
Frame 3	zyklisch	20	–	8	PDU 4	GW	BE, USS

jeweils maximal eine Länge von 8 Byte haben. Anhand der Signale und PDUs ist es im nächsten Schritt nun möglich die Konfiguration für die beiden Busse zu erstellen sowie die Gateway-Tabelle auszuleiten.

5.4.1 Konfiguration des CAN-Busses

Im vorliegenden Beispiel wird der CAN-Bus mit 500 kBit/s betrieben. In Tab. 5.4 sind die resultierenden Frames, die auf dem CAN-Bus übertragen werden aufgelistet. Die Eigenschaften der Frames ergeben sich aus den Eigenschaften, die den Frames zugeordnet sind.

5.4.2 Konfiguration des FlexRay-Busses

Für den FlexRay-Bus wird nur ein Kanal verwendet. Die wichtigsten Parameter sind wie folgt gesetzt:

Tabelle 5.5 Mapping von PDUs auf Nachrichten

Name	Zykluszeit [ms]	Länge [Byte]	Slot	Wiederholung	PDUs	Sender	Empfänger
Frame 4	5	16	1	1	PDU 1, PDU 2	GW	PMM
Frame 5	5	16	20	1	PDU 3	PMM	GW
Frame 6	5	16	21	1	PDU 5	PMM	AZ

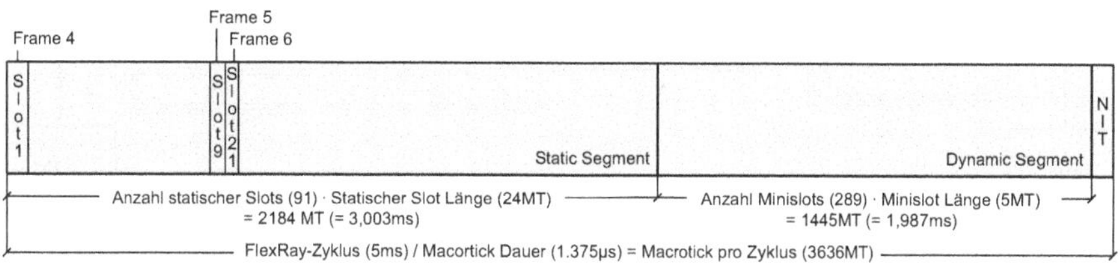

Abb. 5.22 Schematische Darstellung der Konfiguration des FlexRay, inklusive Einordnung der drei Nachrichten (Frame 3, Frame 4 und Frame 5)

- Name: FlexRay-Bus
- Übertragungsgeschwindigkeit: 10 MBit/s
- Datenfeldlänge im statischen Segment: 16 Byte
- Länge des Zykluses: 5 ms
- Länge eines Macrotick: 1,375 µs
- Anzahl an statischen Slots: 91
- Anzahl an Minislots im dynamischen Segment: 289
- Dauer der Network Idle Time: 9,625 µs

In Tab. 5.5 ist das Mapping der PDUs auf die Nachrichten und die Sender-Empfänger-Beziehungen aufgelistet. In den ersten fünf Spalten stehen der Name des Frames sowie dessen Eigenschaften. In Spalte sechs sind die gemappten PDUs aufgeführt. Der Sender des jeweiligen Frames steht in Spalte sieben. Die Empfänger sind in Spalte acht aufgelistet. Der Sender muss eindeutig sein. Als Empfänger können mehrere Steuergeräte eingetragen sein. In Abb. 5.22 ist der FlexRay-Schedule des Beispiels schematisch dargestellt.

5.4.3 Routingtabelle des Gateways

Die Routingtabelle für das Gateway kann aus den beiden Konfigurationen des CAN- und FlexRay-Busses erstellt werden. Je nachdem ob eine Anpassung der Zykluszeit durch z. B. ein *Downsampling* erforderlich ist, kann entsprechend ein PDU- oder Signalrouting angelegt werden. Für die beiden PDUs, welche vom CAN-Bus auf den FlexRay-Bus geroutet werden, kann ein PDU-Routing angelegt werden. Bei der PDU 3 dagegen, welche vom Steuergerät PMM geschickt wird, ist ein Signalrouting

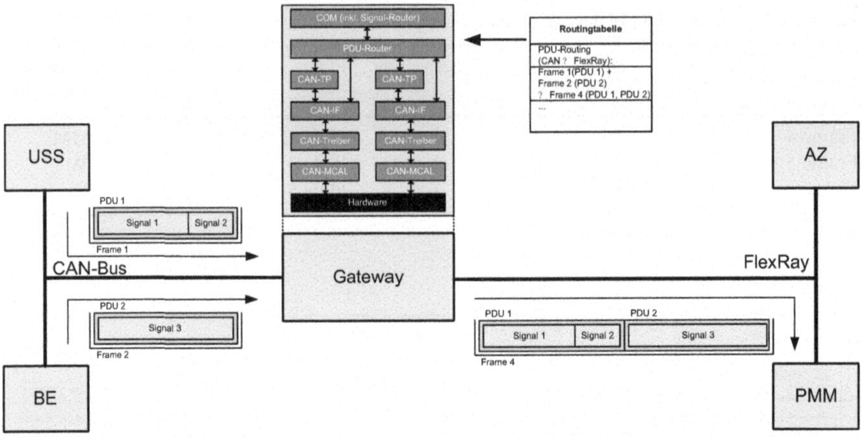

Abb. 5.23 Beispiel für das PDU-Routing der beiden PDUs (PDU 1 und PDU 2), welche über die Frames (Frame 1 und Frame 2) auf dem CAN-Bus übertragen werden und nach erfolgtem Routing auf dem FlexRay-Bus über Frame 3 an das Steuergerät PMM geschickt werden

Tabelle 5.6 Konfiguration der Routingtabelle des Gateways

Quelle	Empfangene PDU	Senke	Gesendete PDU	Umsetzung
CAN-Bus	PDU 1	FlexRay-Bus	PDU 1	PDU-Routing
CAN-Bus	PDU 2	FlexRay-Bus	PDU 2	PDU-Routing
FlexRay-Bus	PDU 3	CAN-Bus	PDU 4	Signal-Routing

anzulegen, da hier eine andere PDU (PDU 4) für die Versendung auf dem CAN-Bus verwendet wird. Diese verschiedenen Routingbeziehungen sind in Tab. 5.6 dargestellt. In Abb. 5.23 ist beispielhaft die Umsetzung für die beiden PDUs (PDU 1 und PDU 2) vom CAN-Bus über das Gateway auf den FlexRay-Bus dargestellt.

Kapitel 6
Begriffe und Kenngrößen der Timing-Bewertung

Jedes Fachgebiet hat seine eigene Fachsprache und Terminologie, um Sachverhalte präzise und eindeutig darstellen zu können. Im Rahmen der Timing-Bewertung hat sich eine eigene Begriffswelt entwickelt, die im folgenden Kapitel näher erläutert wird und bei der Vorstellung der verschiedenen Timing-Bewertungsverfahren behilflich ist. Die Begriffsdefinitionen sind zunächst so erläutert wie sie in der Literatur zu finden sind. Anschließend ist die Interpretation der Begriffe im Zusammenhang mit den AUTOSAR- oder CAN-Standards beschrieben. Dieses Kapitel kann somit zum Nachschlagen von Begriffsdefinitionen verwendet werden, die in den folgenden drei Kapiteln zur Timing-Bewertung auftauchen.

6.1 Eingebettete verteilte Echzeitsysteme

Eingebettete verteilte *Echtzeitsysteme (engl. Real-Time Systems)* unterscheiden sich hinsichtlich der Zeitanforderungen grundlegend von allgemeinen Computersystemen (z. B. Büro-Computer), sogenannten *Nicht-Echtzeitsystemen*. Bei den Nicht-Echtzeitsystemen kommt es in erster Linie auf die Korrektheit der Datenverarbeitung [WB05] und den Durchsatz an. Aus diesem Grund wird die Leistungsfähigkeit solcher Systeme mit Benchmarks bewertet, was einer experimentellen Bewertung anhand von ausgewählten Beispielen entspricht. Im Gegensatz dazu spielt bei den Echtzeitsystemen neben der Korrektheit der Ergebnisse auch die Einhaltung der Zeitanforderungen eine zentrale Rolle. Zeitbedingungen, deren Verletzung zu einer *Katastrophe* führen können, heißen harte Zeitbedingungen [Kop97]. Alle anderen Zeitbedingungen heißen weiche Zeitbedingungen. Weitere wichtige Kriterien für Echtzeitsysteme sind: *Rechtzeitigkeit*, *Gleichzeitigkeit*, *Verfügbarkeit* [WB05] sowie *Vorhersagbarkeit*:

- Mit *Rechtzeitigkeit* ist die Anforderung gemeint, dass eine Ausführung auf einer CPU bzw. eine Übertragung über einen Bus innerhalb der definierten Zeitschranke abgeschlossen wird.

DOI 10.1007/978-3-642-25478-9_6,

- Der Begriff *Gleichzeitigkeit* wird auch als Synchronität bezeichnet. Ein Echtzeitsystem muss in der Lage sein, mehrere Ereignisse gleichzeitig verarbeiten zu können, damit die Gleichzeitigkeit für mehrere Aktionen gewährleistet ist. Dies kann durch (quasi-) parallele Ausführung auf einem Prozessor oder echte parallele Ausführung auf einem Mehrprozessorsystem geschehen [SS08].
- Die *Verfügbarkeit* ist als Wahrscheinlichkeitsmaß definiert, bei dem die Betriebsbereitschaft eines Systems im Verhältnis zum betrachteten Zeitintervall gesetzt ist. Falls innerhalb eines spezifizierten Zeitbereichs ein Echtzeitsystem immer uneingeschränkt zur Verfügung steht, ist die Verfügbarkeit 1.
- Die Anforderung der *Vorhersagbarkeit* ist eine Forderung, nach der alle von einem System zu verarbeitenden Ereignisse und Funktionen bereits vor der Ausführung zu definierten Systemzuständen führen [Rin02].

6.2 Begriffsdefinitionen

Die folgenden Begriffsdefinitionen [But05] gehen speziell auf die Zeitpunkte und Zeitintervalle ein, die bei der Timing-Bewertung eine Rolle spielen. Generell gilt, dass Zeitpunkte immer mit *Kleinbuchstaben* und Zeiträume mit *Großbuchstaben* bezeichnet werden.

Definition 6.1 (Ausführungszeit/Übertragungszeit). Die *Ausführungszeit* C_i ist die Zeit, die benötigt wird, um einen Task t_i oder eine Nachricht m_i ohne Unterbrechung oder Verzögerung auszuführen bzw. zu übertragen.

Definition 6.2 (Ankunftszeitpunkt). Der Ankunftszeitpunkt a_i ist der Zeitpunkt, an dem ein Task t_i bereit ist zur Ausführung bzw. eine Nachricht m_i zur Übertragung bereitsteht.

Definition 6.3 (Aktivierungszeit). Die Aktivierungszeit b_i ist der Zeitpunkt, an dem die Ausführung eines Tasks t_i startet bzw. die Übertragung einer Nachricht m_i beginnt.

Definition 6.4 (Ende der Ausführung). Das Ende der Ausführung *(engl. Termination)* eines Tasks t_i bzw. der Abschluss der Übertragung einer Nachricht m_i ist mit c_i angegeben.

Definition 6.5 (Deadline). Die Deadline d_i ist der Zeitpunkt, an dem eine Ausführung eines Tasks t_i oder die Übertragung einer Nachricht m_i abgeschlossen sein muss.

Definition 6.6 (Interferenzzeit). Die Interferenzzeit I_i beschreibt die Summe der Zeitintervalle zwischen Ankunftszeit und Ende der Ausführung, in der keine Ausführung oder Übertragung stattfindet – also ein Task oder eine Nachricht durch andere Tasks oder Nachrichten verdrängt wird.

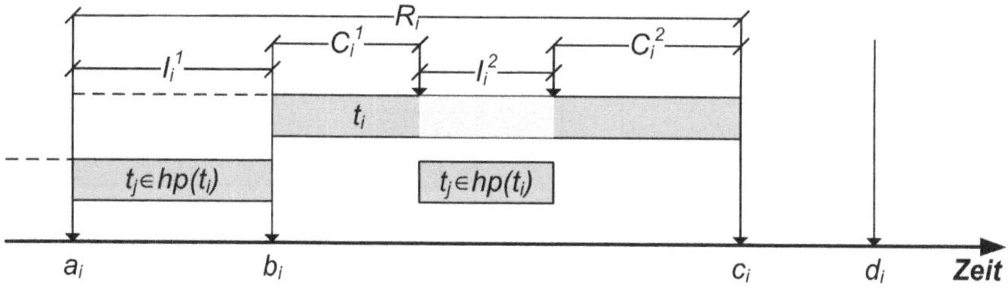

Abb. 6.1 Dargestellt sind die entscheidenden Zeitpunkte (*Kleinbuchstaben*) und Zeitintervalle (*Großbuchstaben*), die bei der Analyse des zeitlichen Verhaltens von Tasks oder Nachrichten relevant sind

Definition 6.7 (Antwortzeit). Die Antwortzeit *(engl. Response Time)* R_i gibt die Zeitdauer an, die ein Task t_i bzw. eine Nachricht m_i von der Ankunft a_i bis zur Fertigstellung c_i benötigt.

Abbildung 6.1 zeigt ein Beispiel für ein prioritätsbasiertes Scheduling von Software-Tasks. Ein Task t_i wird zum Ankunftszeitpunkt a_i in die Liste der ausführbaren Tasks des Beitriebssystem-Schedulers aufgenommen. Die Ausführung startet zum Aktivierungszeitpunkt b_i, da noch höherpriore Tasks $t_j \in hp(t_i)$ aktiv sind. Hierbei beschreibt $hp(t_i)$ die Menge der ausführbaren hochprioren Tasks. Nach der Ausführungszeit $C_i = C_i^1 + C_i^2$ wird der Task t_i zum Zeitpunkt c_i beendet und ist somit vor seiner Deadline d_i fertig. Die Antwortzeit R_i des Tasks beschreibt das Zeitintervall von der Ankunftszeit a_i bis zum Zeitpunkt c_i. Die Summe der Zeitintervalle, in denen der Task t_i durch höherpriore Tasks $t_j \in hp(t_i)$ verzögert oder unterbrochen wird, ist die Interferenzzeit $I_i = I_i^1 + I_i^2$.

Definition 6.8 (Idle-Zeit). Die Idle-Zeit T_{idle} definiert die Zeitdauer, in der kein Task zur Ausführung bzw. keine Nachricht zur Übertragung ansteht. Die CPU bzw. das Übertragungsmedium ist in dieser Zeit nicht belegt.

Definition 6.9 (Verspätung). Die Verspätung *(engl. Lateness)* $T_{\text{late},i}$ ist die Zeitdauer, die ein Task t_i oder eine Nachricht m_i in Bezug auf die Deadline d_i zu spät kommt. Wird die Ausführung bzw. Übertragung innerhalb der Deadline beendet, so ist die Verspätung $T_{\text{late},i}$ negativ.

$$T_{\text{late},i} = c_i - d_i \tag{6.1}$$

Definition 6.10 (Überschreitungszeit). Die Überschreitungszeit *(engl. Exceeding Time)* $T_{\text{exe},i}$ definiert die Zeit, die ein Task t_i oder eine Nachricht m_i nach Überschreitung der Deadline noch aktiv ist.

$$T_{\text{exe},i} = \max(0, T_{\text{late},i}) \tag{6.2}$$

Definition 6.11 (Schlupf). Der Schlupf *(engl. slack)* definiert die Zeit, die ein Task t_i oder eine Nachricht m_i nach seiner Aktivierung maximal verzögert werden darf,

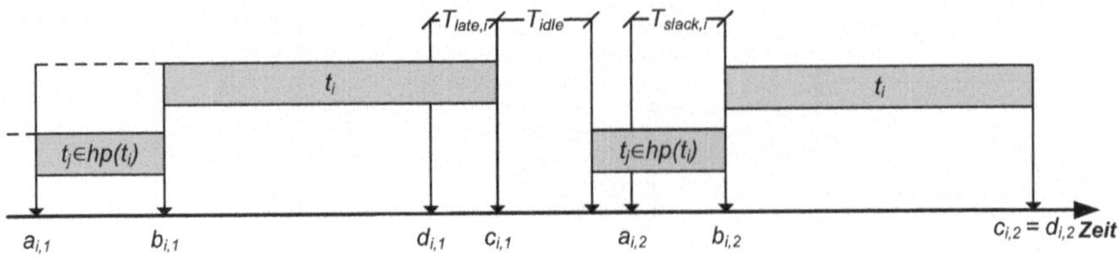

Abb. 6.2 Weitere Zeitgrößen eines Tasks t_i in Ergänzung der Abb. 6.1

damit dieser noch vor der Deadline vollständig ausgeführt werden kann.

$$T_{\text{slack},i} = d_i - a_i - C_i \tag{6.3}$$

In Ergänzung zu Abb. 6.1 sind in Abb. 6.2 weitere Zeitgrößen am Beispiel eines Tasks t_i dargestellt.

Definition 6.12 (Ereignisstrom). Ein Ereignisstrom E ist eine Menge von Ereignissen $E_i = \{e_1, e_2, \ldots, e_n\}$. In Echtzeitsystemen wird jedes Ereignis häufig als Tupel aus der Art des Ereignisses und dem Auftrittszeitpunkt beschrieben: $e = (\mathit{Ereignisart}, \mathit{Auftrittszeitpunkt})$.

Definition 6.13 (Periode). Die Periode T_i beschreibt das Zeitintervall zwischen zwei aufeinanderfolgenden wiederkehrenden gleichen Ereignissen, Tasks t_i oder Nachrichten m_i.

Definition 6.14 (Hyperperiode oder Makroperiode). Die Hyperperiode H oder auch Makroperiode genannt, gibt die Periode an, bei der sich der Plan für das Scheduling wiederholt. Sie ist das kleinste gemeinsame Vielfache aller Perioden der im System vertretenen Jobs [Tan03].

Definition 6.15 (Minimaler Auftritts-/Sendeabstand). Der minimale Auftritts-/Sendeabstand *(engl. Minimum Distance)* $T_{\min,i}$ gibt an, welcher Mindestabstand zwischen zwei aufeinander folgenden Tasks t_i oder Nachrichten m_i eingehalten werden muss.

Definition 6.16 (Jitter). Der Jitter beschreibt die Abweichung eines Tasks t_i oder einer Nachricht m_i von dem definierten Aktivierungs-/Sendezeitpunkt (Periode). Es wird zwischen Eingangsjitter J_{in} und Ausgangsjitter J_{out} unterschieden. Während der Eingangsjitter sich auf den Aktivierungszeitpunkt bezieht, bezieht sich der Ausgangsjitter auf das Ende einer Ausführung oder Übertragung.

In Abb. 6.3 ist exemplarisch ein Eingangsereignisstrom mit drei Ereignissen $e_{\text{in},1}, \ldots, e_{\text{in},3}$ gezeigt. Das Ereignis $e_{\text{in},2}$ ist gegenüber seiner spezifizierten Periode T_{in} um den Jitter J_{in} verschoben. Der Eingangsjitter liegt auch am Ausgang bei Ereignis $e_{\text{out},2}$ vor.

Für die Beschreibung des Jitters ist der Bezugspunkt, zu dem der Jitter existiert entscheidend. Der Jitter lässt sich somit noch verfeinern in folgende Definitionen:

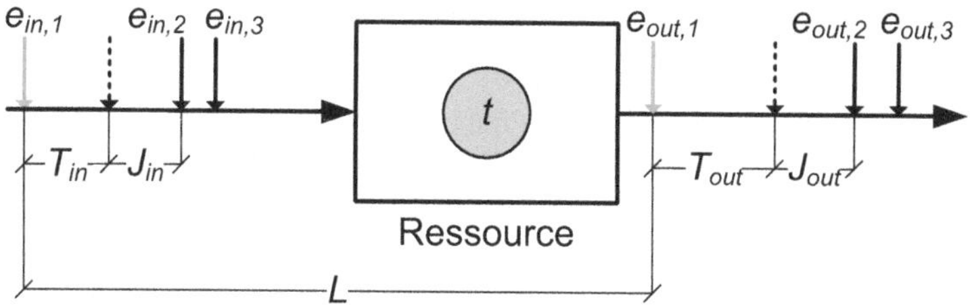

Abb. 6.3 Beispiel für einen Task und Eingangsereignisstrom E_{in} sowie dem resultierenden Ausgangsereignisstrom E_{out}

Definition 6.17 (Absoluter Jitter). Der absolute Jitter J_a gibt die maximale Abweichung an, welche über die gesamte Zeit zwischen den Instanzen eines Tasks oder einer Nachricht auftritt. Dabei gilt für den absoluten Eingangsjitter:

$$J_{a\_in,i} = \max_k (b_{i,k} - a_{i,k}) - \min_k (b_{i,k} - a_{i,k}) \tag{6.4}$$

Für den relativen Ausgangsjitter gilt:

$$J_{a\_out,i} = \max_k (c_{i,k} - a_{i,k}) - \min_k (c_{i,k} - a_{i,k}) \tag{6.5}$$

Definition 6.18 (Relativer Jitter). Der relative Jitter J_r gibt die Abweichung von zwei aufeinanderfolgenden Instanzen eines Tasks oder einer Nachricht an. Für den relativen Eingangsjitter gilt:

$$J_{r\_in,i} = \max_k \left|(b_{i,k} - a_{i,k}) - (b_{i,k-1} - a_{i,k-1})\right| \tag{6.6}$$

Für den relativen Ausgangsjitter gilt:

$$J_{r\_out,i} = \max_k \left|(c_{i,k} - a_{i,k}) - (c_{i,k-1} - a_{i,k-1})\right| \tag{6.7}$$

Definition 6.19 (Latenzzeit). Die Latenzzeit L – in unterschiedlichen Zusammenhängen auch Reaktionszeit, Verweilzeit oder Verzögerungszeit (engl. Delay) genannt – ist der Zeitraum zwischen einer Aktion (bzw. einem Ereignis) und dem Eintreten der resultierenden Reaktion.

Definition 6.20 (Offset). Der Offset T_{off} beschreibt die Zeit, die nach dem Systemstart gewartet wird, bis ein Task t_i zum ersten Mal ausgeführt bzw. eine Nachricht m_i zum ersten Mal verschickt wird.

Definition 6.21 (Auslastung). Die Auslastung U *(engl. Utilization)* beschreibt die Belegung einer Ressource. Für n unabhängige periodische Tasks t_i, für die gilt, dass deren Perioden T_i gleich deren Deadlines d_i sind, kann die Auslastung U wie folgt berechnet werden:

$$U = \sum_{i=1}^{n} \frac{C_i}{T_i} \tag{6.8}$$

6.3 Ereignismodelle

Für die Beschreibung von Ereignissen haben sich sogenannte Ereignismodelle etabliert. Im Folgenden werden aufbauend auf dem *Standardereignismodell* die im automotive Umfeld verwendeten Modelle erläutert.

6.3.1 Standard Ereignismodelle

In der Literatur sind häufig folgende Ereignismodelle zu finden:

- **Zyklisch:** Ein Ereignis ist *zyklisch*, wenn es mit einer festen Periode T auftritt (siehe Abb. 6.4a).
- **Zyklisch mit Jitter:** Ein zyklisches Ereignis kann zusätzlich noch mit einem *Jitter* behaftet sein. Ein solches Ereignis hat eine feste Periode T sowie einen Jitter J, der die Abweichung von der Periode T beschreibt (Abb. 6.4b).
- **Zyklisch mit Bursts:** Ein zyklisches Ereignis kann in bestimmten Fällen auch burstartig auftreten (Abb. 6.4c). Dies ist dann der Fall, wenn der Jitter größer als die Periode des Ereignisses ist. Ein solches Ereignis hat eine feste Periode T, einen Jitter J, mit $J > T$ und einen sogenannten *minimalen Sendeabstand* $T_{\min}$, welcher zwischen zwei aufeinander folgenden Ereignissen eingehalten wird.

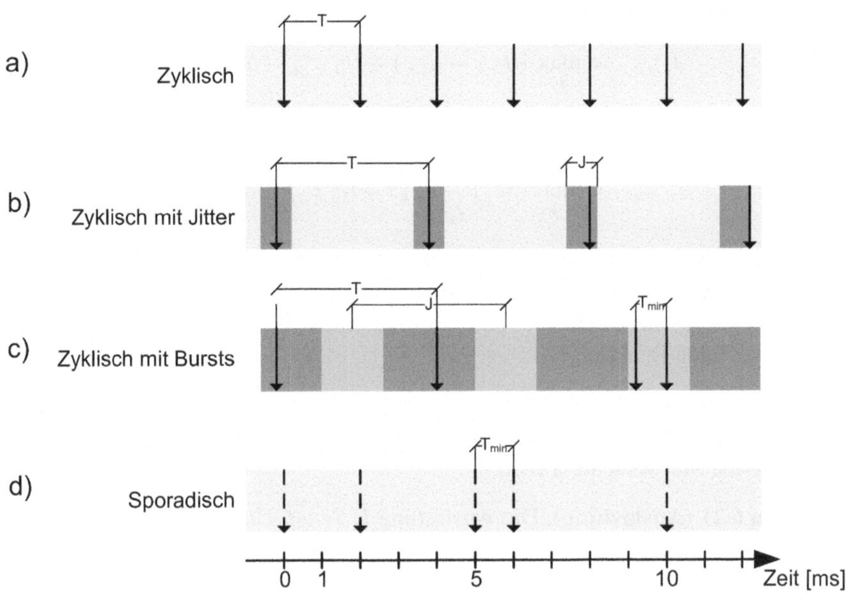

Abb. 6.4 Dargestellt sind die vier Standardereignismodelle: **a** Rein zyklische Ereignisse, **b** zyklische Ereignisse mit Jitter, **c** zyklische Ereignisse mit Bursts und **d** sporadische Ereignisse mit einem Mindestabstand $T_{\min}$

- **Sporadisch:** Ein Ereignis ist *sporadisch*, wenn dieses ein zufälliges Auftrittsverhalten hat. Ein solches Ereignis hat keine Periode und kann nur über den minimal Sendeabstand T_{min} beschrieben werden (Abb. 6.4d).

6.3.2 Ereignismodelle in AUTOSAR

Innerhalb des Kommunikationsmoduls von AUTOASR (COM) wird zwischen den *Sendeeigenschaften (engl. transfer properties)* eines Signal und den *Übertragungsmodi (engl. transmission modes)* für I-PDUs unterschieden [AUT08b]. Die drei folgenden Sendeeigenschaften sind für Signale definiert:

- **Triggered:** Ein Signal mit der Sendeeigenschaft *triggered* startet das sofortige Versenden der entsprechenden I-PDU, sofern diese nicht mit den Übertragungsmodi *Periodic* oder *None* gekennzeichnet ist.
- **Pending:** Ist ein Signal mit der Sendeeigenschaft *Pending* definiert, so hat die Änderung eines Signals keinerlei Auswirkung auf die Versendung der entsprechenden I-PDU.
- **Triggered on Change:** Ein Signal mit der Sendeeigenschaft *triggered on change* startet das sofortige Versenden der entsprechenden I-PDU, sofern sich der Wert des Signals von dem lokal gespeicherten Wert unterscheidet. Eine solche Versendung einer I-PDU ist nur dann möglich, wenn dieser als Übertragungsmodus entweder *Mixed* oder *Direct* zugewiesen ist.

Als Übertragungsmodi für die Versendung von I-PDUs sind in AUTOSAR vier verschiedene Arten definiert.

- **Zyklisch:** Der Übertragungsmodus *Periodic (= zyklisch)* bedingt ein periodisches Versenden einer I-PDU mit einer Periode T (Abb. 6.5a).
- **Mixed:** Über den Übertragungsmodus *Mixed (= gemischt)* wird eine I-PDU zyklisch mit einer Periode T versendet. Zusätzlich kann die I-PDU innerhalb ihrer Periode auch noch spontan versendet werden (Abb. 6.5b).
- **Direct:** Der Übertragungsmodus *Direct (= sporadisch)* beschreibt ein sofortiges Versenden der I-PDU (Abb. 6.5c).
- **None:** Über den Übertragungsmode *None (= keine)* wird die Versendung einer I-PDU nicht vom COM-Modul der AUTOSAR-Basis-Software angestoßen. Ein Versenden einer solchen I-PDU kann nur über eine spezielle *Callback Funktion* erfolgen.

6.3.3 Ereignismodelle beim CAN-Bus

Für heutige Fahrzeuge mit komplexer CAN-Vernetzung werden die Eigenschaften von CAN-Nachrichten, deren Inhalt und die Sender-Empfänger-Beziehungen

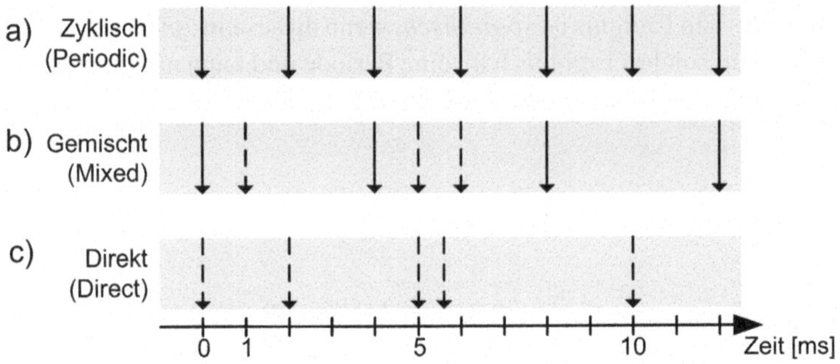

Abb. 6.5 Dargestellt sind die drei Ereignismodelle, die auf COM-Ebene in AUTOSAR beschrieben sind: **a** Zyklisches Ereignis, **b** Gemischtes Ereignis und **c** Direktes Ereignis

zur Entwurfszeit festgelegt. Für die Beschreibung des Sendeverhaltens können verschiedene Ereignismodelle zum Einsatz kommen. Einige populäre Modelle werden im Folgenden näher erläutert. Abbildung 6.6 gibt eine Übersicht über die beschriebenen Ereignismodelle. In diesem Fall ist auch von *Sendearten* die Rede.

- **Zyklisch:** Nachrichten mit der Sendeart *Zyklisch (engl. cyclic)* werden permanent mit einer festen Periode T versendet. Die Sendeart Zyklisch entspricht den gleichnamigen Ereignismodellen im Standardfall und bei AUTOSAR (Abb. 6.6a).
- **Spontan:** Bei der Sendeart *Spontan* können die Nachrichten zu beliebigen Zeitpunkten versendet werden. Um ein zu schnelles aufeinander folgendes Senden von Nachrichten zu entzerren, wird für jede Nachricht ein minimaler Sendeabstand T_{min} definiert. Dieser legt fest mit welchem Abstand zwei Nachrichten mit der selben Priorität verschickt werden dürfen. Die Sendeart Spontan verhält sich analog zu den Ereignismodellen Sporadisch (Standard Ereignismodell) und Direkt (AUTOSAR) (Abb. 6.6b).
- **Zyklisch und Spontan mit Verzögerung:** Die Nachrichten der Sendeart *Zyklisch und Spontan mit Verzögerung (engl. cyclic and spontan with delay)* werden mit fester Periode T versendet. Zusätzlich können die Nachrichten noch spontan versendet werden. Dabei gilt auch wie schon bei der Sendeart Spontan zusätzlich noch der Mindestsendeabstand T_{min}. Diese Sendeart kann über das Ereignismodell Mixed von AUTOSAR abgebildet werden (Abb. 6.6c).
- **Zyklisch bei aktiver Funktion:** Nachrichten mit der Sendeart *Zyklisch bei aktiver Funktion (engl. cylic if active function)* werden bei der Aktivierung einer Funktion mit einer festen Periode T zyklisch versendet. Sobald die Funktion deaktiviert wird, erfolgt (ggf. mit einer definierten Nachlaufzeit) kein Senden mehr dieser Nachricht (Abb. 6.6d).
- **Schnell bei aktiver Funktion:** Nachrichten mit der Sendeart *Schnell (engl. if active fast)* werden permanent mit konstanter Periode T_1 versendet. Bei Aktivierung einer Funktion, die dieser Nachricht zugeordnet ist, verschickt das Steuergerät die Nachricht mit einer kleineren Periode T_2. Beide Periodenlängen für die passive und aktive Funktion sind statisch definiert (Abb. 6.6e).

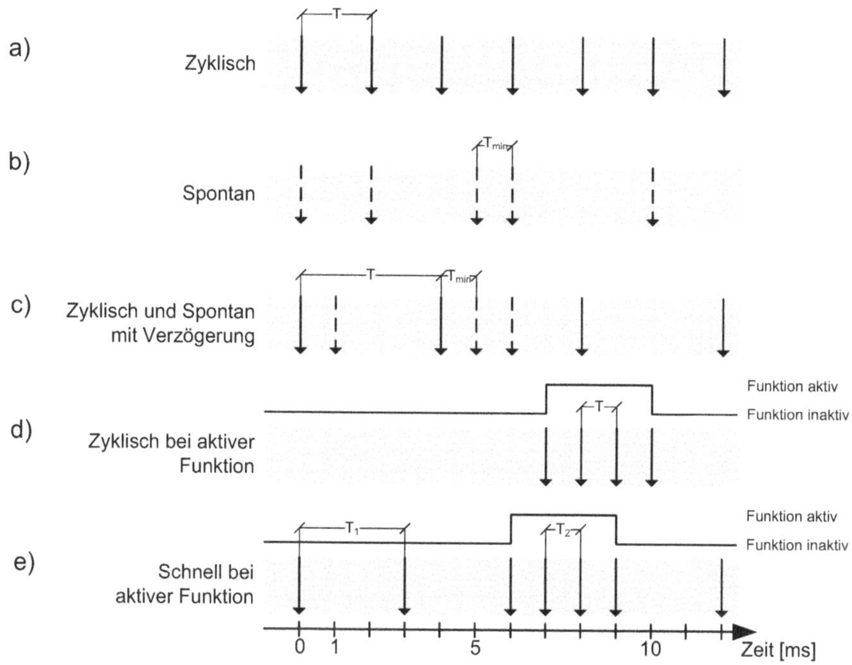

Abb. 6.6 Dargestellt sind typische Sendearten, die für die Beschreibung von CAN-Nachrichten verwendet werden

6.4 Offsets

Zusätzlich zu den Ereignismodellen, mit denen ein Task aktiviert oder eine Nachricht versendet wird, können für Tasks und im speziellen CAN-Nachrichten sogenannte *Offsets* vergeben werden. Ein Offset bedingt eine Verzögerung des ersten Aufrufs eines Tasks oder das Versenden einer CAN-Botschaft. Im Folgenden soll speziell auf die Vergabe von Offsets für CAN-Botschaften eingegangen werden. Die Ausführungen können nahezu analog auf Tasks angewandt werden.

Offsets können für zyklische CAN-Nachrichten des selben Steuergeräts definiert werden. Ein Offset gibt dabei die Zeitdauer an, die nach dem Aufstarten (d. h. der COM-Task ist initialisiert) eines Steuergerätes für die jeweilige Nachricht gewartet werden muss bis eine Nachricht erstmalig verschickt wird. In Abb. 6.7 ist ein Beispiel für das Versenden von fünf zyklischen Nachrichten durch zwei Steuergeräte dargestellt. Im obereren Teil sind keine Offsets vergeben. Die beiden Steuergeräte beginnen gleichzeitig ihre zyklischen Nachrichten zu versenden. Gemäß ihrer Priorität werden die Nachrichten nacheinander auf dem Bus übertragen. Aufgrund der gemeinsamen Aktivierung von allen Nachrichten besteht kurzzeitig eine Buslast von 100 %, d. h. ein sogenannter Burst ist aufgetreten. Im unteren Teil der Abbildung 6.7

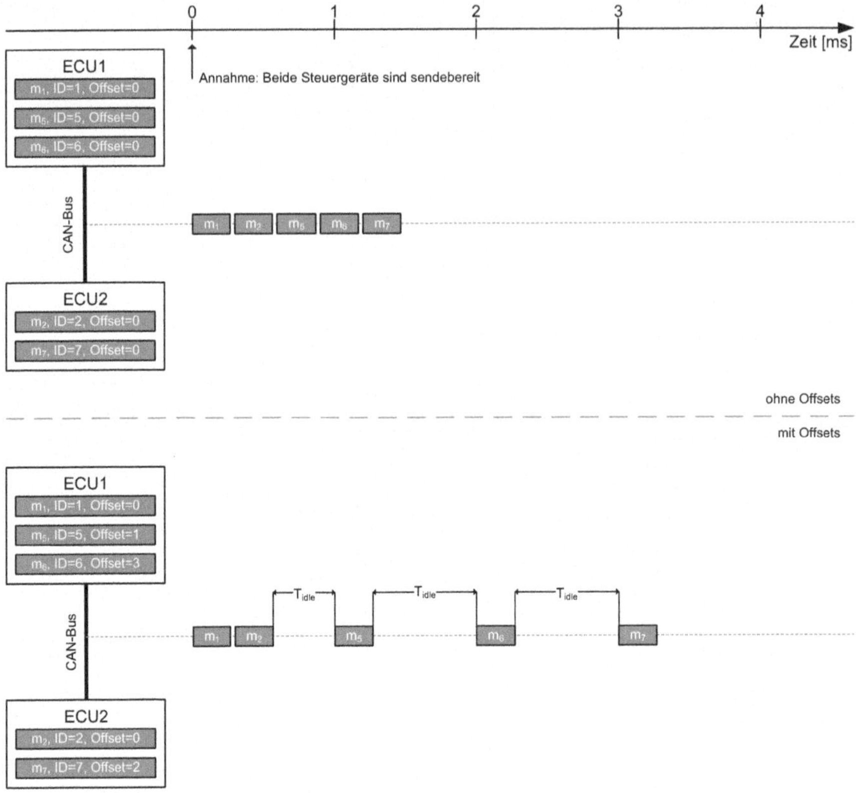

Abb. 6.7 Beispiel für eine CAN-Konfiguration mit (*oben*) und ohne (*unten*) Offsets

sind für die meisten Nachrichten Offsets vergeben. Nach der Sendebereitschaft der Steuergeräte werden nicht alle zyklischen Nachrichten sofort versendet. Die Nachrichten m_5, m_6 und m_7 werden das erste Mal durch den Offset zeitlich verzögert versendet. Dadurch entstehen Ruhephasen T_{idle} auf dem Bus. Dies hat den Vorteil, dass Nachrichten anderer Steuergeräte schneller den Buszugriff erhalten und in den Empfängern mehr Zeit für die Verarbeitung der zu empfangenden Daten zur Verfügung steht.

6.5 Kenngrößen für die Timing-Bewertung

Im Folgenden werden Kenngrößen eingeführt, welche für die Bewertung des zeitlichen Verhaltens von Systemen relevant sind. Die einzelnen Kenngrößen sind zum Teil bereits definiert und werden im Folgenden nochmal anhand eines Beispiels erläutert. Die Verfahren, welche für die Ermittlung der Kenngrößen zum Einsatz kommen, sind in den folgenden Kap. 7 bis 9 vorgestellt.

6.5.1 Kenngrößen für die Bewertung von Software

Ausführungszeiten

Die Ausführungszeiten C_i der einzelnen Tasks und Funktionen geben ein detailliertes Bild darüber, welche Funktionalität wie viel Rechenzeit auf einem Prozessor benötigt. Mit Hilfe dieser Informationen können besser Integrationsentscheidungen getroffen werden. Insbesondere bei bereits existierenden Steuergeräten, auf die weitere Funktionen integriert werden sollen, lassen sich hierüber und in Verbindung mit den Antwortzeiten exakte Aussagen ableiten, inwieweit die zusätzliche Funktionalität das Gesamtsystemverhalten beeinflusst und eine robuste Integration möglich ist.

Grundlast

Mit der Grundlast wird die Auslastung U eines Prozessors durch seine zyklischen Tasks bewertet. Die Abarbeitung von spontanen Ereignissen, welche zusätzliche Rechenzeit erfordern, werden hier typischerweise nicht mit berücksichtigt. Der ermittelte Wert für die Grundlast liefert eine Aussage wie viel freie CPU-Zeit zur Verfügung steht. Diese freie CPU-Zeit ist potentiell für die Abarbeitung der dynamischen Last verfügbar. In Abb. 6.8 ist der Auslastungsverlauf eines Prozessors dargestellt sowie dessen Grundlast.

Antwortzeiten

Über die Antwortzeiten R_i kann die Betriebssystemkonfiguration abgesichert werden, d. h. die sogenannte *Schedulability* – also die Eigenschaft, dass alle Tasks vor

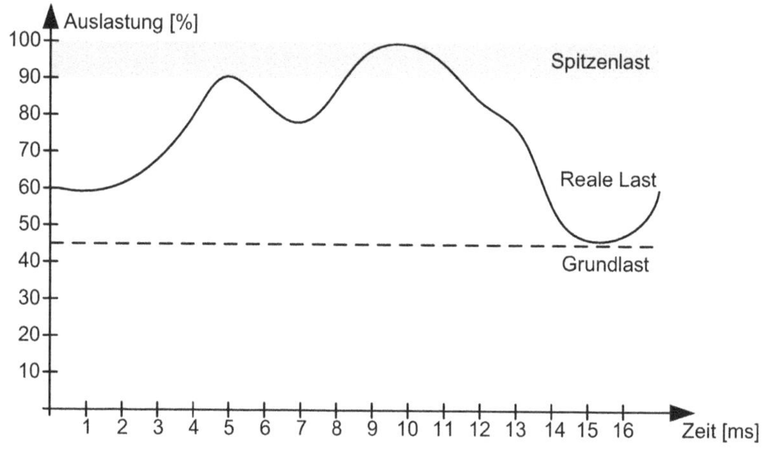

Abb. 6.8 Beispiel für die Auslastung eines Prozessors

ihrer Deadline D_i terminieren – wird nachgewiesen. Weiterhin können die Werte als Information für die Funktions-/Softwareentwickler dienen, um beispielsweise die Stabilität von Regelkreisen abzusichern.

Interruptverhalten

Das Verhalten der Interrupts ist eine wichtige Größe, welche maßgeblichen Einfluss auf das zeitliche Verhalten des Gesamtsystems hat. Da den Interrupts in den meisten Fällen spontane Ereignisse zugrunde liegen, haben diese einen erheblichen Einfluss auf die dynamische Auslastung des Systems.

Jitter

Der Jitter gibt an, wie stark ein Task im schlimmsten Fall von seiner Periode abweichen kann. Wie auch die Antwortzeit können die ermittelten Jitterwerte J_i als zusätzliche Information für den Funktions-/Softwareentwickler dienen, um reaktive Systeme sowie Regelkreise stabil auslegen zu können.

6.5.2 Kenngrößen für die Bewertung von Kommunikationssystemen

Periodische Grundlast

Die periodische Grundlast eines Busses umfasst alle Nachrichten, die laut der Buskonfiguration permanent zyklisch versendet werden. Analog zur Grundlast eines Prozessors, beschreibt der Wert die Grundauslastung eines Busses und stellt somit die untere Schranke dar.

Periodische Spitzenlast

Bei der periodischen Spitzenlast werden alle Nachrichten berücksichtigt, die ein zyklisches Verhalten haben, d. h. auch die Nachrichten, die nur bei einer aktiven Funktion oder nur in bestimmten Betriebsmodi versendet werden. Mit dem Wert der Spitzenlast kann eine Aussage getroffen werden wie viel freie Kapazität im schlimmsten Fall noch für dynamische Kommunikation zur Verfügung steht.

Dauer von Spitzenlasten

Die Dauer der Spitzenlast B, auch *Burst* genannt, beschreibt kritische Bereiche der Kommunikation, in denen ohne Unterbrechung Nachrichten gesendet werden. Ursache hierfür ist meist ein hoher Anteil an dynamischer Last (spontane Kommunikation).

Jitter

Der Jitter von Nachrichten entsteht beim CAN- und beim FlexRay-Bus im dynamischen Segment durch die Arbitrierung. Die Priorität einer Nachricht hat direkten Einfluss auf deren Jitter. Insbesondere in der Spezifikationsphase der Buskonfigurationen und des FlexRay-Schedules sollte dieser Einfluss berücksichtigt werden.

Antwortzeiten

Die Antwortzeit R_i ist ein Wert, der unmittelbar in das Systemverhalten einfließt. Der Wert stellt die tatsächliche Verzögerung vom Sendewunsch bis zum Empfang der Nachricht dar. Wenn also eine Nachricht an einem Sensor erzeugt wird, beschreibt R_i wann diese Nachricht bei einem Steuergerät ankommt und weiterverarbeitet werden kann.

Relative Antwortzeiten

Die relativen Antwortzeiten $R_{\mathrm{rel},i}$ sind ein Maß für das zeitliche Verhalten einer Botschaft im Bezug auf deren Deadline d_i. Ähnlich wie über den Slack (siehe Abschn. 6.2) kann damit eine Aussage getroffen werden wie viel Restzeit noch vorhanden ist. Für die relative Antwortzeit gilt:

$$
\begin{aligned}
R_{\mathrm{rel},i} &= \frac{R_i}{d_i} \text{ mit} \\
R_{\mathrm{rel},i} &< 1 : \text{Die Botschaft wird innerhalb der Deadline versendet} \\
R_{\mathrm{rel},i} &\geq 1 : \text{Die Botschaft wird nicht innerhalb der Deadline versendet} \qquad (6.9)
\end{aligned}
$$

In Abb. 6.9 ist ein Beispiel für die ermittelten relativen Antwortzeiten einer CAN-Konfiguration aufgezeigt. Die Nachrichten mit der Priorität 1, 15, 98, 101, 271 und 308 werden alle innerhalb ihrer Deadline übertragen. Die Nachricht mit der Priorität 399 liegt genau auf der Grenze des kritischen Bereiches. Im vorliegenden Beispiel beginnt der kritische Bereich bei $\geq 80\,\%$. Die Nachricht mit der Priorität 375 hat eine relative Antowrtzeit von $> 100\,\%$, d. h. die Deadline wird im schlimmsten Fall überschritten (Antwortzeit > Deadline).

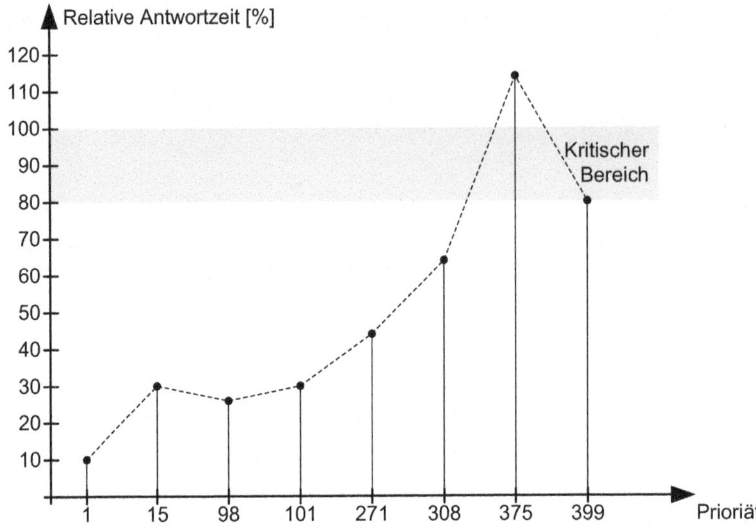

Abb. 6.9 Dargestellt sind die relativen Antwortzeiten für eine Menge von CAN-Nachrichten

6.5.3 Kenngrößen für die Bewertung von verteilten Systemen

Kommunikationslast

Die Kommunikationslast *(in Bit/s)* zwischen Funktionen gibt an wie viele Informationen zwischen den einzelnen Funktionen ausgetauscht werden. Dieser Wert ist ein wichtiges Maß, um robuste Partitionierungsentscheidungen treffen zu können. Durch ein Zusammenfassen von Funktionen, die viele Daten untereinander austauschen, kann die Kommunikationslast auf den Kommunikationssystemen reduziert werden. In Abb. 6.10 sind drei Funktionen sowie deren Kommunikationsaufkommen untereinander dargestellt. Durch die Partitionierung der Funktion 1 und Funktion 2 auf einem Steuergerät (ECU 1) liegt das resultierende Kommunikationsaufkommen auf dem CAN-Bus nur bei 29,5 kBit/s.

Ende-zu-Ende Latenzzeiten

Bei den Ende-zu-Ende Latenzzeiten ist zwischen reaktiven und regelungstechnischen Systemen zu unterscheiden. Bei reaktiven Systemen ist die Reaktionszeit L_{ft} von Interesse, d. h. die längste Zeitdauer, die im schlimmsten Fall für die Übertragung benötigt wird. In Abb. 6.11 ist ein Beispiel für die Reaktionszeit aufgezeigt. Die beiden Tasks t_1 und t_2 sind auf dem Steuergerät $ECU1$ partitioniert. Die Interrupt-Service-Routine t_3 läuft auf $ECU2$. Die Übermittlung der Daten zwischen $ECU1$ und $ECU2$ erfolgt auf dem Bus über die Nachricht m_2. Tabelle 6.1 zeigt die wichtigesten Eigenschaften der relevanten Tasks und der Nachricht.

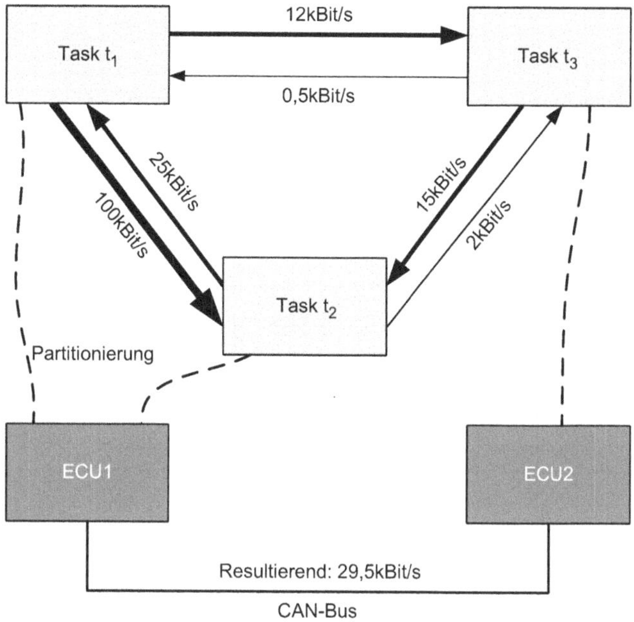

Abb. 6.10 Beispiel für drei Funktionen und deren Kommunikationsaufkommen untereinander sowie die resultierende Kommunikationslast auf dem CAN-Bus nach der Partitionierung

Tabelle 6.1 Eigenschaften der Tasks und der Nachricht

Name	Typ	Priorität	Zykluszeit
t_1	Task	25	50 ms
t_2	Task	24	100 ms
t_3	ISR	255	
m_2	Nachricht	15	100 ms

Als Ende-zu-Ende Latenzzeit ist der Pfad von der Aktivierung des Tasks t_1 bis zur vollständigen Ausführung der Interrupt-Service-Routine t_3 von Interesse. Der beste Fall, d. h. die kleinstmögliche Latenzzeit $L_{\text{ft\_min}}$ ist im linken Teil der Abbildung 6.11 aufgezeigt. Der schlechteste Fall, d. h. die längste Verzögerung zeigt der rechte Teil der Abb. 6.11. Die Verzögerung von Task t_2 und der Nachricht m_2 wird durch höherpriore Tasks bzw. Nachrichten verursacht.

Bei Regelungssystemen sind der Jitter und das maximale Alter der Daten L_{age} von Relevanz. Abbildung 6.12 zeigt ein Beispiel für das Datenalter. Die Partitionierung der Tasks ist identisch zum Beispiel der Reaktionszeit mit dem einzigen Unterschied, dass t_3 ein Task ist. Tabelle 6.2 listet die relevanten Eigenschaften der Tasks und der Nachricht des Beispiels auf.

In diesem Fall ist nun nicht die Reaktionszeit von Interesse, sondern wie lange im schlimmsten Fall am Ausgang von Task t_3 die gleichen Daten anliegen. Da Task

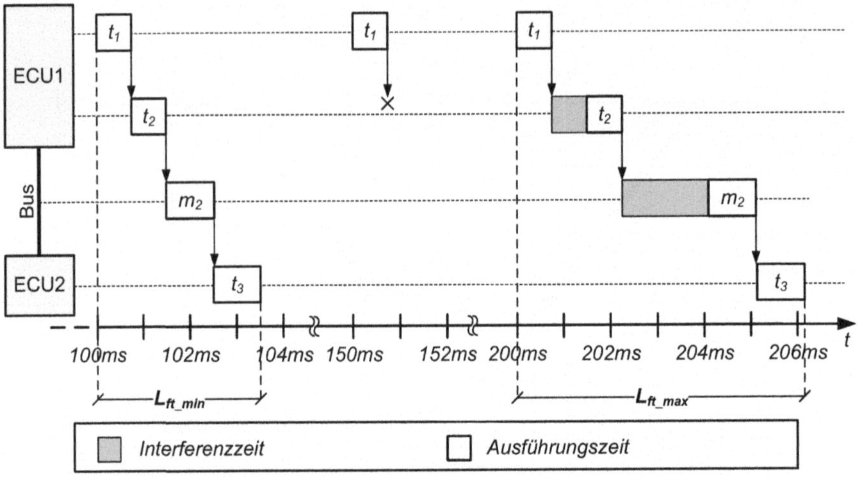

Abb. 6.11 Beispiel für die Reaktionszeit L_{ft}: dargestellt sind der beste Fall $L_{\mathrm{ft\_min}}$ und der schlimmste Fall $L_{\mathrm{ft\_max}}$

Tabelle 6.2 Eigenschaften der Tasks und der Nachricht

Name	Typ	Priorität	Zykluszeit
t_1	Task	25	50 ms
t_2	Task	24	50 ms
t_3	ISR	255	10 ms
m_2	Nachricht	15	50 ms

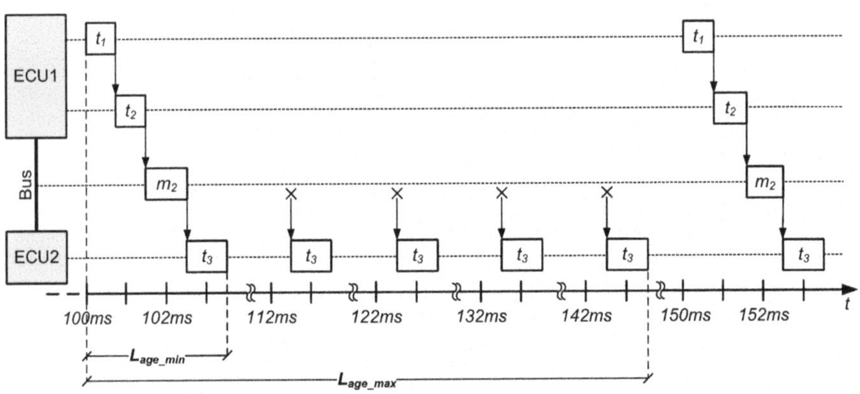

Abb. 6.12 Beispiel für die beiden Ende-zu-Ende-Latenzzeiten: minimales Datenalter $L_{\mathrm{age\_min}}$ und maximales Datenalter $L_{\mathrm{age\_max}}$

t_3 mit einer fünfmal schnelleren Zykluszeit aufgerufen wird, als die vorgelagerten Tasks t_1 und t_2 findet eine *Überabtastung* statt, d. h. der Task t_3 erhält nur jedes fünfte Mal einen aktualisierten Wert. Das minimale Datenalter L_{age_min} und das maximale Datenalter L_{age_max} sind in Abb. 6.12 dargestellt. Eine exakte mathematische Beschreibung ist in [FRN08] zu finden.

Kapitel 7
Timing-Bewertung von Software

Die zeitliche Verhalten von einzelnen Tasks auf einem Prozessor stellt einen wichtigen Bestandteil dar, um das zeitliche Verhalten von vernetzten Systemen zu bestimmen. Hierbei wird das Zusammenspiel mehrerer Tasks und das Scheduling dieser Tasks auf einem Steuergerät vernachlässigt. Allerdings können die Ergebnisse dieser Bewertung herangezogen werden, um abzuschätzen welche bzw. wie viele Tasks auf der gleichen CPU laufen können. Hierfür kann das zeitliche Verhalten eines Tasks auf verschiedene Arten ermittelt und bewertet werden. In diesem Kapitel sind drei Ansätze beschrieben, zu denen 1.) die analytische, 2.) die simulative und 3.) die experimentelle Laufzeitbewertung gehören.

7.1 Analytische Bestimmung der Ausführungszeiten

Bei der Timing-Bewertung von Software wird davon ausgegangen, dass ein Programm oder ein Stück Software auf einer CPU alleine läuft und sich die Ressource mit keinem anderen Programm oder Betriebssystem teilen muss. Es geht hierbei nur um die Frage, wie lange es im schlimmsten Fall dauert ein einziges Programm einmal auszuführen. Um diese Frage zu beantworten, müssen im Wesentlichen das zu analysierende Programm und der Zielprozessor bekannt sein. Das Programm, dessen Laufzeit bestimmt werden soll, darf nicht (nur) in einer Programmiersprache vorliegen, sondern muss als ausführbares Programm für einen bestimmten Zielprozessor vorhanden sein. Dies ist wichtig, da Compiler etliche Optimierungen vornehmen, die einen Einfluss auf die Laufzeit haben. Der Zielprozessor muss bekannt sein, da die Laufzeit eines Programms auch von der Pipeline-, Cache-, und Peripherieanbindung abhängt (siehe Kap. 4).

Mit diesen Informationen kann die sogenannte *Worst-Case-Execution-Time*-Analyse (WCET-Analyse) im Prinzip starten. Allerdings stellt sich die Frage, ob tatsächlich beliebige Programme analysiert werden können. Um diese Frage zu beantworten, zeigt folgendes Gedankenexperiment welche Einschränkungen existieren.

T. Streichert, M. Traub, *Elektrik/Elektronik – Architekturen im Kraftfahrzeug*,
DOI 10.1007/978-3-642-25478-9_7, © Springer-Verlag Berlin Heidelberg 2012

Gegeben ist ein Testprogramm TEST(xyz,dat). Das Programm gibt JA zurück, wenn ein Programm xyz mit den Eingabedaten dat terminiert, ansonsten gibt es NEIN zurück. Ein weiteres Programm ÜBERLISTE-TEST(P), das als Übergabeparameter P bekommt, besteht aus einer IF-ELSE-Abfrage, die im ELSE-Pfad eine WHILE-Schleife hat:

```
program ÜBERLISTE-TEST (P) {
   var i, k : Integer;

   if (TEST(P, P) == "NEIN")
      exit;
   else {
      i := 1;
      k := 0;
      while (i != 0)
          k++;
   }
}
```

Nun wird das Programm ÜBERLISTE-TEST(ÜBERLISTE-TEST) ausgeführt. Unter der Annahme, dass ÜBERLISTE-TEST(ÜBERLISTE-TEST) anhält, muss TEST(ÜBERLISTE-TEST, ÜBERLISTE-TEST) das Ergebnis NEIN geliefert haben, was aber bedeutet, dass ÜBERLISTE-TEST(ÜBERLISTE-TEST) nicht anhält! Unter der Annahme, dass ÜBERLISTE-TEST(ÜBERLISTE-TEST) nicht anhält, muss TEST(ÜBERLISTE-TEST, ÜBERLISTE-TEST) das Ergebnis JA geliefert haben, denn nur dann gerät ÜBERLISTE-TEST in seine Endlos-Schleife. Wenn aber TEST(ÜBERLISTE-TEST, ÜBERLISTE-TEST) JA liefert, heißt das, dass ÜBERLISTE-TEST(ÜBERLISTE-TEST) anhält! In beiden Fällen kommt es also zu einem Widerspruch, womit gezeigt wäre, dass die Ausführungszeiten von beliebigen Programmen nicht analysierbar sind, da noch nicht einmal gezeigt werden kann, dass das Programm tatsächlich anhält. Um dennoch eine Aussage über die WCET treffen zu können, müssen gewisse Einschränkungen gelten, auf die in Abschn. 7.1.2 eingegangen wird.

7.1.1 Worst-Case-Execution-Time-Analyse

Die WCET-Analyse besteht aus zwei Teilproblemen, 1. der Programmpfadanalyse und 2. der Architekturmodellierung [PT06]. Die Programmpfadanalyse ermittelt die Sequenz an Instruktionen, die im ungünstigsten Fall ausgeführt wird. Durch die Architekturmodellierung wird beschrieben, welche Einflüsse sich durch Pipelines, Caches und die Peripherie auf die Laufzeit ergeben.

7.1.1.1 Programmpfadanalyse

Die Programmpfadanalyse extrahiert aus einem gegebenen Programm die möglichen Pfade durch das Programm. Der Quelltext eines Programms ist hierfür nur

```
int k=0;
for (i=0; i<10; i++){
  if (k<i) {
    k=k+2;
  }
  else {
    k=i;
  }
}
return k;
```

Programm-Code

```
(1) k := 0
(2) i := 0
(3) if k >= i goto (6)
(4) k := k + 2
(5) goto (7)
(6) k := i
(7) i := i + 1
(8) if i<10 goto (3)
(9) store k, 0x800
```

Maschinen-Code

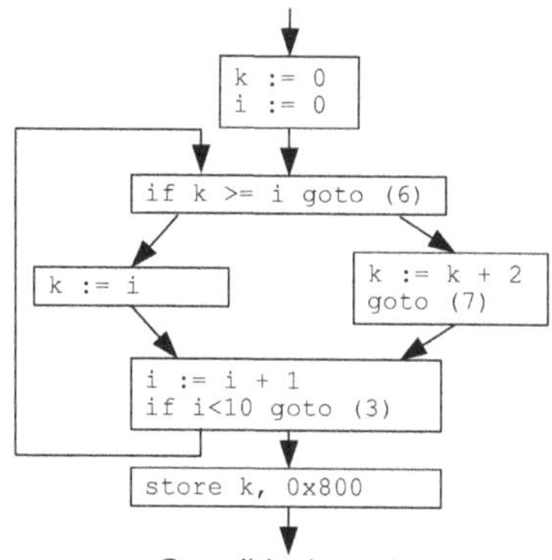

Grundblockgraph

Abb. 7.1 Funktionalität, die in einer Programmiersprache (*links*) geschrieben ist, muss zunächst in Maschinen-Code (*mitte*) übersetzt werden bevor ein Grundblockgraph (*rechts*) extrakiert werden kann

sehr bedingt geeignet, da bei der Übersetzung in eine Maschinensprache ein Compiler etliche Optimierungen vornimmt. Hierzu zählen beispielsweise Eliminierung von totem Code, Erkennung ungenutzter Variablen, Optimierung von Schleifen, Einfügen von Funktionen, etc. Diese Optimierungen haben großen Einfluss auf die Laufzeit eines Programms und müssen somit bei der WCET-Analyse berücksichtigt werden. Liegt nun der Maschinen-Code vor, kann der erste Teil der Programmpfadanalyse starten – die Grundblockextraktion.

Ein Grundblock ist eine Folge fortlaufender Anweisungen, in die der Kontrollfluss am Anfang eintritt und die er am Ende verlässt, ohne dass er dazwischen anhält oder verzweigt. Um den Anfang eines Grundblocks zu definieren wird der Maschinen-Code von vorne nach hinten durchgegangen und bei jeder Zeile überprüft, ob eine der folgenden Bedingungen zutrifft:

- Ist der Befehl der erste im Programm, ist er ein Blockanfang.
- Ist der Befehl das Ziel eines bedingten oder unbedingten Sprungs, ist er ein Blockanfang.
- Folgt der Befehl direkt auf einen bedingten oder unbedingten Sprung, ist er ein Blockanfang.

Zu jedem der identifizierten Blockanfänge gehört ein Grundblock. Ein Grundblock besteht aus dem Blockanfang und aus allen folgenden Befehlen bis zum nächsten Blockanfang (exklusive diesem) oder bis zum Ende des Programms. Die Grundblöcke werden zu einem Grundblockgraphen zusammengefasst, in dem die möglichen Übergänge von einem Grundblock zu einem anderen dargestellt sind.

Ein Beispiel für den ersten Teil der Programmpfadanalyse ist in Abb. 7.1 gezeigt. Der Programm-Code wird in Maschinen-Code übersetzt, aus dem sechs Grundblöcke extrahiert und in einem Grundblockgraphen zusammengefasst werden.

Der zweite Teil der Programmpfadanalyse soll die Frage klären, wie oft ein Grundblock durchlaufen wird. Hierfür müssen die einzelnen Blöcke in Form eines

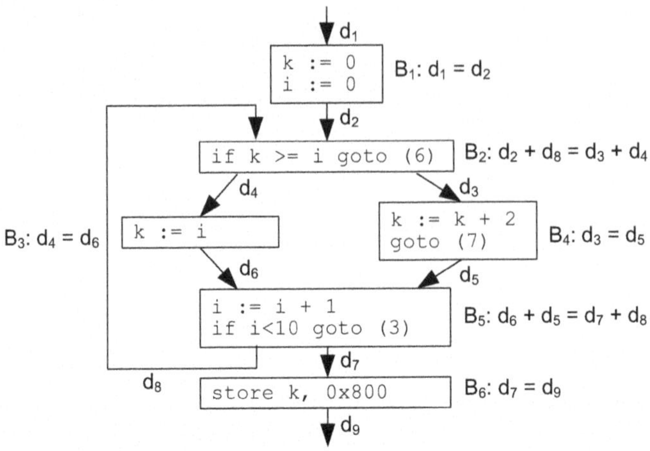

Abb. 7.2 Die Variablen d_i an den Kanten des Grundblockgraphen geben an wie oft eine Kante durchlaufen wurde. Jeder Grundblock hat strukturelle Beschränkungen B_i annotiert. Hierdurch werden die eingehenden und ausgehenden Kanten in Zusammenhang gebracht

(Un-)Gleichungssystems in Beziehung gesetzt werden. Dies geschieht, indem jeder Übergang zwischen zwei Blöcken mit einer Variable d_i annotiert wird. Diese Variable drückt die Häufigkeit aus, mit der ein Block durch diesen Übergang aufgerufen wird. In dem bereits bekannten Beispiel aus Abb. 7.2 gibt es neun Übergänge und somit auch neun Variablen. Da jeder Grundblock genau sooft verlassen wie er aufgerufen wird, muss die Summe der Variablen am Eingang gleich der Summe der Variablen am Ausgang sein. Diese Gleichungen sind an jeden Block in Abb. 7.2 geschrieben. Weiterhin kann dieses Gleichungssystem noch durch sogenannte *funktionale Beschränkungen* erweitert werden. In dem gegebenen Programm ist zum Beispiel bekannt, dass die `for`-Schleife genau zehn Mal durchlaufen wird. Es muss also gelten $d_2 + d_8 \stackrel{!}{=} 10$. Alternativ können auch Ungleichungen definiert werden, die eine Variable d_i nach oben oder unten begrenzen. Grundsätzlich ist es nicht in allen Fällen möglich solche funktionalen Beschränkungen automatisch zu bestimmen. Deshalb bietet es sich an gerade bei verschachtelten Konstrukten dies manuell zu tun.

Die *Worst-Case-Execution-Time* kann nun folgendermaßen bestimmt werden:

$$WCET = \max \left\{ \sum_{i=1}^{N} C_i x_i \quad \text{wobei gelten muss} \right.$$

$$d_1 = 1 \wedge$$

$$\sum_{j \in \text{Eingang}(B_i)} d_j = \sum_{k \in \text{Ausgang}(B_i)} d_k = x_i \quad \text{mit } i = 1, \ldots, N \wedge$$

$$\left. \text{funktionale Beschränkungen} \right\} \tag{7.1}$$

Der Wert x_i beschreibt in dieser Gleichung die Häufigkeit, mit der ein Grundblock B_i aufgerufen wird. Die Variable C_i beschreibt die Ausführungszeit eines Grundblocks. Das Problem, das mit dieser Formel beschrieben wird, ist ein Optimierungsproblem, bei dem die WCET maximiert werden soll. Solche Probleme lassen sich mit der sogenannten *ganzzahlig linearen Programmierung* (engl. Integer Linear Programming, ILP) lösen. Wie solche ILP-Probleme gelöst werden, ist im Anhang A beispielhaft beschrieben. Als Ergebnis dieser Optimierung erhält man die Werte der Variablen d_i und die *WCET*.

Ein Parameter ist bei dieser Optimierung allerdings noch unbekannt. Die Ausführungszeit C_i eines Grundblocks hängt von der Prozessorarchitektur ab.

7.1.1.2 Architekturmodellierung

Nach der Programmpfadanalyse ist bekannt, welche Blöcke wie oft durchlaufen werden. Diese Information steckt in x_i. Wir wissen aber noch nicht wie viel Zeit ein Block auf einer CPU benötigt. Diese Information steckt in C_i. Um dies zu entscheiden, muss die Prozessorarchitektur mit berücksichtigt werden. Es gibt im Wesentlichen zwei Möglichkeiten für die Ermittlung der Ausführungszeit eines Grundblocks:

- Instruction-Timing-Addition (ITA): Die Ausführungszeit jeder einzelnen Instruktion eines Grundblocks oder entlang eines Pfadsegments wird aufaddiert. Die benötigten Zeiten müssen in Form einer Tabelle vorliegen und werden während der eigentlichen Analyse ausgelesen und aufakkumuliert. Bezüglich der Analysedauer ist dies ein sehr effizienter Ansatz.
- Path-Segment-Simulation (PSS): Der Grundblock oder das Pfadsegment wird durch ein zyklengenaues Prozessormodell simuliert.

Auf die Methode der *Path-Segment-Simulation* soll hier nicht weiter eingegangen werden, da sie aus methodischer Sicht einer Prozessorsimulation entspricht, auf die später noch eingegangen wird. Stattdessen werden im Folgenden die Grenzen und Möglichkeiten der *Instruction-Timing-Addition* aufgezeigt.

Bei der *Instruction-Timing-Addition* wird die benötigte Zeit für jede einzelne Instruktion aufaddiert. Die Frage, die sich hierbei stellt ist wie viel Zeit eine Instruktion benötigt, um aus dem Speicher geladen zu werden und durch die Pipeline zu laufen. Sind in dem Speichersystem Caches vorgesehen, kann es zu einem Cache-Hit oder Cache-Miss kommen. Bei einem Cache-Hit kann die Instruktion aus dem schnellen Cache geladen werden, während bei einem Cache-Miss die Instruktion erst aus dem langsamen Hauptspeicher geladen werden muss. Diese Eigenschaft lässt sich für ITA anhand des Beispiels aus Abb. 7.3 erklären. Dargestellt sind vier Grundblöcke, die in vier Programmsegmente (B_1 mit $B_{2,1}$, $B_{2,2}$, B_3, und B_4) unterteilt werden. Hierbei wird deutlich, dass die Programmsegmente, die in den Cache geladen werden nicht mit den Grundblöcken übereinstimmen müssen. Der betrachtete Cache ist ein sogenannter *Direct-Mapped-Cache*, bei dem jedes Programmsegment genau einem Cache-Block direkt zugewiesen werden kann. Bei dem untersten

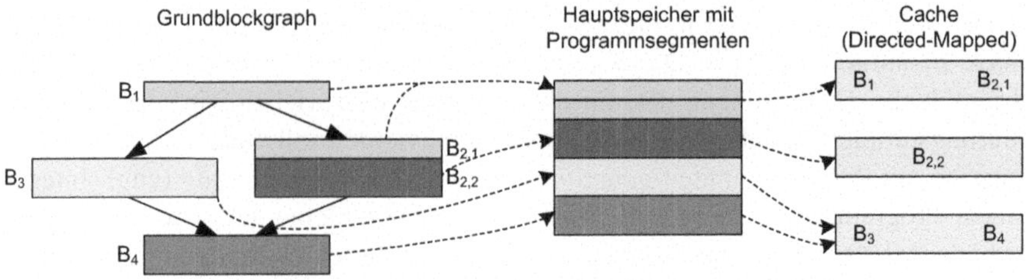

Abb. 7.3 Dargestellt ist ein Grundblockgraph mit vier Grundblöcken $B_1 - B_4$, ein *direct-mapped Cache* mit drei Cache-Blöcken und der Abbildung von Grundblöcken auf die Cache-Blöcke. Die Grundblöcke B_1 und $B_{2,1}$ passen in einen Cache-Block, die Grundblöcke B_3 und B_4 stehen im Konflikt um den untersten Grundblock, und der Block $B_{2,2}$ hat den mittleren Cache-Block für sich exklusiv

Cache-Block stehen zwei Programmsegmente (B_3, B_4) des Grundblockgraphen in Konflikt, da die Ausführung eines Programmsegments zu einer Verdrängung eines anderen Programmsegments aus dem Instruktions-Cache führt. $B_{2,2}$ steht nicht in Konflikt mit einem anderen Block. Die Blöcke B_1 und $B_{2,1}$ spielen eine besondere Rolle: Ein Cache-Miss bei der Ausführung einer der beiden Blöcke verursacht ein automatisches Laden des anderen Blocks in den Cache, weil beide zusammen in einen Cache-Block passen. Folglich gibt es einen Cache-Hit, wenn der rechte Pfad im Grundblockgraph ausgeführt wird bzw. einen Cache-Miss, wenn nach Block B_1 der Block B_3 aufgerufen wird.

Dieses Verhältnis von Cache-Hits und Cache-Misses muss in die Berechnung der Worst Case Execution Time einfließen:

$$\text{aus } WCET = \sum_{i=1}^{N} C_i x_i \quad \text{wird} \quad WCET = \sum_{i=1}^{N} \sum_{j}^{n_i} C_{i,j}^{\text{hit}} x_{i,j}^{\text{hit}} + C_{i,j}^{\text{miss}} x_{i,j}^{\text{miss}} \tag{7.2}$$

Hierbei stellt $C_{i,j}^{\text{hit/miss}}$ die Ausführungszeit eines Blocks bei einem Cache-Hit bzw. -Miss dar und $x_{i,j}^{\text{hit/miss}}$ die Häufigkeit, mit der ein Cache-Hit bzw. -Miss vorkommt. n_i gibt die Anzahl an Cache-Blöcken an, auf die ein Grundblock verteilt ist. Zusätzlich müssen noch Randbedingungen definiert werden, mit denen die Häufigkeiten eines Cache-Miss von verschiedenen Blöcken in Beziehung gesetzt werden.

In dem bereits diskutierten Beispiel aus Abb. 7.3 kann bei wiederholter Ausführung des Programms aus dem Grundblockgraphen die Ausführung von B_1 und $B_{2,1}$ nur einmal zu einem Cache-Miss führen. Nach diesem Cache-Miss liegen die Daten im Cache und werden nicht mehr verdrängt, da sie in keinem Konflikt mit einem anderen Grundblock stehen. Für das Programmsegment $B_{2,2}$ ist die Situation gleich, da auch hier kein Konflikt zu einem anderen Grundblock besteht. Lediglich die Grundblöcke B_3 und B_4 können sich gegenseitig aus dem Cache verdrängen, sodass sie mindestens einmal in den Cache geladen werden müssen. Diese Zusammenhänge müssen für die Bestimmung der WCET wieder in Form von Ungleichungen formuliert werden:

$$
\begin{aligned}
x_1^{\text{miss}} + x_{2,1}^{\text{miss}} &\leq 1 \\
x_{2,2}^{\text{miss}} &\leq 1 \\
x_3^{\text{miss}} + x_4^{\text{miss}} &\geq 1
\end{aligned}
\tag{7.3}
$$

An dem geschilderten Beispiel zu Caches ist eine wesentliche Einschränkung leicht ersichtlich. Bei Direct-Mapped Caches lassen sich Cache-Hits und -Misses mathematisch in Beziehung setzen. Wenn allerdings die Assoziativität eines Caches steigt – also ein Programmsegment nicht mehr genau einem Cache-Block, sondern mehreren zugewiesen werden kann – erhöht sich die Komplexität. Man müsste mathematisch die Ersetzungsstrategie eines Caches beschreiben oder vom schlimmsten Fall ausgehen, bei dem immer ein Cache-Miss vorliegt. Dieser Fall führt allerdings zu einer erheblichen Überabschätzung der Worst-Case-Execution-Time.

Beim Vergleich der Verfahren *Instruction-Timing-Addition* und *Path-Segment-Simulation* lassen sich folgende Vor- und Nachteile für bestimmte Prozessorarchitekturen nennen [EY97]:

- **Datenabhängige Ausführungszeit einer Instruktion:** Dieser Fall ist typisch für CISC-Architekturen, auf denen ein Micro-Code für jede Instruktion ausgeführt wird. Eine Multiplikation kann beispielsweise durch mehrere *Shift-and-Add*-Instruktionen ersetzt werden. Wenn dabei eine Multiplikation mit der Zahl zwei stattfindet, entspricht dies einem Bit-Shift um eine Position nach links. Eine Multiplikation mit der Zahl sechs benötigt im Gegensatz dazu bereits zwei Shift-Operationen. Es kann auch sein, dass Prozessorfamilien nicht immer alle Instruktionen implementiert haben. Soll die CPU eine nicht-implementierte Instruktion ausführen, löst sie eine *Exception* aus, mit der die Instruktion in Software emuliert wird. Auch hier kommt es typischerweise zu datenabhängigen Ausführungszeiten. Solche datenabhängigen Ausführungszeiten führen zu variablen Ausführungszeiten eines Grundblocks. Die PSS-Methode kann nicht in jedem Fall eine akkurate obere Schranke der Ausführungszeit bestimmen. ITA ist hierbei die geeignetere Methode.
- **Pipeline-Architekturen:** *Instruktions-Pipelines* gibt es heutzutage in fast allen RISC-Prozessoren. Entscheidend ist hierbei die Anzahl an Pipeline-Stufen. Hat die Pipeline so viele Stufen, dass mehrere Grundblöcke in der Pipeline parallel bearbeitet werden, führt die Simulation von einzelnen Grundblöcken zu großen Ungenauigkeiten, da die Pipeline erst gefüllt und anschließend wieder geleert werden muss. Die Genauigkeit der PSS-Methode verbessert sich, mit kürzeren Pipelines oder längeren Grundblöcken. ITA hat die größten Probleme mit Pipeline-Hazards, die immer dann auftreten, wenn eine Instruktion eine Pipeline-Stufe blockiert. Das kann zum Beispiel bei Load-/Store-Befehlen der Fall sein.
- **Superskalare Architekturen:** Superskalare Architekturen können verschiedene Grundblöcke parallel ausführen, da sie mehrere Verarbeitungseinheiten haben. Teilweise ändern sie die Reihenfolge der Instruktionen dynamisch zur Laufzeit (Out-of-Order Execution) oder berechnen wahrscheinliche Programmteile vorab (Speculative Execution). In beiden Fällen ist ITA nicht das geeignete Mittel, um

die Ausführungszeit eines Grundblocks zu bestimmen. PSS führt zu genaueren Ergebnissen, und die Genauigkeit steigt mit der Länge des Grundblocks.

- **Instruktions-Caches:** Das Verhalten von Instruktions-Caches hängt von der Sequenz geladener Instruktionen ab. Abhängig vom Inhalt des Caches führt das Laden einer Instruktion zu einem Cache-Hit oder Cache-Miss. Da dieses Verhalten mit ITA bislang nur für Direct-Mapped-Caches [LM95] modelliert werden kann, müsste man in den anderen Fällen von Cache-Misses bei allen Speicherzugriffen ausgehen. Aus diesem Grund, stellt PSS eine sinnvolle Möglichkeit dar, um Caches zu berücksichtigen.
- **Daten-Caches:** Das Verhalten von Daten-Cache hängt von der Sequenz der Datenzugriffe ab. Analog zur Situation bei Instruktions-Caches ist PSS genauer für beliebige Cache-Architekturen als ITA.

Der Vergleich zeigt, dass beide Methoden ihre spezifischen Probleme haben. Während ITA hauptsächlich für wenige einfache Prozessoren anwendbar ist, hat PSS Probleme bei datenabhängigen Ausführungszeiten.

7.1.2 Prinzipien für analysierbare Systeme und Programme

Das eingangs beschriebene Halteproblem, bei dem nicht entschieden werden konnte, ob ein Programm terminiert oder weiterläuft, verdeutlicht die Notwendigkeit für gewisse Regeln zur Code-Erstellung. Ohne solche Regeln ist der Programm-Code nicht analysierbar, oder die Analyse führt zu einer erheblichen Überabschätzung der WCET. Im Folgenden sind Prinzipien aufgeführt, die bei der Erstellung von analysierbaren Programm-Code berücksichtigt werden sollten:

- Vermeidung von Rekursion, da die Rekursionstiefe häufig von Eingangsdaten abhängt und nur schwer zu bestimmen ist.
- Vermeidung verschachtelter Schleifen, da sie bei einer Verschachtelungstiefe von mehr als drei Ebenen zu schwer verständlichem Code führen und zu einem ünsauberen"Vorgehen zwingen, sobald die verschachtelten Schleifen ausgehend von der innersten Schleife verlassen werden sollen.
- Vermeidung von `if-else`-Konstrukte, bei denen ein Pfad deutlich länger ist als der andere. Die WCET-Analyse muss vom längsten Pfad ausgehen, der aber evtl. gar nicht oder nur selten ausgeführt wird.
- Vermeidung datenabhängiger Schleifen – also Schleifen, bei denen die Abbruchbedingung von Berechnungsergebnissen abhängen. Besser ist es fest definierte Iterationszähler zu verwenden.
- Vermeidung von Zeigeroperationen, da eine automatische WCET-Analyse nicht wissen kann, auf welche Operation, Funktion oder Speicherbereiche ein Zeiger zeigt.
- Vermeidung nicht-analysierbarer Blockierungen von Funktionen, z. B. beim Zugriff auf ein Netzwerk oder eine CD.
- Vermeidung von Datenstrukturen mit variabler Zugriffszeit, Hash-Tables sind beispielsweise schlecht abschätzbar.

Neben diesen Regeln zur Software-Erstellung trägt die Auslegung einer Komponente ebenfalls einen Beitrag zur Analysierbarkeit bei:

- Vermeidung nicht-analysierbarer Prozessor-Speicher-Kombinationen. Hierzu zählen Systeme, bei denen der Prozessor schneller als sein Speicher ist.
- Vermeidung von Prozessoren mit einer Pseudo-Least-Recently-Used Ersetzungsstrategie für Caches (siehe Abschn. 4).

7.2 Simulative Bestimmung der Ausführungszeiten

Für die simulative Bestimmung der Ausführungszeit von Software auf der Zielhardware wird ein entsprechendes Modell der Hardware benötigt. Dieses Modell kann über unterschiedliche Abstraktionsebenen beschrieben sein. Die hierfür am häufigsten verwendeten Ebenen sind die *Register-Transfer-Ebene* und die *Instruktionsebene* (siehe auch Abb. 7.4).

Die Simulation auf Instruktionsebene kann auf verschiedene Arten erfolgen [MW07]:

- In sogenannten *Instruktionssatzsimulatoren* werden die Assembler-Instruktionen simuliert und typischerweise das zeitliche Verhalten vernachlässigt.
- Simulatoren, die auf der sogenannten *Transaktionsebene* arbeiten, modellieren die Prozessor-Hardware mit Transaktionen. Eine Transaktion beschreibt die Kommunikation zwischen nebenläufigen (Hardware-)Prozessen. So kann beispielsweise eine Lade- oder Schreiboperation auf einen bestimmten Speicher eine Transaktion sein. Solche Transaktionen können *blockieren* (atomar, nicht-unterbrechbar) oder *nicht-blockierend* (unterbrechbar) sein und jeweils mit einem Startzeitpunkt und Endzeitpunkt versehen werden. Je nachdem wie genau die Hardware durch Transaktionen beschrieben wird, kann ein sehr grobes oder auch ein zyklengenaues Simulationsmodell erstellt werden.

Auf der Register-Transfer-Ebene erfolgt die Modellierung auf Basis von arithmetischen und logischen Einheiten (engl. Arithmetic Logical Unit) sowie Registern, Speichern, Multiplexern, etc. Die Modelle auf der RT-Ebene sind immer zyklengenau. Die Modellbildung der Hardware für die Simulatoren erfolgt meistens auf Basis der vom Halbleiterhersteller zur Verfügung gestellten Datenblätter und mittels direkter Vermessung der Hardware. Diese Vorgehensweise birgt in Teilen immer die Gefahr, dass an der ein oder anderen Stelle das Modell nicht vollkommen korrekt beschrieben ist, dies kann bei der Simulation zu ungenauen Timing-Aussagen führen. Aus diesem Grund stellt der Halbleiterhersteller die Hardware-Beschreibung als ausführbares *VHDL*- oder *Verilog*-Modell den Simulatorherstellern zur Verfügung.

Unterhalb der Register-Transfer-Ebene befinden sich noch die *Gatter-Ebene (engl. gate-level)*, die *Transistor-Ebene* sowie die physikalische Ebene. Diese sind jedoch für die Simulation von Software ungeeignet, da aufgrund der Modellkomplexität die Simulationsperformance eingeschränkt ist und eine solche Granularität

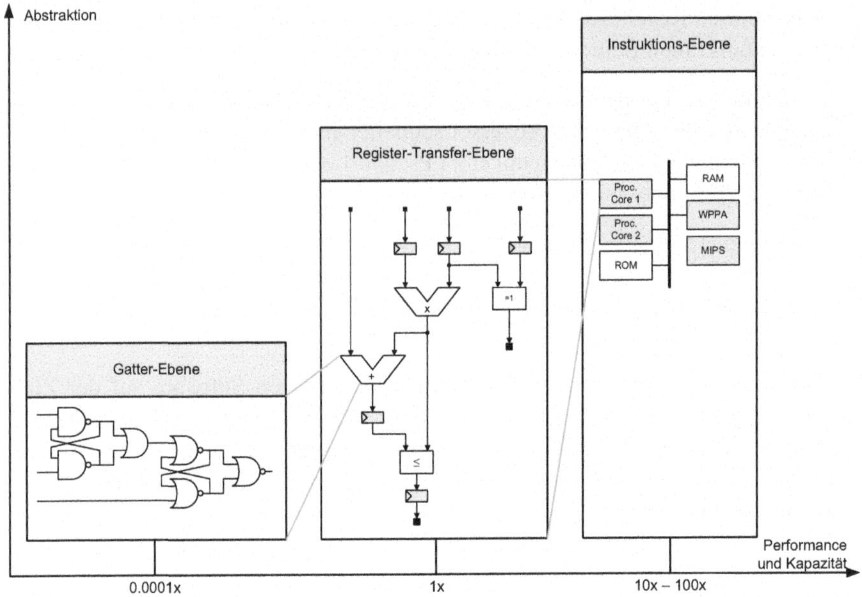

Abb. 7.4 Abstraktionsebenen für die Simulation von Software auf einer virtuellen Hardware [Kup08]

des Hardware-Modells für die Bestimmung der Ausführungszeiten nicht erforderlich ist.

Auf höherer Ebene, oberhalb der Instruktionsebene, befinden sich noch die *algorithmische Ebene* und die *Systemebene*. Diese beiden Ebenen eignen sich nicht für die Bestimmung der Ausführungszeiten. Auf der algorithmischen Ebene werden Algorithmen simuliert, welche innerhalb von eingebetteten Systemen zum Einsatz kommen [MW07]. Die Systemebene wird teilweise sehr weit gefasst und ist nicht klar definiert. Diese Ebene kann sowohl ein gesamtes eingebettetes System als auch mechatronische Systeme beinhalten, welche mit der Umwelt interagieren. Weiterhin gibt es noch die Transaktionsebene, diese deckt einen Teil der Instruktionsebene ab und ragt in die Systemebene hinein. Die Modellbildung auf Transaktionsebene erfolgt oftmals in der Beschreibungssprache *SystemC*.

7.3 Messung der Ausführungszeiten

Die Messung der Ausführungszeiten erfolgt direkt auf der Hardware. Hierfür stehen unterschiedliche Möglichkeiten zur Verfügung:

- Die Ausführungszeiten werden gemessen, indem Steuerbefehle die Ausgangsports eines Mikrocontrollers setzen. Hierfür werden am Anfang und am Ende des zu vermessenden Programmsegments die entsprechenden Befehle eingefügt.

Mit Hilfe eines Oszilloskops können dann die Ausführungszeiten der Tasks oder Funktionen bestimmt werden.

- Wie bei der ersten Möglichkeit wird der Code an den entsprechenden Stellen instrumentiert. Hierbei werden keine Ausgangsports geschaltet, sondern interne Variablen gesetzt oder Funktionen aufgerufen, welche die Ausführungszeit zur Laufzeit aufzeichnen und im internen Speicher ablegen. Zusätzlich kann der Speicher innerhalb des sogenannten *Idle-Tasks* die Daten über eine verfügbare Schnittstelle (z. B. RS-232) an eine Messstation übermitteln.
- Bei der dritten Möglichkeit ist keine Instrumentierung notwendig. Bei bestimmten Compiler-Schnittstellen, welche auf manchen Mikrocontrollern verbaut sind, können direkt die einzelnen Task- und Funktionsaufrufe beobachtet und gemessen werden.

Bei allen drei Möglichkeiten sind zwei Punkte zu beachten: 1.) Für die Ermittlung einer sicheren oberen Schranke ist ein entsprechendes Testpattern notwendig (siehe Abschn. 7.2). 2.) Bei der Messung dürfen keine Unterbrechungen der beobachteten Funktion erfolgen. Treten bei der Messung Unterbrechungen auf, findet eine Überabschätzung der Ausführungszeit statt. Bei der gemessenen Zeit handelt es sich nicht mehr um die eigentliche Ausführungszeit, sondern um die Antwortzeit. Auf die Ermittlung der Antwortzeit wird im nächsten Kapitel im Detail eingegangen.

7.4 Fallstudie: Bewertung der Ausführungszeiten von Software

Als Beispiel für die Fallstudie [Tra11] dient ein Teilumfang eines AUTOSAR-basierten Gateway-Steuergerätes. Für die Software-Komponenten, welche die Routingaufgaben umsetzen, sollen im Folgenden deren Ausführungszeiten auf der Basis von Analyseverfahren und via Messung bestimmt werden. Weiterhin erfolgt ein Vergleich sowie die Diskussion der Ergebnisse der ermittelten Ausführungszeiten.

Als Rechenplattform für die Fallstudie dient ein 32-Bit Mikrocontroller. Der Mikrocontroller ist mit 80 MHz getaktet. Der verwendete Software-Stack basiert auf der AUTOSAR-Spezifikation 3.03. Die Gateway-Umfänge beinhalten eine CAN- und eine FlexRay-Schnittstelle. In Abb. 7.5 ist das AUTOSAR-basierte Gateway-Steuergerät dargestellt.

Als Beispiele für die Ermittlung der Ausführungszeiten dienen die sogenannten *FlexRay-Jobs*, welche das Versenden bzw. Empfangen von Nachrichten auf dem FlexRay-Bus umsetzen. In Abb. 7.6 sind die einzelnen FlexRay-Jobs im Kontext des FlexRay-Schedules dargestellt. Der FlexRay-Job `Rx3` liest die für das Gateway relevanten Nachrichten aus dem Zwischenspeicher des FlexRay-Controllers aus, welche in den Slots 89 – 331 empfangen werden. Das Auslesen erfolgt immer nach dem Empfang der Nachrichten. Die Übergabe der Nachrichten für die Übertragung auf dem FlexRay erfolgt über die *Tx-Jobs*. Der Tx-Job `Tx2` beispielsweise legt die Nachrichten in den Zwischenspeicher des FlexRay-Controllers, der die Nachrichten im Slotbereich 40–88 überträgt. Die Ausführung eines Tx-Jobs sollte immer vor

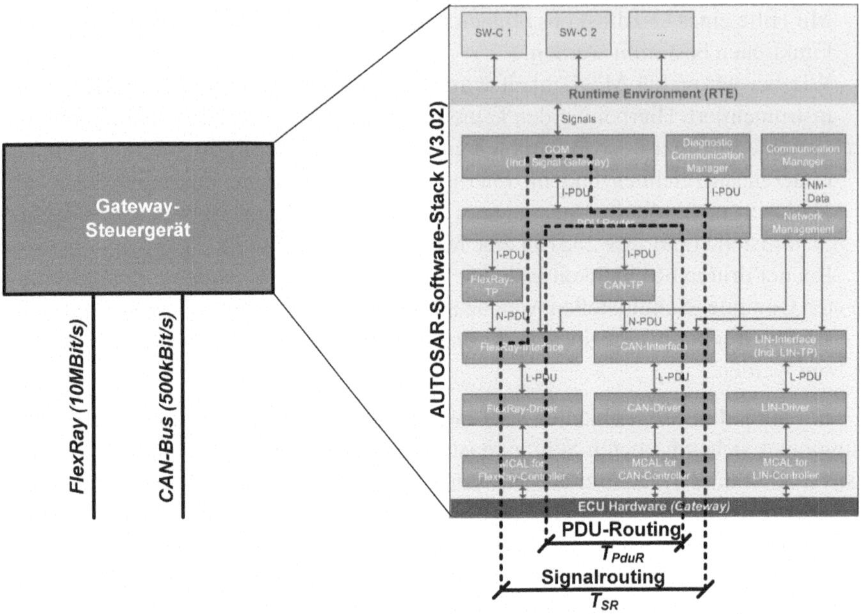

Abb. 7.5 Dargestellt ist das Gateway-Steuergerät. Als Rechenplattform kommt ein 32-Bit Mikrocontroller zum Einsatz

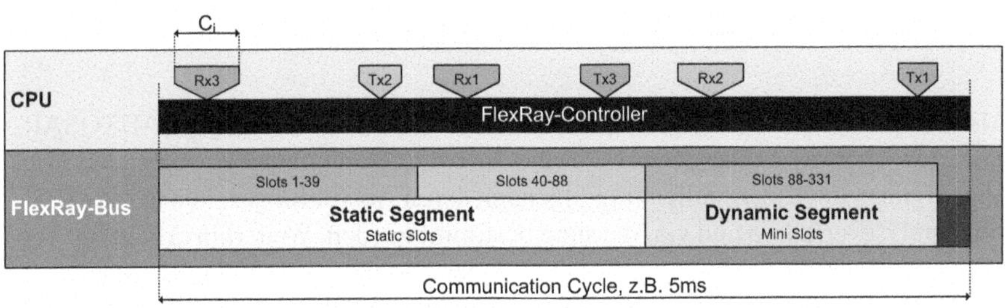

Abb. 7.6 Dargestellt ist ein FlexRay-Zyklus mit seinem statischen und dynamischen Segment sowie den Slot-Bereichen, welche seitens des Gateways den einzelnen FlexRay-Jobs für den Empfang und das Senden zugeordnet sind [Tra11]

dem Start des zugeordneten Slotbereiches abgeschlossen sein, um eine zeitnahe und synchrone Übertragung der Nachrichten sicherzustellen. Hierfür kann die Bestimmung der Ausführungszeiten der FlexRay-Jobs einen Beitrag leisten, um einen zeitlich passenden Aufruf für die einzelnen FlexRay-Jobs im Schedule des Betriebssystems einzuplanen.

In Tab. 7.1 sind die analysierten bzw. ausgemessen FlexRay-Jobs im einzelnen aufgeführt, welche im Rahmen der Fallstudie weiter betrachtet werden.

Tabelle 7.1 Analysierte und ausgemessene FlexRay-Jobs des Gateways-Steuergerätes

FlexRay-Jobs	Beschreibung
`Tx1`	Sendejob für die Frames der Slots 1–39 im statischen Segment
`Tx2`	Sendejob für die Frames der Slots 40–88 im statischen Segment
`Tx3`	Sendejob für die Frames der Slots 89–331 im dynamischen Segment
`Rx1`	Empfangsjob für die Frames der Slots 1–39 im statischen Segment, inkl. *Tx-Confirmation*
`Rx2`	Empfangsjob für die Frames der Slots 40–88 im statischen Segment
`Rx3`	Empfangsjob für die Frames der Slots 89–331 im dynamischen Segment, inkl. *Tx-Confirmation*

7.4.1 Verwendete Werkzeugkette

In Abb. 7.7 ist die für die Fallstudie verwendete Werkzeugkette dargestellt. Ausgehend von einer AUTOSAR-Gateway-Konfiguration *ECU-Extract.arxml* können über die AUTOSAR-Werkzeugkette die einzelnen Konfigurationsdateien (*.c und *.h) für das Gateway-Steuergerät generiert werden. Auf der Basis der generierten Konfigurationsdateien sowie den Dateien der AUTOSAR-Basis-Software kann die Kompilierung des Gesamtsystems erfolgen. Das resultierende Binary bildet die Grundlage für die Analyse. Für die Messungen kann das Binary direkt auf den Mikrocontroller geladen werden.

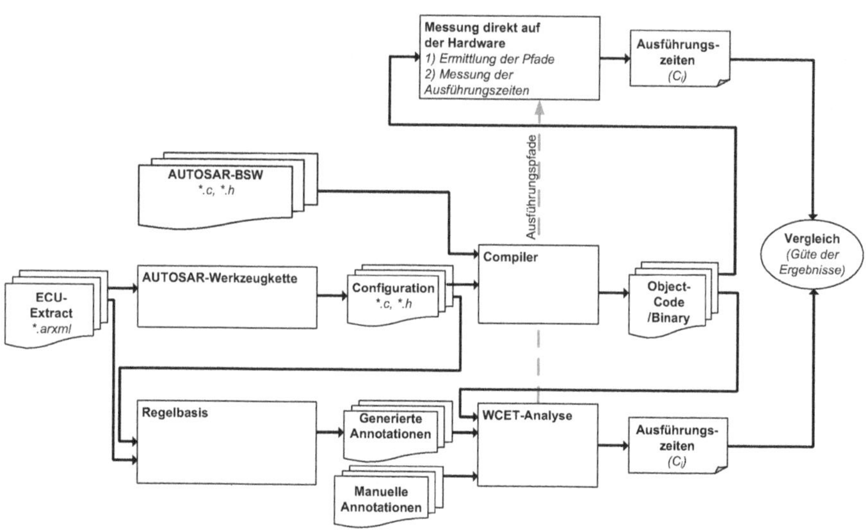

Abb. 7.7 Darstellung der Werkzeugkette, die für die Fallstudie zum Einsatz kommt [Tra11]

Die notwendigen Annotation für die WCET-Analyse, z. B. für die Angabe der Schleifenobergrenzen, können über ein Regelmodell erzeugt werden. Diese Annotationen lassen sich aus der standardisierten AUTOSAR-Beschreibung ableiten (siehe z. B. in [HB09]). Als Eingabe für die Erzeugung der Annotationen dient das *ECU-Extract* des Gateway-Steuergeräts sowie die generierten Konfigurationsdateien. Zusätzlich zu den regelbasierten Annotationen sind auch noch manuelle Annotationen für die Analyse notwendig, um einer Überabschätzung der einzelnen Ausführungszeiten vorzubeugen.

Für die Durchführung der Messung der Ausführungszeiten sind zwei Schritte notwendig. Im ersten Schritt gilt es eine Verifikation der Ausführungspfade durchzuführen, um sicherzustellen, dass die bei der Analyse gefundenen Pfade identisch zur Messung sind. Nach Bestätigung der Gleichheit kann die Messung der Ausführungszeit erfolgen. Im Anschluss daran können die Ergebnisse verglichen werden.

7.4.2 Analyse der Ausführungszeiten

Die analytische Bestimmung der Ausführungszeiten von Software-Tasks kann mittels eines statischen Analysewerkzeuges durchgeführt werden. Um eine möglichst genaue Zeitschranke zu erhalten, muss Expertenwissen in die Analyse einfließen. Dies erfolgt in Form einer Regelbasis. Die Regelbasis enthält Informationen, die aus der AUTOSAR-Konfiguration des Gateway-Steuergerätes eindeutig hervorgehen. Beispielsweise kann die Anzahl an Schleifendurchläufen begrenzt werden, wenn die Länge von Nachrichten bekannt ist, oder falls ein Routing im AUTOSAR-Stack durchgeführt wird, muss der COM-Layer nicht berücksichtigt werden. Durch eine solche Regelbasis kann die Analysegenauigkeit erheblich gesteigert werden. Im Folgenden ist anhand eines FlexRay-Jobs gezeigt, welche Verbesserung der berechneten Ausführungszeit mit unterschiedlich genauen Regeln erzielt werden kann:

1. Es werden nur generische Annotationen und Schleifenbegrenzungen verwendet: $WCET_{\mathrm{gen}}$.
2. Zusätzlich zu den Annotationen aus Schritt 1. kommen die generierten Annotationen auf Basis des Regelbasis hinzu: $WCET_{\mathrm{not}}$.
3. Die Annotationen aus den Schritten 1. und 2. werden noch durch weitere manuelle Annotationen ergänzt: $WCET_{\mathrm{all}}$. Diese decken implementierungsspezifische Details ab, welche sich nicht aus den AUTOSAR-Systembeschreibungen ableiten lassen.

In Tab. 7.2 sind die mittels WCET-Analyse ermittelten Ausführungszeiten für die einzelnen FlexRay-Jobs angegeben.

Die Ergebnisse zeigen deutlich, dass die Überabschätzung über die verfeinerten Annotationen deutlich reduziert wird. Am größten ist die Verbesserung durch die generierten Annotationen. Für TxJob3 beträgt die Verbesserung 80 % gegenüber der Analyse mit nur generischen Annotation. Über die implementierungsspezifischen Annotationen ist eine weitere Steigerung der Genauigkeit von maximal 30 %

Tabelle 7.2 Analysierte Ausführungszeiten der FlexRay-Jobs des Prototypen-Gateways [Tra11]

FlexRay-Job	Anzahl PDUs	$WCET_{\mathrm{gen}}$ [µs]	$WCET_{\mathrm{not}}$ [µs]	$WCET_{\mathrm{all}}$ [µs]
TxJob1	4	196,0	116,0	94,9
TxJob2	2	131,0	74,1	58,8
TxJob3	15	4381,0	462,0	378,0
RxJob1	7	997,0	484,0	334,0
RxJob2	6	1077,0	305,0	231,0
RxJob3	10	7587,0	957,0	658,0

gegenüber den generierten Annotationen möglich. Um die Analyseergebnisse zu verifizieren wird im Folgenden die Durchführung von Messungen beschrieben.

7.4.3 Messung der Ausführungszeiten

Für die Messung der Ausführungszeiten direkt auf der Hardware stehen verschiedene Möglichkeiten zur Auswahl, die in Abschn. 7.3 im Detail erläutert sind. Im Rahmen der Fallstudie erfolgt die Messung über das Setzen von Ausgangsports des Mikrocontrollers. Hierfür werden an den relevanten Stellen innerhalb der Software entsprechende Befehle zum Setzen der Ausgänge eingefügt. Die Messung an den Ausgängen kann über ein Oszilloskop erfolgen.

Um eine sichere obere Grenze der Ausführungszeiten bestimmen zu können, ist im ersten Schritt das korrekte Testpattern zu ermitteln, welches den entsprechenden Ausführungspfad der Software stimuliert. Hierfür können zum Beispiel die über die WCET-Analyse ermittelten Pfade als Grundlage dienen. Im Anschluss an die Ermittlung des Testpattern kann die eigentliche Messung der Ausführungszeiten erfolgen.

7.4.3.1 Ermittlung des WCET-Testpatterns

Für die Ermittlung des Testpatterns, das in der Simulation oder bei der Messung verwendet werden kann, dient der gefundene kritische Pfad der WCET-Analyse. Für alle Schleifen und Funktionen, die auf diesem Pfad liegen, sind an den entsprechenden Stellen im Code verschiedene Ausgangsports des Mikrocontrollers zu setzen. So kann mit einem Oszilloskop die Zeitdauer bei der Programmausführung zwischen diesen Stellen gemessen werden. Im Falle des Gateway-Steuergeräts wird nun mit Hilfe einer Restbussimulation der kritische Pfad stimuliert. Hierbei wird an den FlexRay-Ports das Testpattern angelegt, das zu dem kritischen Pfad der WCET-Analyse führt. In Abb. 7.8 ist eine solche Verifikation des Testpatterns für den FlexRay-Job `Rx1` anhand der einzelnen betroffenen Funktionen dargestellt, welche auf dem kritischen Pfad liegen. Der FlexRay-Job `Rx1` wird innerhalb der Funktion `FrIf_JobListExec` aufgerufen. Die Aufrufdauer ist in

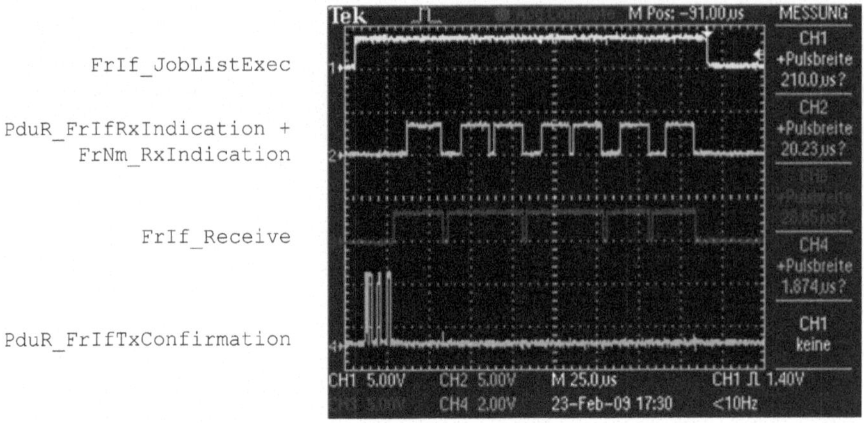

Abb. 7.8 Verifikation des Testpatterns anhand des Ausführungspfades für den FlexRay-Job *Rx1* [Tra11]

Abb. 7.8 in der obersten Spur des Oszilloskops dargestellt. Die drei unteren Spuren (`PduR_FrIfRxIndication` + `FrNm_RxIndication`, `FrIf_Receive` und `PduR_FrIfTxConfirmation`) in Abb. 7.8 stellen jeweils die Anzahl an Schleifendurchläufen dar. Bei jeder Iteration wird der entsprechende Ausgang getoggelt. Dadurch kann überprüft werden, ob der schlimmste Pfad auch tatsächlich durchlaufen wurde.

7.4.3.2 Messung der Ausführungszeiten

Nach der Ermittlung der Testpattern, die für die Stimulation des kritischen Pfades der einzelnen Funktionen notwendig sind, kann die Messung der Ausführungszeiten erfolgen. Bei der Messung mit einem Oszilloskop ist es wichtig, dass vor der Ermittlung der Ausführungszeiten, die Steuerbefehle für das Setzen der Ausgangsports aus dem Code entfernt werden, da die Messung nicht durch diese Befehle verfälscht werden soll. Stattdessen wird jetzt direkt vor dem Aufruf der zu messenden Funktion und nach deren Beendigung jeweils ein Steuerkommando für das Setzen eines Ausgangsports eingefügt. Im nächsten Schritt kann mit Hilfe des Testpatterns über die Restbussimulation die Ausführungszeit bestimmt werden. Abbildung 7.9 zeigt die Messung der Ausführungszeit des FlexRay-Jobs `Rx1`. Die ermittelte Zeit liegt bei $C_i = 193{,}8\,\mu\text{s}$.

7.4.4 Vergleich der ermittelten Ausführungszeiten

Im Folgenden erfolgt ein Vergleich der über Analyse und Messung ermittelten Ausführungszeiten. In Tab. 7.3 sind die Ergebnisse gegenübergestellt. Weiterhin ist in

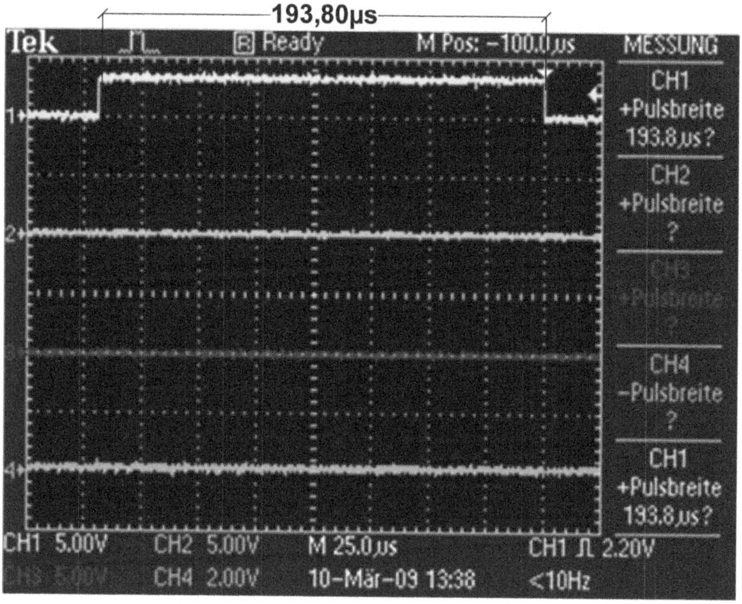

Abb. 7.9 Messung der Ausführungszeit des FlexRay-Jobs *Rx1* [Tra11]

Tabelle 7.3 Gemessene und analysierte Ausführungszeiten für die FlexRay-Jobs des Gateway-Steuergeräts [Tra11]

FlexRay-Job	Messung (M) [µs]	Analyse (A) [µs]	Verhältnis A/M
Tx1	66,00	94,95	144 %
Tx2	41,43	58,76	142 %
Tx3	256,80	378,0	147 %
Rx1	193,40	334,0	173 %
Rx2	142,70	213,0	149 %
Rx3	388,20	658,0	170 %

der vierten Spalte von links das Verhältnis zwischen Analyse und Messung aufgeführt. Das Verhältnis gibt die Überabschätzung der Analyse im Vergleich zur Messung für die einzelnen FlexRay-Jobs wieder. Ein Verhältnis von 150 % entspricht einer Überabschätzung von 50 %. Beispielsweise beträgt die Überabschätzung beim FlexRay-Job `Rx1` 73 %. Die Gründe für eine Überabschätzung sind u. a. die Folgenden:

- In der Regel ist bei den WCET-Analyse-Werkzeugen ein Sicherheitspuffer hinterlegt, d. h. das ermittelte Ergebnis einer Ausführungszeit wird noch um einen gewissen Prozentsatz erhöht. Dieser kann zwischen 20 % und 30 % liegen.
- Oftmals sind auch fehlende oder ungenaue Annotationen der Grund für eine zu große Überabschätzung der Ausführungszeiten bei einer WCET-Analyse.

- Ein ungenaues bzw. unvollständiges Prozessormodell, welches der WCET-Analyse zu Grunde liegt, kann ebenfalls Ursache für eine Überabschätzung sein.
- Ein Unterabschätzung bei der Messung kann die Folge eines nicht exakt beschriebenen Testpatterns sein.

Aus diesen genannten Gründen ist es von Vorteil die Ausführungszeiten mit Hilfe von zwei verschiedenen Verfahren zu bestimmen, um so mögliche Über- und Unterabschätzungen zu identifizieren und zu eliminieren.

Kapitel 8
Timing-Bewertung von Komponenten

Netzwerke sind aus Komponenten wie Bussen, Steuergeräten, Sensoren und Aktoren aufgebaut, die über bestimmte Arbitrierungs- oder Scheduling-Verfahren ihre Ressourcen verwalten. Das CAN-Protokoll verfügt zum Beispiel über eine prioritätsbasierte Arbitrierung, bei der die Nachrichten mit der höchsten Priorität den Bus belegen dürfen. Bei FlexRay gibt es einen statischen und dynamischen Teil, in dem TDMA-basiert oder mit einer Round-Robin-Technik der Bus arbitriert wird. Auch auf Seite der Steuergeräte laufen Tasks typischerweise nicht direkt auf dem Steuergerät, sondern werden von einem Betriebssystem verwaltet. Dieses Betriebssystem entscheidet wann welcher Task die CPU bekommt bzw. wieder freigeben muss.

Im vorherigen Kapitel lag die Annahme zu Grunde, dass ein Task alleine und ohne Unterbrechung auf einer CPU läuft. Für diesen Fall konnte mit Hilfe der WCET-Analyse oder simulativer bzw. experimenteller Verfahren die Ausführungszeit bestimmt werden. Unter Berücksichtigung von Arbitrierungs- und Scheduling-Verfahren soll die Bewertung des Zeitverhaltens erweitert werden, sodass Task-Ausführungszeiten von mehreren Tasks auf einer CPU bestimmt werden können. Gleiches gilt für Nachrichten, die über denselben Bus geschickt werden sollen. Auch hier stellt sich die Frage wann eine Nachricht beim Ziel ankommt, wenn gleichzeitig noch andere Nachrichten verschickt werden sollen.

Im Folgenden werden Bewertungsverfahren für die Evaluierung des zeitlichen Verhaltens auf Komponentenebene vorgestellt. Dabei erfolgt sowohl eine Diskussion der Bewertung für Steuergeräte als auch für die heute eingesetzten Kommunikationssysteme im Kraftfahrzeug. Weiterhin wird auch die Bewertungsmöglichkeit von Ethernet mit AVB-Erweiterung diskutiert.

8.1 Prozessor-Scheduling und Antwortzeitanalyse von Tasks

In der heutigen Literatur sind etliche Verfahren zur Ablaufplanung zu finden. Diese Verfahren können zunächst in Offline- und Online-Verfahren unterschieden werden. Bei Offline-Verfahren wird zur Entwurfszeit festgelegt wann ein Task welche Res-

T. Streichert, M. Traub, *Elektrik/Elektronik – Architekturen im Kraftfahrzeug*,
DOI 10.1007/978-3-642-25478-9_8,

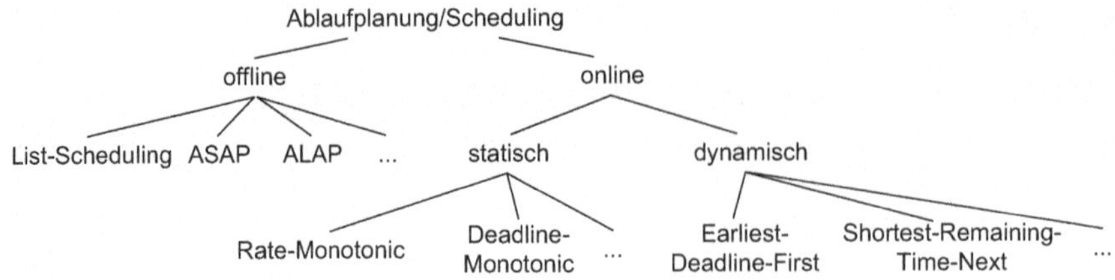

Abb. 8.1 Verfahren zur Ablaufplanung können in Online- und Offline-Verfahren unterschieden werden. Online-Verfahren werden weiter in statische und dynamische Verfahren getrennt. Bei statischen Verfahren liegen die Parameter für eine Scheduling-Entscheidung bereits zum Entwurf des Systems vor. Dies ist z. B. bei prioritätsbasiertem Scheduling mit festen Prioritäten der Fall

source belegt. Online-Verfahren führen eine solche Entscheidung anhand von statischen oder dynamisch veränderlichen Parametern zur Laufzeit durch. Zu den statischen Parametern gehört beispielsweise die Periode, die maximale Ausführungszeit oder eine feste Priorität eines Tasks. Dynamisch veränderliche Parameter, die bei der Ablaufplanung eine Rolle spielen, sind zum Beispiel die verbleibende Ausführungszeit oder die nächste anstehende Deadline eines Tasks. Solche Parameter müssen während des Betriebs ermittelt werden und können dann für eine Scheduling-Entscheidung herangezogen werden.

Abbildung 8.1 zeigt diese Einteilung in verschiedene Verfahren zur Ablaufplanung, wovon in eingebetteten Systemen die Online-Verfahren die wichtigste Rolle spielen. In der Literatur sind zahlreiche Online-Verfahren mit ihren spezifischen Eigenschaften vorgestellt worden, die in folgender Auflistung zusammengefasst sind. Eine sehr ausführliche Abhandlung zu dem Thema ist in [But05] zu finden.

- Ablaufplanung von aperiodischen Tasks:
  - Ablaufplanung ohne Echtzeitanforderungen, z. B.:
    - First-come-first-served (FCFS): Die Tasks werden in der gleichen Reihenfolge ausgeführt, mit der sie ankommen und sind nicht unterbrechbar.
    - Shortest-job-first (SJF): Der kürzeste Task bekommt die Rechenressource und läuft bis er fertig ist. Unter der Annahme, dass die Tasks nicht unterbrechbar sind und gleichzeitig ankommen, wird hierüber die mittlere Antwortzeit minimiert.
    - Shortest-remaining-time-next (SRTN): Der Task mit der kürzesten verbleibenden Ausführungszeit bekommt die Rechenressource. Obwohl die Tasks unterbrechbar sein können und zu unterschiedlichen Zeitpunkten ankommen, minimiert dieses Verfahren die mittlere Antwortzeit.
    - Round-Robin (RR): Bei Round-Robin bekommt jeder Task für ein bestimmtes Zeitintervall die Möglichkeit eine Ressource zu belegen. Dies verhindert, dass ein Task nie ausgeführt wird und stellt somit eine gewisse Fairness sicher.
  - Ablaufplanung mit Echtzeitanforderungen, z. B.:
    - Earliest Due Date (EDD): EDD geht von gleichen Ankunftszeiten (siehe Abschn. 6.2) und nicht unterbrechbaren Tasks aus, die keine Datenabhän-

  gigkeiten haben. Die Tasks werden nach nichtfallenden Deadlines geordnet, was die maximale Verspätung (siehe Abschn. 6.2) minimiert.
· Earliest Deadline First (EDF): EDF ermöglicht unterschiedliche Ankunftszeiten und die Unterbrechung von Tasks, allerdings werden auch hierbei keine Datenabhängigkeiten berücksichtigt. Wird immer der Task mit der kleinsten Deadline ausgeführt, minimiert der Algorithmus die maximale Verspätung aller Tasks.
· Earliest Deadline First* (EDF*): EDF* ist vergleichbar zu EDF mit dem Unterschied, dass Datenabhängigkeiten zwischen Tasks berücksichtigt werden.
· Latest Deadline First (LDF): LDF geht von gleichen Ankunftszeiten und nicht unterbrechbaren Tasks aus. Im Gegensatz zu EDD finden Datenabhängigkeiten Berücksichtigung.

- Ablaufplanung von periodischen Tasks (alle Verfahren setzen unterbrechbare Tasks voraus):
  - Rate Monotonic: Hierbei erhält jeder Task eine statische Priorität. Je größer die Periode (= Deadline) ist, desto niedriger ist die Priorität.
  - Fixed-Priority: Tasks bekommen statische Prioritäten zugewiesen und der Task mit der höchsten Priorität bekommt die Rechenressource solange bis er fertig ist oder von einem höherprioren Task unterbrochen wird.
  - Deadline Monotonic: Hierbei erhält jeder Task eine statische Priorität, die anhängig von der relativen Deadline (siehe Abschn. 6.2) ist.
  - Earliest Deadline First (EDF): Die Prioritäten der Tasks werden dynamisch vergeben und hängen von der Deadline ab. Die früheste Deadline hat höchste Priorität, wobei die Deadline und Periode gleich sind.
  - Earliest Deadline First (EDF*): Die Prioritäten der Tasks werden dynamisch vergeben und hängen von der Deadline sowie von Datenabhängigkeiten ab. Die Deadline kann hierbei kleiner als die Periode sein.
- Ablaufplanung von gemischt periodisch und aperiodischen Tasks (kleine Auswahl):
  - Polling-Server: Das Verfahren basiert auf dem Rate-Monotonic-Scheduling. Zusätzlich zu der Menge an periodischen Tasks, wird ein sogenannter periodischer *Server-Task* mit einer bestimmten Rechenzeit definiert, der genauso behandelt wird wie ein normaler periodischer Task. Kommt der Server-Task zur Ausführung und es liegt ein aperiodischer Task vor, wird dieser im Rahmen der vorhandenen Rechenzeit bearbeitet. Liegt zu diesem Zeitpunkt kein aperiodischer Task vor, geht die Rechenzeit verloren.
  - Deferrable Server: Im Unterschied zum Polling-Server wird die Rechenzeit bis zum Ende der Periode des Server-Tasks aufgehoben und erst dann verworfen.

In AUTOSAR und OSEK kommt das *Fixed-Priority-Scheduling* zum Einsatz, bei dem Tasks zur Entwurfszeit eine feste Priorität erhalten. Im Folgenden soll nun die Frage geklärt werden, wie das zeitliche Verhalten eines solchen Systems analytisch bestimmt werden kann.

Gegeben sei eine Menge mit n Tasks. Jeder Task ist gekennzeichnet durch folgende Parameter:

- T_i beschreibt die spezifizierte Periode
- D_i ist die Deadline eines Tasks
- C_i ist die maximale Ausführungszeit für einen Task t_i
- J_i beschreibt den Jitter, der bei der Aktivierung eines Tasks vorhanden ist
- R_i ist die Antwortzeit eines Tasks t_i

Falls lediglich die Aussage interessant ist, ob alle Tasks ausführbar sind, so reicht die Überprüfung folgender Bedingung [LL73]:

$$\sum_{i=1}^{n} \frac{C_i}{T_i - J_i} \leq n \cdot \left(\sqrt[n]{2} - 1 \right) \tag{8.1}$$

Hierbei handelt es sich um eine hinreichende Bedingung. Es kann also sein, dass die Ungleichung nicht erfüllt ist, aber alle Tasks mit ihren zeitlichen Vorgaben trotzdem korrekt ausgeführt werden. Weiterhin gibt dieser Test keine Auskunft nach welcher Zeit ein Task fertig ist. Hierfür bietet sich ein hinreichender und notwendiger Test an, bei dem die Antwortzeit R_i (engl. Response Time) eines Tasks bestimmt und mit der Deadline D_i verglichen wird:

$$R_i \overset{!}{\leq} D_i \tag{8.2}$$

Die Antwortzeit R_i berechnet sich aus der Summe der eigenen Ausführungszeit C_i und der Unterbrechungszeit, mit der ein Task von höherprioren Tasks ($hp(i)$) unterbrochen wurde. Die Unterbrechungszeit – auch Interferenz genannt – hängt von der Anzahl der Ausführungen aller höherprioren Tasks und der Ausführungszeit C_j der entsprechenden Tasks ab. In folgender Gleichung fließt die Interferenz durch die Summe über alle höherprioren Tasks $hp(i)$ ein:

$$R_i = C_i + \sum_{j \in hp(i)} C_j \left\lceil \frac{R_i + J_j}{T_j} \right\rceil \tag{8.3}$$

Abbildung 8.2 veranschaulicht diesen Sachverhalt unter Vernachlässigung des Jitters J_j. Dargestellt sind drei Tasks mit unterschiedlichen Ausführungszeiten, Perioden und Prioritäten. Die nach unten gerichteten Pfeile geben die Ankunftszeit eines Tasks an. Von diesem Zeitpunkt bis zum Ende der Berechnung wird die Antwortzeit R_i gemessen. Die dunkelgrauen Balken zeigen wann ein Task auf der CPU läuft und die Ressource somit belegt hat. Die schraffierten Balken verdeutlichen die Unterbrechungszeit bzw. Interferenz mit höherprioren Tasks.

In Gl. (8.3) kommt sowohl auf der rechten Seite als auch der linken Seite des Gleichzeichens die Antwortzeit R_i vor. Da R_i also von R_i abhängt, muss die Lösung der Gleichung iterativ bestimmt werden. Dieser Prozess soll mit folgendem Beispiel veranschaulicht werden. Gegeben sind drei Tasks mit ihren Perioden T_i und Ausführungszeiten C_i, wobei der Jitter wieder vernachlässigt wird:

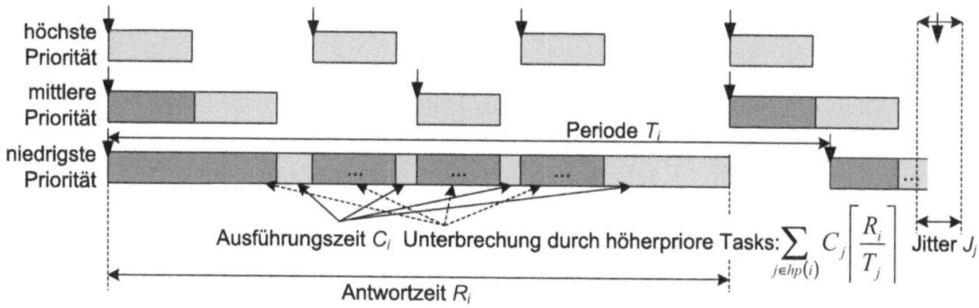

Abb. 8.2 Gezeigt sind drei Tasks mit unterschiedlicher Priorität. Die nach unten gerichteten Pfeile verdeutlichen die periodischen Ankunftszeiten der Tasks. Die Tasks mit mittlerer und höchster Priorität unterbrechen den dritten Task, wodurch sich die Antwortzeit R_i verlängert

Task-Nr.	Priorität	T_i	C_i
1	hoch	3	1
2	mittel	4	1
3	niedrig	6	2

Gesucht ist die Antwortzeit R_3 für Task 3, die von zwei Tasks mit höherer Priorität abhängt. Da die Ausführungszeit von Task 3 $C_3 = 2$ beträgt, muss am Anfang $R_3 = 2$ gelten. Durch mehrmaliges iteratives Anwenden der Gl. (8.3) erhöht sich die Antwortzeit bis ein sogenannter Fix-Punkt erreicht ist und sich die Antwortzeit nicht mehr verändert:

$$\begin{aligned}
&\text{Iteration 0:} \quad R_3^0 = 2 \\
&\text{Iteration 1:} \quad R_3^1 = 2 + 1 \cdot \left\lceil \frac{2}{4} \right\rceil + 1 \cdot \left\lceil \frac{2}{3} \right\rceil = 4 \\
&\text{Iteration 2:} \quad R_3^2 = 2 + 1 \cdot \left\lceil \frac{4}{4} \right\rceil + 1 \cdot \left\lceil \frac{4}{3} \right\rceil = 5 \\
&\text{Iteration 3:} \quad R_3^3 = 2 + 1 \cdot \left\lceil \frac{5}{4} \right\rceil + 1 \cdot \left\lceil \frac{5}{3} \right\rceil = 6 \\
&\text{Iteration 4:} \quad R_3^4 = 2 + 1 \cdot \left\lceil \frac{6}{4} \right\rceil + 1 \cdot \left\lceil \frac{6}{3} \right\rceil = 6
\end{aligned} \tag{8.4}$$

In diesem Beispiel bleibt nach vier Iterationen die Antwortzeit konstant (konvergiert), und es ist ein Fix-Punkt bei $R_3 = 6$ erreicht.

Die schlimmste Antwortzeit für einen Tasks entsteht immer dann, wenn alle Tasks gleichzeitig gestartet werden können. Dieser Fall ist in Abb. 8.2 skizziert und wurde in dem gerade beschriebenen Beispiel berücksichtigt. Es ist allerdings auch möglich Tasks mit einem zeitlichen Versatz zueinander zu starten. Wie mit solchen *Offsets* umgegangen wird, ist in Kap. 9.1.1.2 erklärt.

Wie bereits beschrieben, müssen für diese Analyse die Parameter C_i und T_i bekannt sein. Der Parameter T_i ist typischerweise für periodische Tasks spezifiziert.

Um den Parameter C_i zu bestimmen, können die Verfahren aus Kap. 7 zur Anwendung kommen. Hierbei ist jedoch zu berücksichtigen, dass die Zeiten für den Task-Wechsel nicht mit in die Analyse einfließen. Typischerweise müssen Registerinhalte gespeichert und geladen werden, wenn ein Task-Wechsel stattfindet. Dieses Speichern und Laden benötigt Rechenzeit, die weder in obiger Formel noch in der Ausführungszeit C_i berücksichtigt ist. Weiterhin geht diese Art der Analyse davon aus, dass zu einem beliebigen Zeitpunkt ein Task-Wechsel stattfinden kann. In der Realität arbeitet ein Betriebssystem allerdings anders. Zu gewissen Zeitpunkten wird der Scheduler gestartet, der dann die Task-Listen überprüft und ggf. einen Task-Wechsel einleitet. Diese Verzögerung wird bei der beschriebenen Analyse ebenfalls vernachlässigt. Die beiden genannten Vernachlässigungen wurden getroffen, um das grundlegende Vorgehen der Analysen besser erläutern zu können. Beim Einsatz des vollen Funktionsumfanges der Analysen werden die oben genannten Eigenschaften berücksichtigt.

8.2 Busarbitrierung und Antwortzeitanalyse von Nachrichten

Vergleichbar zur Antwortzeitanalyse bei Tasks, soll in diesem Abschnitt die Antwortzeit von Nachrichten auf Bussen bestimmt werden. Es soll also die Frage geklärt werden, wie lange eine Nachricht m_i im Communication Controller warten muss bis sie übertragen wird und beim Zielknoten angekommen ist. Diese Antwortzeit hängt natürlich von mehreren Einflussgrößen ab. Hierzu zählen die Übertragungsgeschwindigkeit des Busses, die Länge einer Nachricht, der Aufbau von Sende-Puffern und die Arbitrierungsstrategie des Busses. Aus diesem Grund kann man die Anwortzeit nicht pauschal für alle automobilen Bussysteme gleich betrachten, sondern muss die einzelnen Busse in der Analyse gesondert berücksichtigen. Im Folgenden sind die Analyseverfahren für den CAN-, FlexRay- und LIN-Bus sowie Ethernet mit AVB-Erweiterung dargestellt.

8.2.1 CAN-Bus

Der CAN-Bus ist ein Bussystem, bei dem die verschiedenen Busteilnehmer gleichzeitig auf den Bus zugreifen können und die Nachricht mit der höchsten Priorität den Bus bekommt. Alle anderen Nachrichten verbleiben solange in ihren Communication Controllern bis ihre Priorität ausreicht, um andere Nachrichten auf dem Bus zu dominieren. Die Prioritäten der Nachrichten werden statisch vergeben und verändern sich nicht. Diese Prioritäts-basierte Arbitrierung ist in Grundzügen vergleichbar mit dem *Fixed-Priority-* oder *Rate-Monotonic-Scheduling* von Tasks. Ein Unterschied existiert allerdings bei der Unterbrechbarkeit von Tasks bzw. Nachrichten: Während Tasks zu beliebigen Zeitpunkten unterbrochen werden können, müssen Nachrichten vollständig übertragen werden. Ein weiterer Unterschied besteht in der Länge von Nachrichten bzw. der Ausführungszeit C_i von Tasks. Der CAN-

Bus hat die Besonderheit, dass die Nutzdaten einer Nachricht durch zusätzliche *Stuff-Bits* verlängert werden. Die Nachricht hat also keine statische, sondern eine datenabhängige Länge. Die genaue Funktionsweise des CAN-Bus wurde bereits in Kap. 5 beschrieben, deshalb sollen die Ausführungen zur Busarbitrierung und zum *Bitstopfen (engl. Bitstuffing)* an dieser Stelle zur Vervollständigung nicht beschrieben werden.

Für die Bestimmung der Antwortzeit von Nachrichten auf einem CAN-Bus sind folgende Parameter notwendig [DBBL07]:

- T_i beschreibt die spezifizierte Periode oder minimale Zeit zwischen zwei Übertragungen einer Nachricht m_i
- C_i ist die minimale Übertragungszeit für eine Nachricht m_i inkl. Header-Informationen, Stuff-Bits, Prüfsumme, etc.
- J_i beschreibt den Jitter, der beim Erzeugen einer Nachricht vorhanden ist
- B_i ist die Blockierungszeit durch alle Nachrichten mit niedrigerer Priorität. Wenn eine hochpriore Nachricht verschickt werden soll, muss sie die Blockierungszeit warten bis sie den Bus bekommt
- I_i ist die Interferenzzeit, die eine Nachricht m_i aufgrund von höher prioren Nachrichten warten muss
- τ_{bit} beschreibt die Bitzeit auf dem CAN-Bus
- R_i ist die Antwortzeit einer Nachricht m_i

Im Gegensatz zur Übertragungszeit C_i beschreibt R_i nicht nur die minimale Übertragungszeit einer Nachricht m_i, sondern die Antwortzeit unter Berücksichtigung der minimalen Übertragungsdauer, des Jitters, der Blockierungszeit und der Interferenzzeit:

$$R_i = C_i + J_i + B_i + I_i \tag{8.5}$$

Die maximale Übertragungsdauer C_i einer Nachricht lässt sich folgendermaßen bestimmen:

$$\begin{aligned} C_i = \Bigg(& \text{Header/CRC-Länge} + 8 \cdot \text{Anzahl Daten-Bytes} + 13 \\ & + \underbrace{\left\lfloor \frac{\text{Header/CRC-Länge} + 8 \cdot \text{Anzahl Daten-Bytes} - 1}{4} \right\rfloor}_{\text{Anzahl Stuff-Bits}} \Bigg) \tau_{\text{bit}} \end{aligned} \tag{8.6}$$

Die Header/CRC-Länge hängt in dieser Gleichung von der Art der CAN-Nachricht ab. Bei CAN-Identifiern mit 11 Bit beträgt die Länge 34 Bit und bei 29 Bit Identifiern beträgt die Header/CRC-Länge 54 Bit. Die 13 Bits in der Gleichung ergeben sich aus den folgenden Bits:

- 1 CRC Delimiter
- 1 ACK Slot
- 1 ACK Delimiter
- 7 EOF Bits
- 3 IFS (Inter Frame Space) Bits

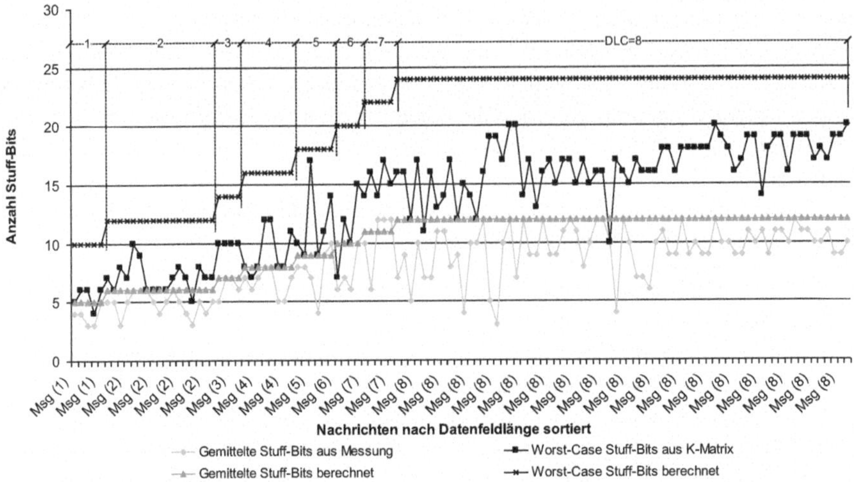

Abb. 8.3 Vergleich verschiedener Stuff-Bit-Mengen in Abhängigkeit von : 1) Stuff-Bits aus Fahrzeugmessung ermittelt, 2) Worst-Case Stuff-Bits aus K-Matrix, 3) gemittelte Stuff-Bits berechnet und 4) Worst-Case Stuff-Bits berechnet

Zur Bestimmung der maximalen Anzahl an Stuff-Bits werden die Header-Länge und die Nutzdaten berücksichtigt. Hierbei muss davon ausgegangen werden, dass nach den ersten fünf gleichen Bits ein Stuff-Bit eingefügt wird und im Folgenden nach jedem vierten Bit ein Stuff-Bit hinzukommt:

$$\begin{aligned} &\text{Daten ohne Stuff-Bits:} \quad 11111000011110000 1111\ldots \\ &\text{Daten mit Stuff-Bits:} \quad 11111\underline{0}0000\underline{1}1111\underline{0}0000\underline{1}1111\underline{0}\ldots \end{aligned} \tag{8.7}$$

Bei dieser Berechnung der Anzahl an Stuff-Bits handelt es sich um den schlimmsten anzunehmenden Fall, im realen Fall treten zumeist weniger Stuff-Bits auf. Der Einfluss der Stuff-Bits bei der Analyse sollte nicht vernachlässigt werden. Beispielsweise hat eine Standard-CAN-Nachricht m_i mit einer Datenfeldlänge von 8 Byte ohne Berücksichtigung von Stuff-Bits eine Übertragungsdauer von $C_i = 216\,\mu s$ auf einem 500 kBit/s-CAN. Wird die maximale Anzahl an Stuff-Bits verwendet, liegt die Übertragungsdauer bei $C_i = 264\,\mu s$. In Abb. 8.3 sind verschiedene Szenarien für ein bestimmte Menge an CAN-Nachrichten mit unterschiedlichen Stuff-Bits gegenübergestellt:

1. Gemittelte Anzahl an Stuff-Bits, die aus einer Fahrzeugmessung extrahiert wurden
2. Spezifizierte Worst-Case Anzahl an Stuff-Bits laut CAN-Konfiguration (K-Matrix); hierbei wurden die spezifizierten *Default Werte* für jede CAN-Nachricht zu Grunde gelegt
3. Gemittelte Anzahl an Stuff-Bits
4. Berechnete Worst-Case Anzahl an Stuff-Bits auf Basis der Gleichung (8.6)

Durch die gezielte Auswahl kann eine Überabschätzung oder Unterabschätzung reduziert bzw. vermieden werden. Bei der Untersuchung der Aufstartphase eines CAN-Busses sind die Szenarien 2) und 4) zu verwenden. Beim Systemstart senden die Steuergeräte ihre Nachrichten mit den Default-Werten (z. B. 0x00 oder 0xFF bei einer 1 Byte Nachricht). Durch die gleichen Bitwerte erhöht sich die Anzahl der Stuff-Bits. Bei der Analyse des *Normalbetriebs* liefern die Szenarien 1) und 3) die genauesten Ergebnisse.

Der nächste Parameter aus Gl. (8.5) ist der Jitter. Der Jitter J_i beschreibt die Abweichung von der Periode, mit der eine Nachricht von einem Task erzeugt wird. Für die aktuellen Betrachtungen kann davon ausgegangen werden, dass dieser Jitter eine spezifizierte Konstante ist. In Kap. 9 ist dieser Jitter nicht mehr konstant, da mehrere Tasks sich gegenseitig beeinflussen und somit den Jitter erhöhen.

Die Blockierungszeit B_i ist die Zeit, in der eine hochpriore Nachricht von einer niederprioren Nachricht verzögert wird. Eine solche Situation tritt ein, wenn eine niederpriore Nachricht den Bus bereits belegt hat und dann eine hochpriore Nachricht verschickt werden soll. Die hochpriore Nachricht muss das Ende der Nachricht abwarten und kann dann über seine Priorität den Bus zugeteilt bekommen. Im schlimmsten Fall muss demnach eine hochpriore Nachricht (m_i) die maximale Übertragungsdauer C_k aus der Menge der niederprioren Nachrichten $(m_k \in lp(m_i))$ warten:

$$B_i = \max_{\forall k \in lp(m_i)} (C_k) \tag{8.8}$$

Als letzte Größe verbleibt die sogenannte *Interferenzzeit* I_i. Das ist die Zeitdauer, die eine Nachricht m_i durch alle höherprioren Nachrichten vom Bus aufgehalten wird. In Gl. (8.3) zur Analyse der Antwortzeiten von Tasks gab es eine vergleichbare Situation. Ein niederpriorer Task kann ebenfalls von höherprioren Tasks unterbrochen und verdrängt werden. Um diese Zeit zu berücksichtigen kann wieder iterativ folgende Gleichung angewandt werden:

$$I_i = \sum_{j \in hp(i)} C_j \left\lceil \frac{I_i + J_j + \tau_{\text{bit}}}{T_j} \right\rceil \tag{8.9}$$

In Abb. 8.4 sind die verschiedenen zeitlichen Einflüsse für eine Nachricht mit mittlerer Priorität verdeutlicht. Die Nachricht m_2 wird zunächst von der Nachricht m_1 blockiert. Bevor sie den Bus belegen kann, wird die Nachricht m_3 mit der höchsten Priorität erstellt. Diese Nachricht kann gleich zwei Mal hintereinander den Bus belegen, was zu der Interferenzzeit I_2 führt. Anschließend steht der Bus für Nachricht m_2 zur Verfügung.

Bei der beschriebenen Analyse wird von einem periodischen Kommunikationsmodell ausgegangen. In automobilen Kommunikationssystemen gibt es allerdings auch etliche aperiodische Nachrichten, die dann auf dieses periodische Modell abgebildet werden müssen. Weiterhin geht das Modell davon aus, dass Nachrichten immer gleichzeitig im Ausgangssendepuffer liegen. Da sie aber sequentiell von einer CPU erzeugt werden, entsteht automatisch ein Versatz zwischen den Nachrichten. Zum Teil ist dieser Versatz auch gewünscht und kann als Offset-

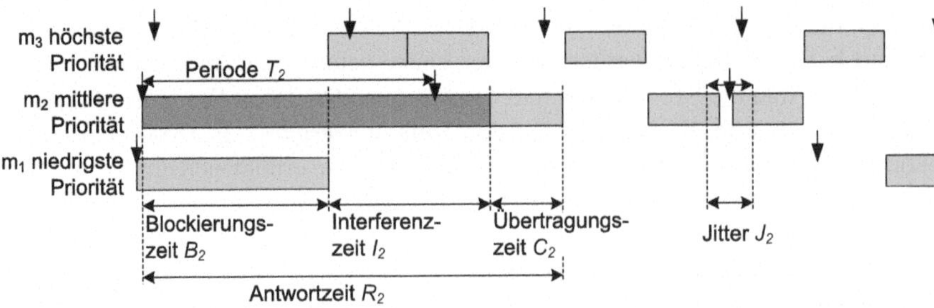

Abb. 8.4 Gezeigt sind drei Nachrichten mit unterschiedlichen Prioritäten und Zykluszeiten. Die Pfeile verdeutlichen, wann eine Nachricht auf einem Knoten erzeugt wird. Die Nachricht mit mittlerer Priorität wird zunächst durch die Nachricht mit niedrigster Priorität blockiert (Blockierungszeit B_2), da sie mit der Übertragung begonnen hat. Anschließend wird die Nachricht mit höchster Priorität auf dem Bus übertragen, was zu einer Interferenzzeit von I_2 führt. Zur Antwortzeit R_2 wird noch die Übertragungsdauer C_2 addiert

Parameter spezifiziert werden. Er sorgt dafür, dass *Burst*-artiges Sendeverhalten vermieden wird. Das Nachrichtenmodell geht außerdem von einem großen Puffer im CAN-Controller aus. CAN-Controller haben z. T. für jede Nachricht einen Puffer. Diese werden periodisch überschrieben, sofern die Nachricht nicht vorher verschickt wurde. Die Antwortzeit ist aber die Zeit vom Schreiben einer Nachricht in den Puffer bis zum erfolgreichen Empfang. Falls die Antwortzeit größer als die Periode ist, wird die Nachricht überschrieben und kommt gar nicht mehr an.

8.2.2 FlexRay-Bus

Der FlexRay-Bus besteht aus einem statischen Segment und einem dynamischen Segment mit unterschiedlichen Arbitrierungsverfahren. Die genaue Funktionsweise von FlexRay wurde bereits in Kap. 5 beschrieben und soll an dieser Stelle nicht wiederholt werden. Es sei lediglich darauf hingewiesen, dass für das statische Segment die Zuweisung von Nachrichten zu Slots und Zyklen während des Systementwurfs geschieht. Die Nachrichten, die es im dynamischen Segment zu verschicken gilt, werden – sofern noch ausreichend Zeit im dynamischen Segment ist – mit einer Art Round-Robin-Verfahren dem Bus zugewiesen. Im Folgenden werden das statische und dynamische Segment bei der Analyse separat behandelt.

Analyse des statischen Segments

Im Vergleich zur Analyse des dynamischen FlexRay-Segments ist das statische Segment relativ einfach zu analysieren. Zunächst gilt es zwei Fälle zu unterscheiden: In dem einen Fall sind alle Tasks, die Borschaften generieren mit dem Bus synchronisiert und im anderen Fall laufen die Tasks asynchron zum Bus.

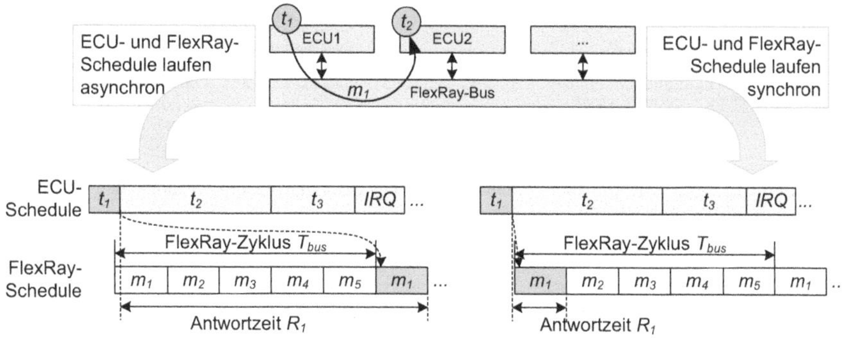

Abb. 8.5 Abhängig davon, ob der Bus-Schedule synchron oder asynchron zum CPU-Schedule läuft, ergeben sich unterschiedliche Antwortzeiten. *Links* ist der asynchrone Fall dargestellt, bei dem eine Nachricht gerade erzeugt wurde und den zugehörigen Slot gerade verpasst hat. Im *rechten* Fall ist der Task mit dem Bus synchronisiert und erzeugt die Nachricht so, dass sie mit minimaler Antwortzeit R_1 übertragen werden kann

Im asynchronen Fall ist die längste Antwortzeit R_i gleich dem größten spezifizierten Abstand zwischen zwei gleichen Nachrichten m_i im FlexRay-Schedule. Bei FlexRay gibt es mehrere Möglichkeiten, wann eine Nachricht vom Typ m_i verschickt werden kann. Sie kann entweder ein- bzw. mehrmals einen Slot in einem Zyklus reservieren, und sie kann zwischendurch definierte Zyklen auslassen. Im asynchronen Fall muss für die längste Antwortzeit davon ausgegangen werden, dass eine Nachricht erstellt wird, wenn der *Action Point* des entsprechenden Slots bereits überschritten ist. In Abb. 8.5 linke Hälfte ist dies beispielhaft dargestellt und die Antwortzeit beträgt $T_{\text{bus}} + C_1$. T_{bus} ist dabei die Zykluszeit des FlexRay-Schedules. Die Übertragungszeit C_i einer Nachricht im statischen Segment berechnet sich wie folgt:

$$C_i = (\mathit{Transmission\text{-}Start\text{-}Sequence} + 83 + \mathit{vPayloadLengthStatic} \cdot 20) \cdot \tau_{\text{bit}} \qquad (8.10)$$

Die *Transmission-Start-Sequence* kann zwischen 5 und 15 Bit (1 bis 16 Bit bei FlexRay 3.0) betragen, die 83 Bit entstehen durch die 8 Byte Header- und Trailer-Daten sowie 3 Bits für die Frame-Start- und Frame-Ende-Sequenz eines FlexRay-Frames. Zu beachten ist hierbei, dass bei FlexRay ein Byte um zwei Startbits erweitert wird, sodass 10 Bit auf dem physikalischen Medium übertragen werden. Der Parameter *gPayloadLengthStatic* ist ein Wert, der für alle Nachrichten des statischen Segments gleich ist. Dieser Wert multipliziert mit 20 ergibt die eigentliche Anzahl an Bits auf dem Bus. Die Übertragungszeit für ein Bit geht mit τ_{bit} in die Berechnung ein.

Im synchronen Fall ist die längste Antwortzeit R_i gleich der Differenz zwischen dem Zeitpunkt der Erzeugung einer Nachricht und dem Ende des zugewiesenen Slots. Dieser Fall ist in Abb. 8.5 rechte Hälfte beispielhaft dargestellt.

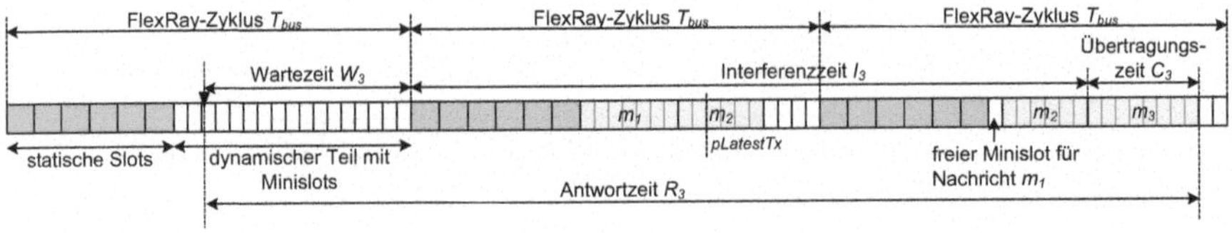

Abb. 8.6 Dargestellt sind die drei Zeitanteile, die bei der Analyse des dynamischen Segments zu berücksichtigen sind: W_i ist die maximale Wartezeit bis ein neuer Zyklus beginnt, I_i ist die Interferenzzeit und C_i die Übertragungszeit einer Nachricht m_i

Analyse des dynamischen Segments

Die längste Antwortzeit einer Nachricht m_i des dynamischen Segments beträgt:

$$R_i = C_i + W_i + I_i \tag{8.11}$$

Die drei Zeitanteile C_i, W_i und I_i sind in Abb. 8.6 beispielhaft dargestellt. In dieser Abbildung soll die Nachricht m_3 im dritten dynamischen Slot eines Buszyklus übertragen werden. Die Nachricht entsteht im ersten Buszyklus nachdem der dritte Minislot vorbei ist. Die Nachricht muss demnach bis zum Beginn des nächsten Buszyklus warten, was der Wartezeit W_i entspricht. Im nächsten Buszyklus belegt das statische Segment zunächst den Bus. Im Anschluss werden sechs Minislots verbraucht, da m_1 nicht vorliegt und fünf Minislots für die Übertragung von m_2 notwendig sind. Diese Zeitdauer beschreibt der Wert von I_i, der im Folgenden wieder Interferenzzeit genannt wird. Anschließend ist m_3 an der Reihe und belegt drei Minislots auf dem Bus, was durch C_i zum Ausdruck kommt.

Für die Analyse lässt sich die kürzeste Übertragungsdauer C_i einer Nachricht m_i folgendermaßen berechnen:

$$\begin{aligned} C_i =& (\mathit{Transmission\text{-}Start\text{-}Sequence} + 83 + \\ & \mathit{vPayloadLengthDynamic} \cdot 20) \cdot \tau_{\text{bit}} \end{aligned} \tag{8.12}$$

Die Übertragungszeit C_i einer Nachricht im dynamischen Segment ist vergleichbar zum statischen Segment. Der Unterschied besteht in dem Parameter *vPayloadLengthDynamic*. Dieser Parameter kann für jede Nachricht variieren.

W_i ist definiert als die längste Wartezeit während eines Buszyklus, die eine Nachricht m_i auf den nächsten Zyklus warten muss nachdem sie ihren Slot verpasst hat. Bei FlexRay legt ein Communication Controller am Anfang eines Minislots fest, ob eine Nachricht übertragen wird oder nicht. Im schlimmsten Fall muss also davon ausgegangen werden, dass eine Nachricht direkt nach Beginn des Minislots bzw. nach dieser Entscheidung entsteht. Die längste Wartezeit W_i hängt also von der Länge des Buszyklus T_{bus} ab, der Länge des statischen Segments T_{static}, der $\mathit{FrameID}_i$ einer Nachricht m_i und der Länge eines Minislots T_{minislot}:

$$W_i = T_{\text{bus}} - (T_{\text{static}} + (\mathit{FrameID}_i - 1) \cdot T_{\text{minislot}}) \tag{8.13}$$

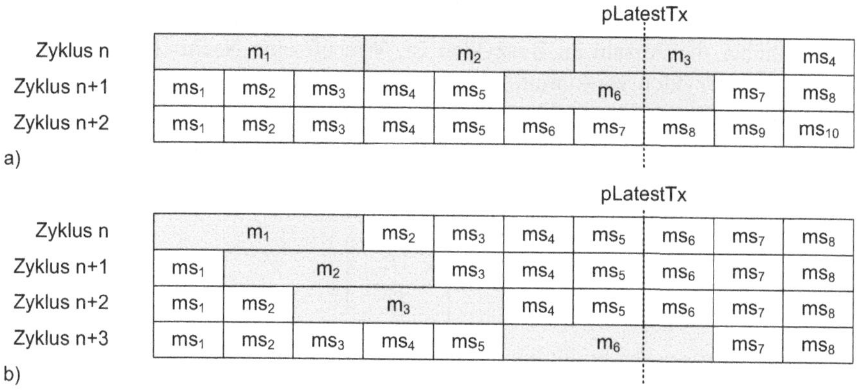

Abb. 8.7 Beispiel für zwei Fälle, in denen die gleiche Anzahl an Nachrichten übertragen wird und im Fall **a** nach zwei Zyklen und im Fall **b** nach vier Zyklen übertragen sind

Der kompliziertere Teil bei der Bestimmung der Antwortzeit ist die Berechnung der Interferenzzeit I_i. I_i beschreibt die längste Zeit, die eine Nachricht durch statische und dynamische Nachrichten mit höherer Priorität aufgehalten wird. Die Berechnung dieser Interferenzzeit kann mit Hilfe von ILP-Formulierungen geschehen [Grö05, PPE$^+$08, HBC$^+$07] (siehe Anhang A). Da solche Berechnungen exponentielle Laufzeitkomplexität besitzen, sind sie für schnelle Abschätzungen bei einer großen Anzahl an dynamischen Nachrichten nicht geeignet. Aus diesem Grund soll im Folgenden eine Abschätzungsmethode der Interferenzzeit I_i vorgestellt werden. Bevor jedoch in die Methodik eingestiegen wird, soll das Beispiel aus Abb. 8.7 erörtert werden. Gegeben sind in dieser Abbildung drei Nachrichten m_1, m_2 und m_3 sowie eine Nachricht m_6, für die die Antwortzeit berechnet werden soll. Alle Nachrichten belegen drei Minislots bei der Übertragung. Falls zu einer bestimmten ID keine Nachricht übertragen wird, ist das mit einem freien Minislot ms_i in der Abbildung verdeutlicht. In Abb. 8.7a) kommen alle drei höherprioren Nachrichten sowie m_6 gleichzeitig zum Beginn des betrachteten Zeitfensters von drei Zyklen an. Im Fall der CAN-Busanalyse hat ein solcher Fall zur längsten Antwortzeit geführt. Bei FlexRay ist es anders. In dem unteren Teil der Abbildung liegt die Annahme zugrunde, dass m_1 und m_6 zum Beginn des Zyklus n vorliegen, die Nachricht m_2 in Zyklus $n + 1$ und die Nachricht m_3 in Zyklus $n + 2$ ankommen. Durch diese verteilte Übertragung der höherprioren Nachrichten verschiebt sich die Übertragung von Nachricht m_6 in den Zyklus $n + 3$. In allen vorherigen Zyklen lag der Minislot ms_6 hinter $pLatestTx$, das den spätesten Sendezeitpunkt der Nachricht m_6 angibt.

Die Approximation der Interferenzzeit geschieht auf Basis der Analysemethode für Scheduling mit statischen Prioritäten [Grö05]. Eine Nachricht wird hierbei solange verzögert wie eine Nachricht mit höherer Priorität versendet werden soll. Das ist vergleichbar zum dynamischen Segment bei FlexRay, nur kommt es hier auch zu Verzögerungen, wenn keine hochprioren Nachrichten verschickt werden – nämlich genau ein Minislot pro Nachricht.

Die Anzahl an höherprioren Nachrichten im dynamischen Segment vergrößert sich, je höher die Anzahl an Buszyklen ist. Wie oft eine Nachricht m_j in einer Anzahl an Buszyklen vorkommt, ist durch n_j beschrieben. Ausgehend von einer höherprioren Nachricht m_j, die maximal einmal pro Buszyklus T_{bus} generiert werden kann, also $n_j = k$ ist. Falls bekannt ist, dass die Nachricht seltener gesendet wird, so ist das mit der Funktion $n_j = n(k)$ verdeutlicht. Falls beispielsweise eine Nachricht m_j einen periodischen Sendetyp mit der Zykluszeit T_j hat, so ist:

$$n(k) = \left\lceil \frac{k \cdot T_{\text{bus}}}{T_j} \right\rceil. \tag{8.14}$$

Eine höherpriore Nachricht m_j belegt den Bus für eine feste Zeitdauer C_j. Falls die Nachricht m_j nicht gesendet wird, bleibt der Bus für die Zeit eines Minislots leer. Somit ergibt sich für die Zeit der Belegung des Busses durch höherpriore Nachrichten m_j innerhalb von k Buszyklen folgender Zeitwert:

$$\sum_{j \in hp(i)} \Big(\underbrace{n_j \cdot C_j}_{\substack{\text{Übertragungszeit der Nach-} \\ \text{richt } m_j \text{ in } k \text{ Zyklen}}} + \underbrace{(k - n_j) \cdot t_{\text{Minislot}}}_{\substack{\text{Zeit für ungenutzte Minislots} \\ \text{von Nachricht } m_j \text{ in } k \text{ Zyklen}}} \Big) \tag{8.15}$$

Hierbei ist $hp(i)$ die Menge der höherprioren Nachrichten von m_i und t_{Minislot} die Zeit für einen Minislot. Somit gibt die Formel die Zeit an, die alle höherprioren Nachrichten als m_i in k dynamischen Segmenten benötigt.

Um nun zu überprüfen, ob in diesen k dynamischen Segmenten die Nachricht m_i auch noch übertragen werden kann, muss folgende Ungleichung gelten:

$$\sum_{j \in hp(i)} (n_j \cdot C_j + (k - n_j) \cdot t_{\text{Minislot}}) + C_i \leq k \cdot T_{\text{dynamic}} \tag{8.16}$$

Hierbei ist T_{dynamic} die Länge eines dynamischen Segments. Für die gesamte Interferenzzeit I_i muss noch die Zeit für das statische Segment aufaddiert werden, sodass sich folgende Gleichung ergibt:

$$I_i = \sum_{j \in hp(i)} (n_j \cdot C_j + (k - n_j) \cdot t_{\text{Minislot}}) + k \cdot T_{\text{static}} \tag{8.17}$$

Bei FlexRay gibt es allerdings eine Besonderheit, die in der bisherigen Betrachtung nicht berücksichtigt wurde. Der FlexRay-Parameter *pLatestTx* bezeichnet den letzten Minislot, in dem ein Knoten eine Nachricht auf den Bus legen darf. Falls eine Nachricht einen Minislot später übertragen wird, kann nicht mehr sichergestellt werden, dass die Nachricht noch bis zum Ende des dynamischen Segments vollständig übertragen wird. Für eine Nachricht m_i ist der Zeitpunkt, ab dem die Nachricht nicht mehr übertragen werden darf mit $t_{pLatestTx,m_i}$ gegeben. Somit ist im schlimmsten Fall der Bus für eine Zeitdauer von $T_{\text{dyn}} - t_{pLatestTx,m_i}$ ungenutzt – und das in jedem Zyklus bis die Nachricht übertragen ist. Diese Zeit fließt bei der Approximation der Interferenzzeit als zusätzliche Verzögerung ein. Diese Verzögerung muss allerdings nicht k Mal angenommen werden, sondern nur $k-1$ Mal, da im k-ten Segment die Übertragung stattfindet:

$$
\begin{aligned}
I_i = &(k-1) \cdot (T_{\text{dyn}} - t_{pLatestTx,m_i}) \\
&+ \sum_{j \in hp(i)} \left(n_j \cdot C_j + (k - n_j) \cdot t_{\text{Minislot}}\right) \\
&+ k \cdot T_{\text{static}}
\end{aligned}
\qquad (8.18)
$$

Die Ungleichung zur Überprüfung, ob eine Nachricht in k Segmenten übertragen werden kann, muss nun nicht mehr die Übertragungszeit C_i enthalten. Mit folgender Ungleichung wird überprüft, ob die Übertragung im k-ten Segment beginnen darf:

$$
\begin{aligned}
&(k-1) \cdot (T_{\text{dyn}} - t_{pLatestTx,m_i}) + \sum_{j \in hp(i)} \left(n_j \cdot C_j + (k - n_j) \cdot t_{\text{Minislot}}\right) \\
&\qquad \leq (k-1) \cdot T_{\text{dynamic}} + t_{pLatestTx,m_i}
\end{aligned}
\qquad (8.19)
$$

Im Vergleich hierzu wurde bei der vorherigen Ungleichung (Gl. (8.16)) überprüft, ob die gesamte Übertragung vor Ablauf der k Segmente stattfinden kann. Zu beachten ist, dass bei dieser Analyse noch keine Mehrfachaktivierung der betrachteten Nachricht m_i in den k dynamischen Segmenten stattfinden darf. Diese Erweiterung ist in [Grö05] beschrieben.

8.2.3 LIN-Bus

Beim LIN-Bus [Con06] wird die Kommunikation immer durch den LIN-Master gestartet und kann zwischen zwei oder mehreren Slaves bzw. zwischen Slave und Master stattfinden. Hierfür legt der Master einen Header mit einem Identifier auf den Bus, über den der Inhalt der folgenden Nachricht definiert ist. Dieser Inhalt – auch Response genannt – kann von dem Master selber oder von einem Slave-Knoten kommen.

Durch diesen Master-Slave-Mechanismus entstehen zwei Zeitanteile, die für die Berechnung der Übertragungszeit notwendig sind. Zum einen gibt es den Zeitanteil, in dem der Header vom Master und die Response vom Slave bzw. Master den Bus belegt. Dieser Zeitanteil wurde bei den anderen Bussystemen mit dem Parameter C_i beschrieben. Weiterhin gibt es eine Wartezeit W_i vom Erzeugen einer Response bis zum Übertragen der Response. Dieser Zeitanteil ist abhängig von dem Schedule des Master-Knotens und vergleichbar zu der Wartezeit, die beim statischen Segment des FlexRay-Bus auftritt. Wenn ein Knoten gerade seinen Slot verpasst hat und einen Zyklus warten muss, entsteht auch hier eine Wartezeit, die allerdings nicht vom Schedule eines Knotens abhängt, sondern vom Schedule des LIN-Busses.

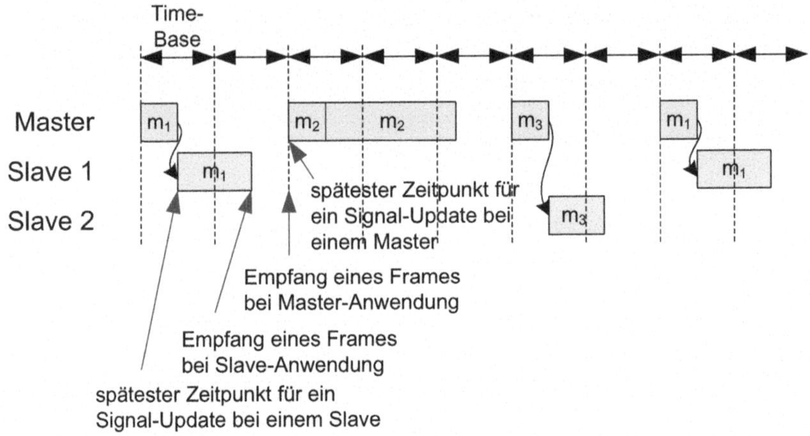

Abb. 8.8 Das Verhalten beim Empfang und Versand von Nachrichten unterscheidet sich bei Master- und Slave-Knoten

Bei der Übertragung von Nachrichten auf dem LIN-Bus verhalten sich Master- und Slave-Knoten sowohl beim Empfang als auch beim Versand einer Nachricht unterschiedlich (siehe Abb. 8.8):

- **Empfang einer Nachricht vom Master-Knoten:** Der Master-Knoten aktualisiert sein internes Empfangssignal periodisch am Anfang der sogenannten *Time-Base*. Diese Time-Base ist ein LIN-spezifischer Parameter und gibt ein zeitliches Raster vor, zu dem eine Nachrichtenübertragung starten bzw. enden kann. Ein Master-Knoten kann eine empfangene Nachricht immer am Ende des Time-Base-Intervalls an eine Anwendung weitergeben.
- **Empfang einer Nachricht vom Slave-Knoten:** Der Slave-Knoten ist nicht an die Time-Base gebunden. Er signalisiert der Anwendung, dass ein Paket eingegangen ist, nachdem die Prüfsumme validiert ist – also unmittelbar nach der Übertragung des Pakets.
- **Versand einer Nachricht vom Master-Knoten:** Der späteste Zeitpunkt, zu dem ein Master-Knoten Daten für eine Nachricht erzeugen kann, ist zum Beginn der Time-Base, in der der zugehörige Header übertragen wird.
- **Versand einer Nachricht vom Slave-Knoten:** Der späteste Zeitpunkt, zu dem ein Slave-Knoten Daten für eine Nachricht erzeugen kann, ist kurz vor der Übertragung der Response.

Aus der Kombination der verschiedenen Sende- und Empfangszeiten ergeben sich drei verschiedene Fälle für die Nachrichtenübertragung: 1.) von Master an Slave, 2.) von Slave an Master und 3.) von Slave an Slave.

- Master → Slave: Hierbei beträgt die zu berücksichtigende Zeit für die Busbelegung $C_i^{Master \to Slave} = C_i^{\text{Header}} + C_i^{\text{Response}}$.
- Slave → Master: Hierbei beträgt die zu berücksichtigende Zeit für die Busbelegung $C_i^{Slave \to Master} = n \cdot T_{\text{Base}} - C_i^{\text{Header}}$, wobei n ein Vielfaches der Time-Base-

Intervalle ist:

$$n = \left\lceil \frac{C_i^{\text{Header}} + C_i^{\text{Response}}}{T_{\text{Base}}} \right\rceil \tag{8.20}$$

- Slave $\rightarrow$ Slave: Bei der Kommunikation zwischen zwei Slaves muss der Zeitanteil berücksichtigt werden, der für die Übertragung der Response notwendig ist: $C_i^{Slave \rightarrow Master} = C_i^{\text{Response}}$.

In der LIN-Spezifikation sind die einzelnen Zeitanteile für Header und Response als nominelle und maximale Werte angegeben. Die nominellen Werte betragen:

$$\begin{aligned} C_i^{\text{Header\_Nominell}} &= 34 \cdot \tau_{\text{bit}} \\ C_i^{\text{Response\_Nominell}} &= 10 \cdot (N_{\text{Data}} + 1)\tau_{\text{bit}} \end{aligned} \tag{8.21}$$

Der Abstand zwischen den Bytes kann gegenüber der nominallen Werte noch um 40 % größer sein, was zu folgenden Maximal-Werten führt:

$$\begin{aligned} C_i^{\text{Header\_Maximal}} &= 1{,}4 \cdot C_i^{\text{Header\_Nominell}} \\ C_i^{\text{Response\_Maximal}} &= 1{,}4 \cdot C_i^{\text{Response\_Nominell}} \end{aligned} \tag{8.22}$$

Ausgehend von einer Nachricht m_i, die periodisch verschickt wird, entspricht die maximale Wartezeit W_i der Zykluszeit der Nachricht. In Abb. 8.9 sind diese Zeitanteile für die Berechnung der Antwortzeit $R_i = W_i + C_i$ für die verschiedenen Fälle dargestellt.

8.2.4 Ethernet-AVB (IEEE 802.1Qav)

In einem Ethernet-Netzwerk mit AVB-Erweiterung wie es in Kap. 5 beschrieben ist, trägt jeder Switch auf dem Weg vom Sender zum Empfänger zu der Latenz einer Nachricht bei. Maßgeblich für die Latenz, die jeder Switch auf dem Pfad beiträgt, ist die Art mit der Nachrichten gepuffert werden, ohne dass Puffer überlaufen und Pakete verworfen werden. Soll die Latenz durch ein Ethernet-AVB-Netzwerk berechnet werden, so muss zunächst die Latenz jedes einzelnen Switches betrachtet werden. Deshalb beschränken sich die folgenden Betrachtungen auf die Latenzanteile, die vom Empfang des letzten Bits an einem Eingangsport n an einem Switch bis zum Empfang des gleichen Bits an einem folgenden Switches entstehen. Diese Latenzanteile, die auch in Abb. 8.10 dargestellt sind, werden folgendermaßen genannt:

1. **Input Queuing Delay:** Falls am Eingangsport ein Paket gespeichert und anschließend weiterverarbeitet wird, so wird die hieraus resultierende Latenz als *Input Queuing Delay* bezeichnet. Typischerweise kann sie aber vernachlässigt werden, da Switches an den Ausgangsports Pakete speichern, jedoch nicht an den Eingangsports.

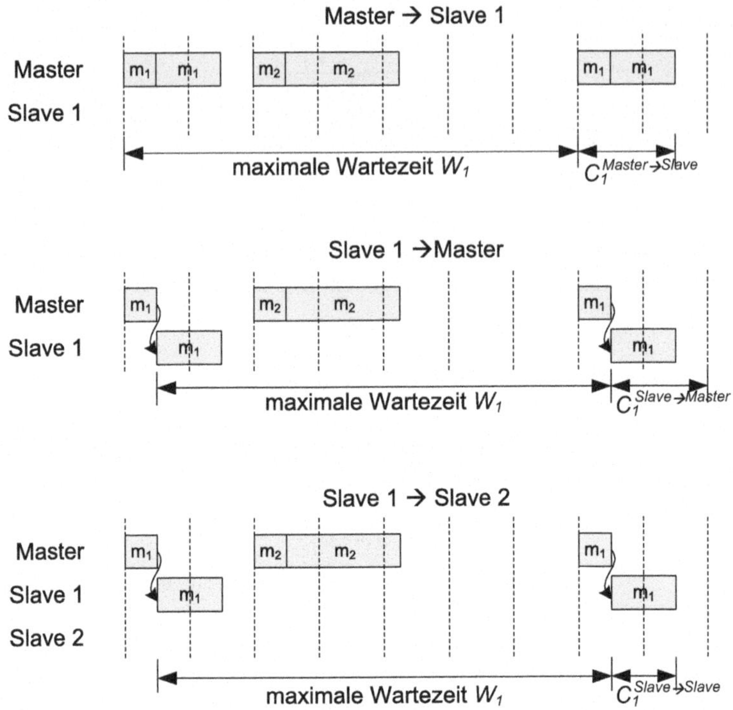

Abb. 8.9 Für die drei Fälle der Kommunikationsbeziehungen sind die verschiedenen Antwortzeiten dargestellt. Das Intervall für die Wartezeit ist in jedem Fall gleich lang, allerdings beginnt und endet es an unterschiedlichen Stellen. Die Zeit C_1 hängt von der Kommunikationsbeziehung ab

2. **Store-and-Forward Delay:** Unter der Annahme, dass die Puffer an den Ein- und Ausgängen eines Switches leer sind, beschreibt das *Store-and-Forward Delay* die Latenz, um eine Nachricht vom Eingangs- zum Ausgangsport zu transportieren. Diese Latenz hängt von der Implementierung eines Switches ab und liegt typischerweise im unteren einstelligen µs-Bereich.
3. **Interference Delay:** Das *Interference Delay* bezeichnet die Latenz, die durch andere Nachrichten entsteht, die den gleichen Ausgangsport belegen. Diese Latenz wird im Folgenden genauer betrachtet, da sie den größten Teil der Gesamtlatenz ausmacht und spezifisch für die Protokollmechanismen von Ethernet-AVB ist.
4. **Übertragungszeit der Nachricht:** Die Übertragungszeit einer Nachricht hängt von ihrer Größe und der Übertragungsgeschwindigkeit ab.
5. **Übertragungszeit auf dem physikalischen Medium:** Die Übertragungszeit auf dem physikalischen Medium hängt von der Leitungslänge zwischen zwei Switches ab. Im Verhältnis zu den oberen Latenzanteilen ist dieser Anteil deutlich kleiner.

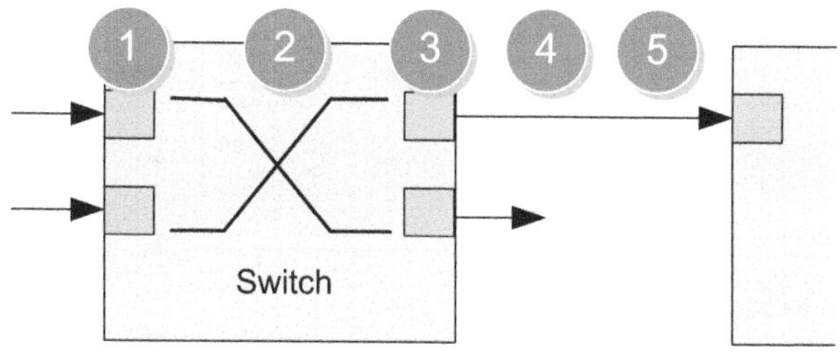

Abb. 8.10 Die Latenz, die bei der Übertragung über eine Ethernet-AVB-Strecke auftreten kann, ist in fünf Latenzanteile unterteilt: 1.) Input-Queuing Delay, 2.) Store-and-Forward Delay, 3.) Interference Delay, 4.) Übertragungszeit der Nachricht, 5.) Übertragungszeit auf dem physikalischen Medium

Das *Interference Delay* für eine Nachricht m_i kann in die Bestandteile 1.) *Queuing Delay*, 2.) *Fan-in Delay* und 3.) *Permanent Delay* aufgeteilt werden.

Hierbei beschreibt das *Queuing Delay* die Latenz, die durch eine Nachricht m_j entsteht, die einen Ausgangsport belegt und m_i blockiert. Selbst wenn die Nachricht m_i eine höhere Priorität hat, muss Nachricht m_j noch vollständig versendet werden bis m_i an der Reihe ist. Zusätzlich kommt zum Queuing Delay die Latenz durch alle gepufferten Nachrichten mit höherer Priorität als Nachricht m_i. In Abb. 8.11 ist ein solcher Fall dargestellt. In FIFO 4 mit niedrigster Priorität befand sich bereits eine Nachricht als alle anderen FIFOs leer waren. Deshalb hat der Static-Priority-Scheduler am Ausgangsport die Übertragung dieser Nachricht zugelassen. Während dieser Übertragungszeit sind fünf Nachrichten in der höchstprioren FIFO 1 angekommen. Weiterhin ist kurz nach Beginn der Übertragung der Nachricht aus FIFO 4 die Nachricht m_i in FIFO 2 eingetroffen. Diese Nachricht m_i muss sowohl die Nachricht aus FIFO 4 als auch die Übertragung von vier Nachrichten aus FIFO 1 abwarten. Warum ausgerechnet vier Nachrichten und nicht alle fünf Nachrichten aus FIFO 1 übertragen werden, hängt mit dem *Credit Based Shaper* zusammen. In Abb. 8.11 ist der Credit dargestellt, der sich zunächst für FIFO 1 aufbaut, da die Nachrichten aus FIFO 1 von einer niederprioren Nachricht blockiert werden. Die Steigung, mit der sich der Credit aufbaut, ist durch den AVB-Parameter $idleSlope_{\text{FIFO1}}$ spezifiziert. Sobald Nachrichten aus FIFO 1 übertragen werden, baut sich der Credit mit der Steigung $sendSlope_{\text{FIFO1}}$ wieder ab. Nach der dritten Nachricht ist der Credit Null, sodass noch eine Nachricht aus FIFO 1 übertragen werden kann. Hierdurch sinkt der Credit ins Negative, wodurch nach der vierten Nachricht aus FIFO 1 keine weitere Nachricht übertragen werden kann.

Mathematisch lassen sich die einzelnen Latenzanteile aus Abb. 8.11 folgendermaßen beschreiben. Das Zeitintervall T_{AB} von Zeitpunkt A bis Zeitpunkt B hängt von der Übertragungsgeschwindigkeit des Ausgangsports *portTransmitRate* in Bits pro Sekunde und der maximalen Nachrichtengröße *maxFrameSize* in Bits ab:

$$T_{\text{AB}} = \frac{maxFrameSize}{portTransmitRate} \tag{8.23}$$

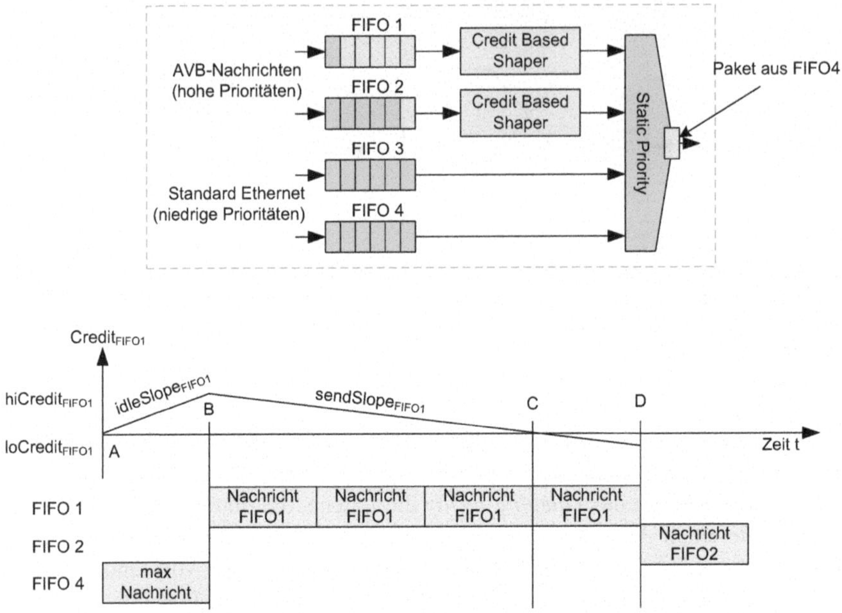

Abb. 8.11 Beim Queuing Delay kann eine niederpriore Nachricht plus einer berechenbaren Zahl an höherprioren Nachrichten zur Verzögerung einer bestimmten Nachricht m_i führen. Dargestellt ist ein Fall, in dem eine Nachricht aus *FIFO* 4 und vier Nachrichten aus *FIFO* 1 eine Nachricht aus *FIFO* 2 verzögern

Der Credit, der sich für FIFO 1 in dem Zeitintervall T_{AB} aufbauen kann, beträgt:

$$hiCredit_{\text{FIFO1}} = idleSlope_{\text{FIFO1}} \cdot T_{\text{AB}} \tag{8.24}$$

Hierbei ist $idleSlope_{\text{FIFO1}}$ die Bandbreite in Bits pro Sekunde, die für die FIFO 1 reserviert ist. Anschließend wird der Credit mit der Steigung von $sendSlope_{\text{FIFO1}}$ abgebaut. Dieser Parameter berechnet sich aus der Übertragungsgeschwindigkeit am Ausgangsport und der *idleSlope* der entsprechenden FIFO:

$$sendSlope_{\text{FIFO1}} = idleSlope_{\text{FIFO1}} - portTransmitRate \tag{8.25}$$

Das Zeitintervall T_{BC} vom Zeitpunkt B bis zum Zeitpunkt C beträgt dann:

$$T_{BC} = \frac{hiCredit_{\text{FIFO1}}}{sendSlope_{\text{FIFO1}}} \tag{8.26}$$

Zu diesem Zeitpunkt C kann noch eine Nachricht aus FIFO 1 verschickt werden, wodurch sich ein negativer Credit ergibt. Die Zeitdauer T_{CD} zwischen Zeitpunkt C und D hängt hierbei von der *portTransmitRate* und der maximal möglichen Nachrichtengröße $maxFrameSize_{\text{FIFO1}}$ in der betrachteten FIFO ab:

$$T_{CD} = \frac{maxFrameSize_{\text{FIFO1}}}{portTransmitRate}, \tag{8.27}$$

Die Summe dieser Zeitintervalle zwischen Zeitpunkt A und D ist das Queuing Delay, das für eine Nachricht in FIFO 2 im schlimmsten Fall erwartet werden kann. Auf den verallgemeinerten Fall, bei dem N FIFOs vorhanden sind und die Latenz einer Nachricht in einer beliebigen FIFO betrachtet wird, soll hier nicht eingegangen werden. Details über diesen Fall sind in [IEE09] zu finden.

Anhand Abb. 8.11 kann man ebenfalls erkennen wie lang ein Burst von Nachrichten aus einer bestimmten FIFO sein kann. In dem dargestellten Fall wächst der Credit während der Übertragung der Nachricht aus FIFO 4 an. Der höchste Credit-Wert entsteht, wenn FIFO 1 durch eine Nachricht maximaler Größe aufgehalten wird. Ausgehend von diesem höchsten Credit-Wert sinkt der Credit bis zum Zeitpunkt D und nimmt dort den niedrigsten Credit-Wert ein, wenn eine Nachricht maximaler Größe zum Zeitpunkt C verschickt wird. Dieser maximale und minimale Credit-Wert heißt in folgender Formel *hiCredit* bzw. *loCredit*:

$$maxBurstSize_{\text{FIFO1}} = portTransmitRate \cdot \frac{-(hiCredit_{\text{FIFO1}} - loCredit_{\text{FIFO1}})}{sendSlope_{\text{FIFO1}}} \tag{8.28}$$

Das sogenannte *Fan-in Delay* beschreibt die Latenz, die durch andere Nachrichten mit gleicher Priorität wie die der betrachteten Nachricht m_i entsteht. An einem Switch können solche Nachrichten zur gleichen Zeit an unterschiedlichen Eingangsports eintreffen und zum gleichen Ausgangsport weitergeleitet werden. Hierbei kann man von einem einfachen Szenario wie in Abb. 8.12 ausgehen, bei dem ein Switch auf sieben Ports Nachrichten empfängt und an einem Port diese Nachrichten ausgibt. In diesem Beispiel wird davon ausgegangen, dass die meiste Bandbreite, die am Ausgangsport übertragen werden muss vom Eingangsport 1 kommt und alle anderen Eingangsports nur eine sehr geringe Bandbreite zum Ausgangsport

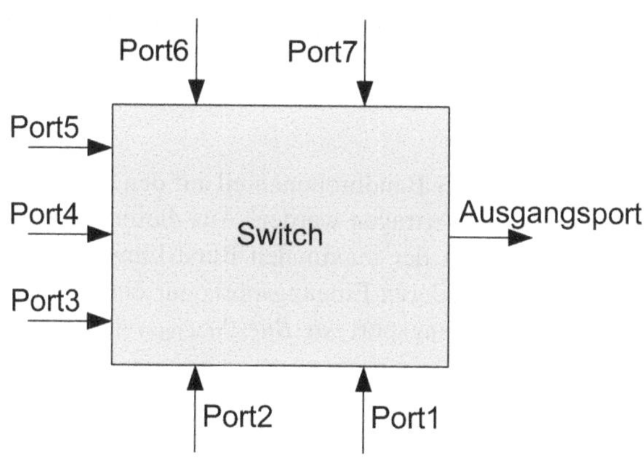

Abb. 8.12 Das *Fan-In-Delay* beschreibt die Latenz, die durch Nachrichten der gleichen Prioritätsklasse entsteht. Diese Nachrichten können an mehreren Eingangsports gleichzeitig ankommen und zu einem Ausgangsport geschaltet werden

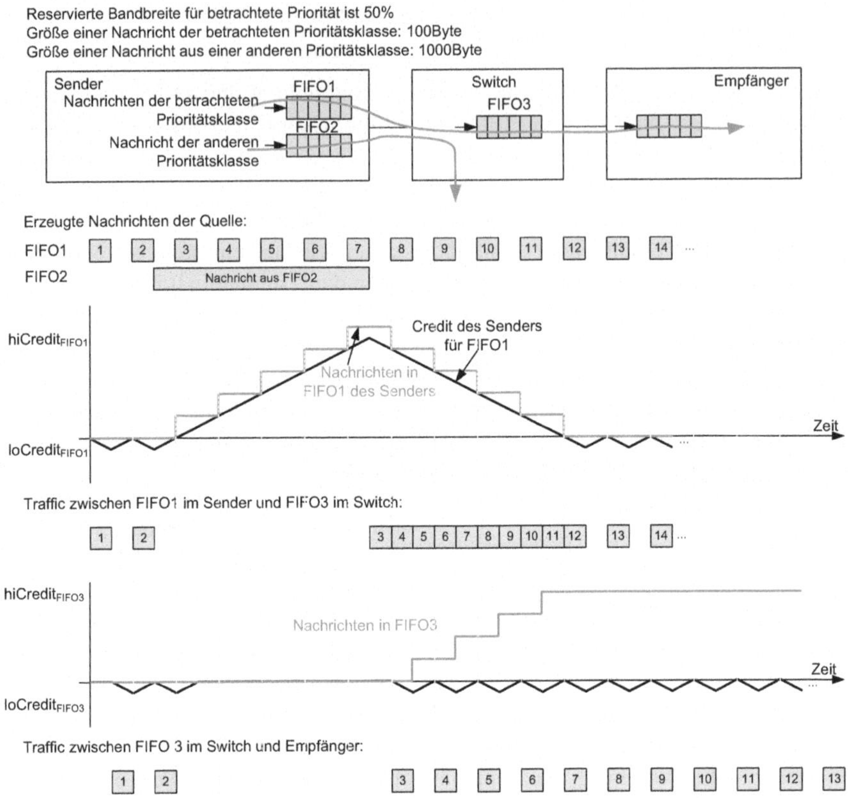

Abb. 8.13 Das *Permanent Delay* kann entstehen, wenn die reservierte Bandbreite für eine gewisse Priorität gleich der tatsächlich versendeten Bandbreite ist und zusätzlich noch andere Nachrichten für Blockierungen sorgen. In dem dargestellten Fall findet die Blockierung in dem Sender statt, was im Anschluss zu einer permanenten Latenz und einem permanent hohen Füllstand der FIFO 3 im Switch führt

übertragen. Egal wie klein dieser Bandbreitenanteil auf den anderen Ports ist, muss immer eine ganze Nachricht übertragen werden. Aus dieser Überlegung resultiert, dass die Datenmenge an Port 1 der maximalen Burst-Länge der Ausgangs-FIFO entspricht, während an allen anderen Eingangsports nur eine Nachricht ankommt. Somit muss die FIFO am Ausgangsport $maxBurstSize_{\text{FIFO}} + 6 \cdot maxFrameSize_{\text{FIFO}}$ Bits verschicken.

Als Bestandteil des Fan-in-Delays fließt das sogenannte *Permanent Delay* in die Latenzbetrachtung mit ein. Diese Latenz sollte in einem Netzwerk möglichst nicht auftreten. Sie kann aber entstehen, wenn ein Switch für eine bestimmte Priorität mit der gleichen Bandbreite Nachrichten empfängt, mit der ein *Credit Based Shaper* am Ausgangsport Nachrichten verschicken darf. In diesem Fall kann ein Blockieren durch eine andere Nachricht dazu führen, dass der Puffer bis zu einem gewissen Grad gefüllt wird und diesen Füllstand nicht mehr abbauen kann. Wie eine solche Situation entsteht, ist in Abb. 8.13 beispielhaft dargestellt. In diesem Beispiel liegt eine Topologie bestehend aus einem Sender, einem Switch und einem Empfänger vor. Der Sender hat für die Priorität der FIFO 1 bzw. FIFO 3 eine Bandbreite von 50 % auf dem Pfad vom Sender zum Empfänger reserviert. Die Pakete für FIFO 1 werden periodisch erzeugt und sind 100 Byte lang. Nachdem zwei solche Nachrichten verschickt wurden, hat eine sporadische Nachricht aus FIFO 2 mit der Länge von 1000 Byte die anderen Nachrichten blockiert. Durch diese Blockierung ist sowohl der Credit als auch der Füllstand von FIFO 1 angestiegen. Anschließend kann ein Burst von Nachrichten aus der FIFO 1 verschickt werden, wodurch der Credit und der FIFO-Füllstand wieder sinken. Sobald der Burst vorbei ist, sendet der Sender mit gleicher Bandbreite wie vor dem Burst weiter. Für FIFO 3 hat das zur Konsequenz, dass zwischen Nachricht 2 und 3 eine Lücke entsteht, in der der Credit Null ist. Anschließend kommt ein Burst an Nachrichten in FIFO 3 an, der durch den Credit Based Shaper verzögert wird, da der Credit immer zwischen loCredit und Null hin und her schwankt. Hierdurch steigt der Füllstand in FIFO 3 an und kann nicht mehr abgebaut werden. In dem Beispiel aus Abb. 8.13 ensteht eine bleibende Verzögerung, die der Übertragungsdauer von 1000 Byte entspricht. Als Konsequenz muss die reservierte Bandbreite für eine bestimmte FIFO immer etwas größer sein als die tatsächlich verwendete. Nur so kann eine solche permanente Latenz wieder abgebaut werden.

8.3 Simulation auf Komponentenebene

Bei der Simulation auf Komponentenebene kommen Simulatoren zum Einsatz, welche in den meisten Fällen auf der Transaktionsebene (siehe hierzu auch Abschn. 7.2) arbeiten. Dies trifft insbesondere auf die Simulatoren von Kommunikationssystemen zu. Bei der Simulation von Steuergeräten und der darauf integrierten Software sind auch Simulatoren unterhalb der Transaktionsebene zu finden und für eine exakte Bestimmung des zeitlichen Verhaltens erforderlich, um eine zyklengenaue Simulation zu ermöglichen.

Der prinzipielle Aufbau einer Simulationsumgebung für Steuergeräte ist in Abb. 8.14 dargestellt. Auf Basis eines sogenannten *Simulationskernels* kann ein virtueller Prototyp eines Steuergerätes simuliert werden. Dieser setzt sich aus einem Modell der Hardware-Architektur (Prozessor) sowie der Software-Architektur zusammen (Software-Komponenten, Tasks, ...). Für die Stimulation des Systems ist zusätzlich die Umgebung des Systems abzubilden. Dies kann in Form von sogenannten *Testpattern* erfolgen, welche auf Basis von spontanen oder zyklischen Ereignissen, das Verhalten des virtuellen Prototypen beeinflussen. Für eine möglichst realistische Nachbildung des realen Verhaltens, ist es erforderlich, dass die Testpattern ein möglichst breites Spektrum abdecken und insbesondere die kritischen Fälle mit berücksichtigen.

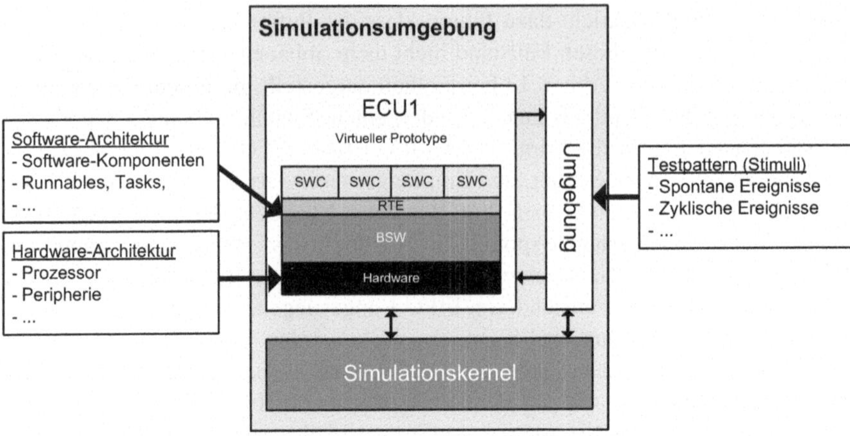

Abb. 8.14 Dargestellt ist der prinzipielle Aufbau, welcher für die Simulation eines Steuergerätes erforderlich ist

8.4 Fallstudien

Um die Möglichkeiten der Timing-Analyse auf Komponentenebene für die einzelnen Teilaspekte im Detail auszuführen, werden hierfür im Folgenden vier Beispiele dargestellt:

- Die Analyse von Steuergeräten wird anhand eines Gateway-Steuergeräts beispielhaft erläutert.
- Für die Analyse eines CAN-Busses werden zwei Fälle betrachtet. Der erste Fall umfasst eine kleine CAN-Konfiguration, welche die Möglichkeit bietet die Analyseschritte im Detail nachvollziehen zu können. Im zweiten Fall wird eine reale CAN-Konfiguration untersucht. Hierbei liegt der Fokus auf der Aufbereitung der Ergebnisse.
- Die Analysen eines FlexRay- sowie LIN-Busses wird jeweils anhand eines nachvollziehbaren Umfangs diskutiert.

8.4.1 Analyse auf ECU-Ebene

Die Fallstudie in Kap. 4 beschreibt die Möglichkeiten zur Bestimmung der einzelnen Task- und Funktionsausführungszeiten. Die Verzögerungen, welche durch Unterbrechungen von höherprioren Tasks oder Interrupt-Service-Routinen bedingt sind, wurden dabei nicht berücksichtigt. Im Folgenden sollen anhand eines Gateway-Steuergeräts die Einflüsse der Betriebssystemkonfiguration sowie der von außen eintreffenden Ereignisse und die daraus resultierenden Unterbrechungen analysiert werden.

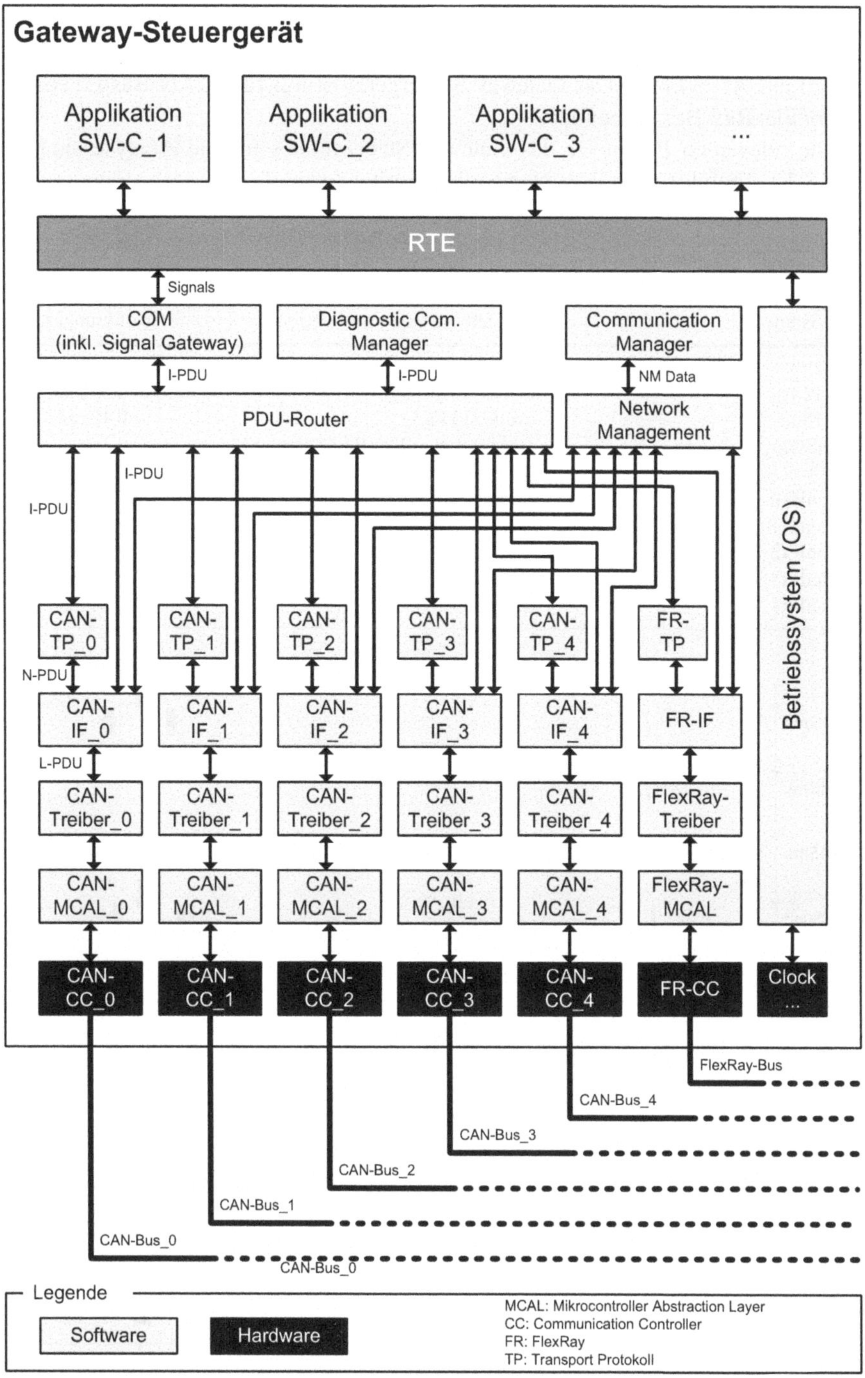

Abb. 8.15 Interner Aufbau des Gateway-Steuergeräts inklusive der Software-Architektur und den angebundenen Kommunikationssystemen

In Abb. 8.15 ist das Gateway-Steuergerät inklusive der Software-Architektur und der angebundenen Kommunikationssysteme dargestellt. Die Software-Architektur basiert auf AUTOSAR. Das Gateway-Steuergerät ist mit fünf CAN-Bussen sowie einem FlexRay-Bus verbunden.

Die relevanten Parameter des Gateway-Steuergerätes für die Analyse sind in Tab. 8.1 aufgeführt. Der Task-Name, die Priorität sowie die Triggerbedingung und

Tabelle 8.1 Konfiguration des Gateway-Steuergeräts

Task-Name	Priorität	Triggerbedingung und Periode	Ausführungszeit
Task2ms	7	cyclic, 2 ms	0.04 ms
Task12ms	6	cylcic, 12 ms	0.05 ms
Task15ms	5	cyclic, 15 ms	0.12 ms
MainSync	8	synchron zum FlexRay-Schedule	0.1 ms
IsrFr	255	spontan	0.05 ms
IsrCanRx0	255	spontan	0.04 ms
IsrCanRx1	255	spontan	0.04 ms
IsrCanRx2	255	spontan	0.04 ms
IsrCanRx3	255	spontan	0.04 ms
IsrCanRx4	255	spontan	0.04 ms

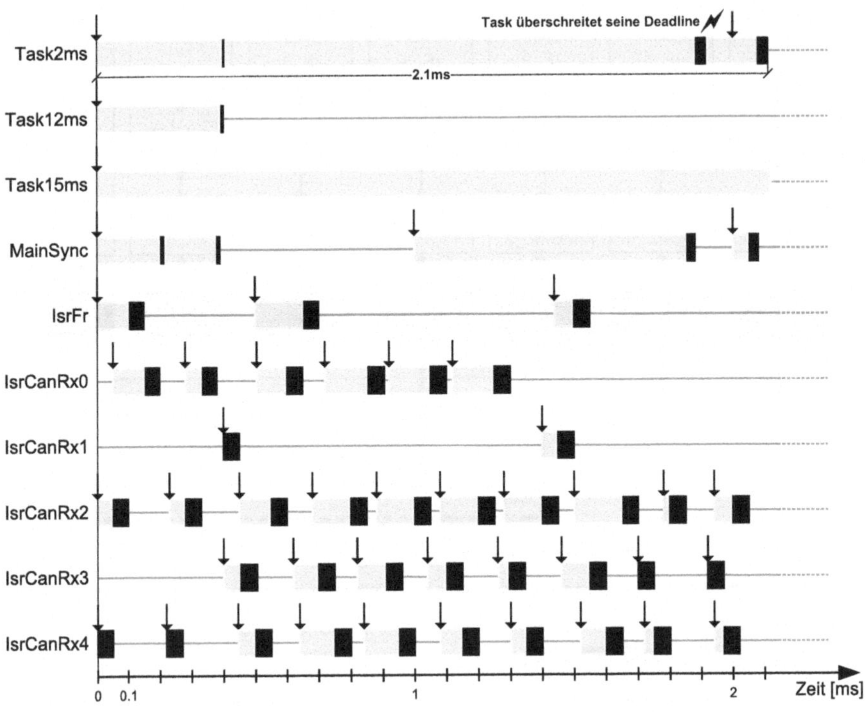

Abb. 8.16 Ergebnis für die Analyse des *Task2ms*: Im schlimmsten Fall wird dieser nicht innerhalb seiner Deadline ausgeführt

Periode ergeben sich aus der Konfiguration des Steuergerätes. Die Ausführungszeit kann über die in Kap. 4 vorgestellten Verfahren ermittelt werden. Die Triggerbedingungen für die Interrupt-Service-Routinen ergeben sich aus dem Verhalten der angebundenen Kommunikationssysteme.

Am Beispiel des *Task2ms* soll die Analyse diskutiert werden. In Abb. 8.16 ist der schlimmste Fall für Task2ms dargestellt. Dieser zeigt, dass der Task2ms seine Deadline überschreitet und erst nach 2.1 ms vollständig ausgeführt wird und es somit zu einer Mehrfachaktivierung kommt. Grund hierfür ist die hohe Interruptlast bedingt durch ein hohes Kommunikationsaufkommen auf den fünf angeschlossenen CAN-Bussen. Ein weiterer Grund sind die hierzu parallel aufgerufenen Routinen für die FlexRay-Kommunikation *(MainSync und IsrFr)*, welche auch eine höhere Priorität haben als die zyklisch aufgerufenen Applikationstasks *(Task2ms, Task12ms und Task15ms)*.

Dieses Beispiel stellt ein typisches Szenario dar. Es ist immer häufiger der Fall, dass Steueräte mit mehreren Bussen verbunden sind und zusätzlich zu deren applikativen Aufgaben auch noch parallel Gateway-Funktionen bedienen müssen. Um hier eine sichere Auslegung und Absicherung bezüglich CPU-Auslastung sowie Timing-Verhalten durchführen zu können, bilden die hier vorgestellten Analyseverfahren eine Basis.

8.4.2 Analyse eines CAN-Busses (nachvollziehbar)

Als Beispiel für die Analyse eines CAN-Bus wird ein System betrachtet, wie in Abb. 8.17 dargestellt. Es besteht aus zwei ECUs, die untereinander insgesamt vier Nachrichten m_1 bis m_4 austauschen. Der CAN-Bus hat eine Bandbreite von 125 kBit/s und verwendet Identifier mit einer Länge von 11 Bit. Die Nachrichten haben folgende Eigenschaften:

Nachricht	Identifier	Sendetyp	Periode, Mindestsendeabstand	Inhalt, Datenlänge
m_1	1	cyclic	5 ms	4 Byte
m_2	2	spontan	10 ms	6 Byte
m_3	3	cyclic	5 ms	8 Byte
m_4	4	cyclic	5 ms	4 Byte

Der Nachrichten-Jitter wird bei allen Nachrichten vernachlässigt und beträgt somit Null. Im Folgenden soll nun die Antwortzeit R_3 für Nachricht m_3 berechnet werden. Diese Antwortzeit hängt von der eigenen Übertragungszeit C_3, dem Jitter J_3, der Interferenzzeit I_3 durch höherpriore Nachrichten und einer Blockierungszeit B_3 durch niederpriore Nachrichten ab.

Die Übertragungszeit C_3 hängt einerseits von dem Inhalt bzw. der Datenfeldlänge und andererseits von der Anzahl an Stuff-Bits ab. Für den Fall, dass die maxi-

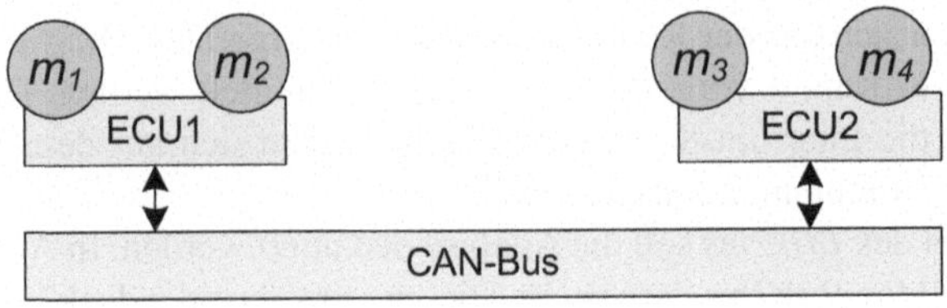

Abb. 8.17 Als Beispiel für die CAN-Busanalyse wird das dargestellte System betrachtet

male Anzahl an Stuff-Bits bei der Übertragung notwendig ist, berechnet sich C_3 folgendermaßen:

$$\begin{aligned} C_3 = &\Bigg(\text{Header/CRC-Länge} + 8 \cdot \text{Anzahl Daten-Bytes} + 13 + \\ &\underbrace{\left\lfloor \frac{\text{Header/CRC-Länge} + 8 \cdot \text{Anzahl Daten-Bytes} - 1}{4} \right\rfloor}_{\text{Anzahl Stuff-Bits}}\Bigg) \tau_{\text{bit}} \\ = &\left(34 + 8 \cdot 8 + 13 + \left\lfloor \frac{34 + 8 \cdot 8 - 1}{4} \right\rfloor\right) \tau_{\text{bit}} \\ = &(111 + 24) \cdot 0{,}008\,\text{ms} = 1{,}08\,\text{ms} \end{aligned} \tag{8.29}$$

Die Übertragungszeiten der anderen Nachrichten betragen bei gleicher Berechnungsart:

$$\begin{aligned} C_1 = C_4 &= (79 + 16) \cdot 0{,}008\,\text{ms} = 0{,}76\,\text{ms} \\ C_2 &= (95 + 20) \cdot 0{,}008\,\text{ms} = 0{,}92\,\text{ms} \end{aligned} \tag{8.30}$$

Hieraus ergibt sich die Blockierungszeit B_3 durch die niederpriore Nachricht m_4 zu $B_3 = 0{,}76\,\text{ms}$. Die Interferenzzeit I_3 berechnet sich in zwei Iterationen zu $I_3 = 1{,}68\,\text{ms}$:

$$\begin{aligned} &\text{Iteration 0: } I_3^0 = 1{,}08 \\ &\text{Iteration 1: } I_3^1 = 0{,}76 \cdot \left\lceil \frac{1{,}08 + 0{,}008}{5} \right\rceil + 0{,}92 \cdot \left\lceil \frac{1{,}08 + 0{,}008}{10} \right\rceil = 1{,}68 \\ &\text{Iteration 2: } I_3^2 = 0{,}76 \cdot \left\lceil \frac{1{,}68 + 0{,}008}{5} \right\rceil + 0{,}92 \cdot \left\lceil \frac{1{,}68 + 0{,}008}{10} \right\rceil = 1{,}68 \end{aligned} \tag{8.31}$$

Die zweite Iteration muss noch erfolgen, um zu überprüfen, ob der Wert zwischen Iteration n und $n-1$ gleich bleibt, sodass das Abbruchkriterium erfüllt ist. Die gesamte Antwortzeit der Nachricht m_3 ist nun:

$$R_3 = C_3 + J_3 + B_3 + I_3 = 1{,}08\,\text{ms} + 0\,\text{ms} + 0{,}76\,\text{ms} + 1{,}68\,\text{ms} = 3{,}52\,\text{ms} \tag{8.32}$$

8.4.3 *Analyse eines CAN-Busses (komplex)*

Im vorangegangenen Abschnitt wurde die Bewertung eines CAN-Busses mit nachvollziehbarem Umfang diskutiert. Im Folgenden soll anhand eines Beispiels aus der Praxis die Anwendbarkeit und die Möglichkeiten zur Ableitung von fundierten Aussagen über die Robustheit eines CAN-Busses dargestellt werden. Das Beispiel der Fallstudie ist [Tra11] entnommen.

Als Beispiel dient ein CAN-Bus, der in zwei Fahrzeuggenerationen zum Einsatz kommt und jeweils ein unterschiedliches Kommunikationsaufkommen hat. Die *Alternative 1* basiert auf einer aktuellen Baureihe, d. h. alle Daten sind verfügbar und es können Messungen direkt im Fahrzeug durchgeführt werden. Als *Alternative 2* für das Beispiel dient die erste Konfiguration des CAN-Busses der Nachfolgebaureihe, die sich noch in der Entwicklung befindet. In Abb. 8.18 ist der relevante Topologieausschnitt dargestellt. Die Alternative 1 umfasst 26 Steuergeräte und ein Gateway-Steuergerät sowie 160 Applikationsnachrichten. Die CAN-Konfiguration der Alternative 2 enthält 24 Steuergeräte und ein Gateway-Steuergerät sowie 183 Applikationsnachrichten. Nachrichten für Dienste, Transportprotokoll und Diagnose wurden nicht mit betrachtet. In beiden Alternativen wird der CAN-Bus mit einer Übertragungsgeschwindigkeit von 125 kBit/s betrieben.

Die Bewertung der aktuellen Baureihe erfolgte auf Basis der existierenden Daten (Buskonfiguration). Für die Modellverfeinerung wurden zusätzliche Informationen aus Fahrzeugmessungen hinzugefügt (z. B. Jitter). Die CAN-Konfiguration der zu-

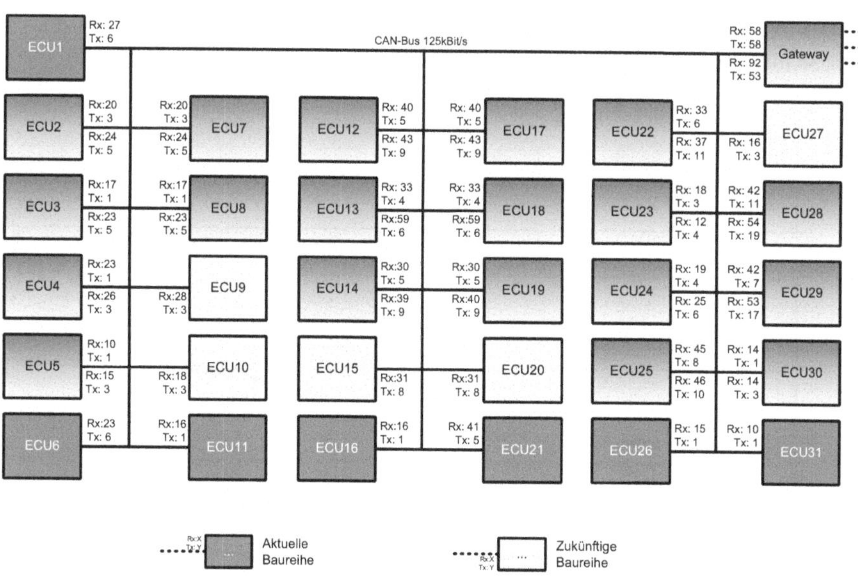

Abb. 8.18 Ausschnitt der Netzwerktopologie mit dem für die Bewertung relevanten CAN-Bus (Übertragungsgeschwindigkeit $125 kBit/s$): Der Umfang der aktuellen Baureihe ist in dunkelgrau dargestellt. Die Konfiguration für die zukünftige Baureihe ist hellgrau eingefärbt

künftigen Baureihe basiert auf einer Ausleitung des Architekturmodells. Als Jitter wurde $J = 0{,}5\,\text{ms}$ angenommen. Für ereignisgesteuerte Nachrichten liegt die maximale Obergrenze für die gleichzeitige Aktivierung bei fünf. Für die Optimierung der CAN-Kommunikation wurden noch Offsets den zyklischen Nachrichten hinzugefügt. Die Generierung der Offsets erfolgte auf zwei verschiedene Arten:

1. Für jedes Steuergerät wurde eine Offsettabelle generiert *(Alternative 2a), welche für den lokalen CAN-Bus optimiert wurde.*
2. Für die *Alternative 2b* erfolgte die Optimierung der Offsettabellen global für die gesamte Netzwerktopologie. Details zu dem verwendeten Optimierungsverfahren sind in [Tra11] beschrieben.

Für die aktuelle Baureihe wurde eine zyklische Buslast von 38 % berechnet. Die zyklische Buslast bei der Konfiguration des CAN-Busses (Alternative 2a/2b) liegt bei 42 %. Trotz der höheren Anzahl an Applikationsnachrichten in der neuen Baureihe (23 zusätzliche Nachrichten) fällt der Anstieg der Buslast relativ gering aus. Die Begründung für dieses Ergebnis liegt darin, dass bei vielen Nachrichten die Schnittstellenanforderungen konsolidiert wurden und dadurch eine Reduzierung der Zykluszeiten möglich war.

In Abb. 8.19 sind die resultierenden maximalen Antwortzeiten der Nachrichten dargestellt. Das Ergebnis für den CAN-Bus der aktuellen Baureihe zeigt die Linie in *dunkelgrau*. Das Resultat für die beiden Alternativen der zukünftigen Baureihe ist in *hellgrau* für die lokalen Offsets und in *schwarz* für die globalen Offsets dargestellt.

Die maximale Verbesserung der maximalen Antwortzeit trotz einer höheren Buslast um 4 % zwischen Alternative 1 und Alternative 2a liegt bei 31 ms sowie im Mittel bei 15 ms. Durch die globale Optimierung der Offsets konnte eine Verbesserung von 38 ms maximal und im Mittel von 8 ms erzielt werden. Infolge des globalen

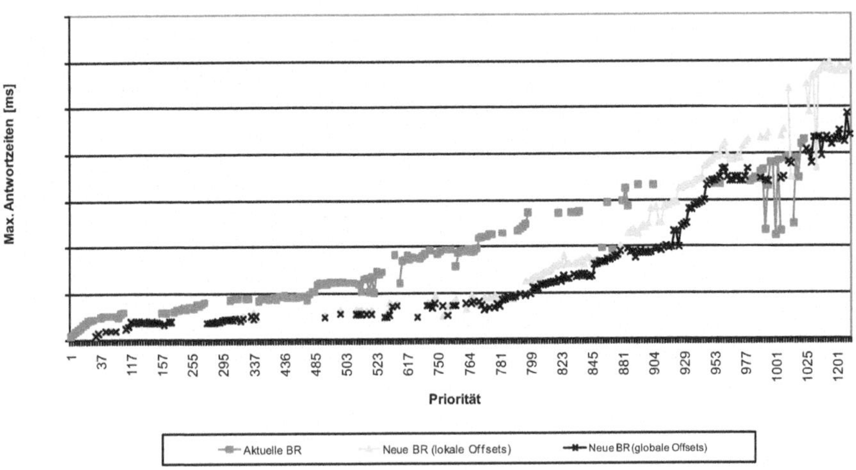

Abb. 8.19 Vergleich der ermittelten maximalen Antwortzeiten für die aktuelle Baureihe (*dunkelgrau*) sowie für die zukünftige Baureihe mit lokalen Offsets (*hellgrau*) und globalen Offsets (*schwarz*)

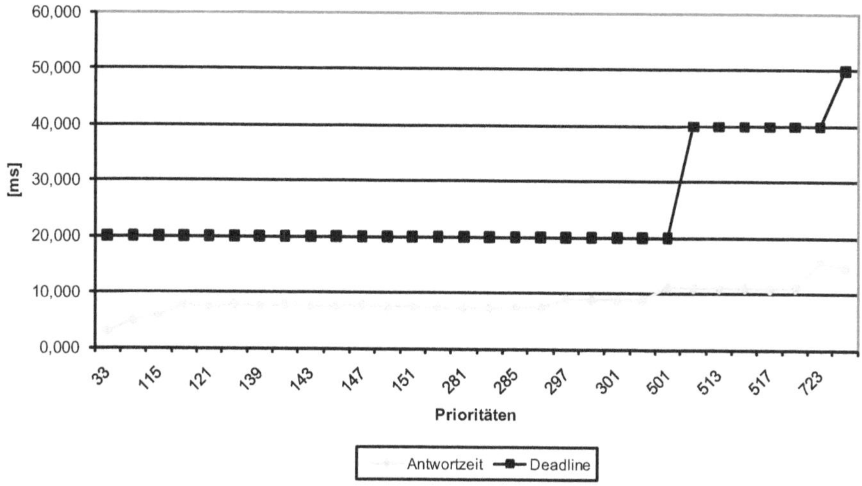

Abb. 8.20 Gegenüberstellung der ermittelten maximalen Antwortzeiten der Nachrichten für die Alternative 2b (zukünftige Baureihe mit globalen Offsets) und deren Deadlines

Optimums ist die durchschnittliche Verbesserung bei Alternative 2b nicht ganz so hoch wie bei der lokalen Alternative 2a. In Summe stellt die globale Optimierung den größten Mehrwert dar, da insbesondere an den Gateways eine deutlich geringere Routinglast im schlimmsten Fall ansteht und dies sowohl während der Aufstartphase aller Steuergeräte als auch im Normalbetrieb zutrifft.

Weiterhin werden in Abb. 8.20 die maximalen Antwortzeiten und deren Deadline dargestellt. Der aufgezeigte Ausschnitt beschränkt sich auf Nachrichten mit einer Deadline kleiner als 51 ms. Keine der Nachrichten überschreitet deren Deadline und der Abstand ist auch im schlimmsten Fall noch hinreichend groß, um über die Laufzeit der Baureihe Erweiterungen einzupflegen.

In Abb. 8.21 sind die relativen Antwortzeiten – also das Verhältnis von Deadline zu Antwortzeit – für die Alternative 2b dargestellt. Der schlimmste Fall liegt bei 56 % der Zykluszeit (CAN-Nachricht mit der Priorität 501). Im Mittel liegt die relative Antworzeit bei 13 %. Die Fallstudie zeigt welche Möglichkeiten es gibt, um eine robuste Auslegung einer CAN-Konfiguration durchzuführen. Über eine Timing-Analyse kann hierfür ein sicherer Nachweis erbracht werden.

8.4.4 Analyse des FlexRay-Busses

In Abb. 8.22 ist die logische Sicht auf ein System dargestellt, das aus zwei ECUs und einem FlexRay-Bus besteht. Zwischen den zwei ECUs werden drei dynamische Nachrichten m_1 bis m_3 sowie eine statische Nachricht m_4^s übertragen.

Im folgenden Beispiel wird davon ausgegangen, dass die statische Nachricht m_4^s jeden zweiten Zyklus im dritten statischen Slot übertragen wird. Die beiden ECUs

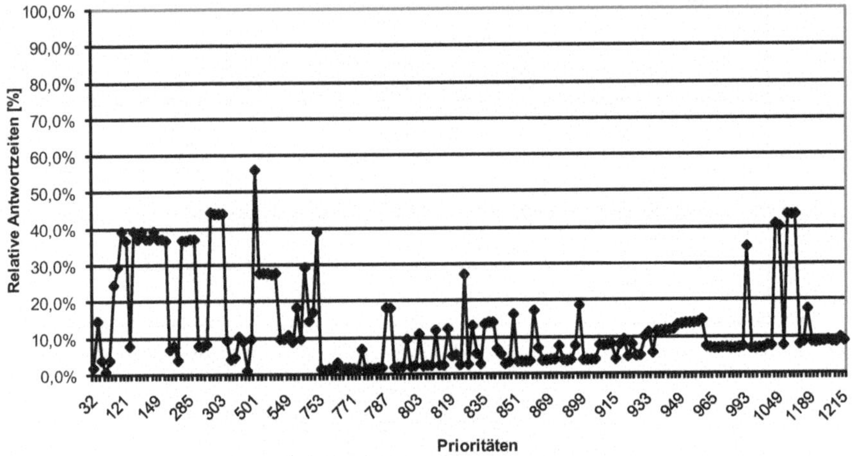

Abb. 8.21 Ermittelte relative Antwortzeiten für die Alternative 2b

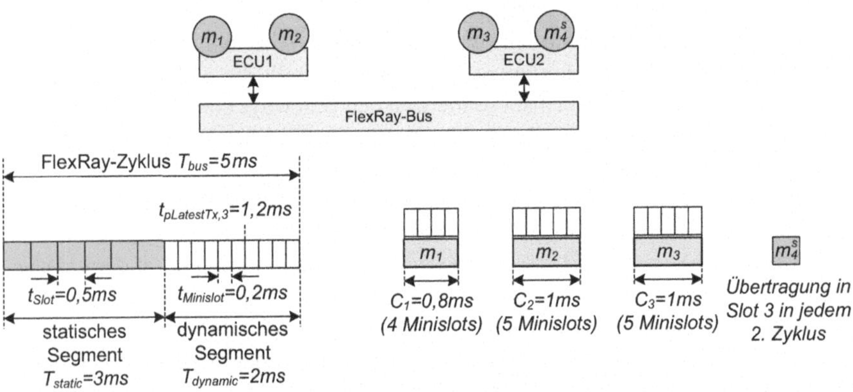

Abb. 8.22 Gezeigt ist ein FlexRay-Bus mit zwei ECUs und drei dynamischen sowie einer statischen Nachricht, die über den Bus übertragen werden sollen. Die Busparameter sowie die spezifischen Größen der Nachrichten sind ebenfalls dargestellt

sind nicht zum Bus synchronisiert, sodass für die Berechnung der Antwortzeit R_4 davon ausgegangen werden muss, dass m_4^s gerade dann auf *ECU*2 erzeugt wird, wenn der dritte Slot im zweiten Zyklus bereits angefangen hat. Somit ergibt sich für m_4^s im schlimmsten Fall eine Antwortzeit von $R_4 = 2 \cdot T_{\text{bus}} + C_4 = 10{,}5\,\text{ms}$ (siehe Abb. 8.23).

Die drei Nachrichten m_1, m_2 und m_3 sind für das dynamische Segment bestimmt. Das dynamische Segment besteht aus 10 Minislots und die Übertragung von Nachricht m_3 muss spätestens im sechsten Minislot starten ($t_{pLatestTx} = 1{,}2\,\text{ms}$), da

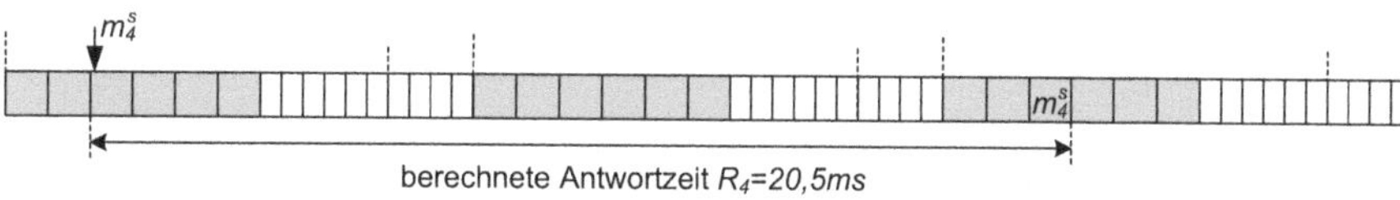

Abb. 8.23 Die Antwortzeit aus dem gegebenen Beispiel in Abb. 8.22 ist für die statische Nachricht m_4^s $R_4 = 10{,}5\,\text{ms}$

sie ansonsten länger als das dynamische Segment den Bus belegt. Die Nachrichten m_1 bis m_3 haben folgende Parameter:

	Sendetyp	Abstand	Übertragungszeit C_i
m_1	cyclic	2 Zyklen	0,8 ms $\widehat{=}$ 4 Minislots
m_2	cyclic	3 Zyklen	1 ms $\widehat{=}$ 5 Minislots
m_3	spontan		1 ms $\widehat{=}$ 5 Minislots

Die weiteren notwendigen Parameter betragen: Zykluszeit $T_{\text{bus}} = 5\,\text{ms}$, $T_{\text{static}} = 3\,\text{ms}$ und $T_{\text{dynamic}} = 2\,\text{ms}$. Die Dauer eines Minislots beträgt $T_{\text{minislot}} = 0{,}2\,\text{ms}$.

Mit diesen Informationen kann nun die Berechnung der Antwortzeit R_i für die dynamischen Nachrichten starten. Angefangen mit Nachricht m_3 berechnet sich die Antwortzeit R_3 wie folgt:

$$R_3 = C_3 + W_3 + I_3 \tag{8.33}$$

Die reine Übertragungszeit C_3 nachdem m_3 den Bus zugeteilt bekommen hat, ist bereits in obiger Tabelle gegeben und beträgt $C_3 = 1\,\text{ms}$. Für den Fall, dass m_3 gerade seinen Minislot verpasst hat, ist die Wartezeit W_i bis der nächste Zyklus anfängt:

$$W_3 = T_{\text{dynamic}} - (FrameID_3 - 1) \cdot T_{\text{minislot}} = 2\,\text{ms} - 2 \cdot 0{,}2\,\text{ms} = 1{,}6\,\text{ms} \tag{8.34}$$

Die Interferenzzeit von m_3 mit den Nachrichten m_1 und m_2 muss iterativ bestimmt werden. Ausgehend von der Annahme, dass alle Nachrichten in einem dynamischen Segment übertragen werden können, startet die Berechnung mit $k = 1$ und erhöht die Anzahl an dynamischen Segmenten solange, bis m_3 übertragen ist.

$k = 1$:

$$(k-1)\cdot(2\,\text{ms} - 1{,}2\,\text{ms}) + \left\lceil \frac{k}{2} \right\rceil \cdot 0{,}8\,\text{ms} + \left(k - \left\lceil \frac{k}{2} \right\rceil\right) \cdot 0{,}2\,\text{ms}$$
$$+ \left\lceil \frac{k}{3} \right\rceil \cdot 1\,\text{ms} + \left(k - \left\lceil \frac{k}{3} \right\rceil\right) \cdot 0{,}2\,\text{ms} = 1{,}8\,\text{ms}$$

Überprüfung der Bedingung:

$$1{,}8\,\text{ms} \overset{!}{<} (k-1)\cdot 2\,\text{ms} + 1{,}2\,\text{ms} = 1{,}2\,\text{ms} \tag{8.35}$$

Da die Bedingung nicht erfüllt ist, wird ein weiteres dynamisches Segment hinzu genommen:

$k = 2$:

$$(2-1)\cdot(2\,\mathrm{ms}-1{,}2\,\mathrm{ms})+\left\lceil\frac{2}{2}\right\rceil\cdot 0{,}8\,\mathrm{ms}+\left(2-\left\lceil\frac{2}{2}\right\rceil\right)\cdot 0{,}2\,\mathrm{ms}$$
$$+\left\lceil\frac{2}{3}\right\rceil\cdot 1\,\mathrm{ms}+\left(2-\left\lceil\frac{2}{3}\right\rceil\right)\cdot 0{,}2\,\mathrm{ms}=3\,\mathrm{ms}$$

Überprüfung der Bedingung:

$$3\,\mathrm{ms}\overset{!}{<}(2-1)\cdot 2\,\mathrm{ms}+1{,}2=3{,}2 \tag{8.36}$$

In der zweiten Iteration mit zwei dynamischen Segmenten kann die Nachricht erfolgreich übertragen werden. Somit ergibt sich für die Interferenzzeit:

$$I_3 =$$
$$(2-1)\cdot(2\,\mathrm{ms}-1{,}2\,\mathrm{ms})+\left\lceil\frac{2}{2}\right\rceil\cdot 0{,}8\,\mathrm{ms}+\left(2-\left\lceil\frac{2}{2}\right\rceil\right)\cdot 0{,}2\,\mathrm{ms}$$
$$+\left\lceil\frac{2}{3}\right\rceil\cdot 1\,\mathrm{ms}+\left(2-\left\lceil\frac{2}{3}\right\rceil\right)\cdot 0{,}2\,\mathrm{ms}+2\cdot 3\,\mathrm{ms}=9\,\mathrm{ms} \tag{8.37}$$

Insgesamt beträgt die Antwortzeit:

$$R_3 = C_3 + W_3 + I_3 = 1\,\mathrm{ms} + 1{,}6\,\mathrm{ms} + 9\,\mathrm{ms} = 11{,}6\,\mathrm{ms} \tag{8.38}$$

Die Zusammensetzung dieser drei Zeitanteile ist in Abb. 8.24 dargestellt. Da die Nachricht m_3 gerade ihren Minislot verpasst hat, muss sie bis zum nächsten Zyklus warten. Dieses Zeitintervall ist mit $W_3 = 1{,}6\,\mathrm{ms}$ gekennzeichnet. Die Interferenzzeit I_3 zwischen Nachricht m_3 und den Nachrichten mit kleinerer ID beträgt $I_3 = 9\,\mathrm{ms}$. Das Zeitintervall, in dem die Nachricht m_3 den Bus belegt, ist mit $C_3 = 1\,\mathrm{ms}$ gekennzeichnet. Insgesamt ergibt sich somit die Antwortzeit $R_3 = 11{,}6\,\mathrm{ms}$. An diesem Beispiel ist gut zu erkennen, dass es bei der Interferenzzeit zur Überschätzung von I_3 kommt. Da in der Summe aus Gl. (8.37) die Dauer der Überschätzung von m_1 und m_2, die zwei nicht verwendeten Minislots von m_1 und m_2 sowie die Zeit von $t_{platestTx}$ bis zum Ende des dynamischen Segments eingeht, wird I_3 0,6 ms zu hoch abgeschätzt. Dies entspricht der Überlappung in Abb. 8.24 von m_2 mit dem Zeitintervall nach $t_{tpLatestTx}$.

In der gleichen Abbildung sind auch die berechneten Antwortzeiten R_i der Nachrichten m_2 und m_1 dargestellt. Die Berechnung dieser Zeiten läuft folgendermaßen. Für Nachricht m_2 ist der Wert $C_2 = 1\,\mathrm{ms}$ gegeben. Die Wartezeit beträgt:

$$W_2 = T_{\mathrm{dynamic}} - (\mathit{FrameID}_2 - 1)\cdot T_{\mathrm{minislot}} = 2\,\mathrm{ms} - 1\cdot 0{,}2\,\mathrm{ms} = 1{,}8\,\mathrm{ms} \tag{8.39}$$

Die Berechnung der Interferenzzeit I_2 bzw. die hierfür benötigte Anzahl an Buszyklen k startet wieder iterativ mit $k = 1$:

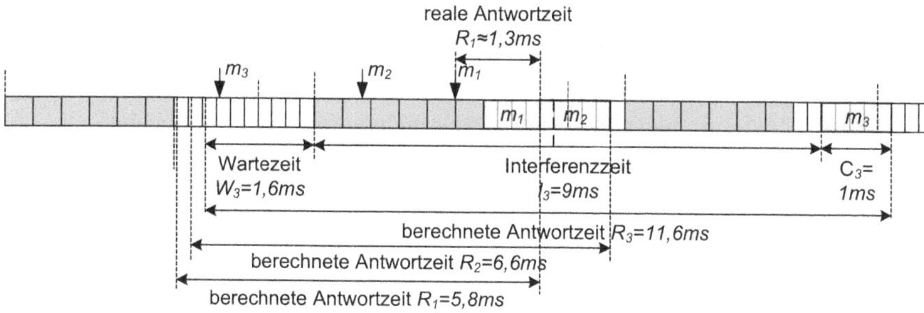

Abb. 8.24 Die Antwortzeit setzt sich aus drei Zeitanteilen zusammen: 1.) der Wartezeit W_i, falls eine Nachricht gerade seinen Minislot verpasst hat, 2.) der Interferenzzeit I_i mit Nachrichten, die eine kleinere ID haben und 3.) der Zeit, die für die Kommunikation der betrachteten Nachricht benötigt wird (C_i)

$k = 1$:

$$(k-1)\cdot(2\,\text{ms} - 1{,}2\,\text{ms}) + \left\lceil \frac{k}{2} \right\rceil \cdot 0{,}8\,\text{ms} + \left(k - \left\lceil \frac{k}{2} \right\rceil\right) \cdot 0{,}2\,\text{ms} = 0{,}8\,\text{ms}$$

Überprüfung der Bedingung:

$$0{,}8\,\text{ms} \overset{!}{<} (k-1)\cdot 2\,\text{ms} + 1{,}2\,\text{ms} = 1{,}2\,\text{ms} \tag{8.40}$$

Da die Bedingung erfüllt ist, kann die Nachricht im ersten dynamischen Segment übertragen werden ($k = 1$). Somit ist die Interferenzzeit:

$$\begin{aligned} I_2 = {} & (1-1)\cdot(2\,\text{ms} - 1{,}2\,\text{ms}) + \left\lceil \frac{1}{2} \right\rceil \cdot 0{,}8\,\text{ms} \\ & + \left(2 - \left\lceil \frac{1}{2} \right\rceil\right) \cdot 0{,}2\,\text{ms} + 1 \cdot 3\,\text{ms} = 3{,}8\,\text{ms} \end{aligned} \tag{8.41}$$

Das Ergebnis für die berechnete Antwortzeit R_2 ist:

$$R_2 = C_2 + W_2 + I_2 = 1\,\text{ms} + 1{,}8\,\text{ms} + 3{,}8\,\text{ms} = 6{,}6\,\text{ms} \tag{8.42}$$

Analog erfolgt die Berechnung von R_1. Die Zeitdauer, für die Nachricht m_1 den Bus belegt ist $C_1 = 0{,}8$ ms. Die Wartezeit beträgt:

$$W_1 = T_{\text{dynamic}} - (\mathit{FrameID}_1 - 1) \cdot T_{\text{minislot}} = 2\,\text{ms} - 0 \cdot 0{,}2\,\text{ms} = 2\,\text{ms} \tag{8.43}$$

Da keine höherprioren Nachrichten als m_1 vorhanden sind, muss $k = 1$ gelten. Somit ergibt sich für die Interferenzzeit:

$$I_1 = (1-1)\cdot(2\,\text{ms} - 1{,}2\,\text{ms}) + 1 \cdot 3\,\text{ms} = 3\,\text{ms} \tag{8.44}$$

Insgesamt beträgt die Antwortzeit R_1:

$$R_1 = C_1 + W_1 + I_1 = 0{,}8\,\text{ms} + 2\,\text{ms} + 3\,\text{ms} = 5{,}8\,\text{ms} \tag{8.45}$$

An diesem Beispiel ist gut zu erkennen, dass die berechneten Antwortzeiten eine pessimistische Abschätzung sind und stark von realen Antwortzeiten abweichen können. In Abb. 8.24 ist auch eine mögliche reale Antwortzeit für R_1 dargestellt. Problematisch ist nur, dass diese Antwortzeit nicht garantiert werden kann.

8.4.5 Analyse des LIN-Busses

Im folgenden Beispiel ist ein Bedienfeld über einen LIN-Bus an ein Steuergerät angeschlossen. Das Bedienfeld, das als Slave konfiguriert ist, besteht aus vier Schaltern, die entweder gedrückt oder nicht gedrückt sind. Zusätzlich haben die vier Schalter eine Hintergrundbeleuchtung, die vom Steuergerät (LIN-Master) der Umgebungshelligkeit angepasst wird. Für die Kommunikation zwischen Bedienfeld und Steuergerät werden demnach zwei Nachrichten benötigt: 1.) Eine Nachricht m_1 vom Bedienfeld zum Steuergerät mit den Schalterpositionen und 2.) eine Nachricht m_2 vom Steuergerät zum Bedienfeld mit den Helligkeitsinformationen.

	Sendetyp	Abstand	Nutzdaten	Kommunikations-richtung
m_1	cyclic	20 ms	4 Bits (für jeden Schalter ein Bit)	Slave → Master
m_2	cyclic	20 ms	2 Bits (für vier Helligkeitsstufen)	Master → Slave

Der LIN-Bus überträgt die Daten mit einer Datenrate von 9600 Bit/s, eine Bitzeit beträgt somit $\tau_{\text{bit}} = 104{,}17\,\mu\text{s}$. Weiterhin muss der Parameter für die Time-Base bekannt sein, der in diesem Beispiel $T_{\text{Base}} = 5\,\text{ms}$ beträgt. Mit diesen Annahmen ergeben sich folgende Übertragungszeiten:

- **Nachricht** m_1**:** Die Wartezeit entspricht der Dauer eines Zyklus, da im schlimmsten Fall direkt vor dem Drücken eines Schalters der Zustand des Bedienfeldes abgefragt wurde: $W_1 = 20\,\text{ms}$. Die maximale Übertragungszeit des LIN-Headers ist $C_1^{\text{Header\_Maximal}} = 1{,}4 \cdot 34 \cdot 0{,}10417\,\text{ms} \approx 4{,}958\,\text{ms}$. Die vier Bits des Bedienfeldes sind in einem Daten-Byte des LIN-Busses verpackt. Somit ist die maximale Übertragungszeit der Response $C_1^{\text{Response\_Maximal}} = 1{,}4 \cdot 10 \cdot (1+1) \cdot 0{,}10417\,\text{ms} = 2{,}917\,\text{ms}$. Da ein Master einen Frame erst am Ende der Time-Base empfangen kann, berechnet sich die Übertragungszeit von Slave zu Master wie folgt:

$$C_1^{\text{Slave}\rightarrow\text{Master}} = \left\lceil \frac{4{,}958\,\text{ms} + 2{,}917\,\text{ms}}{5\,\text{ms}} \right\rceil \cdot 5\,\text{ms} - 4{,}958\,\text{ms} \approx 5{,}042\,\text{ms}. \quad (8.46)$$

  Die gesamte Antwortzeit beträgt demnach:

$$R_1 = 20\,\text{ms} + 5{,}042\,\text{ms} = 25{,}042\,\text{ms} \quad (8.47)$$

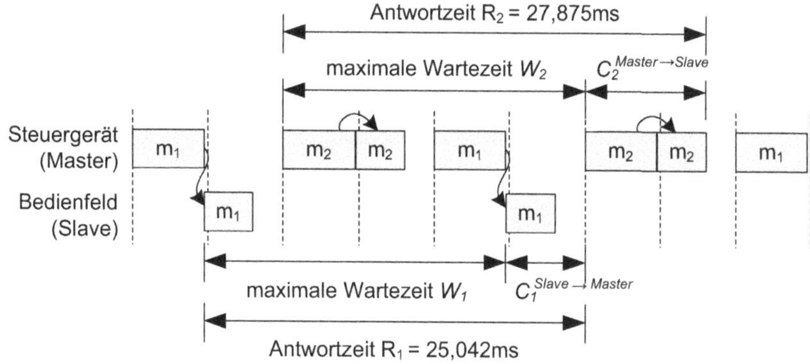

Abb. 8.25 Dargestellt ist die Nachricht m_1, in der Daten vom Slave zum Master übertragen werden sowie Nachricht m_2, mit der die Helligkeit des Bedienfeldes gesteuert wird

- **Nachricht m_2:** Die Wartezeit sowie die Übertragungszeit für Header C_2^{Header} und Response C_2^{Response} sind identisch zu Nachricht m_1, da der Header und die Anzahl der Nutzdaten-Bytes gleich sind. Im Gegensatz zur Slave-Master-Kommunikation kann bei dieser Kommunikation der Slave die Nachricht gleich nach dem Empfang weiter verarbeiten. Somit ergibt sich eine Übertragungszeit von:

$$C_2^{\text{Master}\rightarrow\text{Slave}} = 4{,}958\,\text{ms} + 2{,}917\,\text{ms} \approx 7{,}875\,\text{ms}. \qquad (8.48)$$

  Die gesamte Antwortzeit beträgt in diesem Beispiel für Nachricht m_2:

$$R_2 = W_2 + C_2 = 20\,\text{ms} + 7{,}875\,\text{ms} = 27{,}875\,\text{ms} \qquad (8.49)$$

Abbildung 8.25 zeigt wie der LIN-Bus bei der Übertragung der beiden Nachrichten m_1 und m_2 belegt ist und wann die Nachrichten jeweils beim anderen Knoten ankommen. Als senkrechte gestrichelte Linie ist die Time-Base eingezeichnet, an dessen Zeitpunkt die Übertragung vom Master initiiert werden kann. Bei einem Vergleich der gesamten Antwortzeiten von Master zu Slave und umgekehrt, wird deutlich, dass das zeitliche Verhalten von der Kommunikationsrichtung abhängt und in diesem Fall bei einer Übertragung von Slave zu Master um ca. 2,8 ms schneller ist als in der entgegengesetzten Richtung.

Kapitel 9
Bewertung eingebetteter Netzwerke

Aufbauend auf den beiden vorangegangenen Abschn. 8.1 und 8.2, die sich auf die Bewertung von Einzelsystemen oder Komponenten beschränken, werden im Folgenden vernetzte Systeme betrachtet. Hierbei können die einzelnen Systeme auf unterschiedlichen Scheduling- oder Arbitrierungsverfahren basieren, was zu einer komplexen Bewertung des zeitlichen Verhaltens führt. Wie diese Bewertung erfolgen kann und welche geeigneten Verfahren für solche heterogenen vernetzten Systeme geeignet sind, wird in diesem Kapitel vorgestellt.

Im Bereich der analytische Verfahren werden die *Symbolic Timing Analysis (SymTA/S)*, der *Real-Time Calculus (RTC)*, sowie die *Timed-Automata* in Verbindung mit dem sogenannten *Modelchecking* vorgestellt. Weiterhin wird ein Überblick über die Möglichkeiten des Einsatzes der simulativen Verfahren für die Bewertung von vernetzten Systemen gegeben.

Im Rahmen von zwei Fallstudien wird die Anwendung der Verfahren zur Bewertung von vernetzten Systemen anhand von Beispielen aus der Praxis aufgezeigt. Die erste Fallstudie stellt zwei der analytischen Verfahren gegenüber. In der zweiten Fallstudie wird die Bewertung eines Ende-zu-Ende-Signalpfades im Detail diskutiert sowie die hierfür notwendige Werkzeugkette anhand einer AUTOSAR-basierten Systembeschreibung vorgestellt.

9.1 Analytische Verfahren zur Bewertung des zeitlichen Systemverhaltens

In den beiden Abschn. 8.1 und 8.2 wurde davon ausgegangen, dass ein Task oder eine Nachricht durch eine Menge aus Parametern (C_i, T_i, J_i) beschrieben ist. C_i beschreibt hierbei die Ausführungszeit eines Tasks oder die Übertragungszeit einer Nachricht unter der Annahme, dass das lokale Scheduling bzw. die Arbitrieung auf dem Bus berücksichtigt wird. Der Parameter P_i gibt die Aktivierungsperiode eines Tasks oder einer Nachricht an und J_i beschreibt den Jitter, mit dem die Aktivierung erfolgt. Aus dem Zusammenspiel verschiedener Tasks oder Nachrichten auf

T. Streichert, M. Traub, *Elektrik/Elektronik – Architekturen im Kraftfahrzeug*,
DOI 10.1007/978-3-642-25478-9_9,

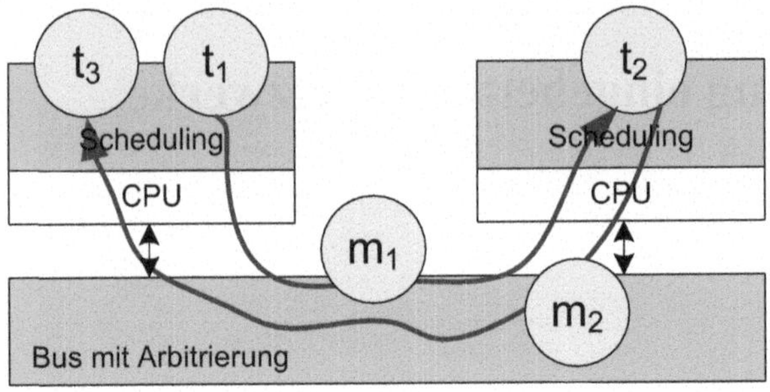

Abb. 9.1 Während die vorherigen Kapitel das zeitliche Verhalten auf Task- oder Komponentenebene betrachten, behandelt dieses Kapitel das zeitliche Verhalten von vernetzten kommunizierenden Steuergeräten

der gleichen Ressource haben sich Interferenzzeiten I_i, Blockierungszeiten B_i und letztendlich eine Antwortzeit R_i für einen Task ergeben. Die vorgestellten Verfahren funktionierten allerdings nur auf einer einzigen Ressource mit einem bestimmten Scheduling- oder Arbitrierungsverfahren. In Netzwerken interagieren diese Komponenten miteinander, was zu einer gegenseitigen Beeinflussung des Schedulings führt. Als Beispiel ist in Abb. 9.1 ein System mit zwei Steuergeräten und einem Bus dargestellt. Der Task t_1 schickt die Nachricht m_1 an Task t_2, der wiederum eine Nachricht m_2 an Task t_3 schickt. Jede Ressource hat hierbei ihr eigenes Scheduling- oder Arbitrierungsverfahren, das bedingt durch die Datenabhängigkeiten nicht mehr völlig unabhängig agiert. So hängt beispielsweise die Ausführung von Task t_3 von der Nachricht m_2 und der Interferenz mit Task t_1 ab.

In den folgenden Abschnitten sollen drei analytische Verfahren beschrieben werden, die prinzipiell in der Lage sind das zeitliche Verhalten solcher Systeme zu bewerten.

9.1.1 Symbolische Timing-Analyse auf Systemebene

Die als SymTA/S-Ansatz bekannte Methode basiert auf der Idee die lokalen Scheduling-Analysen aus den Abschn. 8.1 und 8.2 miteinander zu koppeln. Hierbei werden Tasks oder Nachrichten mit einem Ereignismodell beschrieben, das in den folgenden Erläuterungen aus einer Periode T_i und einem Jitter J_i besteht. Die Periode wie auch der Jitter können durch das lokale Scheduling auf einer Ressource und den Datenabhängigkeiten zwischen Tasks bzw. Nachrichten verändert werden.

Ausgehend von einem einfachen Beispiel soll in den folgenden Abschnitten das Modell zur Berechnung der Periode und des Jitters sukzessive erweitert werden. Weitere Ereignismodelle, die anstelle einer periodischen Aktivierung auch sporadische Ereignisse oder periodische Pattern berücksichtigen, sind am Ende des Abschnitts erläutert.

9.1.1.1 Propagieren von Ereignismodellen

Zur Veranschaulichung soll das System in Abb. 9.2 betrachtet werden, das aus zwei Sensor-Tasks t_1 und t_2 besteht, die periodisch Ereignisse erzeugen und damit die Tasks t_3 sowie t_4 aktivieren. Die Perioden P_i und Jitter J_i sind an den Verbindungen zwischen den Tasks annotiert. Ein Ausgangsereignismodell eines Tasks wird als Eingangsereignismodell eines folgenden Tasks betrachtet. In dem gezeigten Beispiel laufen die beiden Tasks t_3 und t_4 auf der selben Ressource. Sie können sich also je nach Scheduling-Strategie auf der Ressource gegenseitig verzögern oder unterbrechen. Das heißt, dass die Periode in diesem Fall unverändert bleibt ($P_1^{\text{out}} = P_3^{\text{out}}$ und $P_2^{\text{out}} = P_4^{\text{out}}$), da keine zusätzlichen Aktivierungen innerhalb eines Tasks auftreten können. Der Jitter erhöht sich allerdings je nach Scheduling-Strategie und Priorität der Tasks ($J_1^{\text{out}} \leq J_3^{\text{out}}$ und $J_2^{\text{out}} \leq J_4^{\text{out}}$). Die Ergebnisse der Tasks t_3 und t_4 aktivieren nach ihrer Ausführung die Tasks t_5 und t_6. Diese Tasks laufen wieder auf der selben Ressource, wodurch die Periode wiederum unverändert bleibt, der Jitter sich allerdings erhöht ($J_3^{\text{out}} \leq J_5^{\text{out}}$ und $J_4^{\text{out}} \leq J_6^{\text{out}}$). An diesem Beispiel ist zu erkennen wie die Ereignismodelle zwischen den Tasks der einzelnen Ressourcen propagiert werden. Angefangen von den linken Sensor-Tasks wurden die Ereignismodelle zur Ressource r_1 propagiert. Auf dieser Ressource muss mit einer lokalen Scheduling-Analyse der Jitter der Tasks berechnet werden. Der Ausgangs-Jitter J_i^{out} am Ausgang eines Tasks t_i hängt hierbei von der maximalen und minimalen Antwortzeit ($R_i^{\max}$ und $R_i^{\min}$) eines Tasks ab und berechnet sich folgendermaßen:

$$J_i^{\text{out}} = J_i^{\text{in}} + (R_i^{\max} - R_i^{\min}) \qquad (9.1)$$

Für die Berechnung der Antwortzeiten $R_i^{\max}$ und $R_i^{\min}$ muss eine lokale Scheduling-Analyse wie in Abschn. 8.1 und 8.2 erläutert, durchgeführt werden. Anschließend können die Ergebnisse für die einzelnen Tasks an die nächste Ressource $CPU2$ propagiert werden. Liegen alle Eingangsereignismodelle für alle Tasks vor, kann die lokale Scheduling-Analyse auf $CPU2$ starten.

Dieses sequentielle Vorgehen, bei dem eine Ressource nach der anderen betrachtet wird, ist leider nicht immer möglich. Was passiert zum Beispiel, wenn die

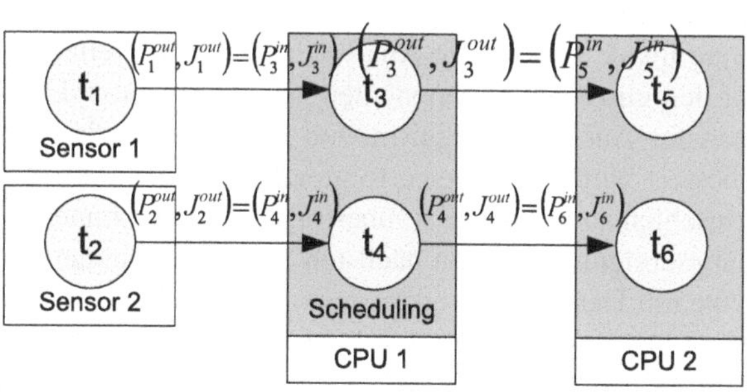

Abb. 9.2 Das Ereignismodell besteht hier aus Perioden und Jittern, die entlang von Datenabhängigkeiten propagiert werden. Auf jeder Ressource wird dann eine lokale Scheduling-Analyse durchgeführt und die daraus resultierende Periode bzw. der Jitter an den nächsten Task propagiert

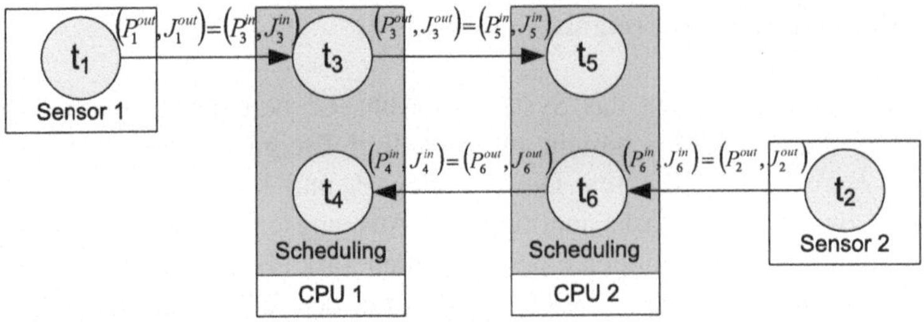

Abb. 9.3 Beim Propagieren der Periode und des Jitters, kann es zu zyklischen Scheduling-Abhängigkeiten kommen. In dem gezeigten Fall kann für CPU 1 eine Analyse erst stattfinden, wenn sie für CPU 2 bereits stattgefunden hat – und umgekehrt

untere Task-Reihenfolge umgedreht wird (siehe Abb. 9.3)? Dann kann die lokale Scheduling-Analyse auf Ressource $CU1$ nicht starten, da die Eingangsparameter für Task t_4 noch nicht bekannt sind. Gleiches gilt für Ressource $CPU2$, für die die Eingangsparameter von Task t_5 fehlen. In einem solchen Fall spricht man von einer zyklischen Scheduling-Abhängigkeit.

Um solche zyklischen Abhängigkeiten aufzulösen, werden initial sämtliche Ereignismodelle unverändert entlang der Pfade durch das System propagiert bis für jeden Task ein Ereignismodell vorliegt. In dem Beispiel aus Abb. 9.3 bekäme der Task t_5 die Periode und den Jitter von Task t_1 initial zugeteilt und der Task t_4 die Periode und den Jitter von Task t_2. Die lokale Scheduling-Analyse auf den Ressourcen kann nun mit einer korrekten Periodendauer P_i für seine Tasks starten, da sich diese beim Propagieren nicht verändert. Der Jitter hingegen kann entlang eines Pfades steigen oder gleich bleiben. Ist der Jitter entlang eines Pfades gleich geblieben, war die initiale Annahme richtig. Falls er sich durch eine lokale Scheduling-Analyse verändert hat, muss auf der folgenden Ressource die Scheduling-Analyse wiederholt werden. Hieraus ergibt sich ein iteratives Verfahren, das abbricht sobald alle Perioden und Jitter konstant bleiben und somit ein Fix-Punkt erreicht ist.

In Abb. 9.4 wird die prinzipielle Vorgehensweise des SymTA/S-Ansatzes aufgezeigt. Im ersten Schritt erfolgt die Übergabe der Konfigurationsdaten und Informationen über das Umgebungsmodell (z. B. Ereignisse von außen). Auf Basis dieser Daten erfolgt eine lokale Scheduling-Analyse, um Antwortzeiten von Tasks oder Nachrichten auf den einzelnen Komponenten zu erhalten. Aus den Antwortzeiten wird ein sogenanntes Ausgangsereignismodell generiert, das in späteren Iterationen weiter verbessert wird. Bei einer erfolgreichen lokalen Analyse, bei der alle Tasks oder Nachrichten ausgeführt bzw. übertragen werden können, wird ein resultierendes Ausgangsereignismodell im nächsten Schritt als Eingangsereignismodell einer Komponente mit Datenabhängigkeit verwendet. Dieser Vorgang wird iterativ solange wiederholt bis die Ereignisse durch das gesamte Systemmodell propagiert wurden und die einzelnen Ergebnisse der lokalen Analysen jeweils konvergieren.

Für die Kopplung der einzelnen Komponenten eines Gesamtsystems und zur Übergabe der Ereignismodelle kommen innerhalb des SymTA/S-Ansatzes zwei Schnittstellen zum Einsatz: Die sogenannten *Event Model Interfaces (EMIFs)* und

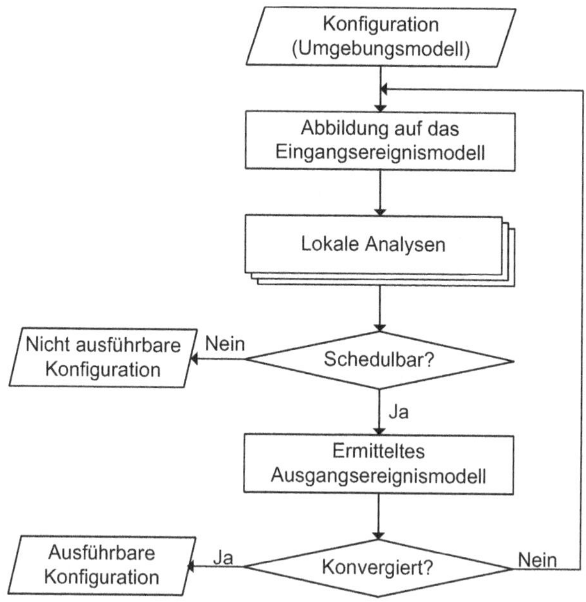

Abb. 9.4 Prinzipieller iterativer Ablauf des SymTA/S-Ansatzes auf der Basis von lokalen Analysen wie sie im vorherigen Kapitel dargestellt sind

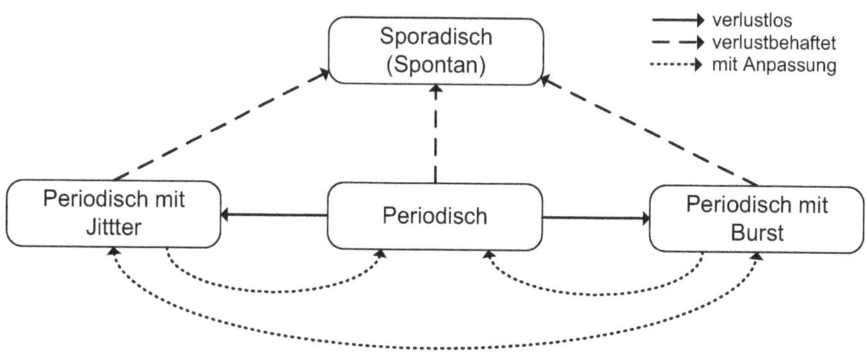

Abb. 9.5 Transformationen zwischen den einzelnen Ereignismodellen über die *Event Model Interfaces (EMIF)* und die *Event Adaption Functions (EAF)* des SymTA/S-Ansatzes [RE02]

die *Event Adaption Functions (EAFs)* [RE02]. Die EMIFs transformieren die mathematische Beschreibung für den Austausch zwischen den einzelnen Scheduling-Verfahren. Bei der Transformation bleiben die Timing-Eigenschaften der Ereignisse erhalten. Ist keine direkte Transformation über die EMIF möglich, erfolgt eine Anpassung des resultierenden Ausgangsereignismodells, sodass dessen Eigenschaften dem geforderten Eingangsereignismodell entsprechen. In Abb. 9.5 sind die möglichen Transformationen dargestellt.

9.1.1.2 Komplexe Aktivierung von Tasks

Die bisherigen Betrachtungen haben einfache Beziehungen zwischen Tasks vorausgesetzt, bei denen die Fertigstellung eines Tasks automatisch zur Aktivierung eines folgenden Tasks führt. In eingebetteten Systemen ist das Verhalten allerdings häufig komplexer. Ein Task kann nicht nur durch ein einziges Ergebnis von einem Task, sondern von mehreren Ergebnissen verschiedener Tasks aktiviert werden. Dies führt zu Systemen, bei denen die Periode von aufeinander folgenden Tasks nicht gleich bleibt. Weiterhin gibt es Tasks, die nicht nur von einem Task sondern von mehreren Tasks Daten benötigen, um ausgeführt zu werden. Auch hierbei kann es wieder vorkommen, dass zyklische Datenabhängigkeiten auftauchen. Diese verschiedenen Fälle sollen im Folgenden genauer betrachtet werden.

Die *AND-Aktivierung* für einen Task t_i mit mehreren Eingängen bedeutet, dass alle Eingangsereignisse vorliegen müssen bevor er ausgeführt werden kann. Das heißt, dass alle Tasks t_j ausgeführt sein mussten und ihr Ergebnis an den Task t_i übergeben mussten. Ein Beispiel hierfür ist in Abb. 9.6 dargestellt. Hierbei befinden sich am Eingang des Tasks t_i FIFO-Speicher, in denen die Ergebnisse der Vorgänger-Tasks zwischen gespeichert werden. Da solche Speicher eine begrenzte Größe haben, muss davon ausgegangen werden, dass die Perioden von allen Tasks gleich sind. Falls ein Task schneller seine Ergebnisse produziert als der Task t_i sie ausliest, führt dies zu einem Speicherüberlauf. Es muss also für die Periode in Single-Raten-Systeme gelten:

$$\begin{aligned} T_i &\stackrel{!}{=} T_j \text{ mit } i, j = 1, \ldots, k \\ T_{AND} &= T_i \end{aligned} \tag{9.2}$$

Um den Jitter einer AND-Aktivierung zu bestimmen, soll folgendes Beispiel den Zusammenhang zwischen verschiedenen Eingangs-Jittern verdeutlichen:

$$\begin{aligned} T_1 &= 4,\ J_1 = 0 \\ T_2 &= 4,\ J_2 = 2 \\ T_3 &= 4,\ J_3 = 3 \end{aligned} \tag{9.3}$$

In Abb. 9.7 ist eine mögliche Abfolge von Eingangsereignissen dargestellt, die zu einer AND-Aktivierung in der untersten Zeile führen. Die Nummerierung der Ereig-

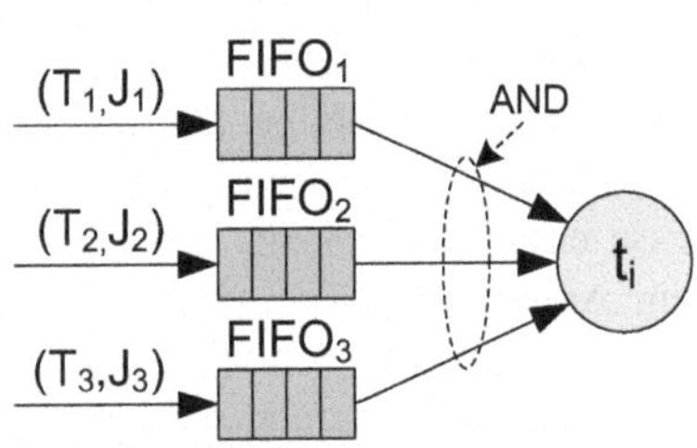

Abb. 9.6 Bei einer AND-Aktivierung müssen alle Eingangsaktivierungen vorliegen, um einen Task zu aktivieren

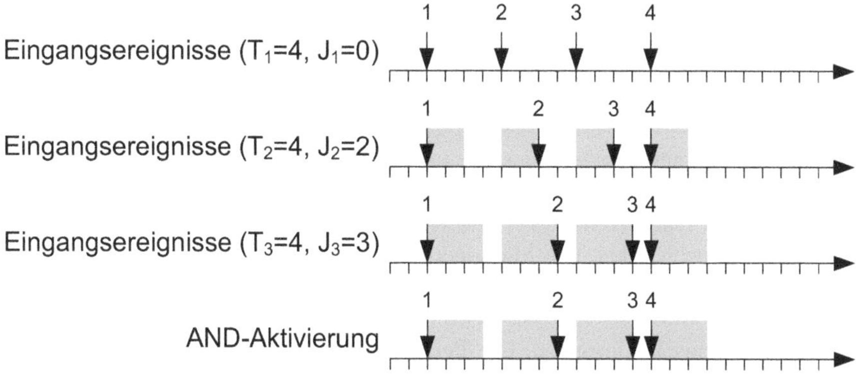

Abb. 9.7 Die drei Tasks mit ihren Perioden T_i und Jittern J_i führen zu einer AND-Aktivierung, bei der für die Periode $P_{\text{AND}} = P_i$ und den Jitter $J_{\text{AND}} = \max J_i$ gilt

nisse zeigt welche Eingangsereignisse zu welchem AND-Ereignis gehört. Während der minimale Abstand zwischen zwei Ereignissen zwischen Ereignis drei und vier liegt, ist der maximale Abstand zwischen Ereignis eins und zwei in diesem Beispiel. Es ist hierbei nicht möglich eine größere oder kleinere Distanz zwischen zwei Ereignissen der AND-Aktivierung zu erzeugen. Hieraus wird deutlich, dass der Jitter J_{AND} der AND-Aktivierung von dem maximalen Jitter abhängen muss:

$$J_{\text{AND}} = \max J_i \text{ mit } i = 1, \ldots, k \tag{9.4}$$

Dieser Zusammenhang gilt auch, wenn die Eingangsereignisse nicht gleichzeitig ankommen [HHJ$^+$05].

Bei einer *OR-Aktivierung* muss für die Aktivierung eines Tasks mindestens ein Vorgänger-Task fertig sein und sein Ergebnis dem Task zur Verfügung stellen. Ein solches Beispiel ist in Abb. 9.8 gezeigt, bei dem der Task t_i aktiviert wird sobald an einem Eingang ein Ereignis ankommt.

Anders als bei der AND-Aktivierung können bei der OR-Aktivierung die Perioden der Eingangsereignisse und die resultierende Periode für die Tasks t_i unterschiedlich sein. Zur Aktivierung eines Tasks tragen zum Beispiel zwei Ereignisse

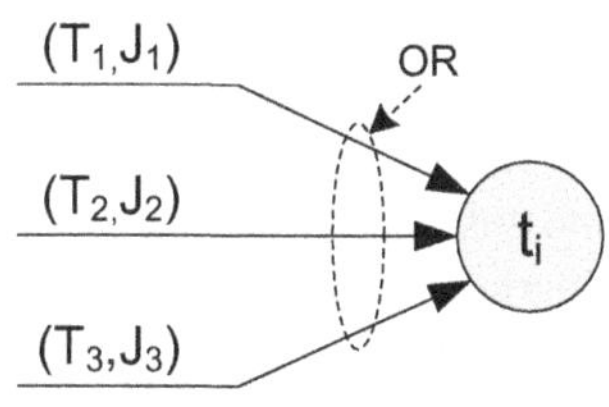

Abb. 9.8 Für die OR-Aktivierung reicht ein Eingangsereignis, um den Task t_i zu aktivieren

mit folgenden Perioden und Jittern bei:

$$T_1 = 4,\ J_1 = 2$$
$$T_2 = 3,\ J_2 = 2 \qquad (9.5)$$

Anschaulich kann man sich das wie in Abb. 9.9 vorstellen, wo die beiden periodischen Ereignisströme unter Vernachlässigung des Jitters dargestellt sind. Für die Berechnung der resultierenden Periode T_{OR} muss zunächst die sogenannte Makroperiode bestimmt werden. Die Makroperiode ist das kleinste gemeinsame Vielfache (KGV) der Eingangsperioden und wiederholt sich ständig. In diesem Beispiel ist die Makroperiode $4 \cdot 3 = 12$ Zeitschritte lang und enthält sieben Ereignisse aus den Eingangsaktivierungen. Die Periode einer OR-Aktivierung ist dann das kleinste gemeinsame Vielfache (KGV) (Makroperiode) von allen Eingangsaktivierungsmodellen geteilt durch die Anzahl der Eingangsereignisse während der Makroperiode:

$$T_{\mathrm{OR}} = \frac{KGV(T_i)}{\sum_{i=1}^{n} \frac{KGV(T)}{T_i}} = \frac{1}{\sum_{i=1}^{n} \frac{1}{T_i}} \qquad (9.6)$$

In dem gezeigten Beispiel ist dieser Mittelwert einer OR-Periode 1,71 Zeitschritte lang. Die Abweichung zwischen der tatsächlichen Aktivierung und der Aktivierung, die mit einem Vielfachen von 1,71 erreicht werden kann, muss im OR-Jitter J_{OR} berücksichtigt werden. Die genaue Berechnung des OR-Jitters J_{OR} gestaltet sich allerdings nicht ganz einfach, da sie nicht konstant für alle Ereignisse innerhalb einer Makroperiode ist. In der letzten Zeile in Abb. 9.9 ist die maximale Abweichung dargestellt. Die Ereignisse sind periodisch mit der Periode T_{OR} angeordnet und der Jitter J_1 und J_2 ist mit hell bzw. dunkel grauen Balken hinterlegt. Das dritte Ereignis kann zum Beispiel in einem Zeitintervall von 3 bis 5 nach Beginn der Makroperiode kommen. Der exakte Zeitpunkt mit der Periode $T_{\mathrm{OR}} = 1{,}71$ ist allerdings 3,42 nach Beginn der Makroperiode. Somit kann es zu einer maximalen Abweichung von 1,58 kommen. Die maximalen Abweichungen, die sich bei dieser Anordnung von Ereignissen und Jittern ergeben, liegen bereits im Intervall von 1,14 und 2. Ein einziger fester OR-Jitter J_{OR} repräsentiert demnach nicht die realen Jitter innerhalb einer Makroperiode. Es muss also ein möglichst kleiner Jitter J_{OR} bestimmt werden, der allerdings noch groß genug ist, um alle Jitter der einzelnen Ereignisse zu erfüllen. Für einen Approximationsalgorithmus, der genau dies ermöglicht, sei hier auf [Jer04] verwiesen.

Zyklische Abhängigkeiten sind immer dann möglich, wenn ein Task durch mehrere Ereignisse aktiviert werden kann. Abbildung 9.10 zeigt einen solchen Fall, in dem ein Task t_3 ein Ausgangsereignis über einen Zyklus wieder an seinen Eingang gibt und zusätzlich noch von einem unabhängigen Task aktiviert wird. In den folgenden Überlegungen gehen wir davon aus, dass solche Eingangsereignisse über eine AND-Aktivierung verknüpft sind, da dies die einzig sinnvolle Aktivierung darstellt. Falls es sich um eine OR-Verknüpfung handelt, würde die Anzahl der Aktivierungen von t_3 im Laufe der Zeit ins Unendliche steigen, da die Summe der eingehenden Ereignisse wieder entlang des Zyklus an einen Eingang gegeben wird. Da es sich hierbei aber um eine AND-Aktivierung handeln soll, können wir davon ausgehen, dass die

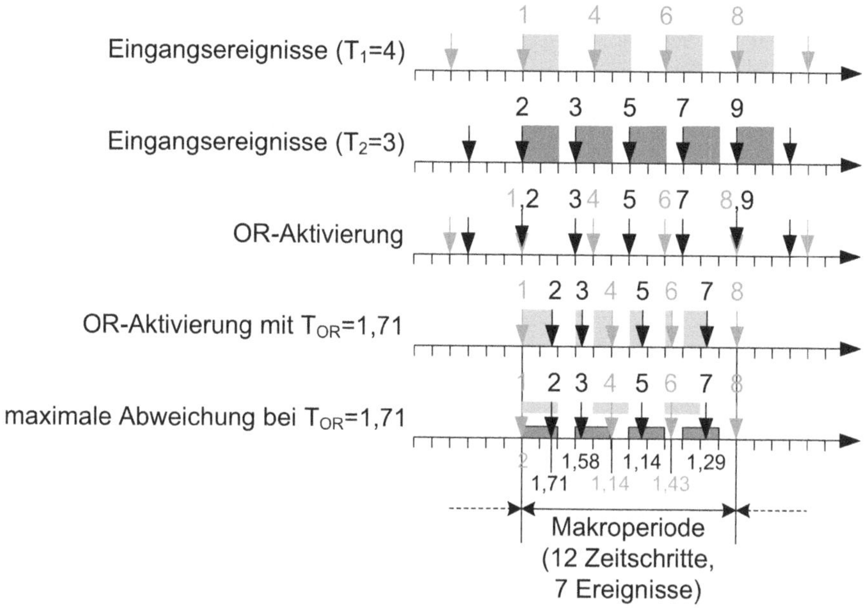

Abb. 9.9 Aus den Perioden T_i der Eingangsereignisströme ergibt sich eine Makroperiode (kleinste gemeinsame Vielfache der Eingangsperioden). Die Länge der Makroperiode (hier 12 Zeitschritte) geteilt durch die Anzahl an Ereignissen (hier 7 Ereignisse) ergibt die resultierende Periode $T_{OR} = 1{,}71$. Durch die neue Periode ergibt sich auch ein Einfluss auf den OR-Jitter (*grau dargestellt*)

Periode der Eingangsereignisströme gleich der Periode von t_3 ist. Der AND-Jitter der Eingangsereignisströme ist das Maximum der Jitter einer AND-Aktivierung. Hieraus ergibt sich nun ein Widerspruch. Eingangs wurde das Propagieren von Perioden und Jittern zwischen den Tasks auf den Ressourcen beschrieben. Während der Analyse wird also der AND-Jitter von Task t_3 auf der CPU 1 durch die Interferenz mit Task t_4 erhöht und an CPU 2 weitergegeben. Auf CPU 2 kann sich der Jitter wiederum durch die Interferenz mit Task t_5 erhöhen, was zu einem erhöhten AND-Jitter für Task t_3 führt. Die iterative Analyse müsste also eine weitere Iteration durchführen, bei der auf jeder Ressource der AND-Jitter wieder erhöht werden kann, was zu einer Situation führt, in der der Jitter bei einer Analyse ins Unendliche wächst. Dieses Problem kann man auflösen, indem der Zyklus aufgetrennt und angenommen wird, dass die Bearbeitungszeit entlang des Zyklus kleiner als die Periode der externen Aktivierung ist. Wie in [HHJ+05] beschrieben, sind dann die AND-Periode und der AND-Jitter gleich der externen Periode sowie dem externen Jitter.

Die bisher beschriebene Analysemethodik kann zu unnötig pessimistischen Ergebnissen führen, da sie sowohl datenabhängige Ausführungszeiten als auch Zusammenhänge zwischen Tasks nicht berücksichtigt. So kann es sein, dass ein Ereignis

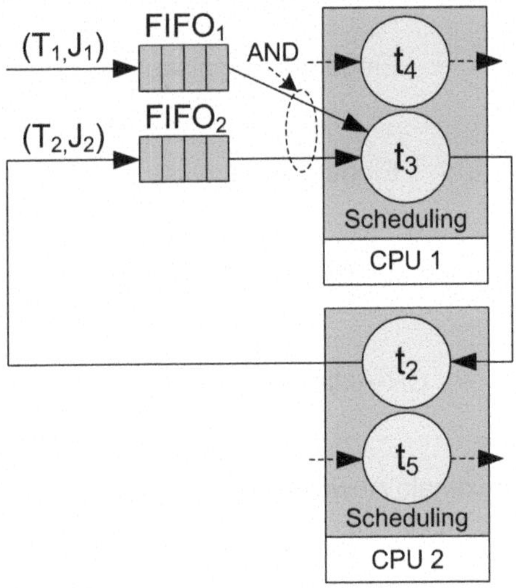

Abb. 9.10 Beispiel einer zyklischen Aktivierung, bei der Task t_3 mit Task t_2 Ereignisse zyklisch propagiert

eine sehr aufwändige Berechnung bei einem Task verursacht und ein anderes Ereignis sehr schnell von dem gleichen Task verarbeitet werden kann. Dieser Fall wird Intra-Ereignisstromkontext genannt und kann wie in [Jer04] beschrieben analysiert werden. Die Idee hinter dieser Analyse basiert auf der iterativen Analyse für Scheduling mit statischen Prioritäten wie sie in Abschn. 8.1 dargestellt ist. Bei dieser Analyse wurde die Anzahl an Unterbrechungen durch einen höherprioren Task mit dessen Laufzeit multipliziert und auf die Laufzeit des betrachteten Tasks addiert. Die Laufzeit der höherprioren Tasks fließt in der Methodik von [Jer04] durch Sequenzen von Laufzeiten ein. Hierbei muss nicht unbedingt eine feste Sequenz mit Laufzeiten vorliegen, allerdings sollten minimale und maximale Bedingungen für das Auftreten von Aktivierungsereignissen vorliegen.

Der zweite Fall, bei dem Abhängigkeiten zwischen Tasks berücksichtigt werden müssen, ist beispielhaft in Abb. 9.11 dargestellt. Hierbei laufen drei Tasks t_1, t_3, t_4 auf der gleichen CPU und der Task t_2 auf einer anderen CPU. Die Tasks t_1, t_2, t_3 laufen mit einer Periode von $P_i = 100$ und einem Jitter $J_i = 0$. Die Periode von Task t_4 beträgt $P_4 = 300$. Bei einer Analyse, bei der die Zusammenhänge zwischen Tasks nicht berücksichtigt werden, kommt das Ergebnis aus der linken Abbildung heraus. Hierbei beträgt die Antwortzeit von Task t_4 170. Im rechten Fall wartet der Task t_3 um die Dauer der Rechenzeit von Task t_2, wodurch die berechnete Antwortzeit von Task t_4 140 beträgt. Diese Tasks zwischen denen zeitliche Abhängigkeiten bestehen, bilden eine Menge, die Tindell [Tin94] Transaktionen nennt. Jeder Task, der zu einer Transaktion gehört wird aktiviert, nachdem eine bestimmte Zeit (Offset) nach einem Eingangsereignis verstrichen ist. Um die maximale Antwortzeit eines Tasks zu berechnen, muss ein *Worst-Case* Szenario entwickelt werden. Tindell hat gezeigt, dass die größte Interferenz einer Transaktion auf eine Antwortzeit dort auftaucht, wo die längste Verzögerung eines höherpriorer Tasks einer Transaktion vorliegt. Diesen Bereich hat er *kritische Instanz* genannt. Die Aktivierung des analysierten und aller höherprioren Tasks muss nach dem Eintritt in diesen Zeitbe-

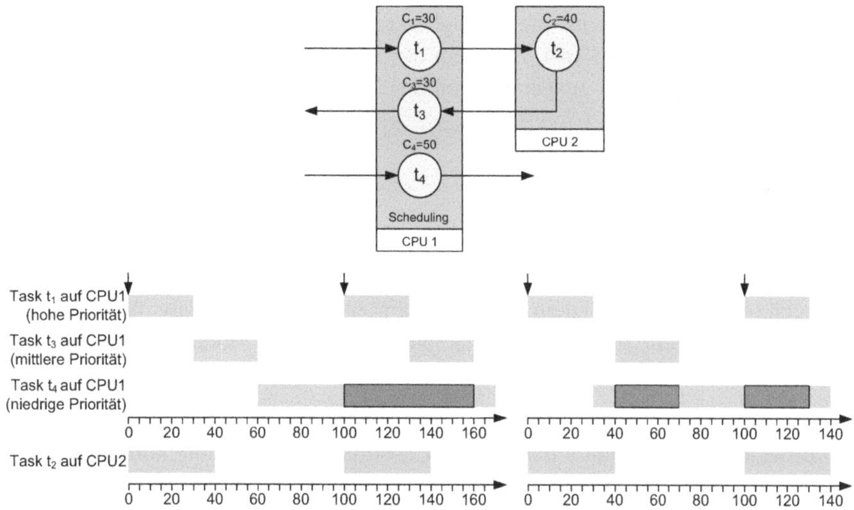

Abb. 9.11 Beispiel für zyklische Tasks die in ihrer Ausführung voneinander abhängen, t_3 hängt von t_1 und t_2 ab, wobei t_1 und t_3 auf der selben Ressource gescheduled sind

reich – also der kritischen Instanz – so schnell wie möglich erfolgen. Bei der Analyse können nun mehrere Transaktionen vorhanden sein. Deshalb müssen für die Analyse eines niederprioren Tasks alle möglichen Kombinationen von kritischen Instanzen mit höherprioren Tasks berücksichtigt werden.

Für die Berechnung der Antwortzeit des Beispiels aus Abb. 9.11 besteht ein zeitlicher Zusammenhang zwischen den Tasks t_1, t_2, t_3. Diese Tasks gehören also zu einer Transaktion, bei der der *Offset* zwischen Task t_1 und t_3 durch die Ausführungszeit von Task t_2 bestimmt wird.

9.1.2 Real-Time Calculus

Der *Real-Time Calculus (RTC)*, oft auch unter dem Begriff *Modular Performance Analysis (MPA)* referenziert, ist ein Verfahren zur Analyse von verteilten eingebetteten Systemen [TCN00]. Die Grundlagen des RTC basieren auf dem *Network Calculus* [LBT04], einer Theorie über deterministische Warteschlangen für Kommunikationsnetzwerke und der Max-Plus-/Min-Plus-Algebra [BCOQ92]. Mit Hilfe des RTC-Verfahrens können verteilte Systeme und deren Komponenten anhand von Ereignisströmen analysiert werden [PWT+08].

Als Beschreibungsmodell für die zu analysierenden Systeme werden sogenannte *Performance Module* sowie die *Ereignis-* und *Servicekurven (engl. Arrival- and Service-Curves)* verwendet. Mittels der Performance-Module werden die einzelnen Objekte eines Systems beschrieben (z. B. Tasks oder Nachrichten). Die Ereigniskurven beschreiben die Anzahl der Ereignisse, welche z. B. einen Task aktivieren.

Über die Servicekurven wird die Verfügbarkeit einer Ressource beschrieben, d. h. die Rechenzeit, die einem Task zu einem bestimmten Zeitabschnitt zur Verfügung steht. Im Folgenden wird ausgehend von der Modellierung von Systemen schrittweise das RTC-Verfahren vorgestellt.

9.1.2.1 Modellierung von Systemen

Bevor ein System analysiert und bewertet werden kann, muss ein abstraktes Modell vorliegen, das die wesentlichen Eigenschaften zur Analyse enthält. Wie man von einem realen System zu einem analysierbaren abstrakten Modell kommt, soll im Folgenden erläutert werden.

1. Im ersten Schritt wird von realen Tasks und der Kommunikation zwischen den Tasks abstrahiert, sodass man zu einer abstrakten Anwendung kommt. Analog erfolgt die Modellierung von Komponenten einer Architektur. Sowohl Prozessoren als auch Bussysteme werden zu Ressourcen abstrahiert, auf denen etwas berechnet bzw. über die kommuniziert werden kann.
2. Im nächsten Schritt erfolgt die Verteilung einer abstrakten Anwendung auf die Ressourcen. Hierbei kann es vorkommen, dass mehrere abstrakte Tasks oder Kommunikationsverbindungen sich eine Ressource teilen, sodass ein Scheduling bzw. eine Arbitrierung der Ressource stattfinden muss.
3. Im letzten Schritt muss an den Eingängen der Anwendung von einem realen Ereignisstrom wie er im späteren Betrieb vorkommen kann, abstrahiert werden. Analog verhält es sich mit der Rechenleistung oder Bandbreite, die zu einem bestimmten Zeitpunkt auf einer Ressource zur Verfügung steht. Auch hier muss ein abstrakter Service modelliert werden.

Diese einzelnen Schritte sind in Abb. 9.12 dargestellt. In der obersten Zeile befinden sich die realen Tasks $t_1, \ldots, t_3$, die miteinander Daten entlang der Pfeile austauschen. Die Ressourcen sind als Blockschaltbild unten im Bild dargestellt und umfassen zwei Steuergeräte mit Prozessoren (ARM9, DSP) sowie einen CAN-Bus. Abstrahiert man gemäß Schritt 1 von den Tasks zu einer abstrakten Anwendung, so wird für jeden Task und jede Kommunikationsverbindung ein sogenanntes *Performance-Modul* vorgesehen.

Nun erfolgt die Zuordnung von Performance-Modulen zu abstrakten Ressourcen. Immer wenn mehrere Performance-Module sich eine Ressource teilen, muss auf der Ressource ein Scheduling oder eine Arbitrierung stattfinden, durch dass entschieden wird welches Performance-Modul zu welchem Zeitpunkt eine Ressource belegt. Ein solcher Fall liegt in Abb. 9.12 bei dem ARM9-Prozessor vor. Diesem Prozessor sind zwei Tasks und die Kommunikationsverbindung zugeordnet. Da jedes dieser drei Performance-Module eine gewisse Rechenzeit auf der CPU in Anspruch nimmt, können diese auf verschiedene Art der CPU zugewiesen werden. In Abb. 9.13 ist ein Modell des ARM9 mit seinen Performance-Modulen dargestellt. Die dargestellten Scheduling-Verfahren zeigen von links nach rechts ein *Fixed Priority*, ein *verallgemeinertes*, ein *Earliest Deadline First* und ein *TDMA-basiertes* Scheduling.

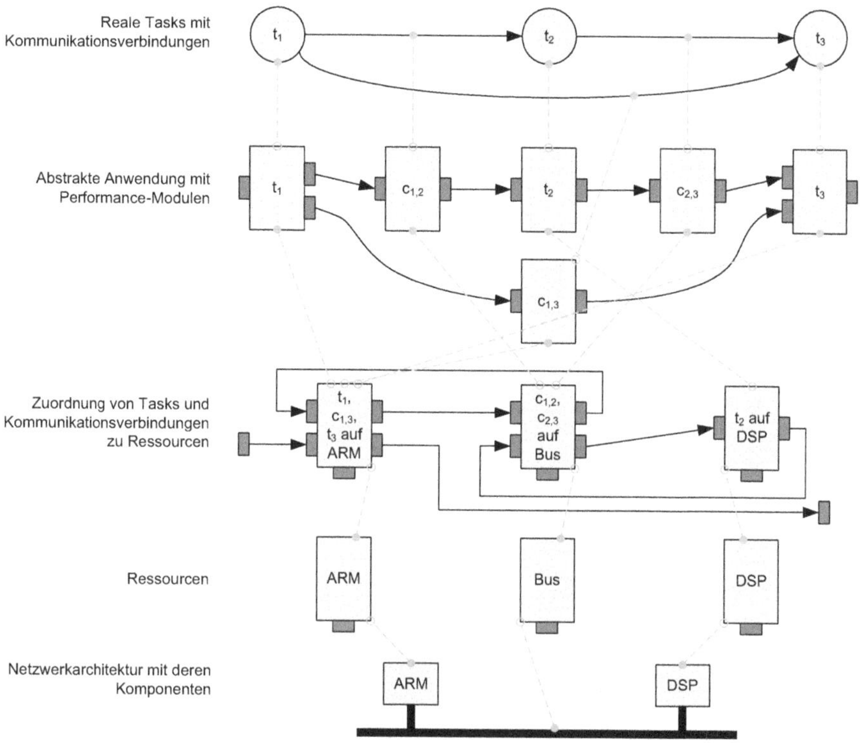

Abb. 9.12 Für das Analysemodell wird in zwei Schritten von einer realen Anwendung und Architektur zu einem analysierbaren Modell abstrahiert. Im ersten Schritt wird von Tasks und deren Kommunikationsverbindungen zu einer abstrakten Anwendung mit Performance-Modulen abstrahiert. Gleichzeitig wird von Steuergeräten mit Prozessoren und Bussen zu Ressourcen abstrahiert. Auf diese Ressourcen können in einem zweiten Abstraktionsschritt eine oder mehrere Performance-Module gebunden werden. Werden mehrere Module auf die gleiche Ressource gebunden, muss ein Scheduling bzw. eine Arbitrierung stattfinden

- **Fixed Priority Scheduling:** Beim Fixed Priority Scheduling sind den Performance-Modulen feste Prioritäten zugeordnet und das Modul mit der höchsten Priorität erhält die Ressource. In dem gezeigten Beispiel in Abb. 9.13 läuft durch die drei vertikal angeordneten Performance-Module der Service, der von dem Prozessor zur Verfügung gestellt wird, von oben nach unten durch. Hierbei wird der Service dem höchstprioren Task (oben) als erstes zur Verfügung gestellt und kann in Anspruch genommen oder an den nächsten Task mit geringerer Priorität weitergegeben werden.
- **Verallgemeinertes Scheduling:** Eine weitere Alternative zeigt das verallgemeinerte Scheduling aus Abb. 9.13. Ein Block am Eingang verteilt den Service der Ressource auf die verschiedenen Performance-Module und der verbleibende Service, der nicht von den Performance-Modulen in Anspruch genommen wurde, wird am Ende aufakkumuliert und könnte für weitere Performance-Module verwendet werden.

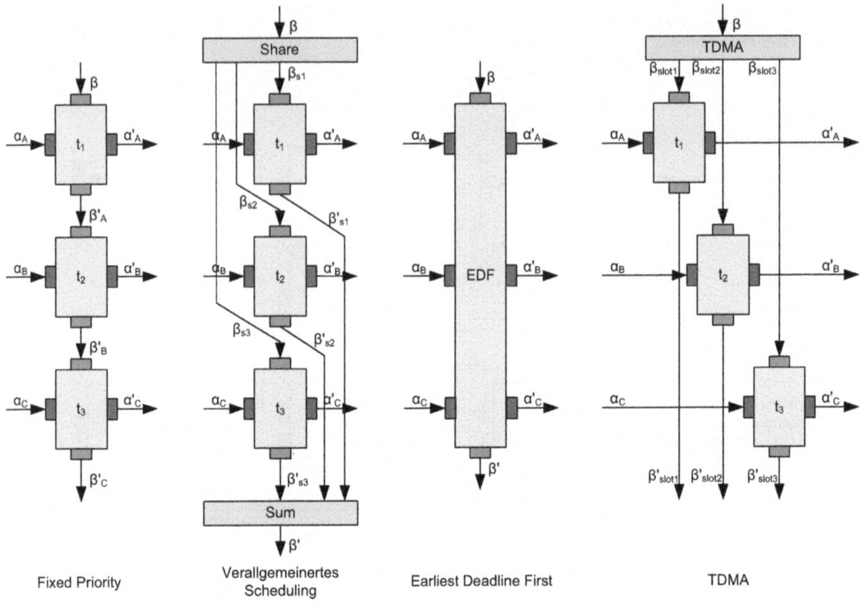

Abb. 9.13 Auf der ARM-Ressource aus Abb. 9.12 sind drei Performance-Module bzw. Tasks gebunden, die mit verschiedenen Scheduling-Strategien verwaltet werden müssen. Dargestellt sind die Modelle für 1.) Fixed-Priority, 2.) verallgemeinertes, 3.) Earliest-Deadline-First und 4.) TDMA-basiertes Scheduling. Die Parameter α und β stellen Ereignis- und Servicekurven dar und sind in folgendem Abschnitt erläutert

- **Earliest Deadline First Scheduling:** Beim Earliest Deadline First Scheduling (EDF) wird aus einer Menge an Tasks der Task mit der frühesten Deadline dem Prozessor zugewiesen.
- **TDMA-basiertes Scheduling:** Beim TDMA-basierten Scheduling wird der Service in Slots aufgeteilt und den Performance-Elementen zugeteilt. Anders als beim verallgemeinerten Scheduling wird der in Slots unterteilte Service nicht mehr aufakkumuliert, sondern bleibt in Slots unterteilt.

Mit dieser Art der Modellierung können verschachtelte Scheduling-Strategien modelliert werden. Solche verschachtelten Scheduling-Strategien kommen u. a. beim FlexRay-Bus vor. FlexRay wird in statische Slots unterteilt und in einem bestimmten Zeitfenster erfolgt eine dynamische Arbitrierung von Nachrichten auf dem FlexRay-Bus (siehe auch Abschn. 5.1.2).

9.1.2.2 Ereignis- und Servicekurven

Bei der Modellierung sind bereits die Begriffe Ereignis- und Servicekurven verwendet worden. Im Folgenden soll nun beschrieben werden was diese Kurven bedeuten und wie sie erzeugt werden. Hierbei spielen zwei Abstraktionsschritte eine Rolle,

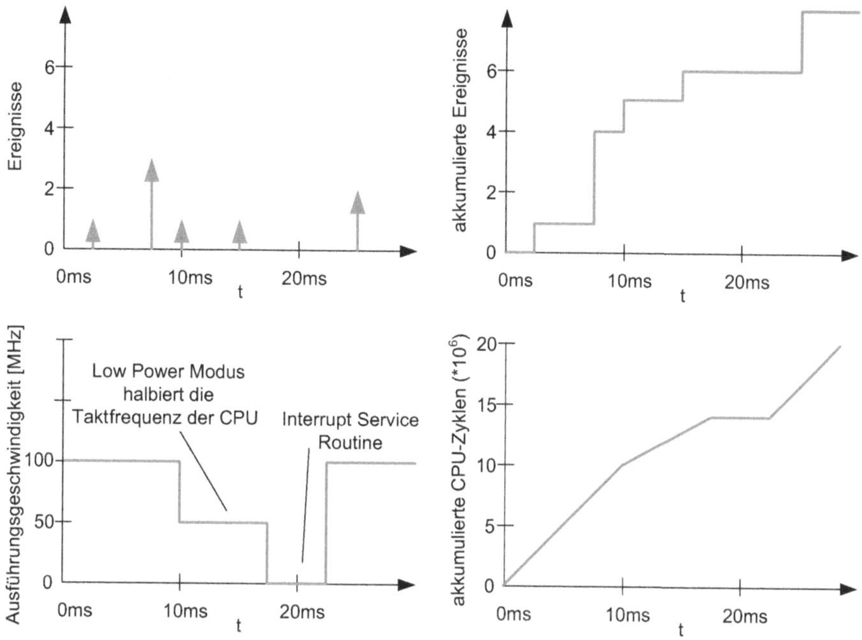

Abb. 9.14 Die hier dargestellten Ereignis- und Servicekurven stellen die Summe der Ereignisse bzw. die Summe der CPU-Zyklen bis zu einem bestimmten Zeitpunkt dar

die in den Abb. 9.14 und 9.15 beispielhaft dargestellt sind. Im ersten Schritt in Abb. 9.14 wird aus einem Ereignisstrom, bei dem zu bestimmten Zeitpunkten Ereignisse auftreffen eine Kurve mit der Summe der Ereignisse bis zu einem bestimmten Zeitpunkt erzeugt. Repräsentiert ein Ereignis beispielsweise eine ankommende Nachricht, so kann man aus dieser Kurve ablesen wie viele Nachrichten sich bis zu einem bestimmten Zeitpunkt angesammelt haben und verarbeitet werden müssen. Für die Verarbeitung von jeder Nachricht auf einer CPU wird nun eine bestimmte Anzahl an Taktzyklen benötigt, die im Rahmen einer WCET-Analyse ermittelt werden kann (siehe Kap. 7). Die Geschwindigkeit eines Prozessors wird in Abb. 9.14 in Taktzyklen pro Zeiteinheit (MHz) angegeben. Durch äußere Einflüsse wie zum Beispiel Low-Power-Modi oder Interrupts kann die Anzahl an Taktzyklen, die für die Verarbeitung von Nachrichten benötigt wird, schwanken. Ausgehend von dieser Darstellung wie schnell ein Prozessor zu einer bestimmten Zeit arbeitet, kann eine Servicekurve abgeleitet werden, in der die Summe der Taktzyklen bis zu einem bestimmten Zeitpunkt dargestellt ist.

Meistens ist bei der Analyse eines Systems nicht bekannt zu welchem absoluten Zeitpunkt ein Ereignis auftritt. Auch das Wissen wann ein Interrupt einen Task auf einer CPU-Ressource unterbricht, liegt typischerweise nicht vor. Vielmehr ist bekannt wie oft ein Ereignis in einem bestimmten Zeitintervall vorkommen kann oder bei bestimmten Scheduling- bzw. Arbitrierungsarten welcher Service zur Verarbeitung eines Ereignisses vorhanden ist. Aus diesem Grund muss in einem weite-

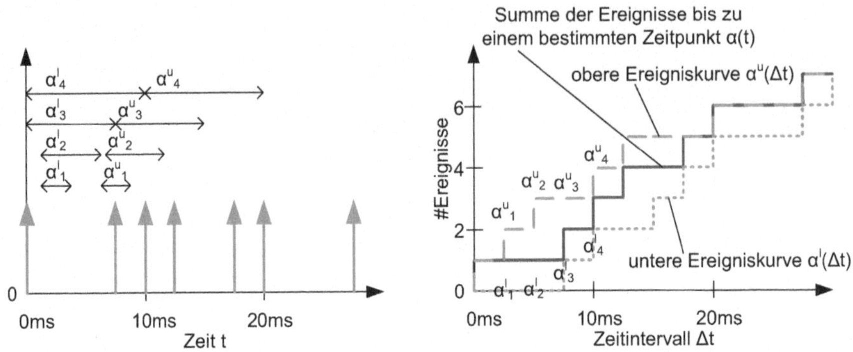

Abb. 9.15 Da absolute Zeitpunkte wie in Abb. 9.15, bei der Systemanalyse meistens nicht bekannt sind, müssen mögliche Ereignisse bzw. ein möglicher Service in Abhängigkeit von Zeitintervallen dargestellt werden

ren Schritt von den absoluten Zeitpunkten zu Zeitintervallen abstrahiert werden, in denen Ereignisse auftreten können oder ein Service zur Verfügung steht. In Abb. 9.15 ist dieser Prozess dargestellt. Bildlich kann man sich das so vorstellen, dass über den Ereignisstrom ein Fenster mit der Breite eines gewissen Zeitintervalls geschoben wird. Während das Fenster über den Ereignisstrom läuft, wird die minimale und maximale Anzahl an Ereignissen in dem Fenster an einer beliebigen Position gesucht. Dieser Minimal- und Maximalwert wird in Abhängigkeit des Zeitintervalls in der Ereigniskurve dargestellt. Mathematisch lassen sich die Ereignis- und Servicekurven folgendermaßen beschreiben:

- **Ereigniskurve:** Die obere und untere Ankunftskurve $\alpha^u(\Delta t), \alpha^l(\Delta t) \in \mathbb{R}^{\geq 0}$ einer Ereignisfunktion $R(t)$ erfüllt:

$$\alpha^l(t-s) \leq R(t) - R(s) \leq \alpha^u(t-s) \forall s,t : 0 \leq s \leq t \tag{9.7}$$

- **Servicekurve:** Die obere und untere Servicekurve $\beta^u(\Delta t), \beta^l(\Delta t) \in \mathbb{R}^{\geq 0}$ einer Servicefunktion $C(t)$ erfüllt:

$$\beta^l(t-s) \leq C(t) - C(s) \leq \beta^u(t-s) \forall s,t : 0 \leq s \leq t \tag{9.8}$$

Dabei stellen $R(t)$ bzw. $R(s)$ und $C(t)$ bzw. $C(s)$ die Kurven aus der rechten Hälfte der Abb. 9.14 dar. Der Index u steht für „upper“ und bezeichnet die obere Ereignis- bzw. Servicekurve. Entsprechend steht der Index l für „lower“ und bezeichnet die untere Ereignis- bzw. Servicekurve.

Weitere Beispiele für typische Auftrittsarten von Ereignissen sind in den unteren und oberen Ereigniskurven aus Abb. 9.16 dargestellt. Die Ereigniskurve oben links zeigt ein periodisches Ereignis mit einer Periodendauer von $P = 5$ ms. Rechts oben ist ein periodisches Ereignis mit der gleichen Periodendauer von $P = 5$ ms und einem Jitter von $J = 3{,}75$ dargestellt. Falls periodische Ereignisse auch Burst-artig erzeugt werden, so führt das zu einer Ereigniskurve, die unten links dargestellt ist.

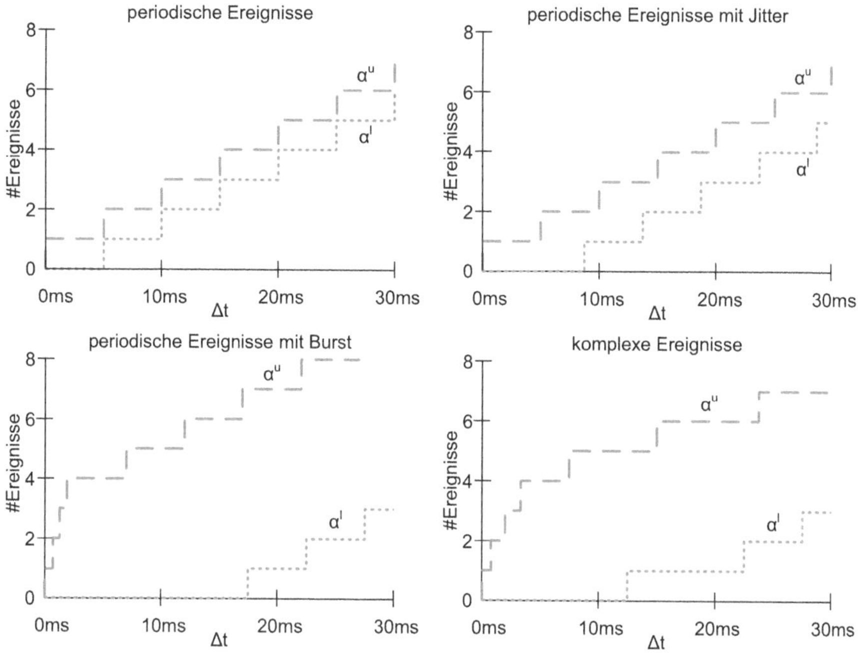

Abb. 9.16 Dargestellt sind jeweils die obere und untere Ereigniskurve α^u und α^l für periodische Ereignisse (*oben links*), periodische Ereignisse, die einem Jitter unterliegen (*oben rechts*), periodische Ereignisse, die auch Burst-artig vorkommen (*unten links*) und komplexe Ereignisse (*unten rechts*)

Unten rechts ist eine beliebige Ereigniskurve dargestellt, in der keine periodische Aktivierung o.ä. zu erkennen ist.

In Abb. 9.17 sind Beispiele für untere und obere Servicekurven gezeigt. Die Kurven β^u und β^l oben links sind identisch, da in diesem Fall immer der vollständige Service zur Berechnung zur Verfügung steht. Oben rechts verhält sich das System etwas anders. Hier wird der vollständige Service mit einer maximalen Verzögerung von 6,25 ms bereit gestellt, wodurch sich die untere Servicekurve nach rechts verschiebt. Bei TDMA-Schedules steht in bestimmten Zeitscheiben ein Service voll zur Verfügung. Unten links sind die obere und untere Servicekurve eines TDMA-Schedules dargestellt, bei dem eine TDMA-Runde 10 ms dauert und der TDMA-Slot 5 ms lang ist. Ein periodischer Service, der alle 5 ms für 5 ms zur Verfügung steht und einem Jitter von 5 ms unterliegt, ist unten rechts gezeigt.

9.1.2.3 Analyse und Bewertung

Mit den Ereignis- und Servicekurven kann die Analyse und Bewertung eines Systems erfolgen. Hierfür führt jedes Performance-Modul, das auf eine Ressource gebunden ist, eine Transformation der eingehenden Ereignis- und Servicekurven

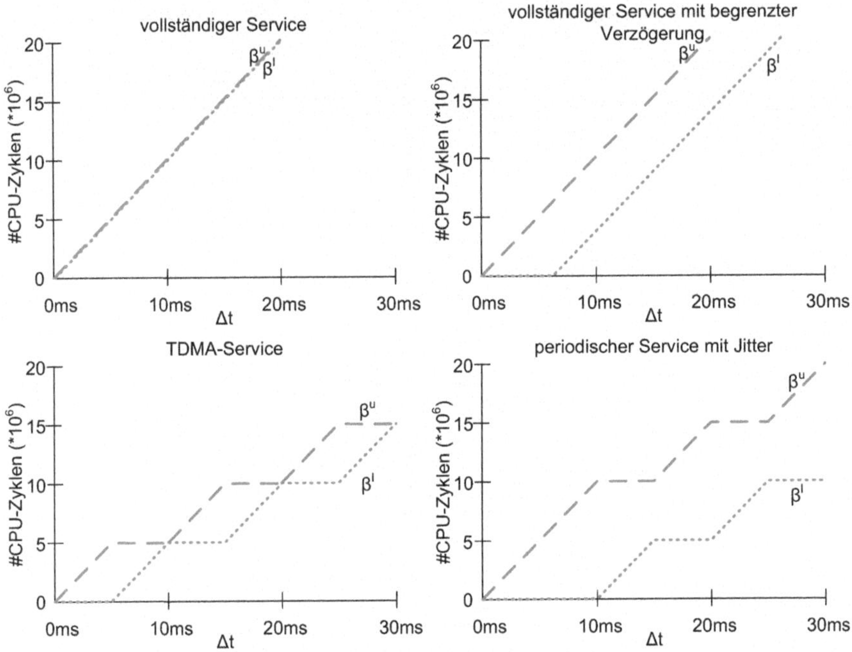

Abb. 9.17 Dargestellt sind jeweils die obere und untere Servicekurve β^u und β^l für einen vollständigen Service (*oben links*), einen vollständigen Service, der verzögert zur Verfügung stehen kann (oben rechts), einem TDMA-basierten Service (*unten links*) und einem periodischen Service mit einem gewissen Jitter (*unten rechts*)

aus, sodass am Ausgang neue Ereignis- und Servicekurven entstehen, die wiederum an die Eingänge eines anderen gebundenen Performance-Moduls gegeben werden können. Ein Beispiel für eine solche Transformation ist in Abb. 9.18 dargestellt. Die Eingangsereigniskurven α^u und α^l stellen einen Ereignisstrom dar, bei dem am Anfang drei Ereignisse mit einem Abstand von 2,5 ms auftraten und anschließend fortlaufend Ereignisse mit einer Periode von 10 ms auftreten. Die Eingangsservicekurven β^u und β^l repräsentieren eine CPU die $100 \cdot 10^6$ Instruktionen pro Sekunde verarbeiten kann. Diese volle Rechenleistung steht immer zur Verfügung, lediglich in einem Intervall von 5 ms kann keine Rechenleistung zur Verarbeitung der Ereignisse in Anspruch genommen werden. Diese Eingangsereignis- und Eingangsservicekurven müssen nun zu Ausgangsereignis- und Ausgangsservicekurven transformiert werden. Hierfür gilt die Annahme, dass ein Ereignis $4 \cdot 10^6$ Taktzyklen der CPU benötigt. Mit diesen Prämissen können nun die Ausgangsereignis- und Ausgangsservicekurve folgendermaßen bestimmt werden:

- **Obere Ausgangsservicekurve** (β'^u)**:** Die obere Ausgangsservicekurve stellt den maximalen Service dar, der nach der Verarbeitung einer minimalen Anzahl von Eingangsereignissen übrig bleibt. Es muss also α^l und β^u betrachtet werden. Bei Zeitintervallen bis zu einer Länge von 10 ms kann es sein, dass keine Ereignisse auftreten und somit der volle Service am Ausgang zur Verfügung steht. Bei größeren Zeitintervallen bis 20 ms tritt mindestens ein Ereignis auf, sodass für $4 \cdot 10^6$ Taktzyklen die CPU belegt ist bevor der volle Service wieder vorhanden ist. Durch diese Ereignisse, die periodisch auftreten, knickt die Kurve β'^u bei 10 ms und 20 ms für 4 ms – also die Zeitdauer für $4 \cdot 10^6$ Taktzyklen – ab. Die mathematische Berechnung der Kurve β'^u kann mit folgender Gleichung erfolgen:

$$\beta'^u = (\beta^u - \alpha^l)\underline{\otimes}0 \tag{9.9}$$

- **Untere Ausgangsservicekurve (β'^l):** Die untere Ausgangsservicekurve stellt den minimalen Service dar, der nach der Verarbeitung einer maximalen Anzahl von Eingangsereignissen übrig bleibt. Es muss also α^u und β^l betrachtet werden. In einem Zeitintervall von 5 bis 15 ms können drei Ereignisse auftreten. Da der Service allerdings für 5 ms nicht zur Verfügung stehen kann, müssen diese drei Ereignisse warten. Anschließend findet die Verarbeitung statt, die $3 \cdot 4 \cdot 10^6$ Taktzyklen dauert. In einem Intervall der Länge 5 ms + 12 ms = 17 ms ist der verbleibende Service somit Null. Nun trifft ab einer Intervalllänge von 15 ms ein viertes Ereignis ein, das dafür sorgt, dass der Service weitere 4 ms benötigt wird. Die untere Servicekurve am Ausgang bleibt demnach bis zu einer Intervallgröße von 21 ms bei Null und steigt anschließend erst an. Das weitere Abknicken der Kurve verläuft nun analog zu der obere Servicekurve am Ausgang. Die Berechnung der unteren Ausgangsservicekurve erfolgt über folgende Gleichung:

$$\beta'^l = (\beta^l - \alpha^u)\overline{\oplus}0 \tag{9.10}$$

- **Obere Ausgangsereigniskurve (α'^u):** Die obere Ausgangsereigniskurve entsteht unter der Annahme, dass ein maximaler Service zur Verfügung steht und die maximale Anzahl an Ereignissen auftreten kann. In diesem Fall werden die drei aufeinander folgenden Ereignisse so schnell wie möglich verarbeitet. Da die Verarbeitung jeweils 4 ms benötigt und die Ereignisse mit einem Abstand von 2,5 ms ankommen, kann erst ab einer Intervalllänge von 4 ms ein zweites Ereignis am Ausgang erwartet werden. Das dritte Ereignis tritt ab einer Intervalllänge von 8 ms auf. Die folgenden Stufen entsprechen den Stufen am Eingang. Für die mathematische Bestimmung der oberen Ausgangsereigniskurve findet folgende Gleichung Anwendung:

$$\alpha'^u = \left[(\alpha^u \underline{\oplus} \beta^u)\overline{\otimes}\beta^l\right] \wedge \beta^u \tag{9.11}$$

- **Untere Ausgangsereigniskurve (α'^l):** Die untere Ausgangsereigniskurve wird im Wesentlichen durch die unteren Eingangsereignis- und Servicekurven beeinflusst. Die minimale Anzahl an Ereignissen wird in diesem Fall durch die Unterbrechung der Services von 5 ms verzögert. Die mathematische Beschreibung der unteren Ausgangsereigniskurve ist durch folgende Gleichung gegeben:

$$\alpha'^l = \left[(\alpha^l \overline{\otimes} \beta^u)\underline{\oplus}\beta^l\right] \wedge \beta^l \tag{9.12}$$

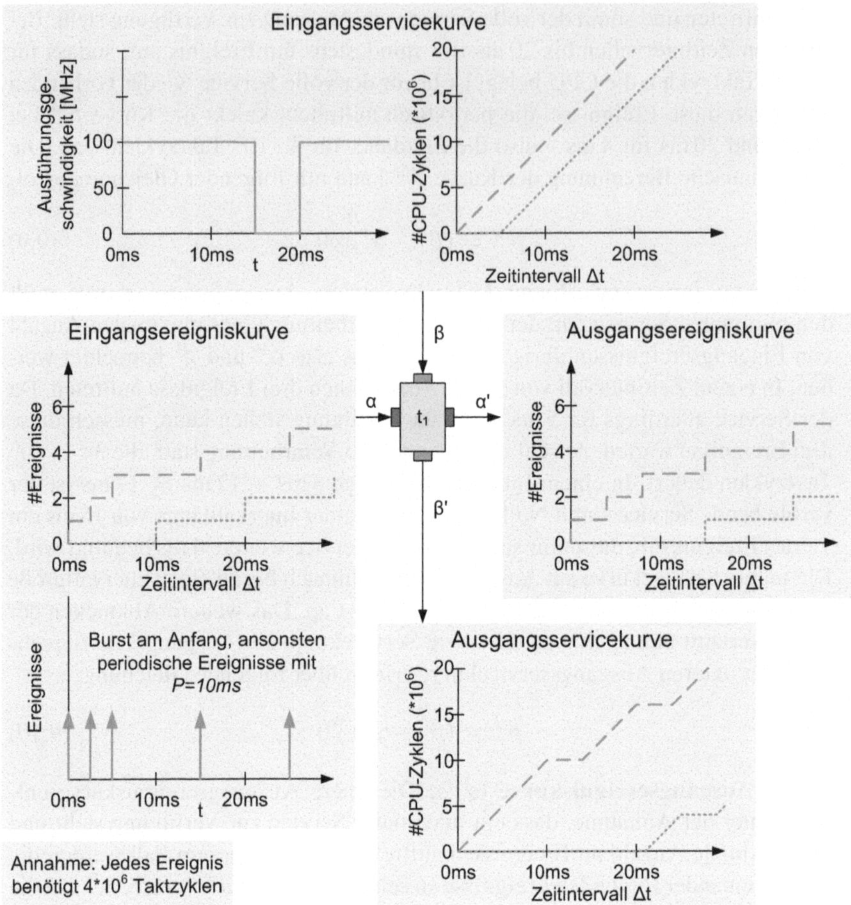

Abb. 9.18 Die Eingangsereigniskurven werden zusammen mit den Eingangsservicekurven zu Ausgangsereignis- und Ausgangsservicekurven transformiert. Bei den dargestellten Transformationen gilt die Annahme, dass ein Ereignis eine Rechenlast von $4 \cdot 10^6$ Taktzyklen verursacht

Aus diesen Kurven kann nun relativ einfach bestimmt werden wie viele Ereignisse in einem System gespeichert werden müssen und welche Verzögerungen es hierdurch gibt. Für die Bestimmung der Verzögerung muss die maximale Differenz zwischen der oberen Eingangsereigniskurve und der unteren Eingangsservicekurve bei gleicher oder größerer Anzahl an verarbeiteten Ereignissen gefunden werden. In Abb. 9.19 ist das Beispiel aus Abb. 9.18 wieder aufgegriffen. Die obere Eingangsereigniskurve wurde bereits mit $4 \cdot 10^6$ Taktzyklen multipliziert damit sie zu den Einheiten an den Achsenbeschriftungen passt. Die maximale Verzögerung ist in dem Diagramm als waagerechter Doppelpfeil eingezeichnet. In dem gezeigten Beispiel beträgt die Wartezeit 12 ms. Diese Verzögerung entsteht bei der Berechnung des dritten Ereignisses und setzt sich aus folgenden Bestandteilen zusammen: 5 ms für die Unterbrechung des CPU-Service plus 3 ms für die Verzögerung durch das zweite

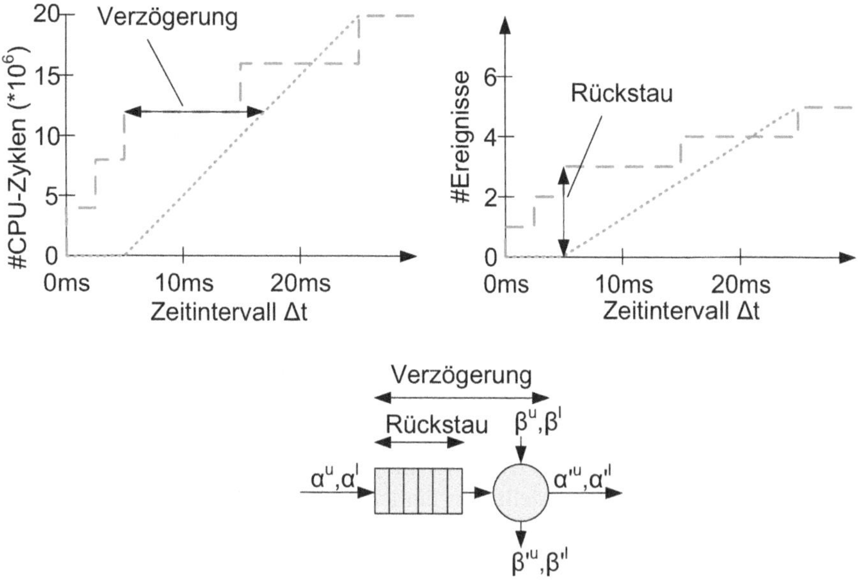

Abb. 9.19 Aus der oberen Eingangsereignis- und unteren Eingangsservicekurve lässt sich sowohl die Verzögerung als auch der Rückstau in einem System ermitteln. Im linken Diagramm ist die Verzögerung als waagerechter Doppelpfeil eingezeichnet. Im *rechten* Diagramm ist der Rückstau als senkrechter Doppelpfeil dargestellt

Ereignis plus 4 ms für die Verarbeitung des dritten Ereignisses. Mathematisch lässt sich dieser Zusammenhang für die Verzögerung d(t) wie folgt beschreiben:

$$\begin{aligned} d(t) &= \inf\{\tau \geq 0 : R(t) \leq R'(t+\tau)\} \\ &\leq \sup_{u \geq 0} \left\{ \inf\left\{\tau \geq 0 : \alpha^u(u) \leq \beta^l(u+\tau)\right\}\right\} \end{aligned} \tag{9.13}$$

Die Verzögerung zu einem Zeitpunkt t ist gleich dem τ, bei dem die Menge an Eingangsereignissen $R(t)$ mindestens gleich der Menge an Ausgangsereignissen $R'(t)$ ist.

Neben der Verzögerung kann aus den Eingangsereignis- und Eingangsservicekurven auch der Rückstau von Ereignissen und somit der Speicherbedarf in einem System ermittelt werden. Hierbei liegt die Annahme zu Grunde, dass eingehende Ereignisse nicht verworfen oder Speicher überschrieben werden können. Der Rückstau lässt sich dann aus dem maximalen Abstand zwischen der oberen Eingangsereigniskurve und der unteren Eingangsservicekurve berechnen. Im rechten Diagramm aus Abb. 9.19 ist der maximale Rückstau durch einen senkrechten Doppelpfeil dargestellt. Die untere Eingangsservicekurve wurde hierbei durch $4 \cdot 10^6$ – also der Anzahl an Taktzyklen, die für die Verarbeitung eines Ereignisses angenommen wurde – geteilt. Die resultierende Anzahl an Ereignissen im Zwischenspeicher beträgt somit drei. Mathematisch lässt sich der Zusammenhang für den Rückstau folgendermaßen beschreiben:

$$b(t) = R(t) - R'(t) \leq \sup_{u \geq 0} \left\{\alpha^u(u) - \beta^l(u)\right\} \tag{9.14}$$

Hierbei stellt $b(t)$ den Rückstau (engl. Backlog) dar, der sich aus der Differenz der eingegangenen Ereignisse $R(t)$ bis zu einem bestimmten Zeitpunkt und den verarbeiteten Ereignissen $R'(t)$ zum gleichen Zeitpunkt ergibt.

9.1.3 Weiterführende Arbeiten zu SymTA/S und RTC

In den vorangegangenen Abschnitten wurden verschiedene Analyse-Verfahren für Timing-Aspekte im Detail vorgestellt. Aufbauend auf diesen Verfahren sind weitere Verfeinerungen und Konzepte entstanden, welche eine exaktere Modellierung der Systeme sowie eine verbesserte Analyse ermöglichen. Einige dieser Arbeiten werden im Folgenden kurz vorgestellt. Für ein ausführliches Studium des jeweiligen Themas wird auf die entsprechende Literatur verwiesen.

9.1.3.1 Kombination von RTC und SymTA/S

Es hat sich gezeigt, dass je nach Anwendungsfall eines der beiden Verfahren – also SymTA/S oder RTC – eine exaktere Berechnung durchführt bzw. zu einer geringeren Überabschätzung führt. Aus diesem Grund wurde eine Möglichkeit geschaffen, die beide Verfahren miteinander zu kombinieren um bei der Bewertung von verteilten Systemen die Überabschätzung zu minimieren. Um eine Kopplung der beiden Verfahren zu erreichen, ist eine Transformation der jeweils verwendeten Ereignismodelle notwendig.

Die Transformation der Ereignismodelle des SymTA/S-Verfahrens auf die Ereignis- und Servicekurven des RTC-Verfahrens ist direkt möglich. So kann z. B. ein periodisches Ereignismodell mit Jitter (SymTA/S) in eine Ereigniskurve in Form einer Treppenfunktion im RTC transformiert werden. Die Schrittweite stellt dabei die Periode dar. Der Abstand zwischen der oberen und unteren Ereigniskurve entspricht dem zweifachen Jitter. Abbildung 9.20 stellt die Transformation der drei typischen Ereignismodelle gegenüber.

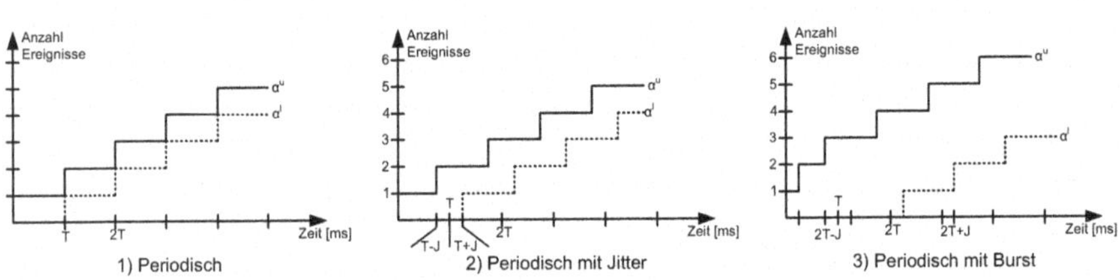

Abb. 9.20 Repräsentation des Ereignismodelles von SymTA/S durch Ereigniskurven des RTC-Verfahrens: 1) Periodisches Ereignismodell, 2) Periodisches Ereignismodell mit Jitter, 3) Periodisches Ereignismodell mit Bursts

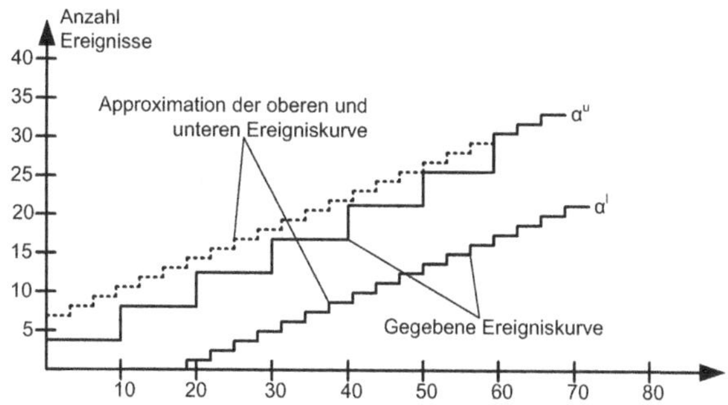

Abb. 9.21 Gegebene Ereigniskurve des RTC und das Ergebnis nach deren Transformation in das Ereignismodell von SymTA/S

Im umgekehrten Fall – bei einer Transformation von RTC nach SymTA/S – sind einige Anpassungen notwendig. Die Anpassungen sind zwar nicht verlustfrei, es ist jedoch eine sichere oberer Schranke bei der späteren Analyse gewährleistet. Ein hierfür möglicher Algorithmus ist in folgendem Paper zu finden [KHET07]. In Abb. 9.21 ist ein Beispiel für eine Transformation mit der resultierenden Approximation dargestellt. Die gegebenen Ereigniskurven α^u und α^l sind mit einer durchgezogenen Linie dargestellt. Die Schrittweite der oberen Treppenfunktion α^u ist hierbei zunächst sehr groß und anschließend gleich der Schrittweite der unteren Treppenfunktion α^l. Bei der Transformation in das SymTA/S-Ereignismodell gibt es nur noch eine Schrittweite, die durch die Periode P beschrieben ist. In Abb. 9.21 wurde für die approximierte Ereigniskurve die Schrittweite von α^l auch für α^u genommen (gestrichelte Linie). Bei der Approximation der oberen und unteren Ereigniskurve muss sicher gestellt sein, dass die approximierten bzw. transformierten Kurven nicht zwischen den beiden gegebenen Kurven liegen.

9.1.3.2 Approximation der Service-/Ereigniskurven

Die Approximation von Service- und Ereigniskurven wurde auch noch unter einem anderen Gesichtspunkt weiterentwickelt: Durch eine Linearisierung der Kurven kann die Rechenzeit des Real-Time-Calculus reduziert werden [AS04, AKBS08]. In Abb. 9.22 ist ein Beispiel für eine approximierte obere Kurve dargestellt. Hierbei findet eine Approximation erst ab einer bestimmten Größe des betrachtete Zeitintervalls ΔI_k statt. Die folgende Gerade muss immer größer oder gleich der ursprünglichen Kurve sein.

9.1.3.3 Erweiterung um hierarchische Ereignisströme

In den bisherigen Ansätzen wurde noch nicht auf die Modellierung von unterschiedlichen Ereignisströmen entlang gleicher Pfade eingegangen. Für eine weitere Ver-

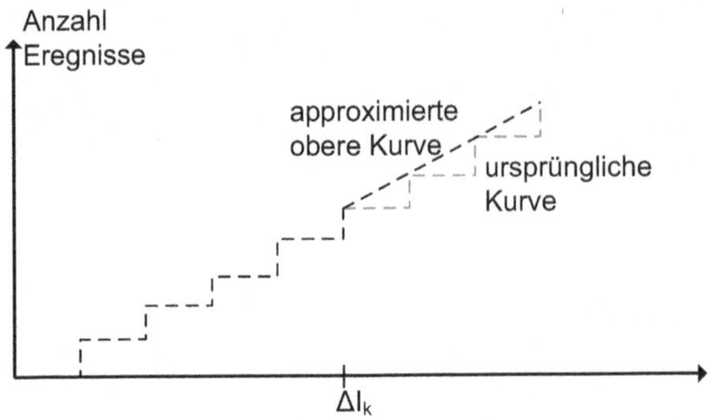

Abb. 9.22 Beispiel für ein approximiertes Element eines Ereignisstroms

feinerung gilt es die Ereignisse, die durch ein System mit mehreren Tasks und Nachrichten propagiert werden, genauer zu betrachten. Die prinzipielle Problemstellung soll anhand eines Beispiels diskutiert werden. Für weiterführende Literatur zu dem Thema sei auf [AKBS08] und [RE08] verwiesen. In Abb. 9.23 ist hierfür ein Beispiel dargestellt.

Der Task t_1 kann entweder von Schalter s_1 oder Schalter s_2 getriggert werden. Der Task t_1 reicht das resultierende Ereignis $e_4 = e_1 \vee e_2$ an Task t_3 weiter. Sobald von Task t_2 die beiden Ereignisse e_4 und e_5 anliegen wird dieser aktiviert und generiert das Ereignis e_6, das dann die Nachricht m_1 triggert sowie beim Eintreffen der Nachricht in Steuergerät *ECU*2 den Task t_4. Da Task t_4 ereignisgesteuert aktiviert wird, erfolgt die direkte Propagation von Ereignis e_6, welche dann Task t_5 aktiviert. In Task t_5 erfolgt eine Auswertung der Daten und je nachdem welche Ereignisse der beiden Quellen s_1 und/oder s_2 aktiviert wurden, gilt es eine Dekomposition des Ereignisses e_6 durchzuführen und kontextabhängig Aktor a_1 oder Aktor a_2 zu aktivieren. Die Indices der Ereignisse e_1, e_2 und e_6 tauchen mehrfach in der Abbildung auf, um zu verdeutlichen wie die Eregnisse propagiert werden.

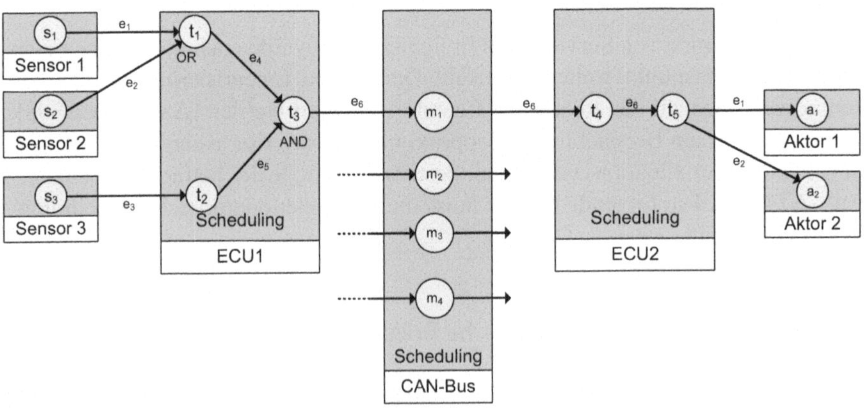

Abb. 9.23 Beispiel für einen hierarchischen Ereignisstrom über Komponentengrenzen hinweg

Ein solche Komposition und Dekomposition von Ereignisströmen ist für eine exakte Berücksichtigung von Datenabhängigkeiten bei der Beschreibung des Zeitverhaltens von verteilten Systemen von zentraler Bedeutung. Auf der Basis einer solchen verfeinerten Modellierung können genauere Analysen durchgeführt werden.

9.1.4 Timed-Automata mit Model-Checking

Die Methode des Model-Checkings angewandt auf Timed-Automata basiert auf der Annahme, dass ein System als Automat modelliert und mit zeitlicher Information erweitert ist. Ein solcher Automat ist in Abb. 9.24 [Ras08] beispielhaft dargestellt. Der Automat besteht aus vier Zuständen, die über vier Transitionen bzw. Zustandsübergängen in Verbindung stehen. An den Transitionen sind Tupel annotiert, die aus einer Bedingung (erstes Element) und einer Aktion (zweites Element) bestehen. Eine Bedingung der Form $uhr1 == 1$ bedeutet, dass die Transition nur genommen werden darf, wenn die $uhr1$ den Wert 1 hat. Ist die Bedingung erfüllt und die Transition wird ausgeführt, kommt die Aktion zum Einsatz. Die Aktion $uhr1 := 0$ weist der Uhr $uhr1$ den Wert 0 zu. Bedingungen gibt es nicht nur an den Transitionen zwischen den Zuständen, sondern auch an den Zuständen selber. In dem gezeigten Beispiel ist der Zustand S_1 mit der Bedingung $uhr1 \leq 2$ versehen. Diese Bedingung bedeutet, dass $uhr1$ nicht größer als 2 werden darf. Grundsätzlich dürfen in solchen Systemen auch mehrere nicht-synchronisierte Uhren laufen, was in dem gezeigten Beispiel mit $uhr1$ und $uhr2$ der Fall ist.

Im Rahmen der Systemanalyse können beispielsweise Fragen beantwortet werden, ob der Zustand S_3 ausgehend von Zustand S_0 erreichbar ist. Um diese Frage zu beantworten, muss sowohl das zeitliche Verhalten als auch das funktionale Verhalten des Automaten – also die Zustände mit ihren Transitionen – betrachtet werden. Es muss somit die kontinuierlich fortschreitende Zeit auf ein Modell mit diskreten Zuständen und Transitionen abgebildet werden. Diesen Schritt wie man von kontinuierlicher Zeit zu diskreten *Zeitzuständen* und *Zeittransitionen* kommt, ist der nächste Schritt unserer Betrachtung.

Es wird davon ausgegangen, dass alle Uhren immer gleich schnell laufen und nur ganzzahlige Werte der Uhren in Bedingungen oder Aktionen vorkommen.

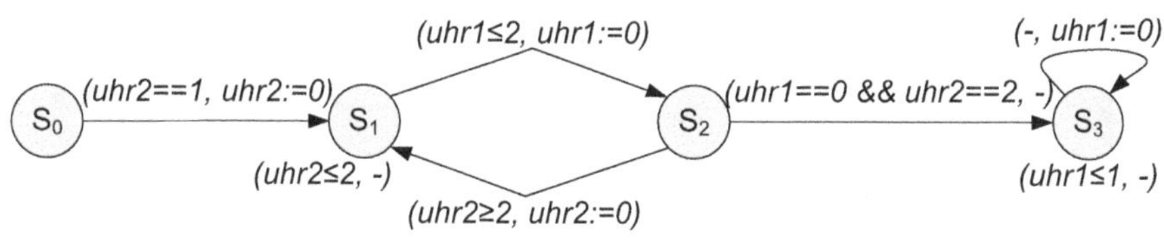

Abb. 9.24 Beispiel eines Timed-Automata, der an den Transitionen zeitliche Bedingungen und Aktionen annotiert hat. Die Zustände S_1 und S_3 sind ebenfalls mit Bedingungen an die Obergrenze eines Zeitwerts versehen

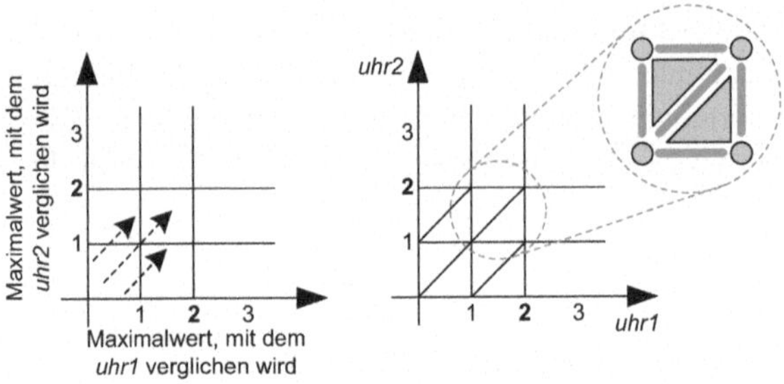

Abb. 9.25 Der kontinuierliche Zeitbereich verschiedener Uhren wird unterteilt und somit diskretisiert. Jedes Element stellt einen *zeitlichen* Zustand dar

Durch Aktionen können Uhren natürlich auf einen anderen Wert verstellt werden (siehe Abb. 9.24), dieser Wert ist allerdings ganzzahlig. Mit diesen Annahmen kann der kontinuierliche Zeitbereich in diskrete Abschnitte unterteilen werden, was in Abb. 9.25 links dargestellt ist. Jedes Kästchen in dieser Abbildung entspricht einem Zustand, der von den kontinuierlichen Zeitwerten abstrahiert. Leider ist diese Granularität der Unterteilung noch zu ungenau, da bei fortschreitender Zeit nicht genau gesagt werden kann, in welchen Folgezustand gegangen wird. Die drei Pfeile deuten fortschreitende Uhren an. Je nachdem wie der kontinuierliche Wert von *uhr*1 und *uhr*2 ist, kommt man in einen anderen Folgezustand. Aus diesem Grund müssen die Zustände noch weiter unterteilt werden, was in Abb. 9.25 rechts gezeigt ist. Durch das Einfügen von Diagonalen gibt es eindeutige Übergänge bei fortlaufender Zeit. Allerdings repräsentiert nicht nur jedes Dreieck einen Zustand, sondern auch die senkrechten und waagerechten Liniensegmente sowie die Punkte zwischen angrenzenden Flächen. Typische Übergänge zwischen den zeitlichen Zuständen sind in Abb. 9.26 dargestellt. Bei fortschreitender Zeit und asynchronen Uhren finden zum Beispiel Zustandsübergänge von einem senkrechten Liniensegment, zu einem oberen Dreieck, zu einem waagerechten Liniensegment zu einem unteren Dreieck usw. statt. Falls beide Uhren den gleichen Wert haben, gibt es nur Zustandsübergänge zwischen Kreuzungspunkten und Diagonalen. Für den Fall, dass eine Uhr auf einen anderen ganzzahligen Wert gestellt wird, z. B. durch einen Reset der Uhr, findet eine Projektion des Zustands entlang der Zeitachse der verstellten Uhr statt.

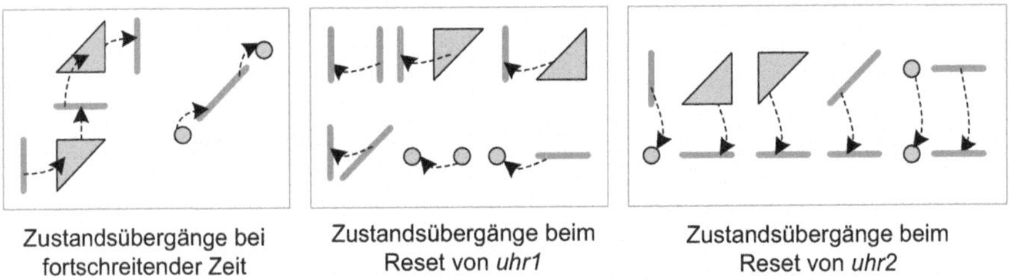

Abb. 9.26 Zwischen den zeitlichen Zuständen gibt es bestimmte Transitionen, die hier für fortschreitende Zeit und den einzelnen Reset von unabhängigen Uhren dargestellt ist

Ausgehend von dem bereits betrachteten Beispiel aus Abb. 9.24 soll nun die Frage geklärt werden, ob der Zustand S_3 zum Zeitpunkt $uhr1 = 0, uhr2 = 2$ von S_0 mit $uhr1 = 0, uhr2 = 0$ erreichbar ist. Hierfür ist in Abb. 9.27 für jeden Zustand dargestellt, welchen Wert die Uhren haben können. Jedes grau markierte Feld bedeutet, dass ein Zustand zu einem bestimmten Zeitpunkt erreichbar ist. Die Menge der erreichbaren Zustände wird nun schrittweise wie folgt erweitert:

- **Schritt 1:** Der Initialzustand mit den Zeitwerten $uhr1 = 0, uhr2 = 0$ für S_0 wird in die Menge der erreichbaren Zustände aufgenommen (grau markiert).
- **Schritt 2:** Bei fortschreitender Zeit werden alle Zeitwerte $0 < uhr1 = uhr2$ in S_0 in die Menge erreichbarer Zustände aufgenommen (grau markiert).
- **Schritt 3:** Da in S_0 der Zeitwert $uhr2 = 1$ sein kann, kann die Transition von S_0 zu S_1 genommen werden. Der Zeitwert $uhr1 = 1, uhr2 = 0$ für S_1 wird in die Menge der erreichbaren Zustände aufgenommen (grau markiert).
- **Schritt 4:** Bei fortschreitender Zeit werden alle Zeitwerte $0 < uhr1 + 1 = uhr2$ in S_1 in die Menge erreichbarer Zustände aufgenommen.
- **Schritt 5:** Für die Transition zwischen S_1 und S_2 gibt es die Bedingung $uhr1 \leq 2$, die in Schritt 4 erfüllt wird. Beim Ausführen der Transition wird die Diagonale auf das Zeitintervall mit $uhr1 = 0, 0 < uhr2 < 1$ abgebildet. Von dort aus werden bei fortschreitender Zeit alle grau markierten Zeiträume in Abb. 9.27 (Schritt 5) der erreichbaren Menge für S_2 hinzugefügt.
- **Schritt 6:** Aus dieser Menge kann die Transition zwischen S_2 und S_3 noch nicht genommen werden. Die Transition von S_2 zu S_1 mit der Bedingung $uhr2 \geq 2$ kann allerdings erfüllt werden. Dies führt zu einer Projektion der Zeitwerte auf das Intervall $2 < uhr1, uhr2 = 0$ für Zustand S_1, das in die Menge der erreichbaren Zustände aufgenommen werden muss.
- **Schritt 7:** Bei fortschreitender Zeit werden für Zustand S_1 die darüber liegenden Zeiträume mit in die erreichbaren Zustände aufgenommen.
- **Schritt 8:** Falls aus Zustand S_1 wieder die Transition zum Zustand S_2 genommen wird, führt das in eine Situation, die mit dem Übergang von Schritt 4 zu Schritt 5 vergleichbar ist. Eine weitere schrittweise Erweiterung der erreichbaren Zustände bringt keine neue Information, sodass an dieser Stelle abgebrochen werden kann.

In Schritt 7 bzw. 8 ist deutlich zu erkennen, dass die Menge der erreichbaren Zustände nicht mehr größer wird. Es ist also ein Fixpunkt erreicht, bei dem der Zustand S_2 nie zum Zeitpunkt $uhr1 = 0, uhr2 = 2$ erreicht wird. Daraus folgt, dass auch der Zustand S_3 nicht erreichbar ist.

9.1.4.1 Diskussion

Das Problem bei dieser Methode ist leicht an diesem einfachen Beispiel zu erkennen. Für die drei dargestellten Zustände S_0, S_1 und S_2 gibt es eine Vielzahl an Unterzuständen, die durch die Berücksichtigung der Zeit entstehen. Im Zeitintervall von 0 bis 2 für $uhr1$ und $uhr2$ gibt es bereits 33 zeitliche Zustände. Obwohl die

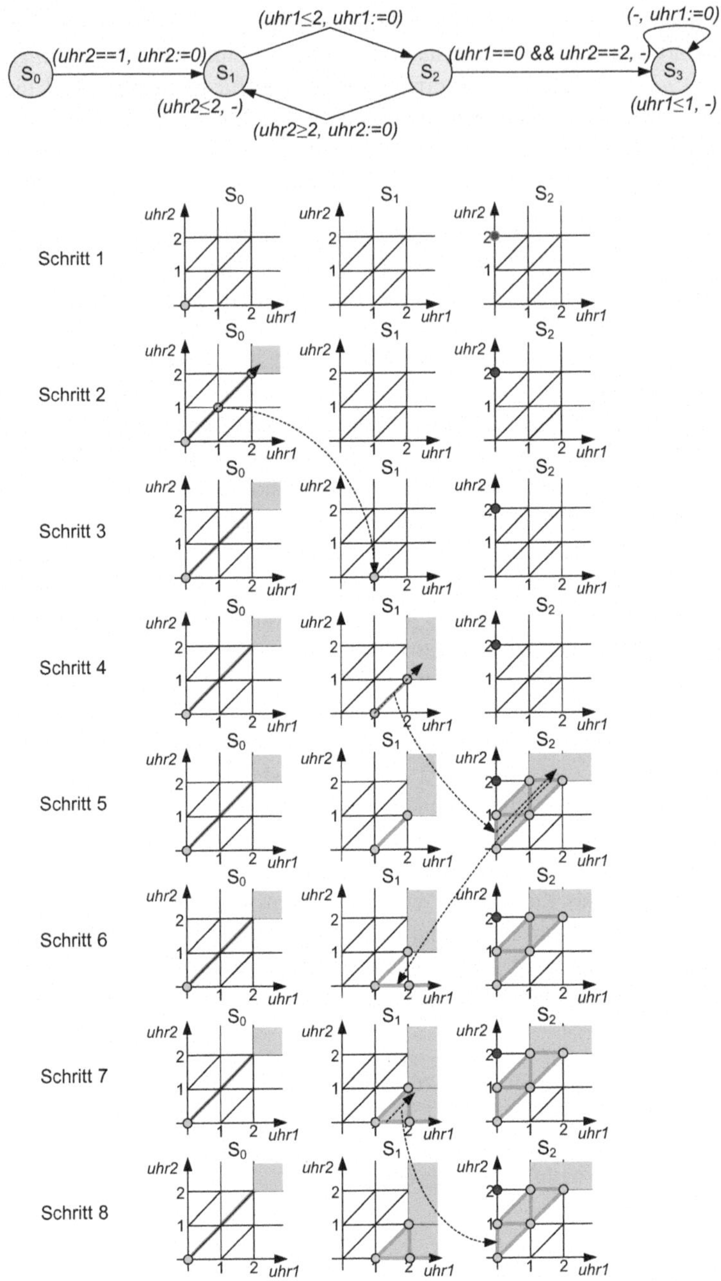

Abb. 9.27 Zur Lösung der Frage, ob der Zustand S_2 zum Zeitpunkt $uhr1 = 2, uhr2 = 0$ erreicht wird, kann iterativ die Menge der erreichbaren Zustände mit bestimmten Zeitintervallen ermittelt werden. Hierbei wird die erreichbare Menge sukzessive vergrößert bis sich zwischen zwei Iterationen (Schritt 7 und 8) nichts mehr ändert. In diesem Fall liegt der Zeitpunkt nicht innerhalb der erreichbaren Menge (*grau dargestellt*)

Modellierung von Systemen und die aufbauende Berechnung sehr präzise Zeitanalysen ermöglicht, wächst der Zustandsraum dramatisch an. Weiterhin ist das funktionale Verhalten eines Netzwerks meistens nicht als Zustandsautomat spezifiziert, der mit zeitlicher Information erweitert werden könnte. Bei einzelnen Funktion ist dies eher der Fall als bei komplexen Netzwerken.

9.2 Simulative Verfahren zur Bewertung des zeitlichen Systemverhaltens

Die Simulations- und Testverfahren für die Bewertung des Systemverhaltens sind schon seit vielen Jahren in der Automobilindustrie erfolgreich im Einsatz. Bisher stand das funktionale Systemverhalten im Vordergrund. Aktuell und zukünftig sind die Anforderungen für eine detaillierte Bewertung des zeitlichen Verhaltens auf Systemebene auch von simulativen Verfahren mit abzudecken. Im Vergleich zu den analytischen Verfahren, die in den vorherigen Abschnitten beschrieben wurden, benötigt eine Simulation an den Eingängen des Modells Eingangsereignisströme – also eine Zuordnung von Ereignissen zu Zeitpunkten. Das Ergebnis der Simulation gibt Auskunft über das zeitliche Verhalten in Abhängigkeit der Ereignisstroms am Eingang. Die Ergebnisse können je nach Simulationsmodell deutlich exakter sein, und es ist möglich statistische Aussagen über die Auftrittswahrscheinlichkeit gewisser Ereignisse zu treffen.

In Abschn. 8.3 lag der Fokus auf der Simulation des zeitlichen Verhaltens einzelner Komponenten. Im Folgenden wird die Simulation eines Gesamtsystems diskutiert. Die Systemintegration sowie deren Test und Absicherung im rechten Teil des V-Modells teilt sich in drei Hauptphasen auf:

1. Simulation des Gesamtsystems auf virtueller Basis. Die Kommunikation wird über die Restbussimulation dargestellt. Die Steuergeräte sind als virtuelle Prototypen in die Simulationsumgebung eingebunden (siehe Abb. 9.28 oberer Ausschnitt).
2. Auf dem Komponentenprüfstand liegen einzelne Steuergeräte real vor und werden an die Simulationsumgebung angebunden (siehe Abb. 9.28 mittlerer Ausschnitt).
3. Über den sogenannten Brettaufbau, das Laborfahrzeug oder dem E-Fahrzeug werden alle Steuergeräte sowie die Buskommunikation als reale Systeme im Verbund integriert und getestet (siehe Abb. 9.28 unterer Ausschnitt).

Grundlage für der Simulationswerkzeuge ist der Simulationskernel, welcher die Integration mehrerer Teilsysteme auf einer Rechenplattform (z. B. leistungsfähiger PC oder Workstation) erlaubt. Bei Simulationswerkzeugen, die keine Anbindung von realen Teilsystemen ermöglichen, ist eine Ausführung des Modells in Echtzeit nicht notwendig. Bei einer Kombination aus virtuellen und realen Teilsystemen wie in Abb. 9.28 in der Mitte dargestellt, ist eine Ausführung des Simulationsmodells in Echtzeit zwingend erforderlich. Hierfür sollte auf der Rechnerplattform, welche den

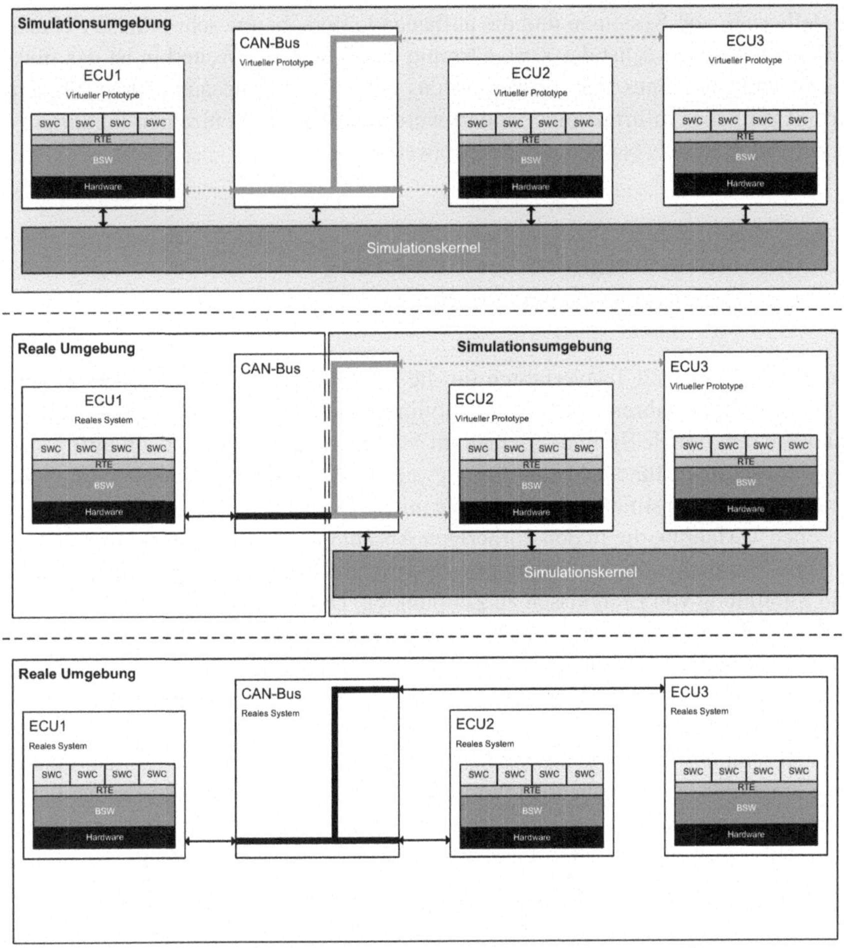

Abb. 9.28 Während der Integration sowie für Test- und Absicherung von Netzwerken kann zwischen drei Fällen unterschieden werden: 1) Aufbau des Gesamtsystems als vollständiger virtueller Prototyp, 2) Kombination aus realen und virtuellen Teilsystemen, 3) vollständiger Aufbau als reales Gesamtsystem

Simulator ausführt ein Echtzeitbetriebssystem installiert sein. Ein weiterer wichtiger Punkt, den es zu beachten gilt, ist die Anbindung der Hardware, die als Schnittstelle zwischen dem virtuellen System und realen Teilsystem fungiert. Diese Schnittstelle benötigt eine performante Anbindung an die Rechenplattform. In den letzten Jahren wurden vermehrt Ansätze vorgestellt, welche die Simulation auf Systemebene ohne jede Art von Steuergeräte-Prototypen ermöglichen. Beispielsweise kann mit ChronSim der Firma Inchron der komplette Software-Code auf virtuellen Prozessormodellen in Kombination mit der Buskommunikation simuliert werden [Inc10].

Auf Basis der Systembeschreibungssprache *SystemC* können Gesamtsysteme beschrieben und mit Hilfe einer geeigneten Simulationsumgebung untersucht wer-

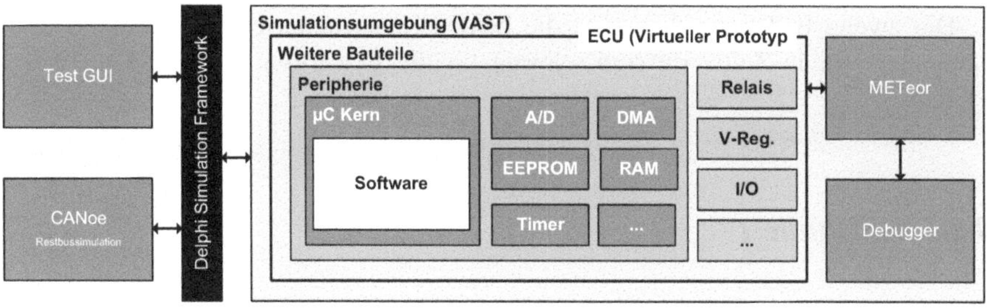

Abb. 9.29 Prinzipieller Aufbau einer kombinierten Simulationsumgebung wie sie bei der Firma Delphi zum Einsatz kommt [VaS10]

den. Dabei können die Software-Umfänge in bekannter Weise als C- oder C++-Module vorliegen. Über die SystemC-Sprachanteile für die Hardware kann auch diese vollständig beschrieben werden. Ein Beispiel für eine solche Verwendung von SystemC in Verbindung mit AUTOSAR ist in [KBH+07] ausführlich anhand einer Fallstudie mit zwei Steuergeräten und einem FlexRay-Bus beschrieben.

Ein weiterer Ansatz für die Virtualisierung der Steuergeräte-Hardware und der Buskommunikation wird bei Delphi eingesetzt. Der Prozessorsimulator *Meteor* [VaS10] von VaST bildet die Basis für die Simulationsumgebung der Steuergeräte-Hardware sowie für die Software-Integration. Die Restbussimulation erfolgt über CANoe [Vec10]. Beide Simulationsumgebungen sind über ein Simulationsframework miteinander gekoppelt. Mittels dieses Ansatzes sind Integration und Tests über Systemgrenzen hinweg auf simulativer Basis möglich. Der prinzipielle Aufbau der Simulationsumgebung ist in Abb. 9.29 aufgezeigt.

9.3 Fallstudien: Timing-Analyse auf Systemebene

Aufgrund der zunehmenden Funktionsverteilung, insbesondere in den Bereichen der Fahrerassistenzfunktionen und der Fahrwerksregelsysteme, spielen Untersuchungen des Timing-Verhaltens von Ende-zu-Ende-Signalpfaden sowohl bei der Auslegung als auch bei der Absicherung eine immer wichtigere Rolle. Die folgenden Fallstudien sollen einen Eindruck über die einzelnen Einflussgrößen einer solchen Timing-Bewertung vermitteln sowie auf die wichtigsten Eigenschaften und Randbedingungen hinweisen, die es dabei zu berücksichtigen gilt.

In der ersten Fallstudie[1] kommen die beiden Verfahren *Symbolic Timing Analysis (SymTA/S)* [Gmb] und *Realtime-Calculus (RTC)* zum Einsatz, die in den Abschn. 9.1.1 und 9.1.2 vorgestellt wurden. Anhand der Ergebnisse, die beide Verfahren liefern, findet ein Vergleich und eine Diskussion der beiden Verfahren statt.

[1] Das Beispiel für die Fallstudie ist in Teilen aus folgendem Konferenzbeitrag entnommen [KPS+10].

Die zweite Fallstudie diskutiert die beiden Latenzzeitarten Reaktionszeit und Datenalter. Beide Zeitwerte sind relevant für die Bewertung von Ende-zu-Ende-Pfaden.

9.3.1 Fallstudie 1

Abbildung 9.30 zeigt einen Ausschnitt aus einer aktuellen Vernetzungsarchitektur eines Fahrzeuges, der in dieser Fallstudie untersucht wird. Im linken Teil dieser Architektur ist ein CAN-Bus mit einer Übertragungsgeschwindigkeit von 500 kBit/s zu sehen. An dem CAN-Bus sind neun Steuergeräte (ECU1-ECU9) sowie ein Gateway angebunden. Im rechten Teil der Abbildung ist ein FlexRay-Bus mit einer Übertragungsgeschwindigkeit von 10 MBit/s dargestellt. Dieser FlexRay-Bus ist mit sechs Steuergeräten (ECU10-ECU15) verbunden. Die Kopplung der beiden Busse erfolgt über ein Gateway-Steuergerät (Gateway). Auf dem CAN-Bus werden insgesammt 85 Nachrichten übertragen. Auf dem FlexRay-Bus sind es 28 Nachrichten, die ausschließlich innerhalb des statischen Segments versendet werden. Als Betriebssystem für die Steuergeräte kommt *AUTOSAR-OS* zum Einsatz. Auf die Task-internen Runnables wird aufgrund einer besseren Nachvollziehbarkeit verzichtet.

Im Fokus der Fallstudie steht die Bewertung des Timing-Verhaltens des CAN-Busses und zweier Ende-zu-Ende-Signalpfade. Für beide Pfade soll die maximale Latenzzeit ermittelt werden. Der Pfad1 geht vom Sensor t_{S1} von Steuergerät 7 bis zum Eingang des Task t_{14} im Steuergerät 11. Pfad2 verläuft in die entgegengesetzte

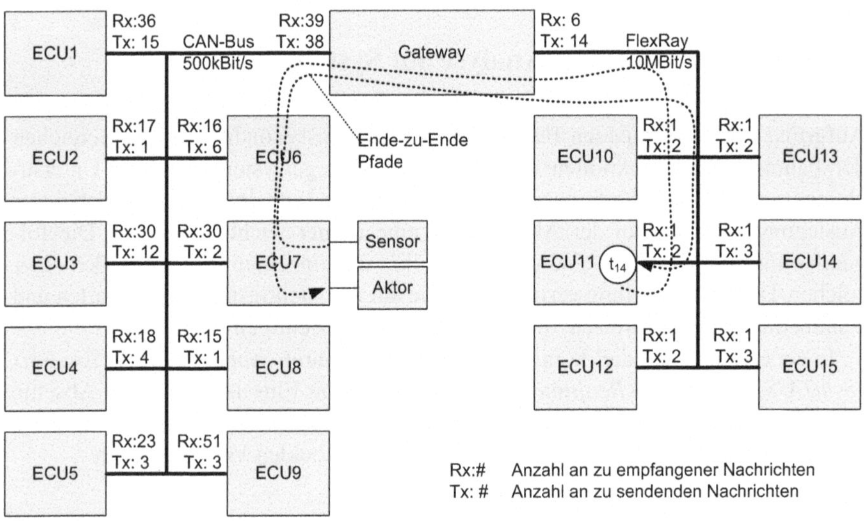

Abb. 9.30 Architekturausschnitt der Vernetzungsarchitektur des Fallbeispiels inklusive der Anzahl an zu sendenden und zu empfangenden Nachrichten der einzelnen Steuergeräte

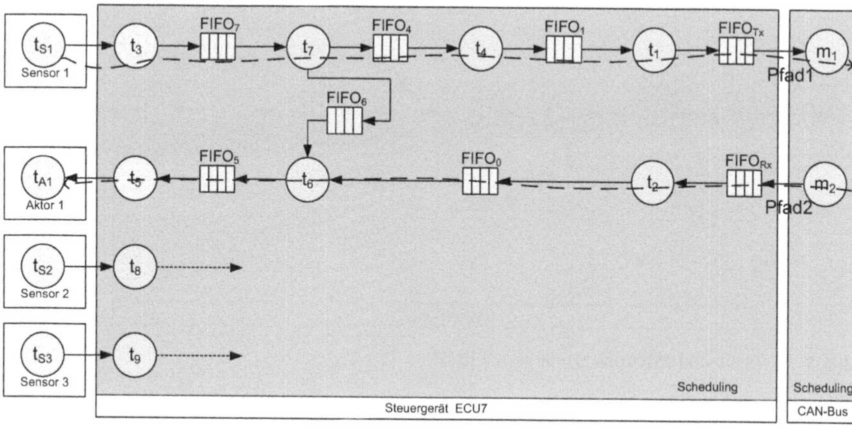

Abb. 9.31 Tasks und ISRs des Steuergeräts ECU7

Richtung. Er beginnt am Ausgang von Task t_{14} in Steuergerät 11 und endet am Aktor t_{A1} in Steuergerät 7.

Für die Fallstudie ist das Gateway-Steuergerät als einfaches Verzögerungselement modelliert, d. h. es erfolgt keine Berücksichtigung von Schedulingeffekten. Als Routinglatenzzeit wurde $L_{\text{rouute}} = 1\,\text{ms}$ angenommen. Die Arbitrierungseffekte beim Übergang zwischen CAN und FlexRay werden mit berücksichtigt. Mit Arbitrierungseffekten sind Einflüsse bei der Kopplung eines prioritäts- und TDMA-basierten Schedulings gemeint.

9.3.1.1 Software-Architektur des Steuergeräts ECU7

Die Software-Architektur des Steuergeräts (ECU7) ist in Abb. 9.31 dargestellt. Die verwendete Betriebssystemkonfiguration von ECU7 umfasst drei Interrupt-Service-Routinen *(ISRs)* t_1 bis t_3 sowie sechs Tasks t_4 bis t_9. Die einzelnen Parameter der ISRs und Tasks sind in Tab. 9.1 aufgelistet.

Tabelle 9.1 Konfiguration des Steuergerätes *ECU7*

Name	Typ	Priorität	max. Ausführungszeit [µs]	Trigger [ms]	Offset [ms]
t_1	ISR_CAT2	255	20	–	–
t_2	ISR_CAT2	255	20	–	–
t_3	ISR_CAT2	255	10	20 (Sync)	0
t_4	Non-Preemptive	25	80	20 (Sync)	1
t_5	Non-Preemptive	24	200	20 (Sync)	10
t_6	Non-Preemptive	23	500	20 (Sync)	5
t_7	Non-Preemptive	22	100	20 (Sync)	0,5
t_8	Preemptive	21	50	15	–
t_9	Preemptive	20	150	50	–

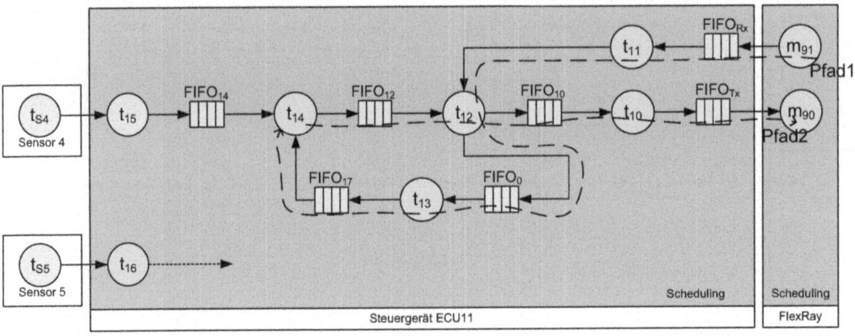

Abb. 9.32 Tasks und ISRs des Steuergeräts ECU

Die ISRs t_1 und t_2 werden asynchron getriggert. t_1 enthält die Sendefunktionen für die CAN-Botschaften. Getriggert wird die ISR t_1 von Task t_4, nachdem dieser vollständig ausgeführt wurde. Innerhalb des Tasks t_4 werden die notwendigen Routinen der AUTOSAR-Basis-Software ausgeführt (z. B. COM, Interface, etc.). Über die ISR t_2 erfolgt der Empfang von CAN-Botschaften. Über die ISR t_3 wird der Sensor t_{s1} abgefragt. Für die applikativen Funktionen sind ausschließlich die Tasks t_5, t_6 und t_7 zuständig. Die Tasks t_4, t_5, t_6 und t_7 sind synchronisiert. Um gleichzeitige Aufrufe der Tasks auszuschließen, sind diese mit Offsets beaufschlagt.

9.3.1.2 Software-Architektur des Steuergeräts ECU11

Für das Steuergerät 11 (ECU11) ist die Software-Architektur in Abb. 9.32 dargestellt. Die verwendete Betriebssystemkonfiguration umfasst zwei ISRs (t_{10} und t_{11}) sowie fünf Tasks (t_{12}, t_{13}, t_{14}, t_{15} und t_{16}). Die Parametrierung ist in Tab. 9.2 aufgeführt.

Über die ISR t_{10} wird der Empfangspuffer des FlexRay-Controllers ausgelesen. Die ISR t_{11} ist für das Schreiben der zu sendenden PDUs in den FlexRay-Sendepuffer zuständig. Beide ISRs werden durch die FlexRay-Uhr des Controllers getriggert. Der Task t_{12} behandelt die Routinen der AUTOSAR-Basis-Software für

Tabelle 9.2 Konfiguration des Steuergerätes 11

Name	Typ	Priorität	max. Ausführungszeit [μs]	Trigger [ms]	Offset [ms]
t_{10}	ISR_CAT2	255	80	20 (Sync)	1,5
t_{11}	ISR_CAT2	255	70	5 (Sync)	0
t_{12}	Non-Preemptive	25	120	20 (Sync)	1
t_{13}	Non-Preemptive	24	10	20 (Sync)	1,5
t_{14}	Non-Preemptive	23	180	20 (Sync)	0,5
t_{15}	Non-Preemptive	22	200	20 (Sync)	0
t_{16}	Preemptive	21	100	15	–

den Empfang und das Senden von PDUs auf höherer OSI-Ebene. Die beiden Sensoren t_{S4} und t_{S5} werden über die Tasks t_{15} und t_{16} zyklisch abgefragt. Die Tasks t_{13} und t_{14} sind ausschließlich für die applikativen Funktionen zuständig.

9.3.1.3 Diskussion der Ergebnisse

Mit beiden Verfahren wurde für den CAN-Bus eine durchschnittliche periodische Buslast von $U_{CAN} = 43\,\%$ ermittelt. Bei den Ergebnissen den maximalen Antwortzeiten der CAN-Botschaften weichen die Ergebnisse jedoch stark voneinander ab. Abbildung 9.33 zeigt für jede einzelne CAN-Nachricht mit ihren Identifiern die zugehörige Antwortzeit. Die obere Kurve zeigt hierbei die Antwortzeiten, die mit Hilfe des Real-Time Calculus ermittelt wurden, die untere Kurve zeigt die Ergebnisse der SymTA/S-Methode. Der Grund für die starke Abweichung zwischen den beiden Kurven liegt in dem Unterschied begründet, dass bei RTC die Offsets der CAN-Botschaften nicht in der Berechnung berücksichtigt werden und bei SymTA/S mit in die Berechnung einfließen. Die Berücksichtigung von Offsets führt demnach zu wesentlich exakteren Ergebnissen.

Die Ergebnisse für die Ende-zu-Ende-Latenzzeiten für Pfad 1 und Pfad 2 sind in den Abb. 9.34 und 9.35 dargestellt. Für Pfad 1 liegt die ermittelte maximale Latenzzeit mit dem SymTA/S-Verfahren bei 46,2 ms und mit dem RTC-Verfahren bei 50,2 ms. Die größten zeitlichen Unterschiede liegen hierbei in der Ausführungszeit auf ECU7 und der Übertragung auf dem CAN-Bus. Als detaillierte Darstellung des Pfad 1 ist in Abb. 9.36 das Sequenzdiagramm für den Ablauf anhand des ermittelten Ergebnisses von SymTA/S aufgezeigt.

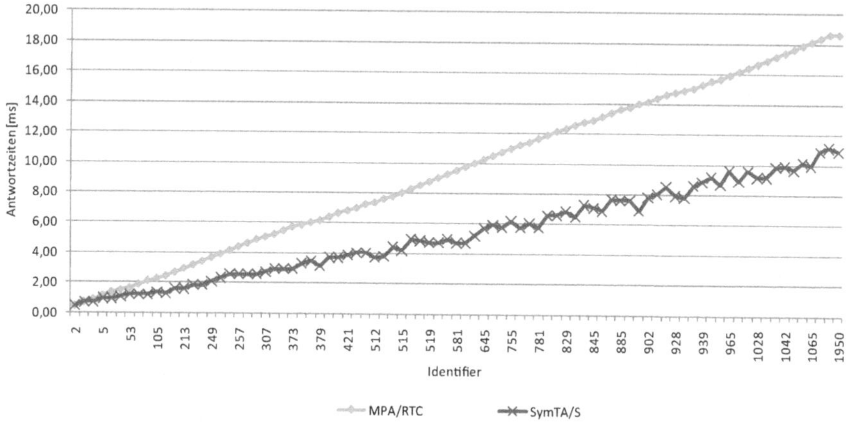

Abb. 9.33 Vergleich der Ergebnisse von SymTA/S und RTC für die ermittelten maximalen Antwortzeiten der Botschaften auf dem CAN-Bus

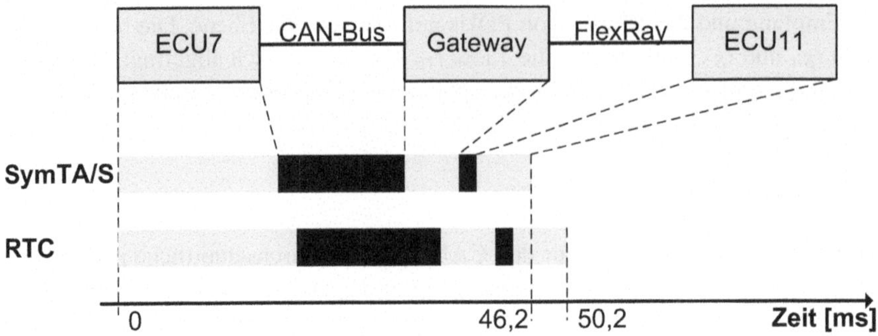

Abb. 9.34 Vergleich der Analyse-Ergebnisse für Pfad 1 am Beispiel der maximalen Latenzzeit (Reaktionszeit) des SymTA/S- und des RTC-Verfahrens (46,2 ms bzw. 50,2 ms)

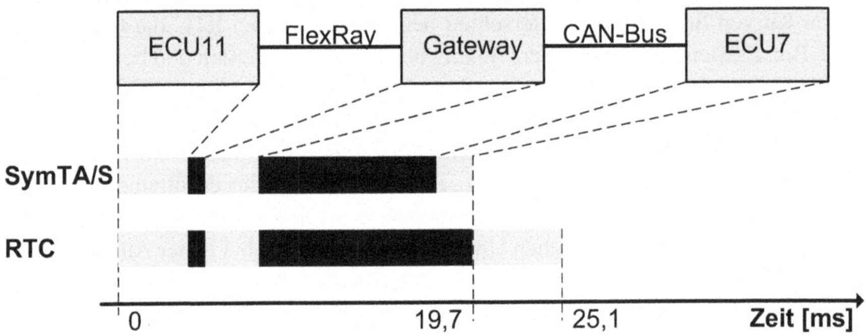

Abb. 9.35 Vergleich der Analyse-Ergebnisse für Pfad 2 am Beispiel der maximalen Latenzzeit (Reaktionszeit) des SymTA/S- und des RTC-Verfahrens (19,7 ms bzw. 25,1 ms)

Als Ergebnis für die Latenzzeit entlang Pfad 2 liegt der Wert bei 19,2 ms im Fall des SymTA/S-Verfahrens und bei 25,1 ms für das RTC-Verfahren. Auch hier ergibt sich die größte Differenz in der Analyse durch die Latenzen auf dem CAN-Bus und der ECU7.

9.3.2 Fallstudie 2

Abbildung 9.37 zeigt erneut einen Architekturausschnitt mit den beteiligten Bussen und Steuergeräten von zwei Ende-zu-Ende-Signalpfaden. Ausgehend von Steuergerät *ECU1* wird eine Botschaft über den CAN-Bus *CAN1*, das Gateway-Steuergerät *Gateway* und den FlexRay-Bus *FlexRay* an das Steuergerät *ECU2* übertragen. Auf der *ECU2* ist der Funktionsmaster integriert, welcher eine Datenfusion verschiedener Sensorinformationen durchführt. Für die korrekte Funktionsweise des Regelalgorithmus innerhalb des Funktionsmasters ist das maximale Datenalter der einzelnen Sensorwerte wichtig.

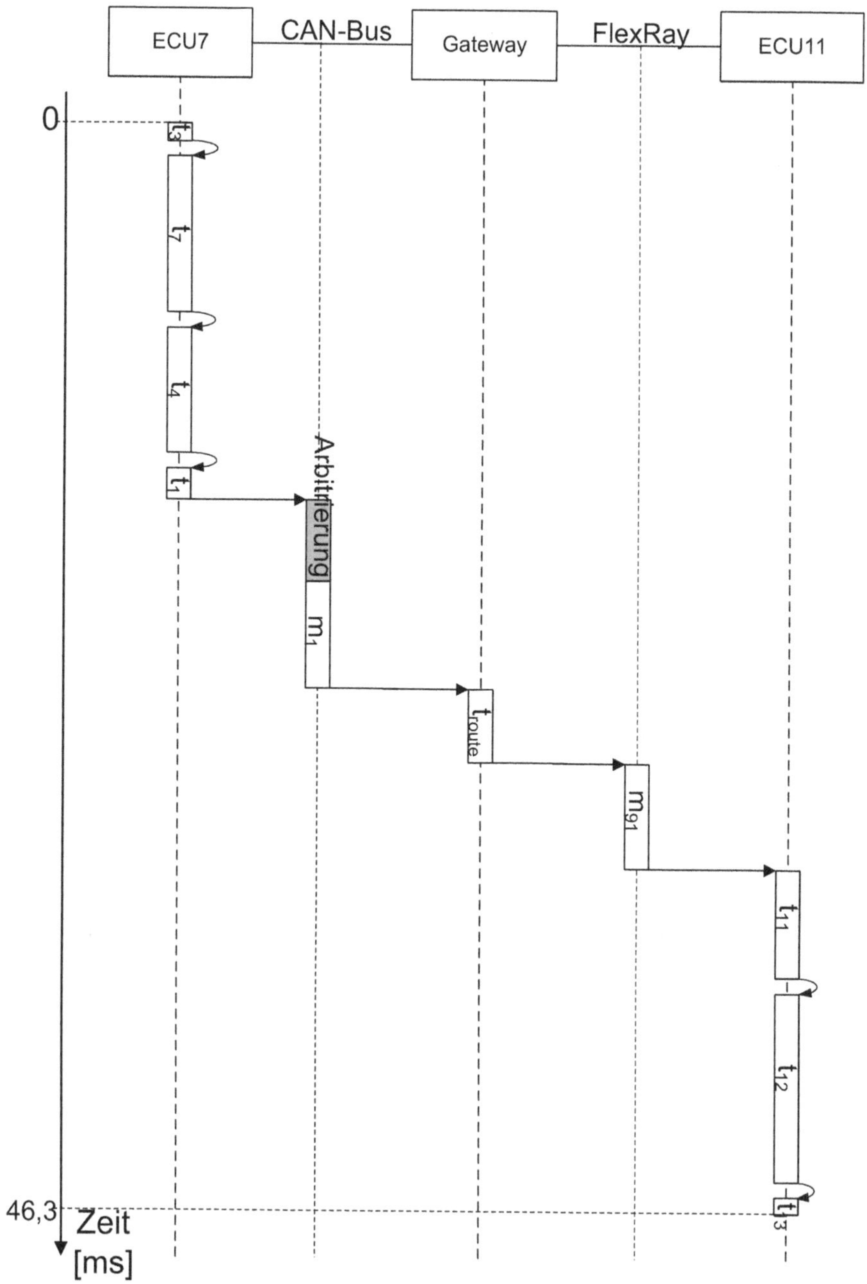

Abb. 9.36 Sequenzdiagramm des Ende-zu-Ende-Pfad 1 zwischen Steuergerät 7 und Steuergerät 11 mit der von SymTA/S ermittelten maximalen Latenzzeit (Reaktionszeit) von 46,3 ms

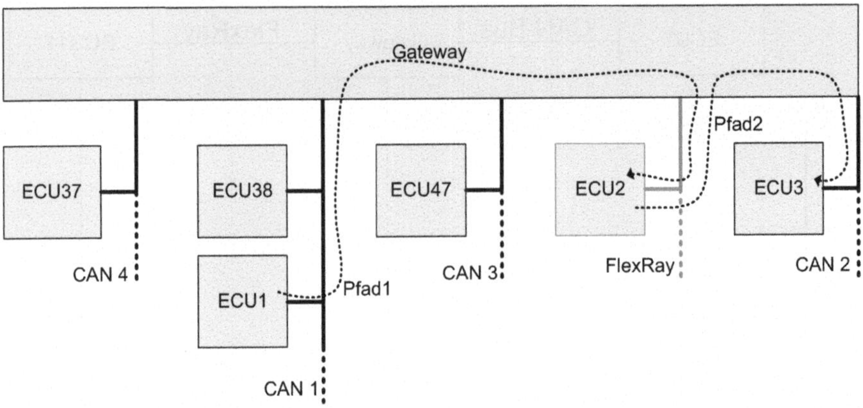

Abb. 9.37 Architekturausschnitt mit den relevanten Ende-zu-Ende Pfaden

Nach abgeschlossener Auswertung der Sensordaten schickt der Funktionsmaster eine Botschaft zum Steuergerät *ECU3*. Dieses aktiviert bei entsprechenden Datenwerten eine Funktion. Für diesen Pfad ist nicht das maximale Datenalter von Bedeutung, sondern die maximale Verzögerung.

Nach abgeschlossener Auswertung der Sensordaten schickt der Funktionsmaster eine Botschaft zum Steuergerät *ECU3*. Dieses aktiviert bei entsprechenden Datenwerten eine Funktion. Für diesen Pfad ist nicht das maximale Datenalter von Bedeutung, sondern die maximale Verzögerung, die auftreten kann (Reaktionszeit).

9.3.2.1 Verwendete Werkzeugkette

Abbildung 9.38 zeigt exemplarisch die notwendige Werkzeugkette. Ausgehend vom E/E-Architekturwerkzeug kann die Systembeschreibung auf der Basis der

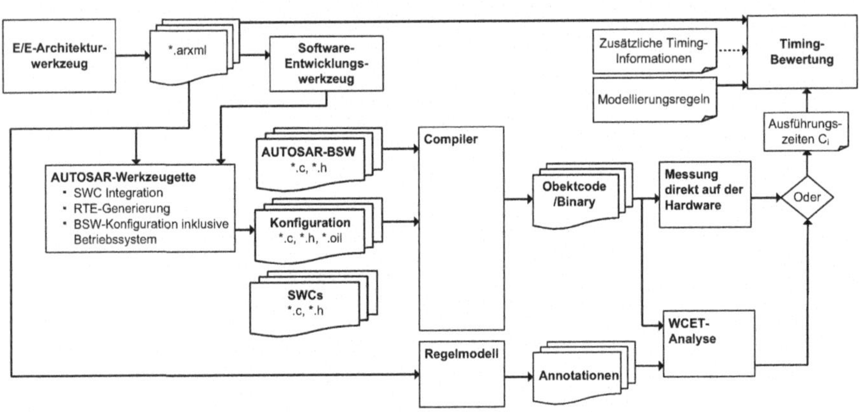

Abb. 9.38 Werkzeugkette für die Timing-Bewertung auf Systemebene. Ausgehend von der Systemerstellung über die Konfiguration der Einzelsysteme bis hin zu deren Bewertung

AUTOSAR-System-Description (.arxml)* generiert werden. Die Umfänge der Kommunikation können direkt in das Timing-Werkzeug importiert werden. Für die Erstellung der Software der Steuergeräte, die dann als Basis für die Bewertung des Zeitverhaltens herangezogen wird, sind weitere Schritte notwendig. Über die AUTOSAR-Werkzeugkette erfolgt die Integration der Software-Komponenten (Applikation), die Generierung des *Runtime Environments (RTE)* sowie die Konfiguration der Basis-Software. Im nächsten Schritt kann das Compilieren der Software erfolgen. Auf Basis des erzeugten *Binaries* kann dann entweder direkt auf der Hardware die Messung der Ausführungszeiten erfolgen oder die Zeiten werden mittels der statischen Code-Analyse ermittelt. Die Ergebnisse dienen dann als weiterer Input für das Timing-Modell.

9.3.2.2 Diskussion der Ergebnisse

Ein Ausschnitt des Timing-Modells der einzelnen Funktionsanteile der beteiligten Steuergeräte ist in Abb. 9.39 dargestellt. In Tab. 9.3 ist die Konfiguration aller beteiligten Tasks der Steuergeräte aufgelistet.

Die Werkzeugkette wird im Folgenden auf den Architekturausschnitt mit den beiden Signalpfaden angewandt. Die einzelnen Tasks und Nachrichten auf den beteiligten Steuergeräten sind in Abb. 9.39 dargestellt. Ein Sensorwert wird hierbei von *ECU1* eingelesen und innerhalb des *ApplTask*1 zyklisch alle 20 ms verarbeitet. Über den Task *ComTask*1 werden die Daten zyklisch alle 20 ms über den *CAN1* an das *Gateway* geschickt. Dieses leitet die Daten über den *FlexRay* an die *ECU2* weiter. Der reservierte FlexRay-Slot wird alle 5 ms übertragen. Es findet also eine Überabtastung statt, da der FlexRay eine kleinere Periode als die CAN-Nachricht hat. In *ECU2* werden die Daten empfangen und im *ApplTask*2 mit weiteren Informationen von *Sensor2* fusioniert. Das Ergebnis wird anschließend zyklisch an die *ECU3*, über den *FlexRay*, *das Gateway* und den *CAN2* geschickt. Wird ein entsprechendes Datum übertragen, erfolgt direkt die Ansteuerung des Aktors von *ECU3*.

Tabelle 9.3 Konfiguration der Tasks von den beteiligten Steuergeräten ECU1, ECU2, ECU3 und Gateway

Name	Typ	Priorität	max. Ausführungszeit [μs]	Trigger [ms]
*ApplTask*1	Preemptive	24	100	20
*ComTask*1	Non-Preemptive	25	50	20
CanIsrRxGW	ISR-CAT2	255	20	–
FrTxJobGW	ISR-CAT2	255	300	5
FrRxJobGW	ISR-CAT2	255	100	5
*FrRxJob*2	ISR-CAT2	255	200	5
*ApplTask*2	Preemptive	20	150	20
*FrTxJob*2	ISR-CAT2	255	100	5
*CanIsrRx*3	ISR-CAT2	255	10	–
*ApplTask*3	Preemptive	20	100	–

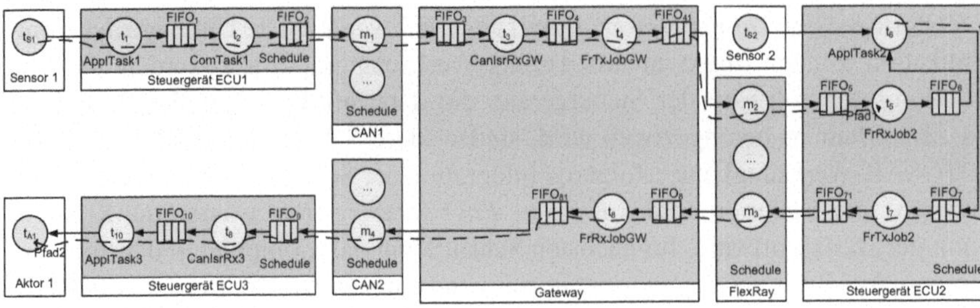

Abb. 9.39 Modell der beteiligten Steuergeräte mit den einzelnen Tasks

Ein Sensorwert wird von *ECU1* eingelesen und innerhalb des *ApplTask*1 zyklisch alle 20 ms verarbeitet. Über den Task *ComTask*1 werden die Daten zyklisch alle 20 ms über den *CAN1* an das *Gateway* geschickt. Dieses leitet die Daten über den *FlexRay* an die *ECU2* weiter. Der reservierte FlexRay-Slot wird alle 5 ms übertragen. Es findet hier also eine Überabtastung statt. In *ECU2* werden die Daten empfangen und im *ApplTask*2 mit Informationen von weiteren Sensoren fusioniert. Die Verarbeitung des *ApplTask*2 benötigt für eine robuste Fusion der Daten als Information das maximale Datenalter der vom Sensor1 bereitgestellten Werte. Das konsolidierte Ergebnis der fusionierten Daten wird dann zyklisch an die *ECU3*, über den *FlexRay*, das *Gateway* und den *CAN2* geschickt. Bei der Übertragung eines entsprechenden Datums erfolgt direkt die Ansteuerung des Aktors von *ECU3* über den *ApplTask*3. Der *ApplTask*3 wird direkt von der Interrupt-Service-Routine *CanIsrRx*3 aufgerufen.

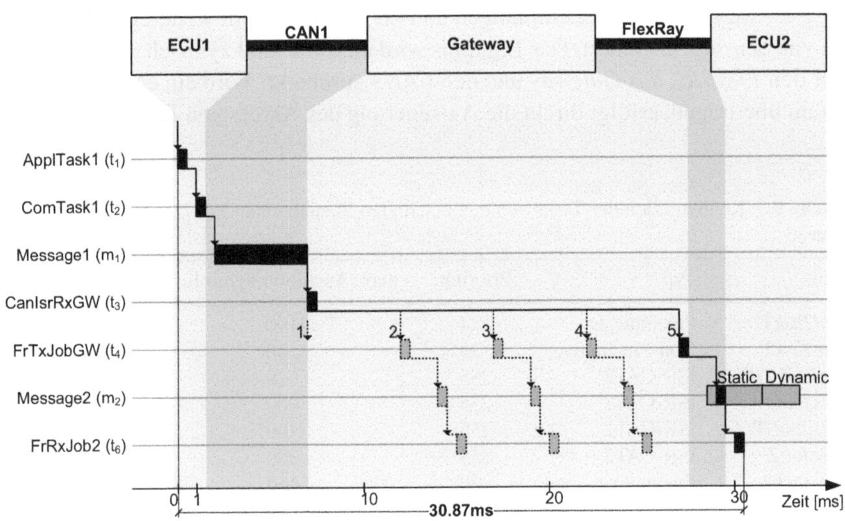

Abb. 9.40 Analyse des maximalen Datenalters für Pfad1

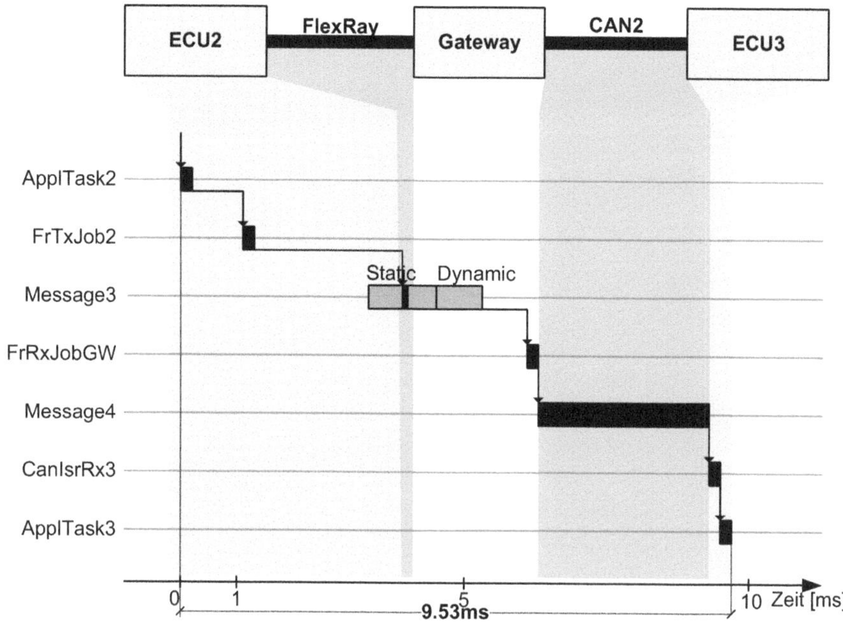

Abb. 9.41 Analyse der Reaktionszeit für Pfad2

In Abb. 9.40 und Abb. 9.41 sind die Ergebnisse der Analyse aufgezeigt. Die zu bewertenden Ende-zu-Ende-Pfade zur Absicherung der Gesamtfunktion sind:

- *Pfad1: ECU1→ CAN1 → Gateway → FlexRay → ECU2*
- *Pfad2: ECU2→ FlexRay → Gateway → CAN2 → ECU3*

Für Pfad1 ist das maximale Datenalter von Bedeutung, der ermittelte Wert beträgt $L_{ma} = 30{,}87$ ms. Aufgrund der periodischen Abfrage (alle 20 ms) des Sensors über den *ApplTask*1 kann im besten Fall alle 20 ms ein aktualisierter Sensorwert von Steuergerät *ECU*1 übertragen werden. Auf dem CAN-Bus (*CAN*1) können durch die Arbitrierung zusätzliche Verzögerungen auftreten. Im Gateway-Steuergerät wird alle 5 ms das zuletzt empfangene Datum an das Steuergerät (*ECU*3) geschickt. Der Task *ApplTask*2 fusioniert die Werte des Sensors 1 mit den Informationen des Sensors 2. Durch den asynchronen Übergang im Gateway kann es hier zu längeren Verzögerungen kommen. Weiterhin ist in diesem Beispiel der Task *ApplTask*2 nicht mit dem FlexRay-Schedule synchronisiert, was zusätzliche Latenzzeiten zur Folge hat. Für Pfad2 erfolgt die Analyse für die maximale Reaktionszeit, das Ergebnis liegt bei $L_{\text{ft}} = 9{,}53$ ms. Die größten Anteile an der Verzögerung entstehen durch den ungünstigen Offset zwischen dem Task *FrTxJob*2 und dem FlexRay-Schedule sowie durch die Latenzen, welche auf dem CAN-Bus (*CAN*2) entstehen. Die Ergebnisse der beiden analysierten Pfade zeigen deutlich, welchen Einfluss die Konfiguration des Schedulings der einzelnen Komponenten auf die Gesamtlatenz haben kann.

Anhang A
Integer Linear Programming

Bei der Worst-Case-Execution-Time Analyse ist ein Problem formuliert worden, das in den Bereich der sogenannten *ganzzahligen Linearen Programmierung* fällt. Solche Optimierungsprobleme bestehen aus einer gewichteten Summe, die minimiert oder maximiert werden soll. Dabei können die Variablen nicht beliebige Werte annehmen, sondern müssen einerseits ganzzahlig sein und andererseits eine Menge an Randbedingungen erfüllen. Diese Randbedingungen fließen als (Un-) Gleichungen in den Optimierungsprozess ein. Gesucht ist zum Beispiel die Variablenbelegung von x_1 und x_2, sodass $x_1 + 2,5x_2$ maximiert wird. Die Randbedingungen hierfür sind:

$$\begin{aligned} x_1 + 4x_2 &\leq 12 \\ 2x_1 + x_2 &\leq 8 \\ x_1, x_2 &\geq 0 \\ x_1, x_2 &\in \mathbb{N} \end{aligned} \tag{A.1}$$

Der Lösungsraum ist in Abb. A.1 oben links dargestellt. Um ein solches Problem zu lösen, kann ein sogenannter *Branch-and-Bound*-Algorithmus zum Einsatz kommen. Branch-and-Bound berechnet ein reellwertiges Optimum und teilt den Lösungsraum dort in zwei neue Probleme auf. Dieser *Branch*-Schritt verletzt zwar die Bedingung $x_1, x_2 \in \mathbb{N}$, erzeugt aber zwei neue kleinere Optimierungsprobleme. In dem genannten Optimierungsproblem wird der Suchraum an der Stelle $x_1 = 2\frac{6}{7}$ und $x_2 = 2\frac{2}{7}$ aufgeteilt. Die linke Seite im Lösungsraum wird im Folgenden als *Problem 1* und die rechte Seite als *Problem 2* bezeichnet. Für beide Probleme berechnet Branch-and-Bound wieder das reellwertige Maximum:

Problem 1:

$$\begin{aligned} \max x_1 &+ 2{,}5x_2 \\ x_1 + 4x_2 &\leq 12 \\ 2x_1 + x_2 &\leq 8 \\ x_1, x_2 &\geq 0 \end{aligned}$$

T. Streichert, M. Traub, *Elektrik/Elektronik – Architekturen im Kraftfahrzeug*,
DOI 10.1007/978-3-642-25478-9, © Springer-Verlag Berlin Heidelberg 2012

$$x_1 \leq 2$$
$$x_1, x_2 \in \mathbb{N} \tag{A.2}$$

Das reellwertige Maximum liegt für Problem 1 bei $x_1 = 2$ und $x_2 = 2{,}5$ und beträgt 8,25.

Problem 2:

$$\max x_1 + 2{,}5x_2$$
$$x_1 + 4x_2 \leq 12$$
$$2x_1 + x_2 \leq 8$$
$$x_2 \geq 0$$
$$x_1 \geq 3$$
$$x_1, x_2 \in \mathbb{N} \tag{A.3}$$

Für Problem 2 liegt das reellwertige Maximum bei $x_1 = 3$ und $x_2 = 2$ und beträgt 8. Da Problem 1 zu einem höheren reellwertigen Maximum führt, wird dieser Lösungsraum im nächsten Schritt in zwei Probleme 1.1 und 1.2 unterteilt.

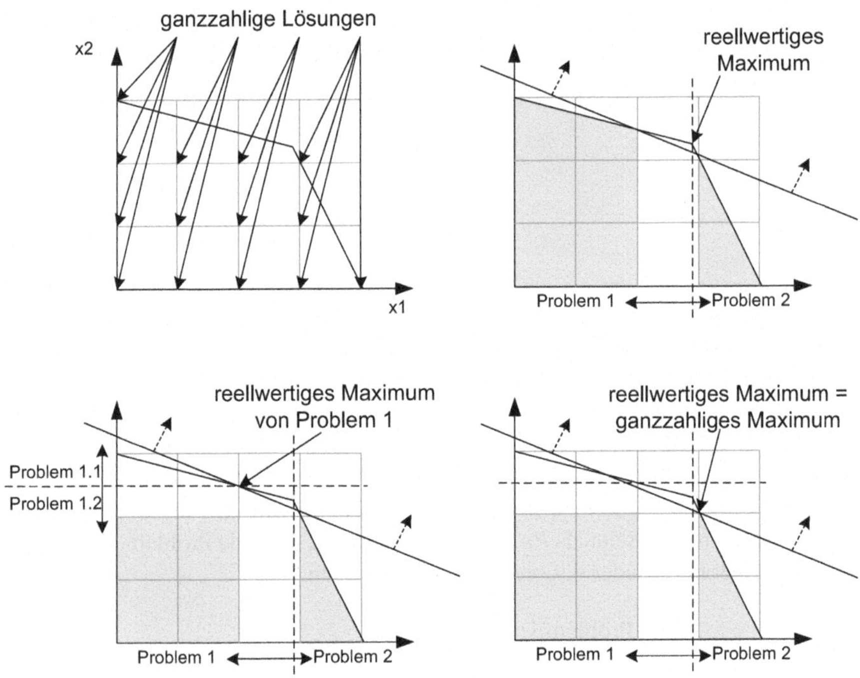

Abb. A.1 Dargestellt ist der Lösungsraum, der sich aus dem Ungleichungssystem aus Gl. (A.1) ergibt. Dieser Lösungsraum wird mittels Branch-and-Bound in verschiedene Teilprobleme unterteilt, für die jeweils die Maxima bestimmt werden

Problem 1.1:

$$
\begin{aligned}
\max x_1 &+ 2{,}5x_2 \\
x_1 + 4x_2 &\leq 12 \\
2x_1 + x_2 &\leq 8 \\
x_1 &\geq 0 \\
x_1 &\leq 2 \\
x_2 &\geq 3 \\
x_1, x_2 &\in \mathbb{N}
\end{aligned}
\tag{A.4}
$$

Das Problem 1.1 hat mit $x_1 = 0$ und $x_2 = 3$ genau eine Lösung, die durch das obige Ungleichungssystem beschrieben wird. Für diese Lösung ist das Ergebnis $0 + 2{,}5 \cdot 3 = 7{,}5$.

Problem 1.2:

$$
\begin{aligned}
\max x_1 &+ 2{,}5x_2 \\
x_1 + 4x_2 &\leq 12 \\
2x_1 + x_2 &\leq 8 \\
x_1 &\geq 0 \\
x_1, x_2 &\leq 2 \\
x_1, x_2 &\in \mathbb{N}
\end{aligned}
\tag{A.5}
$$

Das Problem 1.2 hat bei $x_1 = 2$ und $x_2 = 2$ eine maximale Lösung, die $2 + 2{,}5 \cdot 2 = 7$ beträgt.

Branch-and-Bound baut bei der Zerlegung in Teilprobleme einen Baum auf wie er in Abb. A.2 dargestellt ist. Dieser Baum enthält an den Blättern die letzten Lösungen der Teilprobleme, anhand derer Branch-and-Bound entscheidet wo er weiterar-

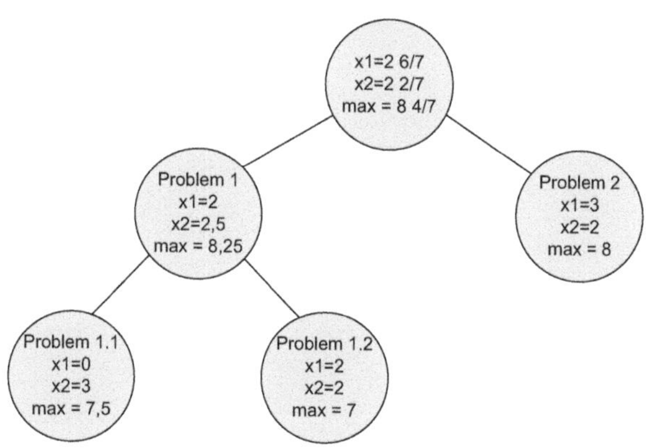

Abb. A.2 Die von Branch-and-Bound ermittelten Lösungen lassen sich in einer Baumstruktur zusammenfassen. Die Blätter des Baums stellen dabei die letzten ermittelten Lösungen dar beitet. Die zuletzt betrachteten Lösungen der Probleme 1.1 und 1.2 sind niedriger als die Lösung von Problem 2, daher müsste Branch-and-Bound bei Problem 2 weiterarbeiten. In diesem Beispiel ist allerdings die Lösung zu Problem 2 bereits eine ganzzahlige Lösung und bleibt somit als finale Lösung stehen.

Anhang B
Klemmenbezeichung und -Steuerung

Über die einzelnen Klemmen wird im Kraftfahrzeug die Versorgung der verschiedenen E/E-Komponenten umgesetzt. Je nach Zustand des Fahrzeugs sind unterschiedliche Verbraucher (E/E-Komponenten) erforderlich. Die Zustände lassen sich grob wie folgt unterteilen:

1. Das Fahrzeug ist abgestellt und keine Funktionen werden benötigt, d. h. alle E/E-Systeme sollen möglichst keine elektrische Energie verbrauchen.
2. Der Fahrer sitzt im Fahrzeug und benötigt eine gewisse Grundfunktionalität (z. B. Radio, Navigation). Der Motor ist nicht gestartet.
3. Das Fahrzeug wird bewegt.
4. Das Fahrzeug (Hybrid oder Elektroauto) ist abgestellt und wird am Stromnetz geladen.

Die Abbildung der Zustände auf die Klemmen erfordert sowohl die schon beschriebene physikalische Trennung als auch eine logische Unterscheidung. Die wichtigsten physikalischen Klemmen sind in Tab. B.1 aufgelistet. Über eine entsprechende Klemmenlogik können die physikalischen Klemmen geschaltet werden.

Tabelle B.1 Übersicht über einige Klemmen und deren Kennung nach DIN Norm 72552 [Gmb02]

Klemme	Bedeutung
15	geschaltetes Plus hintere Batterie, wird über Zündschalter geschalten.
30	Eingang von Batterie (B+)
30B	geschalteter Eingang von Batterie (B+)
31	Rückleitung zur Batterie (B-) Minus oder Masse
31B	geschaltete Rückleitung zur Batterie (B-)
50	Starter direkte Ansteuerung des Starters

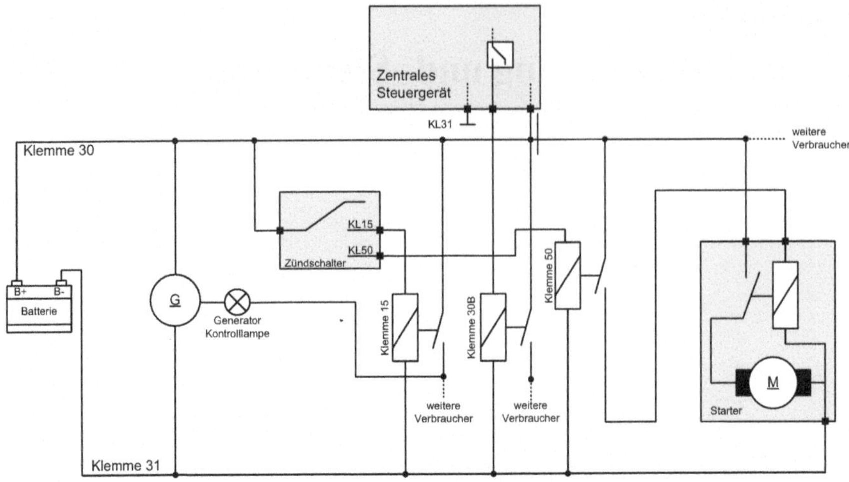

Abb. B.1 Prinzipschaltbild für die Ansteuerung der einzelnen physikalischen Klemmen

In Abb. B.1 ist ein Prinzipschaltbild für die physikalischen Klemmen aufgezeigt. Die Batterie stellt über die *Klemme 30 (B+)* und die *Klemme 31 (B-)* die Grundversorgung an elektrischer Energie bereit. Bei laufendem Motor liefert der Generator die Energie für die Verbraucher und lädt gleichzeitig die Batterie. Verbraucher, die direkt mit Klemme 30 verbunden sind, werden beim Entriegeln des Fahrzeugs aktiviert bzw. geweckt (siehe Abschn. 3.1.1.3). Von diesen E/E-Komponenten sind strenge Ruhestromanforderungen einzuhalten, da diese Verbraucher nie vollständig abgeschaltet werden. Nach dem Entriegeln des Fahrzeugs schaltet in den meisten Fällen das zentrale Steuergerät die Klemme 30B und weckt einige der E/E-Komponenten über den Bus. Das Zuschalten von weiteren E/E-Komponenten erfolgt über den Zündschalter. Je nach Umsetzung werden über diesen die Klemmen 15 und 50 sowie ggf. die Klemme 30B geschaltet. Mit dem Zuschalten der Klemme 15 sind die meisten elektrischen Verbraucher im Fahrzeug mit Energie versorgt. Die Klemme 50 dient alleine für die Ansteuerung des Starters, der nur beim Start des Motors erforderlich ist. Bei Fahrzeugen neueren Baujahres ist statt des Zündschalters ein sogenannter *Start-Stopp-Taster* verbaut. Diesem liegt die gleiche Schaltlogik zugrunde.

Die logische Steuerung der Klemmen wird zu großen Teilen über den Zündschalter umgesetzt. Das Zustandsdiagramm in Abb. B.2 zeigt exemplarisch die Schaltzustände und einige Zustandsübergänge auf. Nach der Entriegelung des Fahrzeugs sind alle E/E-Komponenten an Klemme 30 aktiv. Über die logische Klemmensteuerung im Zentralsteuergerät wird die Klemme 30B dazu geschaltet. Durch die Betätigung des Zündschalters werden über die Klemmensteuerung die E/E-Komponenten an Klemme 15 aktiviert und bei einem Startwunsch die Klemme 50 angesteuert. Sobald der Motor läuft, wird wieder in den Klemme 15 Zustand zurück geschaltet.

Mit dem Einsatz von Hybrid und Elektrofahrzeugen sind zusätzliche Anforderungen an die Klemmensteuerung umzusetzen. Ein Beispiel hierfür ist der Lade-

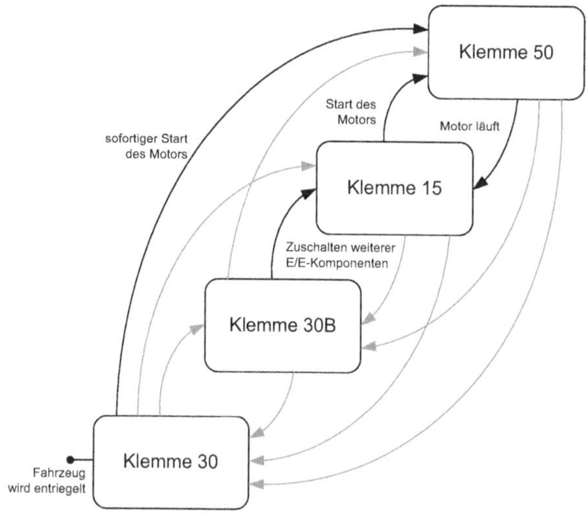

Abb. B.2 Exemplarische Darstellung der logischen Klemmensteuerung mit einigen Schaltübergängen

betrieb. Hierfür müssen einige E/E-Komponenten, die z. B. den Ladezustand des Hochvoltspeichers überwachen aktiv sein. Alle anderen E/E-Komponenten können in diesem Zustand abgeschaltet bzw. in den Ruhezustand versetzt werden.

Glossar

Aktivierungszeitpunkt ***(engl. Activation Time)*****:** Der Aktivierungszeitpunkt beschreibt den Zeitpunkt, an dem eine Task oder eine Nachricht zur Ausführung bzw. Übertragung ansteht.

After-Sales: Der Begriff After-Sales beschreibt die Aktivitäten eines Herstellers, um nach einem erfolgreichen Verkauf eines Produktes den Kunden auch noch im Anschluss daran an die Marke bzw. das Unternehmen zu binden. Der After-Sales Bereich eines Unternehmens hat die Aufgabe den Kunden in seiner Kaufentscheidung zu Bestätigen und ihn zu Wiederholungs- und Zusatzkäufen anzuregen.

Aktivierungsbegrenzung ***(engl. Activation Restriction)*****:** Die Aktivierungsbegrenzung gibt an wie viele spontane Ereignisse maximal gleichzeitig auftreten können.

ARTOP (AUTOSAR Tool Platform): ARTOP ist die Implementierung einer Plattform, welche die allgemeinen Funktionalitäten für Entwicklungswerkzeuge bereitstellt, um AUTOSAR-konforme Systeme sowie Steuergeräte zu entwickeln und zu konfigurieren.

Basissoftware: Die Basissoftware (BSW) ist Bestandteil der AUTOSAR-Software-Architektur. Die BSW umfasst sämtliche Basis-Dienste, Treiber und das Betriebssystem. Die BSW ist über eine klar definierte Schnittstelle – die RTE – von den eigentlichen Applikationen (SW-Cs) getrennt.

Baudrate: Die Baudrate ist ein Maß, welches die Schrittgeschwindigkeit bei der Datenübertragung beschreibt. Die Baudrate definiert die Anzahl der Signaländerungen, die pro Sekunde übertragen werden können. Die Einheit der Baudrate heißt *Baud*. Es ist jedoch nicht so, dass die Baudrate immer gleich der Bitrate ist. Je nach Modulation und Leitungscode kann die Bitrate auch ein Vielfaches der Baudrate betragen. Dies ist dann der Fall wenn pro Zeiteinheit mehrere Bits übertragen werden.

Baureihe: Als Baureihe werden in vielen Bereichen der Technik Geräte oder Produkte bezeichnet, die in vielfacher Ausführung in gleichartiger Weise gefertigt wurden. Diese Bezeichnung wird vor allem dann verwendet, wenn das gleiche Produkt vorher oder nachher oder auch gleichzeitig in ebensolchem Umfang, jedoch in deutlich abweichender Weise gebaut wurde oder wird [Wik10].

Binary: Als Binary oder *Executable* werden Dateien verstanden, welche ausführbare Programme enthalten.

Blocking: Ein Task heißt blockiert, wenn er an der Ausführung durch einen niederprioreren Task gehindert wird.

Burst: Ein Burst beschreibt das gebündelte Auftreten von mehreren Nachrichten auf einem Bus. Die freie Zeit t auf dem Bus (Idle-Phase) zwischen den aufeinanderfolgenden Nachrichten ist dabei sehr klein ($t = IFS + \epsilon$ mit $\epsilon \to 0$).

Consumer Electronics (CE): Der Begriff CE umfasst elektronische Geräte des alltäglichen Gebrauchs. Solche Geräte sind in den Bereichen Unterhaltung (z. B. Radio, MP3-Spieler, etc.), Kommunikation (Telefon, Handy, etc.) und Büro (Laptop, PC, etc.) zu finden.

Ceilling: Über das sogenannte *Priority Ceiling* wird ein niederpriorer Task auf eine höhere Priorität gehoben, falls er eine gemeinsame Ressource mit dem höherprioren Task besitzt.

Kritischer Zeitpunkt *(engl. Critical Instant)*: Der kritische Zeitpunkt beschreibt den Moment, wenn die längste Antwortzeit einer Task oder Nachricht entsteht.

Datenfeldlänge *(engl. Payload)*: Die Datenfeldlänge p_i auch *Payload* genannt, gibt die Anzahl der Datenbits innerhalb einer Nachricht an.

Dispatcher: Betriebssystemfunktion, die dem laufenden Task die CPU-Ressource entzieht und einem anderen Task zuweist.

E-Fahrzeug: Ein E-Fahrzeug ist ein Prototyp, der zur Absicherung der E/E-Umfänge während der Test- und Integrationsphase zum Einsatz kommt.

Executable: Siehe *Binary*

Gateway: Ein Steuergerät, welches die Aufgabe hat mehrere Busse miteinander zu koppeln und das Routing von Nachrichten und Signalen durchzuführen.

Idle-Zustand: Zustand eines Tasks, wenn dieser nicht aktiviert ist.

Idle Zeit: Zeitraum, während dem ein Prozessor keine Tasks ausführt (Leerlauf).

Interrupt: Ein externes Signal, das den Prozessor veranlasst den aktuell in der Bearbeitung befindlichen Task zu unterbrechen, um einen anderen Prozess zu starten.

Interruptsperrzeiten: Die Interruptsperrzeit gibt die Zeitdauer an, während der kein Interrupt die aktuell ausgeführte Routine (z. B. Interrupt-Serviceroutine oder Task) unterbrechen darf.

Jitter: Die Differenz zwischen den Startzeitpunkten eines periodischen Tasks bzw. einer Nachricht und deren tatsächlichem Beginn der Ausführung.

K-Matrix: Kurzform für Kommunikationsmatrix oder Nachrichtenkatalog. Er enthält die Spezifikation eines Kommunikationssystems. Folgende Objekte und deren Eigenschaften werden u.a. spezifiziert: Typ des Kommunikationssystems, Anzahl der Steuergeräte, Nachrichten, PDUs und Signale.

Kommunikationscontroller: Dieser ist meist Bestandteil eines Mikrocontrollers und regelt den Zugriff auf ein Kommunikationssystem.

Kontext: Eine bestimmte Menge an Daten, die einem Task zugeordnet ist und den Status des Prozessors zu einem bestimmten Zeitpunkt beschreibt. Typischerweise ist der Kontext eines Tasks der Registerinhalt und der Task-spezifische Speicherbereich.

Kontext-Switch-Overhead: Der Kontext-Switch-Overhead O beschreibt die Zeit, die für die Sicherung oder Wiederherstellung eines Systemzustandes benötigt wird, z. B. Sicherung der Register beim Eintreffen eines Interrupts.

Last *(engl. Load)*: Benötigte Rechenzeit eines Tasks in einem bestimmten Intervall, geteilt durch die Länge des Intervalls.

Laufzeitumgebung: Die Laufzeitumgebung beinhaltet das Betriebssystem, die Treiber für die Ansteuerung der Peripherie, den Kommunikationsstack sowie Basisdienste. Zu den Basisdiensten zählen u.a. das Netzwerkmanagement und Diagnoseanwendungen. In der Applikationssoftware sind die kundenerlebbaren Funktionen gekapselt.

Mehrfachaktivierung: Die Mehrfachaktivierung eines Tasks tritt dann auf, wenn der Task nicht innerhalb seiner Deadline bzw. Periode vollständig ausgeführt wurde. D. h. die Ausführung der vorangegangenen Aktivierung wird erst nach der erneuten Aktivierung des Tasks beendet.

Mikrocontroller: Ein Mikrocontroller ist ein Halbleiterbaustein, der neben der CPU auch noch Peripheriekomponenten (z. B. Bus-Controller, A/D-Wandler, etc.) und Speicher (RAM, Flash, etc.) enthält.

Original Equipment Manufacturer (OEM): Unter der Abkürzung OEM wird in der Automobilbranche der Hersteller von Kraftfahrzeugen verstanden.

OSI-Schichtenmodell: Das OSI-Schichten- oder Referenzmodell *(engl.Open Systems Interconnection Reference Model)* bildet die Grundlage für die Beschreibung von Kommunikationssystemen. Über insgesamt sieben Schichten wird das Verhalten und die Umsetzung der Kommunikation beschrieben. Von der physikalischen Ebene (Schicht 1) über die transportorientierten Ebenen (Schicht 2 bis Schicht 4) bis zur Applikationsebene (Schicht 5 bis Schicht 7) wird über die einzelnen Abstraktionsebenen der Kommunikationsstack eines Systems aufgeteilt.

Overhead: Zeitdauer, die von einem Prozessor benötigt wird, um alle internen Aufgaben des Betriebssystems abzuarbeiten. Bei Kommunikationssystemen wird damit der Teil einer Nachricht verstanden, der keine Nutzdaten enthält.

Vorhersagbarkeit ***(engl. Predictability)*****:** Eigenschaft eines Echtzeitsystems, welche die Konsequenzen von Scheduling-Entscheidungen voraussagt.

Prototype: Ein Prototyp (altgr. protos = der Erste und typos = Urbild, Vorbild) stellt in der Technik ein für die jeweiligen Zwecke funktionsfähiges, oft aber auch vereinfachtes Versuchsmodell eines geplanten Produktes oder Bauteils dar. Es kann dabei nur rein äußerlich oder auch technisch dem Endprodukt entsprechen. Ein Prototyp dient oft als Vorbereitung einer Serienproduktion, kann aber auch als Einzelstück geplant sein, welches nur ein bestimmtes Konzept illustrieren soll. Entsprechend ist der Prototyp auch ein wesentlicher Entwicklungsschritt im Rahmen des Designs und wird nicht nur in technischen Zusammenhängen genutzt [Wik10].

Runtime Environment: Die Laufzeitumgebung (Runtime Environment, RTE) ist das Kenstück des Architekturkonzeptes von AUTOSAR. Die RTE ist eine Kommunikationsschicht, die auf der Basis einer Middleware die Software-Komponenten (Funktionen) der Steuergeräte von der Topologie und den Kommunikationsbeziehungen abstrahiert.

Scheduling: Das Scheduling beschreibt die Aktivität, bei der die Ausführungsreihenfolge der Tasks auf einem Prozessor festgelegt wird. In diesem Zusammenhang wird auch von dem *Schedule (dem Ablaufplan)* eines Systems gesprochen.

Sicherungsschicht ***(engl. Data Link Layer)*****:** Aufgabe der Sicherungsschicht ist es, eine zuverlässige, d. h. weitgehend fehlerfreie Übertragung zu gewährleisten und den Zugriff auf das Übertragungsmedium zu regeln.

Software-Komponenten: Der Begriff Software-Komponente *(engl. Software-Component (SW-C))* wird innerhalb der AUTOSAR-Software-Architektur verwendet. Eine SW-C kapselt einen Teil der Funktionalität einer Applikation, welche auf einem Steuergerät integriert ist. Eine SW-C ist atomar und kann nicht über mehrere Steuergeräte verteilt werden.

Tier (Zulieferer): Unter dem Begriff Tier wird in der Automobilhersteller der Zulieferer von Teilsystemen, Komponenten oder ganzen Baugruppen verstanden. Meist ist der Begriff Tier auch noch indiziert. So liefert der Tier1 direkt dem OEM (Fahrzeughersteller) die Teile. Ein Tier2 stellt für den Tier1 einzelne Teile her und liefert nicht direkt an den OEM.

Verfügbarkeit ***(engl. Availability)*****:** Umschreibung oder Maß für die korrekte Bereitstellung von Rechen- bzw. Übertragungskapazität zu einem bestimmten Zeitpunkt.

Virtual Function Bus (VFB): Der VFB ist eines der zentralen Elemente von AUTOSAR. Über den VFB werden die Applikationen von der Infrastruktur entkoppelt. Die RTE ist die Realisierung des VFB.

Vorgehensmodell (V-Modell): Das V-Modell ist ein Vorgehensmodell, welches ursprünglich aus der Software-Entwicklung stammt. Das V-Modell beschreibt die einzelnen Schritte des Entwicklungsprozesses und unterteilt diesen hierfür in verschiedene Phasen. Diese gehen von der Spezifikation der Systemanforderungen über die Implementierung und Test bis zur Abnahme des Gesamtsystems.

Literaturverzeichnis

AG11. Daimler AG: Automotive Legislation Online (2011)

AKBS08. Albers, K., Kollmann, S., Bodmann F., Slomka, F.: Advanced Hierarchical Event-Stream Model and the Real-Time Calculus. Technical report, University of Ulm, Germany (2008)

AS04. Albers, K., Slomka., F.: An Event Stream Driven Approximation for the Analysis of Real-Time Systems. In: Proceedings of the 16th Euromicro Conference (ECRTS'04) in Palma de Mallorca, Spain, pp. 187–195, 2004

AUT08a. AUTOSAR Consortium: AUTOSAR Technical Overview (Release 3.1) (2008)

AUT08b. AUTOSAR Consortium: Specification of Communication (Release 3.1) (2008)

AUT09a. AUTOSAR Consortium: AUTOSAR Methodology (2009)

AUT09b. AUTOSAR Consortium: Specification of Timing Extensions (Release 4.0) (2009)

AUT10a. AUTOSAR Consortium: Specification of Operating System (Release 3.1) (2010)

AUT10b. AUTOSAR Consortium: www.autosar.org (2010), Letzter Zugriff: 2012

BCOQ92. Baccelli, F., Cohen G., Olsder G.J., Quadrat G.-P.: Synchronization and Linearity. Wiley, Paris (1992)

Ber06. Berg, C.: Plru cache domino effects (2006)

Boa08. Boatright, R.: IEEE1722 Layer 2 AVB Transport Protocol (2008)

Bor06. Bortolazzi, J.: Vorlesung Automotive Systems Engineering for Automotive Electronics – Chapter 1, 2006

BU07. Brinkschulte, U., Ungerer, T.: Mikrocontroller und Mikroprozessoren (2007)

But05. Buttazzo, G.: Hard Real-Time Computing Systems – Predictable Scheduling Algorithms and Applications, Bd. 1. Springer, Pavia (2005)

CFG+10. Cullmann, C., Ferdinand, C., Gebhard, G., Grund, D., Maiza, C., Reineke, J., Triquet, B., Wegener, S., Wilhelm, R.: Predictability Considerations in the Design of Multi-Core Embedded Systems. Ingénieurs de l'Automobile **807**, 36–42 (2010)

CH10. EETimes Christoph Hammerschmidt: Beyond FlexRay: BMW airs Ethernet plans (2010)

Com00. International Electrotechnical Commission: DIN IEC 60529, Degrees of protection provided by enclosures (IP Code) (2000)

Con06. LIN Consortium: LIN Specification Package Revision 2.1 (2006)

Cou. Automotive Electronics Council: AEC-Q100

DBBL07. Davis, R.I., Burns, A., Bril, R.J., Lukkien, J.J.: Controller Area Network (CAN) Schedulability Analysis: Refuted, Revisited and Revised. In: Real-Time Systems, S. 239–272. Springer, York (2007)

dEU09. Amtsblatt der Europäischen Union: VERORDNUNG (EG) Nr. 661/2009 DES EUROPÄISCHEN PARLAMENTES UND DES RATES vom 13. Juli 2009 über die Typgenehmigung von Kraftfahrzeugen, Kraftfahrzeuganhängern und von Systemen, Bauteilen und selbstständigen technischen Einheiten für diese Fahrzeuge hinsichtlich ihrer allgemeinen Sicherheit (2009)

DWR08. Dziobek, C., Wohlgemuth, F., Ringler, T.: AUTOSAR im Entwicklungsprozess. dSpace Mag. (2008)

EB07. Erich, E., Bolte, T.: E/E System Complexity (2007)

Ele05. Design & Elektronik: Begleittexte zum Entwicklerforum Kfz-Elektronik, Ludwigsburg (2005)

EY97. Ernst R., Ye, W.: Embedded program timing analysis based on path clustering and architecture classification. In: Proceedings of the 1997 IEEE/ACM international conference on Computer-aided design, ICCAD '97, pp. 598–604, Washington, DC, USA, IEEE Computer Society (1997)

Fle10a. FlexRay Consortium: FlexRay Communication System – Protocol Specification (Version 3.0) (2010)

Fle10b. FlexRay Consortium: www.flexray.com (2010), Letzter Zugriff: 2012

FRN08. Feiertag, N., Richter, K., Nordlander, J.: A Compositional Framework for End-to-End Path Delay Calculation of Automotive Systems Under Different Path Semantics. In: Proceedings of the IEEE Real-Time System Symposium (RTSS), Workshop on Compositional Theory and Technology for Real-Time Embedded Systems: Barcelona, Spain, 2008

Gmb. Symtavision GmbH: Symtavision, www.symtavision.com, Letzter Zugriff: 2012

Gmb02. Bosch GmbH: Autoelektrik/Autoelektronik – Systeme und Komponenten. Vieweg+ Teubner Verlag, Braunschweig, Wiesbaden (2002)

Grö05. Grönninger, H.: Formale Analyse eines automotiven Bussystems mit SymTA/S auf der Grundlage von K-Matrizen. Master's thesis, Technische Universität Carolo-Wilhelma zu Braunschweig, Deutschland (2005)

GS88. Goodenough, J.B., Sha, L.: The priority ceiling protocol: A method for minimizing the blocking of high priority ada tasks. In: Proceedings of the second international workshop on Real-time Ada issues, IRTAW '88, pp. 20–31, New York, NY, USA, 1988. ACM

HB09. Hogh-Binder, A.: Untersuchung und Bewertung eines AUTOSAR-basierten Gateway-Systems mit Hilfe von Zeitanalyse-Werkzeugen. Master's thesis, Universität Karlsruhe, Deutschland (2009)

HBC+07. Hagiescu, A., Bordoloi, U.D., Chakraborty, S., Sampath, P., Vignesh, P., Ganesan, V., Ramesh, S.: Performance Analysis of FlexRay-based ECU Networks. In Proceedings of the 44th annual Design Automation Conference, DAC '07, pp. 284–289, New York, NY, USA, 2007. ACM

Hen09. Hense, B.: Vorlesung Block 8: Leitungssatz-/Topologiemodellierung, Leitungssatzsynthese und -bewertungen im E/E-Konzeptwerkzeug (2009)

HHJ+05. Henia, R., Hamann, A., Jersak, M., Richter, K., Ernst, R.: System Level Performance Analysis – The SymTA/S Approach. In IEEE Proceedings Computers and Digital Techniques, 2005

Hom05. Homan, M.: OSEK, Betriebssystem-Standard für Automotive und Embedded Systems. Mitp-Verlag, Frechen (2005)

IBM. IBM: Rational DOORS, www.ibm.com, Letzter Zugriff: 2012

IEE09. IEEE: 802.1Qav – Forwarding and Queuing Enhancements for Time-Sensitive Streams (2009)

Inc10. Inchron GmbH: ChronSim – Echtzeitsimulator für eingebettete Systeme und Netzwerke (2010)

IOfS06. TC22/SC3 International Organization for Standardization: Road vehicles – Implementation of WWH-OBD communication requirements (2006)

IOfS11. TC22/SC3 International Organization for Standardization: Road vehicles – Diagnostic communication over Internet Protocol (DoIP) (2011)

Jer04. Jersak, M.: Compositional Performance Analysis for Complex Embedded Applications. PhD thesis, Technische Universität Carolo-Wilhelmina zu Braunschweig (2004)

Kal06. Kallenbach, R.: Trends in Automotive Electronics – Systems, Hardware, Software. In Proceedings of Steinbeis Symposium – Elektronik im Kfz-Wesen, 2006

KBH+07. Krause, M., Bringmann, O., Hergenhan, A., Tabanoglu, G., Rosenstiel, W.: Timing Simulation of Interconnected AUTOSAR Software-Components. In Proceedings of the Design, Automation and Test in Europe Conference (DATE'07) in Munich, Germany, 2007

Ker03. Kerk, D.: OSEK – Echtzeitbetriebssystem für Automobile. Master's thesis, Technische Universität Carolo-Wilhelmina zu Braunschweig, Deutschland (2003)

KHET07. Künzli, S., Hamann, A., Ernst, R., Thiele, L.: Combined Approach to System Level Performance Analysis of Embedded Systems. In Proc. Fifth International Conference on Hardware/Software Codesign and System Synthesis (CODES + ISSS 07). Sheridan Printing, September 2007

KOESH07. Kopetz, H., Obermaisser, R., El Salloum, C., Huber, B.: Automotive Software Development for a Multi-Core System-on-a-Chip. In Proceedings of the 4th International Workshop on Software Engineering for Automotive Systems, SEAS '07, Washington, DC, USA, 2007. IEEE Computer Society

Kop97. Kopetz, H.: Real-Time Systems – Design Principles for Distributed Embedded Applications, vol. 1. Kluwer Academic Publishers, New York, Dordrecht, Heidelberg, London (1997)

KPS+10. Kollmann, S., Pollex, V., Slomka, F., Traub, M., Bone, T., Becker, J.: Comparison of Different Timing-Evaluation Methods based on a Automotive Network Topology. In Proceedings of the 18th International Conference on Real-Time and Network Systems, 2010

Kup08. Kupriyanov, O.: Modeling and Efficient Simulation of Complex System-on-a-Chip Architectures. PhD thesis, Universität Erlangen-Nürnberg, Universitätsstraße. 4, 91054 Erlangen (2008)

LBT04. Le Boudec, J.-Y., Thiran, P.: Network Calculus. Springer, Berlin (2004)

LIN03. LIN Consortium: LIN Specification Package (2003)

LIN10. LIN Consortium: www.lin-subbus.org (2010), Letzter Zugriff: 2012

LL73. Liu, C.L., Layland, J.W.: Scheduling Algorithms for Multiprogramming in a Hard-Real-Time Environment. J. ACM, **20**, 46–61 (1973)

LM95. Li, Y.-T.S., Malik, S.: Performance analysis of embedded software using implicit path enumeration. SIGPLAN Not., **30**, 88–98 (1995)

Lundquist. Lundquist, T., Stenström, P.: Timing Anomalies in Dynamically Scheduled Microprocessors. In: Proceedings of the 20th IEEE Real-Time Systems Symposium RTSS '99, Washington, DC, USA, 1999

MOS05. MOST Cooperation: MOST – Media Oriented System Transport (Rev. 2.4) (2005)

MOS10. MOST Cooperation: www.mostnet.de (2010)

MW07. Marwedel, P., Wehmeyer, L.: Eingebettete Systeme:. EXamen. press Series. Springer, Berlin (2007)

NSE10. Negrean, M., Schliecker, S., Ernst, R.: Timing Implications of Sharing Resources in Automotive Real-Time Multicore Environments. In Journal of Passenger Cars, SAE, pages 27–40. SAE, 2010

OSE05. OSEK/VDX Consortium: OSEK/VDX – Operationg System (Version 2.2.3) (2005)

OSE10. OSEK/VDX Consortium: www.osek-vdx.org (2010), Letzter Zugriff: 2012

Por09. Porter, M.E.: Wettbewerbsstrategie: Methoden zur Analyse von Branchen und Konkurrenten. Campus, Frankfurt, M., New York, NY (2009)

PPE+08. Pop, T., Pop, P., Eles, P., Peng, Z., Andrei, A.: Timing analysis of the flexray communication protocol. Real-Time Syst. **39**, 205–235 (2008)

PT06. Platzner, M., Thiele, L.: Skript zur Vorlesung: Hardware/Software Codesign, 2006

PWT+08. Perathoner, S., Wandelder, E., Thiele, L., Hamann, A., Schliecker, S., Henia, R., Racu, R., Ernst, R., Harbour, M.G.: Design Auotmation for Embedded Systems, chapter Influence of Different Abstractions on the Performance Analysis of Distributed Hard Real-Time Systems. Springer, Berlin (2008)

Ras08. Raskin, J.-F.: Second Lecture: Basics of model-checking for finite and timed systems. In Artist2 Asian Summer School – Shanghai, 2008

Rau07. Rausch, M.: FlexRay – Grundlagen, Funktionsweise, Anwendung, vol. 1. Hanser Verlag, München (2007)

RE02. Richter, K., Ernst, R.: Event Model Interfaces for Heterogeneous System Analysis. In Proceedings of Design, Automation and Test in Europe Conference (DATE'02) in Munich, Germany, pp. 506–513, 2002

RE08. Rox, J., Ernst, R.: Construction and Deconstruction of Hierarchical Event Streams with Multiple Hierarchical Layers. In Proceedings of the Euromicro Conference of Real-Time Systems (ECRTS'08) in Prague, Czech Republic, pp. 201–210, 2008

Rei10. Reindl, N.: E/E-Fahrzeugarchitekturen der Zukunft. In ELMOS Workshop "Mobilität 2020 ff ...", 2010

RHH+07. Rahmanil, M., Hillebrand, J., Hintermairl, W., Bogenberger, R., Steinbach, E.: A Novel Network Architecture for In-Vehicle Audio and Video Communication. In Proceedings of the 2nd IEEE/IFIP International Workshop on Broadband Convergence Networks, (BcN '07) in Munich, Germany, 2007

Rin02. Ringler, T.: Entwicklung und Analyse zeitgesteuerter Systeme. PhD thesis, Universität Stuttgart, 2002

RJE03. Richter, K., Jersak, M., Ernst, R.: A Formal Approach to MpSocC Performance Verification. Technical report, IEEE Computer Science (2003)

Rob91. Robert Bosch GmbH: Controller Area Network (CAN) Specification – Version 2.0 (1991)

RWT+06. Reineke, J., Wachter, B., Thesing, S., Wilhelm, R., Polian, I., Eisinger, J., Becker, B.: A definition and classification of timing anomalies. In 6th Intl Workshop on Worst-Case Execution Time (WCET) Analysis, 2006

SKB+11. Streichert, T., Kern, A., Buntz, S., Leier, H., Schmerler, S.: Ethernet for In-Vehicle Communication, FTF'2011 (2011)

SS08. Swietlik, A., Spale, J.: Vorlesung: Echzeitbetriebssysteme an der Hochschule Furtwangen, 2008

SSB08. Scheer, P., Schmidt, E., Burges, S.: CARbridge, Reduction of System Complexity by Standardisation of the System-Basis-Chip for Automotive Applications (2008)

SV96. Shreedhar, M., Varghese, G.: Efficient fair queueing using deficit round-robin. IEEE/ACM Trans. Netw. **4**, 375–385 (1996)

SZ05. Schäuffele, J., Zurawka, T.: Automotive Software Engineering – Grundlagen, Prozesse, Methoden und Werkzeuge. Vieweg+Teubner Verlag, Wiesbaden (2005)

Tan03. Tanenbaum, A.S.: Moderne Betriebssysteme, vol. 2. Pearson Studium Verlag, München (2003)

TCN00. Thiele, L., Chakraborty, S., Naedele, M.: Real-Time Calculus for Scheduling Hard Real-Time Systems. In Int. Symposium on Circuits and Systems (ISCAS'00) in Geneva, Switzerland, pp. 101–104, 2000

Tin94. Tindell, K.: Adding Time-Offsets to Schedulability Analysis. Technical report, University of York, England (1994)

TLB09. Traub, M., Lauer, V., Becker, J.: Verfahren zur Timing-Bewertung von Gateway-Systemen und Vernetzungsarchitekturen in den verschiedenen Phasen des Entwicklungsprozesses. In Proceedings of the Elektronik im Kraftfahrzeug Konferenz in Dresden, Germany, 2009

Tra11. Traub, M.: Durchgängige Timing-Bewertung von Vernetzungsarchitekturen und Gateway-Systemen im Kraftfahzeug. PhD thesis, Karlsruher Institut für Technologie (KIT), 2011

uS04. Auto Motor und Sport: http://www.atzonline.de/Aktuell/Nachrichten/1/2175/Magna-Steyr-erhoeht-Fertigungskapazitaet-fuer-BMW-X3-auf-400-Einheiten.html (2004), Letzter Zugriff: 2011

uS09. Auto Motor und Sport: http://www.auto-motor-und-sport.de/news/mercedes-g-klasse-produktion-bis-2015-bei-magna-steyr-1012625.html (2009). Letzter Zugriff: 2011

VaS10. VaST Systems: www.vastsystems.com (2010)

Vec03. Vector Informatik GmbH: Specification of Daimler-Benz Communications Attributes (DBKOM (2003)

Vec10. Vector Informatik GmbH: www.vector-informatik.de (2010), Letzter Zugriff: 2012

WB05. Wörn, H., Brinkschulte, U.: Echtzeitsysteme – Grundlagen, Funktionsweisen, Anwendungen. Springer, Berlin (2005)

WDR08. Wohlgemuth, F., Dziobek, C., Ringler, T.: Erfahrungen bei der Einführung der modellbasierten AUTOSAR-Funktionsentwicklung. In Modellbasierte Entwicklung von eingebetteten Fahrzeugfunktionen (2008)

WGR+09. Wilhelm, R., Grund, D., Reineke, J., Schlickling, M., Pister, M., Ferdinand, C.: Memory hierarchies, pipelines, and buses for future architectures in time-critical embedded systems. Trans. Comp.-Aided Des. Integ. Cir. Sys. **28**, 966–978 (2009)

Wik10. Wikipedia – Freie Enzyklopädie: www.wikipedia.de (2010), Letzter Zugriff: 2012

Wym08. Wyman, O.: Lean Improvements, Worker Buyouts Bring Detroit Three Productivity Closer to Asian Rivals, says Oliver Wyman's Harbour Report 2008 (2008)

ZS08. Zimmermann, W., Schmidgall, R.: Bussysteme in der Fahrzeugtechnik – Protokolle und Standards, vol. 3. Vieweg+Teubner Verlag, Wiesbaden (2008)

Sachverzeichnis

I

J

K

L

M

N

O

P

R

The manufacturer's authorised representative in the EU is Springer Nature Customer Service Centre GmbH, Europaplatz 3, 69115 Heidelberg, Germany. If you have any concerns regarding our products, please contact ProductSafety@springernature.com

Printed and bound by CPI Group (UK) Ltd, Croydon, CR0 4YY
25/08/2026
02202731-0004